U0016802

中國史新論

New Perspectives
on
Chinese History

總策劃◎王汎森

各分冊主編

慶祝

中研院史語所
成立八十周年

中國史新論——科技與中國社會分冊

祝平一◎主編

《中國史新論》總序

　　幾年前，史語所同仁注意到2008年10月22日是史語所創所八十周年，希望做一點事情來慶祝這個有意義的日子，幾經商議，我們決定編纂幾種書作為慶賀，其中之一便是《中國史新論》。

　　過去一、二十年來，史學思潮有重大的變化，史語所同仁在開展新課題、新領域、新方向方面，也做了許多努力。為了反映這些新的發展，我們覺得應該結合史學界的同道，做一點「集眾式」(傅斯年語)的工作，將這方面的成績呈現給比較廣大的讀者。

　　我們以每一種專史為一本分冊的方式展開，然後在各個歷史時期中選擇比較重要的問題撰寫論文。當然對問題的選擇往往帶有很大的主觀性，而且總是牽就執筆人的興趣，這是不能不先作說明的。

　　「集眾式」的工作並不容易做。隨著整個計畫的進行，我們面臨了許多困難：內容未必符合原初的構想、集稿屢有拖延，不過這多少是原先料想得到的。朱子曾說「寬著期限，緊著課程」，我們正抱著這樣的心情，期待這套叢書的完成。

　　最後，我要在此感謝各冊主編、參與撰稿的海內外學者，以

及中研院出版委員會、聯經出版公司的鼎力支持。

王汎森　謹誌

2008年10月22日

史語所八十周年所慶日

目次

范發迪

文化遭遇中的科學實作——清代中國的英科學帝國主義與博物

導言

科學史回顧

　　台灣的中國科技史研究從1985年體制化後，便成長緩慢。慢到本集編輯時，還必須借將幫忙。這當然不是沒有新人投入，而是許多新世代都轉入醫療史和科技與社會研究(STS)。當然，中國科技史研究並未因此而停下腳步，中國和世界各地的學者仍有不少這一行的專家。因此，與其說本集代表了目前台灣中國科技史研究的全貌，不如說是目前中國科技史學界研究成果之一覽，讀者可從中一窺目前研究的樣態。

　　對於中國科技史不熟悉的人，英國的李約瑟(Joseph Needham, 1900-1995)仍不是一個陌生的名字。他曾開創了中國科技史研究的典範。為了反駁一些廿世紀以來，中國和西方學者認為中國沒有科學的談法[1]，李約瑟以實際的編纂行動，證明中國有優越的科技傳統，只是沒有發展出近代科學。從「何以中國沒有發展出近代科學」這個有名的問題，李約瑟建構了一套對中國科技發展的全涵式解答[2]。李約瑟以他的研究所

1　Joseph Needham, "Poverties and Triumphs," in *The Grand Titration: Science and Society in East and West*（台北：問學出版社重印本, 1977）, pp. 41-43.所謂「近代科學」指的是西方十七世紀科學革命以降的科學發展。

2　李約瑟以前，許多學者認為中國人沒有發展出邏輯學，或是中文本身的缺陷，限制了中國人科學思考的可能性，以致無法產生科學。李約瑟則認為這些都不是問題，而且中國自古即有很優越的科技傳統，只是這一傳統在明朝以後日漸

為基地，以現代科學為分類基礎，整理中國科技知識，不斷編纂大部頭的《中國的科學與文明》(*Science and Civilisation in China*)，提供了相關的原始材料和二手研究[3]，頗便入門。李約瑟以現代科學為基準的知識分類，雖然缺乏歷史意識，但因他將中國無法發展出近代科學歸咎於中國的封建官僚體制，反而使他較為注意科技與社會的互動，而不完全以科學思想史的方式探討中國科學。不過李約瑟分析科技與社會的關係也是他那個時代的產物：人類理性的光輝促成科學發展；而其停滯則是特定的社會形構所造成，這種社會阻礙論目前已少有學者採用。

　　席文(Nathan Sivin)則棒喝李約瑟的問題和解釋。他認為李約瑟以錯誤的預設，問錯了問題；而且中國在18世紀也的確發生了「科學革命」，只是沒有西方世界的社會效果[4]。席文認為必須從歷史行動者的角度去反省何謂「中國科學」。他認為中國的知識傳統中根本就不似西方哲學傳統，為各種不同的知識，定義出可被統稱為「科學」的共同知識基礎。由於中國的知識體系缺乏這樣的統整性，因此，有的是不相統屬的「諸種科學」(sciences)。席文還指出李約瑟問題有些基本的謬誤。李約瑟預設了科學革命的可欲性，因此每個文明都應發生；而有科學革命潛力的文明，更應有著和西方相同的歷史變遷；歐美文明的適應力仿佛發自其內，實以科技和政治之力剝削自然和社會所致；最後，李約瑟預設了現

(續)────────────

　　衰落。李約瑟對他的問題提供了相當社會學式的解答，他認為中國的封建社會和官僚體制才是妨礙中國科技發展的主因。有趣的是李約瑟的解答相當接近十七、八世紀來華的耶穌會士。Joseph Needham, "Poverties and Triumphs," pp. 14-54. 李約瑟的影響力尚不止於中國科學史，不少非西方的科技史亦曾借助於他所開創的研究典範。這個比較科技史的史學史尚待研究。

3 該叢書的相關內容見：http://en.wikipedia.org/wiki/Science_and_Civilization_in_China (03/18/2009 檢索)。

4 見Nathan Sivin, "Why the Scientific Revolution did not Take Place in China--Or didn't It?" *Chinese Science* 5 (1982), pp. 45-66. 新版見http://www.sas.upenn.edu/~nsivin/from_ccat//scirev.pdf

代科學乃是普世化(oecumenical)的知識。李約瑟把文化中的某些狀態誤認爲是其後發展(科學革命)的必要條作,而其後若未如此發展,則被視爲是受阻。而論者總是將中國科學革命之難產,歸諸思想體系的缺失或社會因素的阻撓;殊不知這種區隔是研究者之心障,在實際的歷史過程中,所謂思想和社會的區隔在根本不存在。

　　儘管李約瑟和席文的論辯已經過時,但他們提問以及辯難的方式,仍相當有啓發性。席文所指出的問題,提供了思考中國科技史的另一種可能。雖然李約瑟的問題已不再構成學者討論中國科技史的主要問題意識,且近來年來,整個歐美中國史學界的科技史研究也有移往醫療史的傾向。但整體而言,一般文化史和西洋科技史的研究成果,如從科學社群本身的文化與實踐(practices)來分析科學知識的社會建構,以及科學和其他社會文化部門間的互動,已漸影響中國科技史的研究者。有些中國史學者甚且強調,欲理解中國史,科技史不可或缺,試圖從科技史與中國史的其他領域對話[5]。但對中國科技史有興趣的一般讀者,李約瑟的困惑常是他們心中湧現的第一個問題。

　　李約瑟的提問對現代人之所以如此有吸引力,正說明了科技已成爲現代人自我認同的一部分。19世紀的西方帝國挾其堅船利礮,打開了世界各地的門戶,也把西洋人得以征服世界的現代科技傳到各地。科技成爲強者所倚仗,弱者所渴望的力量。科技成了衡量文明、國家和人群進程的判準,合理化了西方的霸權[6],也促使各方展開對科技的分析。科學哲學解析科技發展的思想邏輯;科學社會學則用以理解組織和科

5　Benjamin Elman, *On Their Own Terms: Science in China, 1550-1900* (Cambridge: Harvard University Press, 2005);*A Cultural History of Modern Science in China* (Harvard University Press, 2009).

6　Michael Adas, *Machines as the Measure of Men: Science, Technology, and Ideologies of Western Dominance* (Ithaca: Cornell University Press, 1989).

技發展的關係；科學史則用以說明某個文明或科技從事者對於人類科技積累的功績。這三門分析科技知識的學科，肯定科技知識的力量和權威，乃至企圖為科技定下規範，促進其發展。在這種知識氛圍中，中國作為一個曾經有著高度科技的文明，何以未曾發展出如西方般支配自然的力量，確實令人困惑。雖然如此提問預設了西方中心主義，卻正因殖民主義解組後所成立的現代國家，不斷希圖以科技發展經濟，在極端競爭的世界中存活，乃致「知識就是力量」的科技合法性深入人心。當像席文這般，以歷史行動者的角度和思考範疇，提出中國其實沒有像西方歷史中的「科學」，很容易被誤解為只是另一種版本的「東方主義」（Orientalism）；而像李約瑟這樣大力稱美中國科技成就的學者，卻又容易陷入以今限古的時代錯亂（anachronical）。歐美中國科技史研究的歷程，指出了研究異文化科技傳統的兩難；也提醒研究者，如何將不同文明的人群，控制自然的努力，置於同一天平上衡量，是思考非西方科技史方法論的起點。

除了台灣與歐美的研究社群外，中國仍是中國科技史研究的最大社群。其取向大體以實證論的傳統為主，以發現中國科技的「歷史真相」為職志。一方面考證中國古代科學文獻，或將古代科學轉化為現在的科學語言；另一方面說明中國傳統科學的偉大成就，並探究近代中國的科學為何落後西方[7]。亦即李約瑟的問題意識仍是其重要的指引。李約瑟的作品證明了中國古代科學的成就輝煌，滿足了1949年以後新中國民族主義的情緒；而他認為中國科學的衰落與中國傳統的封建官僚體制有

7　這個現象明顯見之於明、清以來和西學傳入中國相關的科技史研究。這似乎是因為中國傳統科學的「成就」不敵西學，因而一變從研究「成就」，轉而研究何以中國科學落於西方之後。然而，這樣的敘事形式，也不盡然是現代研究者的問題。尤其在曆算方面，許多清代的學者已指出明代以來中國曆算傳統之不振。

關，也符合新中國打倒舊社會的新形象，且合理化了科學在新中國的重要性。李約瑟的研究典範同時滿足了中國多樣的社會心理需求，因而受到中國科技史學界的歡迎。為了挖掘古代中國偉大的科技成就，中國學者多致力於文獻的考訂與科學內容的重建[8]。數學史家曲安京便曾指出，中國的數學史研究重在「發現」和「復原」：發現古人的數學貢獻；復原古人如何做數學[9]。前者很快就走上絕路，任何文明的科學「貢獻」，可能很快就被發掘完，更何況這些「貢獻」還要搶世界第一的排名；而「貢獻」的多寡則多取決於現代科學的標準。「復原」則指解讀文獻，重新思考古人如何研究科學。這一進路有如研究科學思想史，就史言史，而不以現代科學的知識標準，判斷古人因應自然的知識。據曲氏所述，中國的科技史研究大部分專注於科學知識的內容便不令人意外。雖然近年來社會或文化方面的課題逐漸受到關注，但如何將知識內容和社會文化現象同時考量，並從科學史的視角與其他史學對話，仍考驗著中國及其他科技史的研究者。

除了李約瑟以外，外界的研究成果對中國的科技史學界影響有限。近年來雖然許多漢學家和中國的科技史研究者有不少合作，但研究上的交流或對話，仍令人期待。學術社群間的關係與成果交流，常常能從註腳見之。就此觀之，中國科技史界似乎與外界沒有多少交流。當然，這可能是誤判，因為中國刊物常有字數限制，研究者自顧論述而不暇，遑論他人所論。反是台灣的歷史學界常連篇累牘地引用二手研究，而在資

8　中國學者在從事考證工作時，不易看出和李約瑟的關係，但只要他們開始對中國科技發展進行較理論性的解釋時，李約瑟的影子幾乎無時不在。不但中國科技史發展的軌跡用的是李約瑟的講法（明代開始衰弱），連衰弱的原因也不外乎是李約瑟所提的種種理由（官僚封建社會、理學的妨礙等）。這在筆者較熟悉的清代科技史研究上更是明顯。

9　曲安京，〈歷史上的數學與數學的歷史〉，《中國曆法與數學》（北京：科學出版社，2005），頁1-23。

料庫流行後，更是變本加厲。

台灣的科技史社群是個鬆的聯盟。早先有些台灣的科學家在李約瑟作品的鼓舞下，開始研究中國科技史[10]。1985年清華大學歷史所科技史組誕生，成為第一個科技史研究的專業體制。但目前業餘研究者的人數並不亞於學院中以此為業者。社群的散鬆也反映在研究取向上，世界各種中國科技史的研究風格在台灣通通可見。在中國科技史方面，學院中的研究者很少從事「發現」或「復原」的研究，大部分的重點放在科技思想或社會史。

從西方科學的角度來看，中國知識傳統並沒有「科學」的範疇[11]，如何發展適當的知識範疇，討論中國對自然的認知，便是棘手的問題。其次，中國科技史文本的技術性高，文本的格式或內容較難理解。因此以文本分析為基礎，探討科學知識內容的「復原」當是科技史研究的第一步；再由此延伸到中國思想，或是其他文化與社會議題。然而台灣的中國科技史學界卻常少了第一步。這和台灣長期以來人文與科學教育從高中便開始分流有關。台灣的人文學者大都缺乏科技訓練的背景，因此進入科技史時，常避免處理知識內容。展現在研究風格上，則是視科技史為社會史或是思想史；少討論知識形成的社會過程，只討論社會或文化現象與科學知識間的關連；或流於人物、書籍的考證。雖然台灣學院中的科技史研究者不乏科技科班出身者，但台灣研究所以上的體制轉換領域不易（因為通常要通過考試），很難在台灣培養出像西方科技史界所常見的文理兼修之人，造成了歷史出身者，難以深入知識內容；而科技出身者歷史素養不夠，無法深入分析歷史脈絡的困局。當然科學訓練是

---

10 李約瑟的著作在台灣所產生的效果和在中國相類，李氏對中國科技史的重新發現，加強了台灣人的中國認同和驕傲。

11 Nathan Sivin, "Introduction," in *Science and Technology in East Asia* (New York: Science History Publications, 1977), pp. xi-xxiv.

科技史研究者的文化資本(cultural capital)，卻並非必要條件。有科學訓練背景的人對科學有較多的「默會之知」(tacit knowledge)，這對於科技史越來越重視科學知識的內容如何與社會文化脈絡結合的新趨勢，自然是重要的條件。然而卻也可能因具有「默會之知」，而將許多問題視為當然，視而不見；或是以現代的科技知識去理解不同歷史脈絡下的科技運作，而這正是早期科學家兼研科學史時所常犯的錯誤。

　　本集題為《科技與中國社會》，確有以目前西方science studies的研究取向，作為中國科技史研究借鏡的想法，並希望此種研究取徑能促進科技史和其他歷史研究的對話。目前學界亦有稱science studies為STS(science and technology studies)以凸顯技術研究的獨立角色。這一研究取向以筆者初淺的理解，大致上有幾項特色：1. 反對以往實證論的科學理性與線性進步的史觀。2. 重視研究科技實作(practice)，考察科學知識如何從科學社群或實驗室中產生。3. 認為科技是社會建構的產物，科技研究者不是獨處於象牙塔中的天才，而是不斷在同僚、體制、儀器和大自然之間穿梭，來往協調，以形成科技知識。在網絡的概念下，甚至以「中國」(或任何國家)為單位的研究，都可能被質疑。4. 討論科技知識和物件如何形塑社會。從科技知識的形成與擴散，檢討我們目前所身處的科技世界中的種種現象，以及日常生活中，人們如何應對這些科技知識，甚而發展出不同於科技專家的知識系統。5. 對於科技本身的價值亦有所反省。以往的科技史研究，往往不假思索地預設科技是人類理性發展的極致，因而值得研究。然而現在有許多研究顯示，科技的研究成果及其體制，不但用以控制自然，亦用以控制人群，成為支配者(國家、階級、種族、性別)形塑特定秩序和常規標準的利器。另外，現在新科技的風險未知，人們是否有理由支持某些特定的科技，迭起爭議。而在科技爭議與普遍要求科技民主的風潮中，科學家到底是人類理性的代理人，或是只為自己擴權的代言人，啟人疑竇。對於科技本身的反省，使

人不再一昧追求所謂「進步」的科技，轉而要求合於社會需求的「適當科技」（appropriate technology）。6. 科技為誰服務。以往的科技史偏重在科技知識的生產，然而一旦研究者開始反省到科技本身便是構成日常生活權力關係的元素時，科技究竟為誰而發展，便成為重要問題。使用者如何使用科技，如何參與科技知識的形塑，常民如何詮釋、認知專門的科技知識、科技專家與常民間如何溝通等，便成為重要議題[12]。

雖然science studies或是STS是一種跨學科的研究立場，不必然獨重歷史。但筆者以為science studies與STS強烈的「歷史化」（historicizing）傾向，提供了研究科技史的最佳入手處。「歷史化」不僅指science studies的人研究了很多科學史的個案來支持其論證，而是將歷史過程的研究，視為方法論上的必須。歷史研究成為科學社會學、科學人類學甚至科學哲學討論問題的重要方式[13]。Science studies的研究者不但不願以現代科學的角度去評估古人應對自然的種種活動，而且更積極地從歷史脈絡中去找尋前人應對自然種種努力的意義；更重要的是science studies的研究者還不斷地反省我們目前所知的科技史知識是如何構成的，以及研究者本身在建構科技史時所在的位置為何。Science studies跨學科的歷史化研究取向正能整合鬆散的台灣科技史社群，為來自不同學科背景，卻致力於相同目標的人，提供了視野與方法上的橋樑。

一旦我們不以現代科技的觀點去理解中國古代的科技，那麼中國歷

12　對於這些問題有興趣的人可以參考：吳嘉苓、傅大為、雷祥麟編，《科技渴望社會》（台北：群學出版社，2004）；《科技渴望性別》（台北：群學出版社，2004）；陳恒安、郭文華、林宜平編，《科技渴望參與》（台北：群學出版社，2009）。

13　例如艾丁堡學派(Edinburgh School)的科學社會學有很多是科學史的個案研究；以前身在社會系的Steven Shapin主要的研究都是科學史；Bruno Latour雖然被認為是科學人類學家，但他的 The Pasteurization of France 也是科學史的作品。這些「不同」學科的研究者，同時致力於歷史研究絕非偶然，這正是因為「歷史化」已成為解析問題的必要過程。

史上的科技實踐必須被視爲「異文化」來研究。即使古代的中國人和現代的中國人有種屬上的連續性，其文化與所使用的知識範疇卻不見得必然連續。現代學者必須像人類學家進入異文化一樣，重新學習當時人所使用的「語言」，亦即文化和知識範疇，才能理解當時科技知識和當時社會、文化上的關連[14]。這樣的研究取向也使研究者逐漸走出「不懂科學的陰影」，因爲理解現代科技不見得有助於理解古代科技；只以現代科技知識去解譯古代科技文本時，有時反而扭曲了古人的文化範疇與實踐。

　　本集共收論文十篇。馮時和張嘉鳳討論上古宇宙觀與天文星占的課題，提醒我們宇宙論和星占是中國古代天文學重要的構成部分。宇宙觀是科學與知識傳統的根原。雖然現代科學避免觸及形上學的傾向，使現代科技實作中的宇宙觀隱而不顯，但並非無法分析。在傳統的科學裡，宇宙觀的問題常和我們現在看來是科技活動的實踐無法分離。另外宇宙觀尚包含了人類的起源、時空觀、價值等等問題，而宇宙觀的歷史進程與轉變，亦值得探討[15]。其次，張文顯示現代所謂的天文學在中國古代難以和星占分清界線。其實西方科學中的星占與天文學亦復如此，只是我們從現在知識分類的角度看問題時，往往忽略了古人以占卜預測的方式，來因應自然的重要性。

　　李建民和林力娜(Karine Chemla)分別探討了中國醫學與數學的知識形構，這兩篇文章試圖從方法上爲中國科技史的經典問題提出新的看法。中國技術傳統中常有依托而稱經者，這個現象的意義爲何，關係著

14　傅大爲，"Problem Domain, Taxonomies, and Comparativity in History of Sciences —with a Case Study in the Comparative History of 'Optics'," in *Philosophy and Conceptual History of Science in Taiwan*, special issue of *Boston Studies in the Philosophy of Science* vol. 141, ed. by R. Cohen. (Kluwer Academic Publishers, 1992), pp. 123-48.

15　相關研究亦見David William Pankenier的著作，www.lehigh.edu/~dwp0/cv.htm.

知識的傳承和發展。林文對《周髀》與《九章》作爲經典有相當獨特的
見解；至於「經」和「書」之間的差別何在，值得讀者再加思考。林文
借用「知識論文化」的概念，亦值得稍加說明。像孔恩(Thomas Kuhn,
1922-1996)或傅柯(Michel Foucault, 1926-1984)談論歷史斷裂時，常爲人所
誤解。既然時間不斷前進，歷史何由斷裂？其實他們談的多是知識論
(epistemology)上斷裂。因此，看似相同的實作或文本，在不同的時代出
現時，便可能有很不同的意義。因此，科技實作者如何在歷史上以種種
作爲，證成其知識爲真，便成爲值得研究的課題。李文中所談到的知識
傳承方式、知識性質的公開或祕密、人們對於知識觀念的變化與知識的
傳承載體(文本和書寫形式)間的改變，都是現在科技史中有趣的新課
題。中國科技史近年來轉向醫學者多，與中國醫書文本眾多不無關連。
然而如何理解這些文本的形成過程，中國醫學中看似不變，其中又不斷
衍異的文本和觀念，究竟要如何理解？關於歷史研究中的延續與斷裂，
這個史家永遠議而無法決的形上學問題，李文相當有參考價值。李文也
提醒讀者，中國傳統目錄提要類的書籍，恐怕是研究中國科技史重要的
入手處。

　　傅大爲則以《夢溪筆談》爲例，解析宋代科技知識的形構。沈括是
中國科技史不會錯過的人物，然而其重要性常在於他記載了許多看來合
於現代科學進展的科學知識和技術發明，其中更以磁偏角與活字印刷最
爲人所津津樂道。然而傅文顯示中國古人的異質性科技實作，無法僅從
現代科技的角度來理解，必須從歷史脈絡中，重新解讀宋人的知識型態
及時人所關切的問題，才能理解沈括的知識活動。毛傳慧討論宋元時期
蠶桑技術的論文則是本集中唯一的技術史文章，顯示這方面台灣的研究
能力尚待加強。毛文分析了中國科技傳統中的文本和實作、技術、社會
組織和法令制度間的關係。一般人對於技術演化總容易流於好的技術便
能勝出的印象，毛文反駁這種線性的技術進步觀。毛文呈現了技術史研

究不能僅從技術內容來看，而必須將技術視為一個網絡，打破所謂內、外史的區隔。洪萬生則分析了一向被視為中國科技谷底的明代數學中一些有趣的現象，雖然他沒有強調，但該文確實質疑了將中國科技史描繪成高峰至衰退的歷史敘述，從而反省中國不同時代科技的特色。

張哲嘉、韓琦和范發迪則分別以不同的個案，討論了中國和其他文明間的科技交流，也提醒我們中國的科技發展並非封閉體系。雖然像李約瑟那樣斤斤計較於哪一文明對現代科技較有貢獻的想法已經落伍，但古代的中國如何挪用從外國進口的科技知識，的確是一個值得注意的研究方向。張文說明了跨文化科技傳遞時，在地實作如何選擇外來元素，以不同的方式揉合不同背景的知識，適應在地的文化需求。韓文則以清代借根方的傳入和天元術研究的案例，說明外來的數學知識，如何成為復興在地傳統的契機，而這一發展涉及了相當複雜的權力、族群乃至宗教的脈絡。權力關係則隨著19世紀帝國主義的發展，益形複雜。范文便從19世紀英國人在中國的博物學研究切入，試圖在方法論上打破殖民科學史研究中常用的「中心」與「邊陲」、「中國」與「西方」的思考範疇；以更開闊的視野，捨棄以一國、一地為中心的研究方式，轉而注視各社會和人群、知識和技術間的互動與流通、在地的人群如何協助依傍帝國主義勢力來華的研究者、這些外來的研究者如何挪用在地知識以及在地人如何處理雙方不平等的權力關係。博物學不但是中國科技史中研究很少的課題，19世紀的中國非殖民地卻受帝國主義宰制的窘境，亦考驗學者如何將斐然有成的殖民科技史的研究成果運用到中國的案例上。

總之，本集雖無能涵蓋中國科技史或台灣的中國科技史研究的全貌，但本集指出了一些重要的研究課題與方法。就議題方面而言，技術史、博物學、數術、帝國主義的擴張與近代中國科技發展等都有待更進一步的挖掘；方法方面，除了一般人已熟知的脈絡化研究，歷史上的知

識論和實作、書的歷史與科技發展、科技知識與實作的跨地網絡、科技知識和科技物與權力支配和反抗的關係等都能拓展新的思考方向。當然，本集亦無意排除中國科技史中常見的文獻、人物的考證與科技內容的復原。這其實是任何研究的基礎，也希望上述的議題與方法，能豐富這些史家早已熟知的傳統技藝。另外，筆者也衷心期盼教育體制的改變，不要從高中開始就人文與理工分流，以便培養台灣戰力更雄厚的下一代科技史研究者。

本集較少討論科技史中日益重要的圖像和創新的議題。圖像在科技史研究中的地位可能和現代年輕族群接收訊息的方式有關，以往圖像往往只是被視為文字證據的配角，見證了某一科技的存在，但目前學者則以視覺文化的視角來審思問題。如圖像在科技實作中的功用為何？在不同時代與文化中，如何製作圖像？圖文的關係為何？讀者從圖像中如何捕捉科技實作的風貌？不同時代的讀者如何觀看圖像？擬真技術出現後，圖像的製作、使用與閱讀有何變化[16]？至於研究創新曾經是管理、科技社會學、科技政策的重要課題。以往的研究傳統大體預設科技和社會分離，討論如何透過改良科學與技術的環境，以促進科技創新。然而在1980、1990年代，這一進路所蘊涵的英雄發明史觀、進步史觀與科技和社會分離的看法，往往令較具批判性的科技史家和STS研究者起疑。然而在現實的情況下，補助學術研究的單位最關切的是如何創新科技，且在STS學者和科技政策關係日深，創新研究又日漸回魂。除了現實因素外，科技史的研究者必須從別的面向來考慮歷史上的創新。首先，歷史行動者如何看待他們的科技知識？他們自認是創新者還是傳統的延續者？在什麼文化社會情狀下，他們開始質疑自身的科技傳統，而自覺

---

16 關於圖像方面的研究可參：Francesca Bray, Vera Dorofeeva-Lichtmann, Georges Metailie (eds.), *Graphics and Text in the Production of Technical Knowledge in China: The Warp and the Weft* (Leiden: Brill, 2007).

創新的必要性？他們創新的想法和實作由如何來？他們如何合理化新的知識與作為？其他的人又如何接受這些新奇的想法和事物？因此，所謂創新不如說是科技與環境互動變遷的歷史[17]。

　　當台灣及其中國史研究在國際上不斷「隱形化」之際，有這麼多友人來幫忙撐場，情誼可感。當然，以台灣的人力資源，確實不可能培養出一個大的中國科技史社群，而當大部分對科技史有興趣的研究者卻走向醫療史和STS之際，編者只能期待本集的出版能為台灣的中國科技史研究在議題與方法上，開展新的契機。

祝平一

17　關於創新方面的研究可參Elisabeth Hsu（ed.）, *Innovation in Chinese Medicine*, Needham Research Institute Series No. 3（Cambridge: Cambridge University Press, 2001）.

天文考古學與上古宇宙觀

馮　時[*]

　　文化源自先民對於人與天的關係的理解，或者更明確地說，人類觀測天文的活動以及他們依據自己的理念建立起的天與地或天與人的關係，實際便構築了文化的基石。因此，原始人類的天文活動以及原始的天文學不僅是古代科學的淵藪，同時也是古代文明的淵藪，人們對待科學的態度也就決定著他們對待文明的態度，這是我們研究早期科學史時必須同時加以關注的兩個問題。

　　中國古代文明是天文學發端最早的古老文明之一，因此我們可以認爲，文明的起源與天文學的起源大致處於同一時期，這意味著一種有效的天文學研究提供了從根本上探索人類文明起源的可能。事實上我們並不懷疑，如果我們懂得了古代人類的宇宙觀，其實我們就已經在一定程度上把握了文明誕生和發展的脈絡，而天文考古學研究則爲實現上述探索提供了可行的手段。

[*]　中國社會科學院考古研究所。

一、天文考古學概述

天文考古學是一門通過對古代人類的天文觀測活動或受某種傳統天文觀所支配而留棄的遺跡遺物和文獻的天文學研究，進而探究人類歷史的學科。考古資料是天文考古學研究利用的主要史料，對考古資料的天文學研究則是這一研究的主要方法，這兩方面建構了天文考古學的基礎。

如果說考古學的研究目的並不滿足於對古代物質文化的闡釋，那麼這一特點於天文考古學則表現得尤為突出。事實上，天文考古學比之考古學更側重古代精神領域的探索，更著力揭示古代天文學的發展水平以及影響這種發展水平的思想背景與科學背景，更有意識地究辨天文與人文的相互關係。

儘管利用古代遺跡的天文學研究並不是很晚才為人所關注，但天文考古學作為一門學科，它的建立卻是近百年的事情。19世紀末，英國學者洛克耶（Joseph Norman Lockyer, 1836-1920）先後完成了他對埃及、希臘古代建築遺跡以及英國索爾茲伯里巨石陣（Stonehenge）的考察，並出版《天文學的黎明》和《巨石陣及英國其他巨石遺跡的天文學考察》[1]，成為天文考古學的開山經典。1965年，美國學者霍金斯（Gerald S. Hawkins）在他關於巨石陣的論著中首次提出「天文考古學」的概念[2]。從此，由洛克耶創立的這一學科終於作為一個獨立的分支正式誕生。

---

[1] J. Norman Lockyer, *The Dawn of Astronomy: A Study of the Temple Worship and Mythology of the Ancient Egyptians* (London, 1894); *Stonehenge and Other British Monuments Astronomically Considered* (London, 1906).

[2] Gerald S. Hawkinds, *Stonehenge Decoded* (in collaboration with John B. White), (Delta, 1965, Souvenir Press Ltd., 1966); *Astro-Archaeology*. Smithsonian Astrophysical Observatory Special Report 226 (Cambridge, Mass.: 28th October 1966).

　　天文考古學包括史前天文考古學和歷史天文考古學兩大分支。由於文字乃是人類文明發展到一定階段的產物，而原始史料的闕如使得考古發掘的遺跡和遺物成爲探討此前人類活動唯一可以依憑的資料，因而天文考古學更多地關注史前期，其研究價值自非此後的天文考古學研究所能比擬。當然，這並不等於我們可以忽略歷史天文考古學的研究，即使我們認爲晚期歷史天文考古學研究只是將考古資料作爲文獻不足的必要補充的話，這一研究也不是無足輕重，它在解決天文學與歷史學的某些具體問題方面，作用仍不可替代。

　　天文考古學是考古學與天文學相互結合的產物，因此它的研究必須同時兼顧考古學與天文學兩個學科的理論和方法。首先，天文考古學的時空框架必須借助考古學的地層學、類型學以及考古學得以利用的其他有益手段來建立；其次，由於古代先民的禮天活動異常豐富，因而天文考古學所關注的考古資料不應有所局限，人們不僅要研究古人有意識地創造加工的人工遺存，甚至也需要關注曾爲先民利用的自然遺存。由於天文考古學研究是以利用考古資料爲前提，這意味著真正的天文考古學的探索過程必須是在對古代遺跡和遺物充分的考古學研究的基礎上完成的。因此，天文考古學事實上同考古學一樣重視古代遺跡和遺物的年代、各遺跡之間的相互關係、文化屬性及特徵等因素，而不能脫離這些因素進行所謂純天文學的考證。換句話說，天文考古學研究不是運用天文學知識對考古遺跡的再造，而是基於客觀的考古學研究之上的天文學闡釋。沒有正確的考古學研究作爲基礎，一切天文學的探索都將失去意義。

　　誠然，由於天文考古學屬於人文科學中的歷史科學，因此天文考古學不能簡單地等同於利用考古資料的天文學研究。或者準確地說，它不能以解決古代天文學問題作爲這一學科研究的終結，而是要通過對古代先民各種天文活動的研究，探索和解決歷史問題，從而以一種新的天

文學視角把握文明發展的一般規律。這要求天文考古學研究必須要以
人文科學的觀點看待古代的天文學問題，而不能脫離社會的因素，僅將
天文學簡單地納入純自然科學的範疇。事實上，天文學在天文考古學研
究中嚴格地說只能起到揭示某種歷史發展規律的手段作用，而並不是這
一學科研究的終極目標。天文考古學並不僅僅關心天文學本身，儘管這
是這一學科研究的主要內容，而更注意鉤沉古代天文學的社會背景、社
會心理和思想意識，注意探賾古代天文學產生和發展的動因，注意研究
天文與人文的相互關係，它其實是要通過一種有效的天文學研究這樣一
條特殊途徑，揭示古代文明起源與天文學起源之間的關係，這是天文考
古學誕生之初就已確定了的這一學科的最終目的。

　　中國天文學的歷史雖然悠久，古代天文學文獻雖然豐富，但長期以
來，中國天文學的研究卻只停留於利用文獻的科學史研究，而並不存在
真正意義上的天文考古學，尤其是史前天文考古學研究，這種狀況直至
近幾十年才有所改變。事實上，中國天文考古學是以中國天文學史的研
究為背景獨立發展起來的，作為一門新興的學科，中國天文考古學逐漸
形成了自己一套獨特的理論和方法[3]。

　　中國天文考古學濫觴於對古代天文儀器的研究。20世紀初，湯金鑄
與周曩首先就內蒙古托克托城出土的秦漢時期日晷展開討論[4]，其後，
劉復則使這一研究漸趨系統[5]。1960、1970年代，江蘇儀徵東漢墓出土
銅圭表[6]，河北滿城西漢墓、陝西興平西漢墓和內蒙古伊克昭盟杭錦旗

3　馮時，《中國天文考古學》（北京：社會科學文獻出版社，2001）。

4　端方，《陶齋藏石記》（清宣統元年十月石印本，1909），卷1。

5　劉復，〈西漢時代的日晷〉，國立北京大學《國學季刊》3.4(1932)。

6　南京博物院，〈江蘇儀徵石碑村漢代木槨墓〉，《考古》1966.1；〈東漢銅圭
　　表〉，《考古》1977.6；車一雄、徐振韜、尤振堯，〈儀徵東漢墓出土銅圭表
　　的初步研究〉，收入中國社會科學院考古研究所編，《中國古代天文文物論集》
　　（北京：文物出版社，1989）。

則陸續發現西漢銅質漏壺[7]，爲古代計時儀器的研究提供了重要資料。安徽阜陽雙古堆西漢汝陰侯墓出土漢初標有二十八宿古度的漆製圓儀[8]，從而使對久已失傳的漢以前赤道坐標體系的起源和發展的研究獲得了直接的證據。當然，由於天文儀器並不同於廣泛使用的生活用器，因此它的發現自然不會很多，而古代天文學文獻的出土，則使中國天文考古學研究可資利用的資料大爲充實。19世紀末以後於殷墟陸續出土的商代卜辭，因爲記錄了豐富的天文曆法內容而備受學人關注，有關商代曆法、交食等問題引發了長期論辯[9]。而西周金文及西漢簡牘所反映的西周及漢初曆法問題也由於新資料的不斷湧現而漸致清晰[10]。湖南長沙馬

7 中國科學院考古研究所滿城發掘隊，〈滿城漢墓發掘紀要〉，《考古》1972.1；中國社會科學院考古研究所、河北省文物管理處，《滿城漢墓發掘報告》（北京：文物出版社，1980）；興平縣文化館、茂陵文管所，〈陝西興平漢墓出土的銅漏壺〉，《考古》1978.1；內蒙古自治區伊克昭盟文物工作站，〈內蒙伊克昭盟發現的西漢銅漏〉，《考古》1978.5；陳美冬，〈試論西漢漏壺的若干問題〉，收入中國社會科學院考古研究所編，《中國古代天文文物論集》（北京：文物出版社，1989）。

8 殷滌非，〈西漢汝陰侯墓的占盤和天文儀器〉，《考古》1978.5；嚴敦傑，〈關於西漢初期的式盤和占盤〉，《考古》1978.5；王健民、劉金沂，〈西漢汝陰侯墓出土圓盤上二十八宿古距度的研究〉，收入中國社會科學院考古研究所編，《中國古代天文文物論集》（北京：文物出版社，1989）。

9 董作賓，《殷曆譜》（四川李莊：中央研究院歷史語言研究所，1945）；〈殷代月食考〉，《中央研究院歷史語言研究所集刊》22(1950)；〈卜辭中八月乙酉月食考〉，《大陸雜誌特刊》1下(1952)；劉朝陽，〈殷末周初日月食初考〉，《中國文化研究匯刊》4上(1944)；〈殷曆質疑〉，《燕京學報》13(1933)；〈殷曆餘論〉，《宇宙》16(1946)；馮時，〈殷曆歲首研究〉，《考古學報》1990.2；〈殷卜辭乙巳日食的初步研究〉，《自然科學史研究》11.2(1992)；〈殷代紀時制度研究〉，《考古學集刊》16(2006)；張培瑜，〈甲骨文日月食與商王武丁的年代〉，《文物》1999.3。

10 馮時，〈晉侯穌鐘與西周曆法〉，《考古學報》1997.4；陳久金、陳美東，〈臨沂出土漢初古曆初探〉，《文物》1974.3；黃一農，〈漢初百年朔閏析究——兼訂《史記》和《漢書》紀日干支訛誤〉，《中央研究院歷史語言研究所集刊》72.4(2001)；〈秦漢之際(前220-前202年)朔閏考〉，《文物》2001.5；〈江陵張家山出土漢初曆譜考〉，《考古》2002.1。

王堆西漢墓出土帛書《五星占》和《天文氣象雜占》等一批罕見的天文
寫本，使對諸如秦漢時期的五星會合週期、公轉週期及彗星觀測水準等
過去難以探討的問題有了全新的認識[11]。事實上，傳統的天文文獻是以
文字與圖像兼而重之，這使爲適應「事死如事生」的喪葬禮俗而於墓室
或隨葬品中出現的天文星圖成爲天文考古學研究所關注的對象。湖北
隨州曾侯乙墓二十八宿漆箱的出土，證明至遲於西元前5世紀初，中國
二十八宿體系已經相當完整[12]。而西漢以降墓室及敦煌卷子等各種天文
星圖的不斷發現，不僅使二十八宿宿名古義和四象演變的研究日臻深
入[13]，同時對於探討古代的恒星觀測傳統、星圖的繪製歷史與方法、西
方天文學體系的影響等問題也具有積極的意義[14]。很明顯，這些研究極
大豐富了中國天文學史的研究內容，補充了傳世文獻記載的不足，使我
們更完整地理解了古代天文學的科學價值和人文價值，成爲中國天文考
古學研究的重要部分。

　　如果說明確的天文遺物和相關文獻可以提供古代天文活動的直接證
據的話，那麼利用考古遺跡探索先民的天文實踐則要困難得多。20世紀

11　劉雲友，〈中國天文史上的一個重要發現──馬王堆漢墓帛書中的《五星占》〉，
　　《文物》1974.11；席澤宗，〈馬王堆帛書中的彗星圖〉，《文物》1978.2。
12　王健民、梁柱、王勝利，〈曾侯乙墓出土的二十八宿青龍白虎圖像〉，《文物》
　　1979.7。
13　雒啟坤，〈西安交通大學西漢墓葬壁畫二十八宿星圖考釋〉，《自然科學史研
　　究》10.3(1991)；馮時，〈洛陽尹屯西漢壁畫墓星象圖研究〉，《考古》2005.1。
14　夏鼐，〈洛陽西漢壁畫墓中的星象圖〉，《考古》1965.2；〈從宣化遼墓的星
　　圖論二十八宿和黃道十二宮〉，《考古學報》1976.2；〈另一件敦煌星圖寫本──
　　《敦煌星圖乙本》〉，《中國科技史探索》(上海：上海古籍出版社，1982)；
　　王車、陳徐，〈洛陽北魏元乂墓的星象圖〉，《文物》1974.12；席澤宗，〈敦
　　煌星圖〉，《文物》1966.3；伊世同，〈臨安晚唐錢寬墓天文圖簡析〉，《文
　　物》1979.12；〈最古的石刻星圖──杭州吳越墓石刻星圖評價〉，《考古》1975.3；
　　〈河北宣化遼金墓天文圖簡析──兼及邢臺鐵鐘黃道十二宮圖像〉，《文物》
　　1990.10。

中葉，石璋如即通過對殷墟發現的殷代墓葬和建築方向的研究試圖闡釋殷人辨方正位的獨特理念和方法[15]。這種探索後來則被延伸至對新石器時代墓葬方向的研究[16]。儘管這些嘗試對於重建久已湮滅的古代時空觀還顯得很薄弱，但卻足以將一部先民天文觀測的歷史推向史前時代。

歷史天文考古學的研究無疑為我們追溯中國天文考古學的淵源奠定了堅實基礎，從而使史前天文考古學研究可以從容探討遠古先民的科學成就以及與此相應的古代宇宙觀。事實上在這方面，考古學所提供的嶄新材料一直不斷地衝擊著人們對於原始文明的保守認識，以至於使人們總在不自覺地以一種自古史辨運動以來長期形成的對待古史的懷疑態度去審視考古資料本身，刻意回避那些與傳統古史觀相悖的敏感問題，這當然會使我們喪失掉許多尋找古代文明與科學的契機。河南濮陽西水坡以45號墓為核心的仰韶時代宗教遺跡的發現大開了我們的眼界，對其天文學意義的全面闡釋不僅重建了古人基於樸素時空觀的觀象授時傳統和宇宙觀念，將中國天文學有確證可考的歷史提前至西元前第四千紀的中葉[17]，甚至直接涉及到對天文學起源與文明起源的相互關係的思考[18]。很明顯，如果說西水坡宗教遺跡天文學意義的揭示只是使我們有機會重睹史前先民的天文觀測水平和其具體內涵的話，這當然很不夠，更重要的是它所顯示的科學史和文化史價值為我們建立了重新看待古代社會的認知背景，進而構建起基於考古資料之上的全新歷

15　石璋如，〈河南安陽後岡的殷墓〉，《六同別錄》（四川李莊：中央研究院歷史語言研究所，1945），上冊。

16　盧央、邵望平，〈考古遺存中所反映的史前天文知識〉，收入中國社會科學院考古研究所編，《中國古代天文文物論集》。

17　馮時，〈河南濮陽西水坡45號墓的天文學研究〉，《文物》1990.3。

18　馮時，《星漢流年——中國天文考古錄》（成都：四川教育出版社，1996）；〈古代天文與古史傳說〉，《中華第一龍》（鄭州：中州古籍出版社，2000）；《中國天文考古學》（2001）；《中國古代的天文與人文》（北京：中國社會科學出版社，2006）。

史觀。這意味著如果我們遵從考古學的證據，那麼我們就必須以一種新的歷史視角去調整已為我們習慣了的歷史觀點，從而更客觀地思考一個古老文明的發展進程。

西水坡宗教遺跡所體現的科學史價值與文化史價值是同等重要的，在這樣的背景下，我們其實可以放心地探求上古的科學成就，並通過這種有效的科學史研究，從本質上究尋古人對於宇宙及生命本原的思考。事實上，史前天文考古學研究大大突破了科學史研究的局限，對天文遺跡和遺物的考證已經從單純的技術層面躍升為對古代宇宙思想的關注[19]，相關的個案研究不僅建立了中國天文考古學體系[20]，而且可使人們在客觀完整地了解遠古天文學成就的同時，系統地探索這種科學實踐活動所蘊涵的人文內涵，從而直探原始文明的初基。

二、天文學的起源與文明的起源

天文考古學把古代天文學視為人類早期文明的重要組成部分。由於原始的農業生產對於時間的需要以及宗教祭祀活動對於星占的需要，天文學實際已成為人類最早獲得的嚴格意義上的科學知識，因此，天文學的發祥與文明的誕生便有著密不可分的關係。事實上，文明與科學是難以切割的，天文學的創造不僅是指天文技術以及由此導致的觀象手段和計算方法，更重要的則是支持這些技術的天文思想以及一種以天人關係為思考主題的人文理解。顯然，科學的發展進程便體現著文明的發展進程，古人創造科學的活動也就是他們創造文明的活動。

中國的天文學到底古老到多久？這個問題當我們和其他文化現象

---

19 馮時，〈紅山文化三環石壇的天文學研究——兼論中國最早的圜丘與方丘〉，《北方文物》1993.1。

20 馮時，《中國天文考古學》(2001)。

聯繫起來考慮的時候似乎更有意義。眾所周知，農業文明不僅標誌著一種新的生產方式，同時也標誌著新的文明形式，有關它的起源的探索，考古學的證據已足以上溯到距今萬年以前。或許人們並不以為農業的起源與天文有什麼關係，其實不然，人工栽培農業的目的是為人們的食物來源提供保障，這意味著它將首先出現在季節變化分明的緯度地區，而當地的氣候條件其實使一年中真正適合播種和收穫的時間非常有限，致使貽誤農時便會造成一年的絕收。因此，農業的起源必須要以精密的時間服務作為保證，沒有古人對時間的掌握，就不可能有農業的出現。顯然，中國農業起源年代所給予的天文學起源的暗示是清楚的。

儘管目前的天文考古學研究已為這個問題的判斷預留了廣闊空間，然而我們似乎仍沒有機會從中國古老文明的源頭講起，因為迄今為止的任何一項天文考古學個案研究，其所揭示的古代思想史和文明史的內涵都是綜合性的，這意味著即使相關的考古資料的年代可以早至西元前第四千紀以前——這個年代其實已足以使傳統的歷史學與考古學深感驚詫，但那充其量也只是文明與科學發展到相當成熟階段後的精神成果，因為這些基於古代時空觀而建立的天人思想不僅非常系統，而且也相當完整。

對於印證這個事實，恐怕再沒有比對發現於河南濮陽西水坡的仰韶時代蚌塑宗教遺跡的研究更能說明問題。遺跡包括彼此關聯的四個部分[21]，四處遺跡則自北而南等間距地沿一條子午線分布(圖1)，而且異常準確。遺跡北部是一座編號M45的墓葬，墓穴南邊圓曲，北邊方正，東西兩側呈凸出的弧形，一位老年男性墓主頭南足北仰臥其中，周圍還葬有三位少年。在墓主骨架旁邊擺放有三組圖像，東為蚌龍，西為蚌虎，

21　濮陽市博物館、濮陽市文物工作隊，〈河南濮陽西水坡遺址發掘簡報〉，《文物》1988.3；濮陽西水坡遺址考古隊，〈1988年河南濮陽西水坡遺址發掘簡報〉，《考古》1989.12。

蚌虎腹下尚有一堆散亂的蚌殼，北邊則是
蚌塑三角圖形，三角形的東邊特意配置了
兩根人的脛骨（圖2）。位於45號墓南端約20
公尺處分布著第二組遺跡，由蚌殼堆塑的
龍、虎、鹿、鳥和蜘蛛組成，其中蚌塑的
龍、虎蟬聯為一體，虎向北，龍向南，蚌
鹿臥於虎背，鹿的後方則為蚌鳥，鳥與龍
頭之間則是蚌塑蜘蛛，蜘蛛前方放置一件
磨製精細的石斧（圖3）。距第二組遺跡南端
約20公尺分布著第三組遺跡，包括由蚌殼
擺塑的人騎龍、虎、鳥的圖像以及圓形和
各種顯然不是隨意丟棄的散亂蚌殼。蚌虎
居北，蚌人騎龍居南，作奔走狀，形態逼
真。第二和第三組蚌塑圖像與第一組直接
擺放於黃土之上的做法不同，而是堆塑於
人們特意鋪就的灰土之上（圖4）。在這南北
分布的三處遺跡的南端約20公尺處，則有
編號M31的墓葬。墓主為少年，頭南仰臥，
兩腿的脛骨在入葬前已被截去（圖5）。這座
規模宏大的宗教遺跡，無論考古學的研究
還是碳同位素的測定，都把它的年代限定
在西元前第四千紀的中葉，準確時間約為
距今6500年。遺跡所蘊涵的科學與文明的
精神以及先民對於天文與人文的思考是深
刻的，在今天我們近乎艱難地讀懂了這些
作品之後，更能體會到一種心靈的震撼！

**圖1　河南濮陽西水坡仰韶
時代遺跡分布示意圖**
（各遺蹟之間距為20-25公尺）

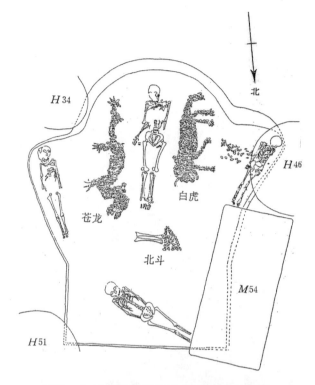

圖2　河南濮陽西水坡45號墓平面圖

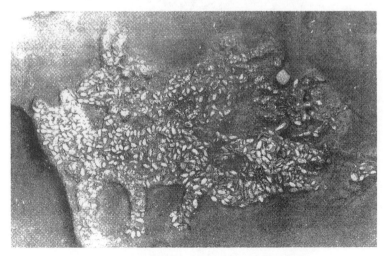

圖3　河南濮陽西水坡第二組蚌塑遺跡

圖4　河南濮陽西水坡第三組蚌塑遺跡

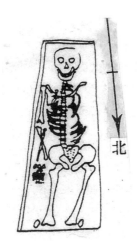

圖5　河南濮陽西水坡31號墓平面圖

（一）早期天官體系的建立

　　西水坡蚌塑宗教遺存的核心便是葬有這座遺跡主人的45號墓，墓中的蚌塑遺跡構成了一幅完整的星象圖，其中墓主腳端由蚌塑三角形和兩根人的脛骨組成的圖像即是明確可識的北斗圖像，蚌塑三角形表示斗魁，東側橫置的脛骨表示斗杓，構圖十分完整。

　　儘管星象圖確定的關鍵在於對北斗的考認，但僅從象形上認證北斗顯然不夠，事實上，斗杓不用蚌殼堆塑卻特意選配人骨來表示，這本身就已顯示出與其他蚌塑圖像的差異。如果說這種耐人尋味的做法能夠幫助我們從本質上了解北斗的含義的話，那麼這正是我們渴望找到的線索。

　　中國天文學由於受觀測者所處地理位置的局限而有著鮮明特點，其中重要的一點就是重視觀測北斗及其周圍的拱極星。因為在黃河流域的緯度，北斗位居恒顯圈，而且由於歲差的緣故，數千年前它的位置較今

日更接近北天極，所以終年常顯不隱，觀測十分容易。隨著地球的自轉，斗杓呈圍繞北天極做周日旋轉，在沒有任何計時設備的古代，可以指示夜間時間的早晚；又由於地球的公轉，斗杓呈圍繞北天極做周年旋轉，人們根據斗杓的指向可以掌握寒暑季候的更迭變化。古人正是利用了北斗的這種終年可見的特點，建立起了最早的時間系統。但是，北斗只有在夜晚才能看到，如果人們需要了解白天時間的早晚，或者更準確地掌握時令的變化，那就必須創立一種新的計時方法，這就是立表測影。眾所周知，日影在一天中會不斷地改變方向，如果觀察每天正午時刻的日影，一年中又會不斷地改變長度。因此，古人一旦掌握了日影的這種變化規律，決定時間便不再會是困難的工作。

　　原始的表叫「髀」，它實際是一根直立於平地上的桿子，桿子的投影隨著一天中時間的變化而遊移，這一點似乎並不難理解。然而追尋「髀」的古義，卻對古人如何創造立表測影的方法頗有啓發。《周髀算經》：「周髀，長八尺。髀者，股也。髀者，表也。」這個線索使我們有機會直探45號墓中北斗那種特殊造型的真義。事實上，古代文獻對於早期圭表的記載有兩點很值得注意，首先，「髀」的本義既是人的腿骨，同時也是測量日影的表；其次，早期圭表的高度都規定為八尺，這恰好等於人的身長[22]。這兩個特點不能不具有某種聯繫，它表明早期的圭表一定是由人骨轉變而來。聯繫《史記‧夏本紀》有關大禹治水以身為度的故事，以及殷商甲骨文表示日中而昃的「昃」字即像太陽西斜而俯映的人影，都可以視為古人利用人體測影的古老做法的孑遺。甚至「夸父追日」的神話也並不僅僅反映的是古人立表測影的實踐[23]，而更再現了測影工作源於人體測影的歷史[24]。然而我們不可能想像古人為完成測影

22　伊世同，〈量天尺考〉，《文物》1978.2。

23　鄭文光，《中國天文學源流》（北京：科學出版社，1979），頁38。

24　馮時，《中國天文考古學》（北京：中國社會科學出版社，2007），頁67。

工作會永遠停留在以人體測影的原始階段，這種做法不僅不可能長期堅持，而且測量的精度也遠遠不夠，於是古人為完善測影工作，就必須發明一種能夠取代人體的天文儀器，這就是表。表的原始名稱之所以叫「髀」，原因就在於「髀」的本義為人的腿骨，而腿骨則是使人得以直立而完成測影工作的關鍵所在。因此我們似乎可以相信這樣一個事實，人類乃是通過長期的生產實踐，通過不斷觀察自身影子的變化而最終學會了測度日影，最早的測影工具其實就是人體本身。顯然，從人身測影向圭表測影的轉變，不僅會使古人自覺地將早期圭表必須為模仿人的高度來設計，同時也沿襲了得以完成這項工作的人體的名稱。這種做法不僅古老，而且被先民們一代代地傳承了下來。

毫無疑問，45號墓中的北斗形象完美地體現了圭表測影與北斗建時這兩種計時法的精蘊。事實上，「髀」所具有的雙重含義——腿骨和表——已經表明，人體在作為一個生物體的同時，還曾充當過最早的測影工具，而墓中決定時間的斗杓恰恰選用人腿骨來表示，正是先民創造出利用太陽和北斗決定時間的方法的結果。這種創造在今天看來似乎很平常，但卻是極富智慧的。

墓中的龍、虎形象雖然比北斗更為直觀，但它的天文學意義卻並不像北斗那樣廣為人知。中國天文學的傳統星象體系為四象二十八宿，宿與象的形成反映了古人對於星官的獨特理解。古人觀測恒星的方法非常奇特，他們並不把恒星看作是彼此毫無關係的孤立星辰，而是將由不同恒星組成的圖像作為觀測和識別的對象。因此，象其實就是古人對恒星自然形成的圖像的特意規定，他們根據這些圖像所呈示的形象，以相應的事物加以命名，並將其稱之為「天文」。這裡「文」即是「紋」字的古寫，意思便是天上的圖像。顯然，四象二十八宿不僅構成了中國天文學最古老的星官體系，同時也展現著最古老的星象。

四象與二十八宿的關係隨著早期天文學的發展出現過一些變化。

儘管古老的天官體系將天球黃道和赤道附近的恒星劃分為四區，並以四象分主四方，作為各區的象徵，形成了東宮蒼龍、西宮白虎、南宮朱雀、北宮玄武，每宮各轄二十八宿中七座星宿的嚴整體制，但這種形式並不是從一開始就這樣完整。證據表明，四象雖然確是通過古人所認識的一種特定的恒星組合而最終形成的，但它們與二十八宿的關係卻並不具有對等的意義。準確地說，四象的形象最初來源於二十八宿各宮授時主宿的形象，而它們作為四個象限宮的象徵，則是對於各宮授時主宿意義的提升。即使晚在西漢的星象圖上，這種觀念依然體現得十分鮮明（圖6）。顯然，這為45號墓中的蚌塑龍、虎找到了歸宿。

圖6　西安交通大學西漢壁畫墓星象圖

　　天文學所提供的答案是令人信服的。北斗既已認定，我們還能對蚌塑龍、虎的含義做出有悖於天文學的解釋嗎？顯然不能。原因很簡單，墓中的全部蚌塑遺跡必須被視為一個整體，這個整體由於北斗的存在而被自然地聯繫了起來。換句話說，除北斗之外，墓中蚌龍、蚌虎的方位與中國天文學體系二十八宿主配四象的東、西兩象完全一致。兩象與北斗拴繫在一起，直接決定了蚌塑龍虎圖像的星象意義。將蚌塑圖像與真實星圖比較（圖7），可以看出其所反映的星象的位置關係與真實天象若合符契。

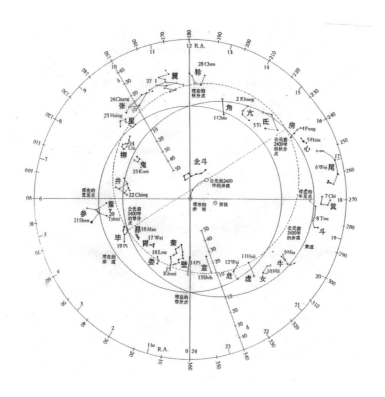

圖7　二十八宿北斗星圖（圓圈表示距星）

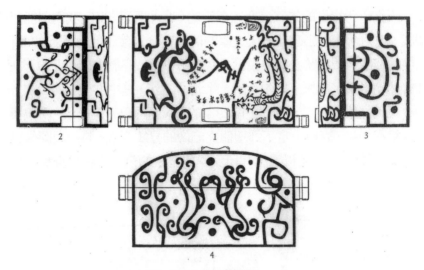

圖8　戰國曾侯乙墓漆箱星象圖(湖北隨州出土)
1. 蓋面　2. 西立面　3. 東立面　4. 北立面

　　相同的星象作品亦見於戰國初年曾侯乙墓出土的二十八宿漆箱(圖
8.1)，將其與西水坡45號墓的蚌塑遺跡對比，先民以蚌殼堆塑的方式表
現星象的做法或許看得更清楚。漆箱蓋面星圖的中央特別書寫著大大的
「斗」字，表示北斗，「斗」字周圍書寫二十八宿宿名，而二十八宿之
外的左、右兩側則分別繪有象徵四象的龍、虎，顯然，北斗與龍、虎共
存作為星象圖的核心內容的事實相當明確，而這與西水坡45號墓蚌塑遺
跡所表現的星象內容完全相同。不僅如此，兩幅星象圖的細節部分也毫
無差異。我們注意到，西水坡45號墓蚌虎的腹下尚有一堆蚌殼，只是因
為散亂，已看不出它的原有形狀，而曾侯乙漆箱星圖的虎腹下方也恰好
繪有一個火形圖像[25]，它的含義當然象徵古人觀象授時的主星──大火

25　龐樸，〈火曆鈎沈〉，《中國文化》創刊號(1989)。

星(心宿二，天蠍座α)。很明顯，由於有曾侯乙墓二十八宿漆箱星象圖的
印證，西水坡45號墓蚌塑遺跡組成了一幅與之內容相同的星象圖的事實
已沒有任何可懷疑的餘地了，而且直至西元前5世紀初，這種以北斗和
龍、虎為主要特徵的星象作品，在四千年的時間裡幾乎沒有任何改變。

我們知道，隨著地球的自轉，北斗雖然為黃河流域的先民所恒見，
但是位居天球赤道附近的星宿卻時見時伏，於是古人巧妙地在北斗與二
十八宿之間建立起了一種有效的聯繫。他們充分利用北斗可以終年觀測
的特點，將它與赤道星官相互拴繫，以便尋找二十八宿中那些伏沒於地
平的星宿。這種固定的聯繫表現為，角宿的位置依靠斗柄的最後二星定
出，實際順著斗杓的指向，可以很容易找到龍角。同樣，從北斗第五星
引出的直線正指南斗，而斗魁口端二星的延長線與作為虎首的觜宿又
恰好相遇[26]。儘管北斗與二十八宿的這種關係在戰國時代以前應該更為
完善[27]，但北斗與龍、虎關係的確立事實上已足以構建起一個古老的天
官體系。古人把北斗想像為天帝的乘車(圖9)，它運於天極中央，決定

圖9　東漢北斗帝車石刻畫像(山東嘉祥武梁祠)

26　《史記‧天官書》：「北斗七星，所謂『旋璣玉衡，以齊七政』。杓攜龍角，
　　衡殷南斗，魁枕參首。」
27　馮時，《中國天文考古學》(2001)，頁275-277。

著時間，指示著二十八宿的方位[28]。過去我們把中國天文學這一特點的形成時代追溯到西元前5世紀的戰國初年，因爲曾侯乙漆箱星圖完整地體現了這些思想。然而現在我們知道，曾侯乙星圖所反映的思想其實並不古老，它不過是西水坡星圖的再現而已！

在二十八宿形成的過程中，由於古人觀象授時的需要，東宮與西宮的部分星象曾經受到過特別的關注。上古文獻凡涉及星象起源的內容，幾乎都無法回避這一點。東宮蒼龍七宿在其形成的過程中恐怕至少有六宿是一次選定的，從宿名的古義分析，角、亢、氐、房、心、尾皆得於龍體[29]，從而構成了《周易·乾卦》所稱的「龍」[30]，也就是〈彖傳〉所指的「六龍」。而西宮白虎七宿的核心則在於觜、參兩宿，甚至到漢代，文獻及星圖中還保留著以觜、參及其附座伐爲白虎形象的樸素觀念（圖6）[31]。當然，西水坡45號墓所呈現的蚌塑龍虎並不意味著當時的人們尚只懂得識別與這兩象相關的個別星宿，因爲第二組蚌塑遺跡中與龍、虎並存的鳥和鹿正展現了早期四象體系中的另外兩象，其中鳥象來源於二十八宿南宮七宿中張、翼兩宿所組成的形象，而鹿則反映了二十八宿北宮七宿中危宿及其附座的形象[32]。在北宮的形象由玄武取代鹿之前，早期的四象體系一直是以龍、虎、鹿、鳥作爲四宮的授時主星，這個傳

---

28 《史記·天官書》：「斗爲帝車，運於中央，臨制四鄉，分陰陽，建四時，均五行，移節度，定諸紀，皆繫於斗。」

29 馮時，〈中國早期星象圖研究〉，《自然科學史研究》9.2(1990)；《中國天文考古學》(2001)，頁306-307。

30 聞一多，〈璞堂雜識·龍〉，《聞一多全集》(北京：三聯書店，1982)，冊二；夏含夷，〈《周易》乾卦六龍新解〉，《文史》24(1986)；陳久金，〈《周易·乾卦》六龍與季節的關係〉，《自然科學史研究》6.3(1987)；馮時，〈中國早期星象圖研究〉。

31 《史記·天官書》：「參爲白虎。三星直者，是爲衡石。下有三星，兌，曰罰，爲斬艾事。其外四星，左右肩股也。小三星隅置，曰觜觿，爲虎首。」 張守節《正義》：「觜三星，參三星，外四星爲實沈，……爲白虎形也。」

32 馮時，《中國天文考古學》(2001)，第六章第五節。

統至少在春秋時期仍未改變（圖
10），而它的影響甚至比一個新
的四象體系的建立更爲深遠。
顯然，西水坡蚌塑遺跡中四象
的出現不僅表明作爲各宮主宿
的四象星官成爲先民觀象授時
和觀測二十八宿的基礎星官，
而且以北斗和二十八宿等重要
星官建構的古老的五宮體系也
已形成。

　　東宮龍象中的大火星與西
宮虎象中的參宿作爲授時主星
的事實，文獻學與考古學的證

圖10　四象銅鏡
（西元前9世紀初至前7世紀中）

據已相當充分[33]。西元前第四千紀的中葉，大火星與參宿處於二分點，
這種特殊天象與觀象授時的關係恰好通過西水坡45號墓蚌塑龍、虎二象
的布列和北斗杓柄的特意安排十分巧妙而準確地表現了出來。很明顯，
爲再現古人觀象授時的工作，西水坡45號墓的蚌塑星象展現了當時的實
際星空，這種授時傳統不僅古老，甚至到數千年後的曾侯乙時代，仍然
能感受到它的深刻影響。

　　北斗與心、參兩宿作爲中國傳統的授時主星，它的起源顯然就是
心、參兩宿與太陽相會於二分點的時代。《公羊傳》昭公十七年：「大
辰者何？大火也。大火爲大辰，伐爲大辰，北辰亦爲大辰。」何休的解
釋是：「大火謂心，伐謂參伐也。大火與伐，天所以示民時早晚，天下

33　參見《左傳》襄公九年、昭公元年及《國語・晉語四》。又見龐樸，〈火曆鈎
　　沈〉；馮時，〈中國早期星象圖研究〉。

所取正，故謂之大辰。辰，時也。」這裡的「北辰」過去一直以為是北極，其實由於古人對於天極與極星認識的不同，早期的極星正是北斗[34]。顯然，鑒於北斗與心、參兩宿可以為先民提供準確的時間服務，因而對這三個星官的觀測便產生了最古老的三辰思想。

　　以立表測影與觀候星象為基礎而建構的授時系統在仰韶文化時代已經相當完善，由此決定的空間的測量工作當然需要首先完成。西水坡的四處遺跡準確無誤地分布於一條南北子午線上，這個事實足以證明先民們對於空間方位的把握程度。接下來的工作便是對於時間的劃分，而圭表致日與恒星觀測其實已使時間的計量並不困難，而且由於龍、虎、鹿、鳥四象的出現，分至四氣的校定顯然已經非常準確，這甚至直接影響了《尚書‧堯典》記載的以四仲中星驗證四氣的古老方法。正如四氣的確定便意味著曆年的確立一樣，四象的形成也意味著古人對於黃道和赤道帶星官的認識。由於四象最初只是四方星象中最重要的授時主星的形象，而它們作為四宮的象徵也只是這些授時主星地位的提升，但是我們不能想像古人在以四象校驗作為時間標記點的四氣的情況下，對黃道和赤道帶的其他星官卻視若無睹，而未能建立起與這個時間體系相對應的識星系統，這意味著二十八宿體系在當時也已基本形成，當然這個早期的樸素體系經過了後人的反復調整。事實上，古人識星體系的完整性不僅體現在對具體星象的縝密觀測，同時還在於對全天星象的整體把握。《史記‧天官書》以五宮分配天官，其中東、西、南、北四宮分配二十八宿，中宮天極星括轄北斗。儘管西水坡45號墓蚌塑星圖中北斗與二十八宿的對應關係呈現了比〈天官書〉更為簡略的模式，斗杓東指，會於龍角；斗魁在西，枕於參首。但第二組蚌塑遺跡作為四象的鹿、鳥的出現已經涉及了南、北兩宮，這種四象與四宮的固定

34　馮時，《中國天文考古學》(2001)，第三章第二節。

關係不僅可以獲得〈天官書〉的印證，更可以獲得曾侯乙墓星圖的印證。因此，以北斗與四象星象爲代表的五宮體系在當時已經建構起基本的雛型，它表明至少在西元前第四千紀的中葉，中國傳統天文學的主體部分已經形成。

(二)蓋天宇宙觀的形成

中國古代的宇宙理論大致包括三種學說，即蓋天說、渾天說和宣夜說。蓋天家認爲，天像圓蓋扣在方形平坦的大地上，這種認識至少部分地來源於人們的直觀感受，因而天圓地方的宇宙模式成爲起源最早的宇宙思想。

正像早期星圖作爲描述星象位置及再現觀象授時工作的作品一樣，先民對於宇宙模式的描述也創造了相應的圖解。由於不同季節太陽在天穹上的高度並不一致，夏至時太陽從東北方升起，於西北方落下，在天穹上的視位置偏北；冬至時太陽從東南方升起，於西南方落下，在天穹上的視位置偏南；而春分和秋分時太陽從正東方升起，於正西方落下，在天穹上的視位置居中。於是古人將二分二至時太陽因視運動而形成的三個同心圓記錄下來，創造出了蓋天家解釋星象運動和不同季節晝夜變化的基本圖形——蓋圖（圖11）。蓋圖的核心部分爲表現太陽於一年十二個中氣日行軌跡的「七衡六

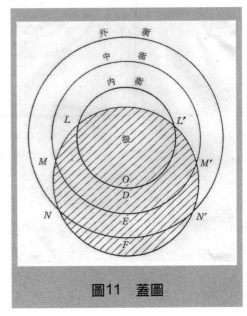

圖11　蓋圖

間圖」（圖12）。據《周髀算經》及趙爽的注釋，七衡六間的內衡爲夏至日道，中衡（第四衡）爲春分和秋分日道，外衡爲多至日道。顯然，由於二分二至乃是古人建立嚴格記時制的基礎，因此「七衡六間圖」的核心實際就是三衡圖。

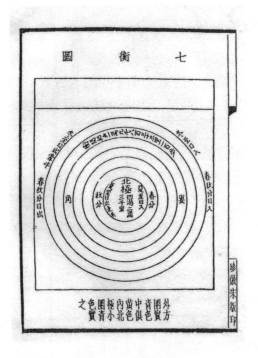

圖12　七衡六間圖

蓋天家對於蓋圖（圖11）持有這樣的認識，「七衡六間圖」也就是所謂「黃圖畫」，它實際是一幅以北極爲中心的星圖，而疊壓在黃圖畫上的部分則爲「青圖畫」，表示人的目視範圍。按照蓋天家的理解，太陽在天穹這個曲面內運行並不是東升西落，而是像磨盤一樣回環運轉，太陽被視爲拱極星，凡日光所能照耀的範圍便是人的目力所及，太陽轉入

「青圖畫」內是白天，轉出青圖畫外則是黑夜。如果以圖11表述蓋天家的天文理念，O點則為觀測者的位置，由於三衡分別以內衡象徵夏至，中衡象徵春秋分，外衡象徵冬至，所以L點即為夏至日的日出位置，L′點為其時的日入位置，太陽轉入「青圖畫」內在LDL′弧上運行是白天，在相反的弧上運行則是黑夜。M點為春秋二分日的日出位置，M′點為其時的日入位置，太陽在MEM′弧上運行是白天，在相反的弧上是黑夜。N點為多至日的日出位置，N′點為其時的日入位置，太陽在NFN′弧上運行是白天，在相反的弧上是黑夜。「青圖畫」和「黃圖畫」各有一個「極」，貫穿兩個「極」點，不僅可以看見黃圖畫上的七衡六間和二十八宿等星象，而且能夠很容易了解一年中任何季節日出日入的方向和夜晚的可見星象。同時，「青圖畫」所分割的三衡象徵晝夜的兩部分弧長之比理應隨著季節的變化而不同，這種差異則為蓋天家用來說明分至四氣晝夜長度的變化。譬如，春秋分二日的晝夜等長，那麼蓋圖的中衡表示晝夜的弧長就應該相等；冬至夜長於晝，夏至晝長於夜，比例相反，則外衡與內衡表示多至與夏至的晝夜的兩弧之比也應相反，這些特點至少在屬於西元前第三千紀的早期蓋圖中已經表現得相當準確[35]。

當我們以這種樸素的蓋天理論重新看待西水坡45號墓的墓穴形狀的時候，我們在獲得天圓地方的直觀印象的同時，顯然可以將墓穴的奇異形狀理解為蓋圖的簡化形式，因為如果我們以墓穴南邊的弧形墓邊作為蓋圖的中衡，也就是春分和秋分的日道看待，就可以完好地復原蓋圖（圖13）。其實，墓穴的形狀正是截取了蓋圖的內衡、外衡和「青圖畫」的部分內容，構圖十分巧妙！因此，西水坡45號墓不僅以其蚌塑遺跡構成了中國目前所見最古老的天文星圖，而且墓葬的特殊形制也表現了最

---

35 馮時，〈紅山文化三環石壇的天文學研究——兼論中國最早的圜丘與方丘〉；
    《中國天文考古學》（2001），第七章第二節。

原始的蓋圖，這種設計當然符合中國古代星圖必以蓋圖為基礎的傳統。

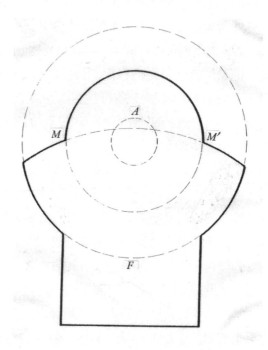

圖13　西水坡45號墓蓋圖復原

　　中國古人始終持有一種以南象天的觀念，與天相對的北方才是地的位置，這個傳統幾乎同時影響著早期天文圖和地圖的方位系統，因此，以南為天的圖像表述便是以上為天，這個方位又恰好符合古人以圓首象天、方足象地的樸素思維[36]。事實上，西水坡45號墓的墓穴形狀不僅以蓋圖的「黃圖畫」作為南方墓廓，同時將墓穴的北邊處理為方形，其刻意表現天圓地方的宇宙思想已相當清楚。墓穴又以蓋圖表示二分日夜空

36　《淮南子‧精神訓》：「頭之圓也象天，足之方也象地。」

的部分作為主廓，這種設計與墓中布列龍虎星象及北斗的做法彼此呼應，準確體現了大火星與參星在二分日的授時意義。這些思想在《周髀算經》中都或多或少地留有痕跡。很明顯，西水坡45號墓的墓穴形制選取蓋圖的春秋分日道、冬至日道和陽光照射界線，同時附加方形的大地，一幅完整的蓋天宇宙圖形便構成了。它向人們展示了天圓地方的宇宙模式、寒暑季節的變化特點、晝夜長短的交替更迭、春秋分日的標準天象以及太陽的周日和周年視運動特點等一整套古老的宇宙思想，表現了南天北地的空間觀念和天地人三才的人文精神。或許這些答案的象徵意義十分強烈，但它所反映的古老的科學思想與文化觀念卻很清晰。

　　中國古代的埋葬制度孕育著一種根深柢固的傳統，死者再現生者世界的做法通過墓葬形制得到了充分的表現，其中最顯著的特點就是使墓穴呈現出宇宙的模式並布列星圖。這種待遇恐怕最初僅限於王侯，顯然它緣起於中國天文學所固有的官營性質。不過隨著禮制被踐踏，這種象徵地位和權力的制度多少失去了原有的意義。儘管如此，西水坡45號墓作為這種傳統的鼻祖應當之無愧，而後世那些因夯築而得以殘留的封塚遺跡以及更晚的穹窿頂墓室結構，顯然都是天圓地方觀念的直觀反映。《史記‧秦始皇本紀》描述其陵塚「上具天文，下具地理」，再造了一幅真實的宇宙景象。而晚期的墓室星圖幾乎一致地繪於穹窿頂中央，證明半球形的封塚和墓頂象徵著天穹。與此對應的是，曾侯乙墓的棺側繪出門窗和衛士，表示墓主永居的家室，又證明方形的墓穴象徵著大地。事實表明，傳統的封樹制度及穹窿式墓頂結構與方形墓穴的配合，正可以視為蓋天宇宙論的立體表現。很明顯，這種由西水坡45號墓蓋天理論的平面圖解到後世立體模式的轉變，反映了同一宇宙思想的不同表現形式。

(三)靈魂升天思想的再現

　　西水坡45號墓中埋葬的主人不僅是這座墓穴的主人，同時也是包括第二組、第三組蚌塑遺跡和31號墓在內的完整祭祀遺跡的主人。事實上，45號墓主擁有的這座宏大遺跡所展示的內涵是清楚的，如果我們將第三組蚌塑遺跡中騎龍遨遊的蚌人視為45號墓主靈魂的再現的話，那麼這個具有原始宗教意義的壯麗場景豈不體現了古老的靈魂升天的觀念！很明顯，三組蚌塑遺跡等間距分布於子午線上，45號墓居北，人騎龍的遺跡居南，形成一條次序井然的升天路線。45號墓主頭南足北，墓穴的形狀又呈南圓北方，都一致地表達著一種南方為天、北方為地的理念，墓主頭枕南方，也正指明了升天靈魂的歸途。顯然，如果位居這條升天通道北南兩端的45號墓和人騎龍的蚌塑遺跡分別表現了墓主生前及死後所在的兩界──人間與天宮，那麼第二組蚌塑遺跡就毫無疑問應該反映著墓主靈魂的升天過程。理由很簡單，古代先民常以龍、虎和鹿作為駕御靈魂升天的靈蹻[37]，而靈蹻之所以能升騰，則正是由於鳥的負載。商周時代的銅器和玉器紋樣，仍忠實地反映著這種樸素思想(圖14)[38]。有

圖14　商代飛鳥負龍玉飾
（殷墟婦好墓354）

37　張光直，〈濮陽三蹻與中國古代美術上的人獸母題〉，《文物》1989.11。

38　中國社會科學院考古研究所，《殷墟婦好墓》(北京：科學出版社，1980)，頁159。類似的圖像還見於李學勤、艾蘭，《歐洲所藏中國青銅器遺珠》(北京：

圖15　馬王堆西漢墓出土非衣

趣的是，這些思想恰好就是第二組蚌塑遺跡作為四象的龍、虎、鹿、鳥所要表現的主題。

　　鳥載負著三蹻而駕御靈魂升天的觀念看來是相當古老的，在這個意義上，作為星象本質的四象又從純粹的天文回歸到人文的層面，重現了科學最終服務於人類的根本目的。人死之後，靈魂離開軀殼而逐漸升騰，無論是在升天的途中，還是最後升入天國，周圍的環境顯然已經與人間不同。所以古人在象徵升天通途的第二組蚌塑遺跡和象徵天國世界的第三組蚌塑遺跡的下面，都人為地特意鋪就了象徵玄天的灰土，從而嚴格區分於象徵人間的45號墓埋葬於黃土之上的做法。這種刻意安排除了表明樸素的天地玄黃的思想之外，恐怕不可能有

（續）

文物出版社，1995），圖99；中國社會科學院考古研究所，《張家坡西周墓地》（北京：中國大百科全書出版社，1999），圖198：1-3。商周時期的青銅鳥尊或於羽翅飾有龍紋，同樣反映了這一思想。

其他的解釋。不僅如此，第三組蚌塑遺跡在爲象徵玄色的夜空而特意鋪就的灰土之上，又於蚌龍與蚌虎周圍有規律地點綴了無數的蚌殼，宛如燦爛的銀漢天杭。墓主升入天國後御龍遨遊，使整個圖景儼然一幅天宮世界，寓意分明。其實，這種展示靈魂升天的場面我們在馬王堆西漢墓出土的非衣上也可以看到。畫面下層繪有墓主生前的生活場景，中層描繪了二龍駕御墓主的升天過程，而上層則爲天門內的天上世界（圖15），含義及表現手法與西水坡蚌塑遺跡所展示的宗教內容一脈相承。

　　人的頭象天，中國的早期文字已非常形象地表達了這種思想。天的位置在南方，這個觀念又可以從古代君王觀象授時的活動自然地發展出來。顯然，頭枕南方的姿態當然指明了靈魂歸所的方向。亡人與天的聯繫首先就需要表現在其靈魂與天的溝通，紅山文化先民將上下貫通的箍形禮玉枕於死者的頭下[39]，而西漢侯王用以斂屍的玉衣也要在亡人的頭頂部分嵌有中空設孔的玉璧[40]，這些象徵天地交通的禮玉被置於死者的頭部，其用意都是要爲亡者實現靈魂升天的目的。事實上自商周以降，中國古代的墓葬形制存在著一種普遍的現象，這便是或有一條墓道而多居墓穴南方，如有多條墓道，則唯南墓道最寬最長，甚至有時在南墓道內還擺放有駕御靈魂升天的靈蹻[41]。西水坡宗教遺跡證明，這些觀念的產生年代顯然是相當久遠的。

　　祖先的靈魂在天上，並且恭敬地侍奉於天帝周圍，這些思想儘管在甲骨文、金文及傳世文獻中記載得足夠詳細，但早期的考古學證據卻很難再有比西水坡的壯麗遺跡更能說明問題。事實上，靈魂升天並不是每

39　馮時，〈天地交泰觀的考古學研究〉，《出土文獻研究方法論文集初集》（臺北：臺灣大學出版社，2005）。

40　鄧淑蘋，〈中國新石器時代玉器上的神秘符號〉，《故宮學術季刊》10.3（1993）。

41　梁思永、高去尋，《侯家莊》第七本（臺北：中央研究院歷史語言研究所，1974），1500號大墓，頁40-42；劉一曼，〈略論甲骨文與殷墟文物中的龍〉，《21世紀中國考古學與世界考古學》（北京：中國社會科學出版社，2002）。

人都可以享有的特權，只有那些以觀象授時爲其權力基礎的人才能獲得這樣的資格，這意味著天文知識不僅作爲科學的濫觴，同時也是王權政治的濫觴。

（四）王權政治與天命思想

中國古代天文學與王權政治的密切聯繫造就了一種根深柢固的觀念，這便是君權神授、君權天授的樸素認知。天的威嚴當然通過水旱雷霆等各種災害直接地爲人們所感受，然而古人並不認爲這種威嚴不可以通過作爲天威的人格化的王權來體現，這個代表天神意旨的政治人物便是天子。

當人們擺脫原始的狩獵採集經濟而進入農業文明的時候，掌握天文學知識則是必須的前提。換句話說，我們不可能想像一個沒有任何天文知識、一個不能了解並掌握季候變化的民族能夠創造出發達的農業文明。因此，天文學不僅與農業的起源息息相關，而且由於先民觀象授時的需要，這門學科理所當然地成爲一切科學中最古老的一種。

中國早期天文學在描述一般天體運動的同時還具有強烈的政治傾向，這種傾向事實上體現了一種最原始的天命觀。我們知道，天文學對於人類生活的作用首先表現在它能爲農業生產提供準確的時間服務，在沒有任何計時設備的古代，觀測天象便成爲決定時間的唯一標誌，這就是觀象授時。《尙書·堯典》以帝命羲、和「敬授人時」，這裡的羲、和便是戰國楚帛書所講的伏羲和女媧[42]，二人分執規矩以規劃天地，同時又以人類始祖的面目出現，顯然，這種掌握了時間便意味著掌握了天地的樸素觀念將王權、人祖與天文授時巧妙地聯繫了起來。

觀象授時雖然從表面上看只是一種天文活動，其實不然，它從一開

42　李零，《長沙子彈庫戰國楚帛書研究》（北京：中華書局，1985），頁67。

始便具有強烈的政治意義。很明顯，在生產力水平相當低下的遠古社
會，如果有人能夠通過自己的智慧與實踐逐漸了解在多數人看來神秘
莫測的天象規律，這本身就是了不起的成就。因此，天文知識在當時其
實就是最先進的知識，這當然只能爲極少數的人所掌握。《周髀算經》
所謂「知地者智，知天者聖」，講的就是這個道理。而一旦有人掌握了
這些知識，他便可以通過觀象授時的特權實現對氏族的統治，這便是王
權的雛型。理由很簡單，觀象授時是影響作物豐歉的關鍵因素，對遠古
先民而言，一年的歉收將會決定整個氏族的命運。顯然，天文學事實上
是古代政教合一的帝王所掌握的神秘知識[43]，對於農業經濟來說，作爲
曆法準則的天文學知識具有首要的意義，誰能把曆法授予人民，誰就有
可能成爲人民的領袖[44]。因此在遠古社會，掌握天時的人便被認爲是了
解天意的人，或者是可以與天溝通的人，誰掌握了天文學，誰就獲得了
統治的資格。《論語·堯曰》：「堯曰：『咨！爾舜！天之曆數在爾躬，
允執其中。』……舜亦以命禹。」這種天文與權力的聯繫，古人理解得
相當深刻。事實造就了中國天文學官營的傳統，從而使統治者不擇手段
地壟斷天文占驗，禁止民間私司天文。很明顯，由於古代政治權力的基
礎來源於人們對於天象規律的掌握程度和正確的觀象授時的活動，因
此，天文學作爲最早的政治統治術便成爲君王得以實現其政治權力的
唯一工具，這不僅體現了初始的文明對於愚昧的征服，而且由此發展出
君權神授、君權天授的傳統政治觀，甚至直接影響著西周乃至儒家的天
命思想與誠信思想[45]。

43　Hellmut Wilhelm, *Chinas Geschichte, zehn einführende Vorträge, Vetch*(Peijing, 1942).

44　Joseph Needham, *Science and Civilisation in China*, Vol. III, *The Sciences of the Heavens*(Cambridge University Press, 1959).

45　馮時，〈儒家道德思想淵源考〉，《中國文化研究》2003.3；〈西周金文所見「信」、「義」思想考〉，《文與哲》2005.6。

　　如果王權的獲取只能通過對天的掌握來實現的話，那麼授予王權的天也便自然成爲獲得天命的君王靈魂的歸所，這意味著這種樸素的政治觀直接導致了以祖配天的宗教觀念的形成。毫無疑問，掌握天象規律是正確授時的前提，而在大多數不明天文的民眾看來，正確的授時工作其實已經逐漸被神話爲了解天命並傳達天意的工作，從而使其具有了溝通天地的特殊作用，這種認識邏輯當然符合原始思維的特點。在這樣的文化背景下考察西水坡的原始宗教遺跡，我們甚至可以揭示一些更爲深刻的思想內蘊。毋庸置疑，西水坡45號墓不僅形制特殊，規模宏大，而且隨葬星宿北斗，墓主與其說葬身於一方墓穴，倒不如說雲遊於宇宙星空，這種特別安排顯然是其生前權力特徵的再現，有鑒於此，不將45號墓的主人視爲一位司掌天文的部落首領恐怕已沒有其他的解釋。事實上，在漫長的史前時代，由於神秘的天文知識只爲極少數巫覡所壟斷，因而這些擁有所謂通天本領的巫覡理所當然地被尊奉爲氏族的領袖，當然也只有他們的亡靈可以被天帝所接納，成爲伴於天帝的帝廷成員。因此，天文學在爲人類提供時間服務的同時，作爲王權觀、天命觀與宗教觀的形成基礎其實是其具有的更顯著的特點。

（五）四子神話的產生

　　中國古代四子神話的出現年代，文獻學的證據至少可以追溯到春秋以前。殷人顯然還保留著天帝的四方使臣即是四氣之神的觀念，甲骨文的四方風名明確顯示了四方神名來源於古人對於二分二至實際天象的描述（圖16），這意味著四方神名其實就是司掌分至四氣的四神之名[46]，因此，以分至四氣分配四方的觀念是古老而質樸的。

　　分至四神的本質源於四鳥，之後演化爲天帝的四子，進而在〈堯典〉

46　馮時，〈殷卜辭四方風研究〉，《考古學報》1994.2。

中又規範爲司掌天文的羲、和之官。〈堯典〉的文字頗爲系統，所以值得引述在這裡。

圖16　商代甲骨文四方風名(《甲骨文合集》14249)

乃命羲、和，欽若昊天，曆象日月星辰，敬授人時。

分命羲仲，宅嵎夷，曰暘谷。寅賓出日，平秩東作。日中，星鳥，以殷仲春。厥民析，鳥獸孳尾。

申命羲叔，宅南交。平秩南訛，敬致。日永，星火，以正仲夏。厥民因，鳥獸希革。

分命和仲，宅西，曰昧谷。寅餞納日，平秩西成。宵中，星虛，以殷仲秋。厥民夷，鳥獸毛毨。

申命和叔，宅朔方，曰幽都。平在朔易。日短，星昴，以正仲冬。厥民隩，鳥獸氄毛。

帝曰：「咨，汝羲暨和！朞三百有六旬有六日，以閏月定四時成歲。」

文中的「日中」、「日永」、「宵中」、「日短」分指春分、夏至、秋分和冬至，而帝堯命羲仲、羲叔、和仲與和叔分居四極以殷正四氣，其為司分司至之神自明。

儘管〈堯典〉的羲、和四官作為司理分至的神祇的事實已相當清楚，但除此之外則還保留著四神作為析、因、夷、隩的更為古老的名稱系統，這些名號在《山海經》中則作折、因、夷、鵗，顯然直接來源於甲骨文所記的四方神名——析、因、彝、夗[47]。因此，〈堯典〉同時記載的另一套與羲、和名義相關的羲仲、羲叔、和仲、和叔不僅反映了四神名稱的演變，更重要的則是將四神與羲、和拉上了關係。

四神與羲、和相關聯的思想在稍後的文獻中則有更明確的表述。長沙子彈庫出土的戰國楚帛書以為，分至四神其實就是伏羲娶女媧所生

47 胡厚宣，〈甲骨文四方風名考證〉，《甲骨學商史論叢初集》(成都：齊魯大學國學研究所石印本，1944)，冊二；〈釋殷代求年于四方和四方風的祭祀〉，《復旦學報》(人文科學)1956.1。

的四子，這個記載爲〈堯典〉反映的分至四神名由原本表現分至的天象
特徵而向羲、和子嗣的演變提供了證據。當然，古代文獻文本的早晚並
不等同於其所記載的觀念的早晚。事實上，〈堯典〉將羲仲、羲叔、和
仲、和叔四神與羲、和的聯繫如果說還僅僅停留在名號上的話，那麼楚
帛書的記載已明確將四神視爲伏羲和女媧的後嗣了，由於伏羲、女媧的
原型就是羲、和，因此，古老的四子神話其實就是司理分至的四神的神
話，四神曾被人們認爲只是伏羲和女媧的四個孩子，實際也就是羲、和
的子嗣。

　　四神本爲四鳥，這個觀念當然來源於金烏負日的樸素思想[48]，相關
的考古遺物不乏其證(圖17)。其實，從四鳥到四子的轉變體現著一種神

靈擬人化的傾向，這實際反
映了先民自然崇拜的人文規
範。由於至上神天帝的人格
化，一切自然神祇便相應地
被賦予了人性的特徵，而四
子神話的演進過程也應體現
著這種精神。

　　四神因分主四氣而分居
四方，他們的居所在〈堯典〉
中有著明確記載。羲仲司春
分，宅嵎夷，居暘谷。暘谷
又名湯谷，爲東方日出之
地。和仲司秋分，宅西，居

圖17　四川成都金沙遺址出土
太陽四鳥金箔飾

48　馮時，《中國天文考古學》(2001)，頁154-160；《中國古代的天文與人文》(2006)，
　　第二章第二節之二。

昧谷。昧谷又名柳谷，爲西方日入之地。羲叔司夏至，宅南交而未詳居
所，爲南方極遠之地。和叔司多至，宅朔方，居幽都，爲北方極遠之地。
古人以爲，春秋二分神分居東極、西極日出、日入之地，敬司日出、日
入，多夏二至神則分居北極、南極，以定多至、夏至日行極南、極北。
事實上，古史傳說中分至四神的居所雖然極富神話色彩，但它們在蓋圖
上卻是可以明確表示的，這一點顯然可以通過西水坡45號墓墓穴形狀
所呈現的蓋圖得到具體的說明。蓋圖的中衡爲春分和秋分日道，那麼中
衡與青圖畫的交點M顯然就是春秋分的日出位置，交點M′則爲其時的
日入位置。外衡爲多至日道，根據墓穴的實際方位，則外衡的頂點F爲
極北點。中衡之內又應有內衡，只是因與墓主的位置重疊而略去。內衡
爲夏至日道，則內衡的頂點A爲極南點（圖13）。誠然，如果僅從天文學
角度思考，這四個位置的確定不過只是在蓋圖中準確地標示出四個點而
已，但是在文化史上，這些點的確定便具有了更爲廣泛的意義。因爲日
出的位置正是古人理解的暘谷，而日入的位置實際也就是昧谷，這兩個
文化地理概念在蓋圖上卻恰可以通過M點和M′點來象徵。沿著這樣的
思路，我們便能很容易地確定外衡極北F點乃爲幽都的象徵，而內衡極
南A點則象徵著南交。顯然，根據蓋天理論，將四子所居之位在蓋圖上
作這樣的設定是沒有問題的。

　　西水坡45號墓的墓穴形狀呈現了原始的蓋圖，由於作爲蓋圖核心部
分的黃圖畫的主體即是象徵二分二至的日行軌道，因此，對於分至四氣
的認識顯然已是西水坡先民應有的知識，而蓋圖四極位置的確定，實際
已將借此探討四子神話的產生成爲可能，因爲在墓中象徵春秋分日道和
多至日道的外側恰好分別擺放著三具殉人。三具殉人擺放的位置很特
別，他們並非被集中安排在墓穴北部相對空曠的地帶，而是分別放置於
東、西、北三面。如果結合蓋圖相應位置所暗寓的文化涵義考慮，那麼
這些擺放於象徵四極位置的殉人就顯然與司掌分至的四神有關。準確

地說,蓋圖中衡外側的兩具殉人分別置於M點和M′點,M點爲暘谷之象徵,M′點爲昧谷之象徵,因此,位居M點及M′點外側的二人所體現的神話學意義正可與司分二神分居暘谷、昧谷以司日出、日入的內涵暗合,應該分別象徵春分神和秋分神。而蓋圖外衡外側的殉人居於F點,F點爲幽都之象徵,從而暗示了此人與冬至神的聯繫。況且殉人擺放的位置與東、西殉人順墓勢擺放的情況不同,而是頭向東南呈東偏南40度,這當然是一個極有意義的角度。以濮陽的地理緯度計算,當地所見冬至日出的地平方位角約爲東偏南31度。西水坡先民認識的方位體系只能是基於太陽視運動的地理方位,而與今日所測的地磁方位存在磁偏角的誤差。如果我們充分考慮到這些因素,或者以墓穴北部方邊作爲西水坡先民測得的東西標準線度量殉人方向,便會發現居於象徵幽都位置的殉人,他的頭向正指冬至時的日出位置,而且相當準確。顯然,這具殉人所具有象徵冬至之神的意義是相當清楚的。

春秋二分神與冬至神的存在意味著人們有理由在同一座遺跡中找到夏至神。我們曾經指出,西水坡45號墓中作爲北斗杓柄的兩根人的脛骨很可能是自31號墓特意移入的,因爲不僅同一遺址中31號墓的主人恰恰缺少脛骨,而且根據對墓葬形制的分析,可以肯定地說,墓主的兩根脛骨在入葬之前就已被取走了[49],這當然加強了31號墓與45號墓的聯繫。在西水坡諸遺跡近乎嚴格地沿子午線作南北等距分布的設計理念中,31號墓正是以這樣的特點位於這條子午線的南端。很明顯,這些線索已不能不使我們將31號墓的主人與45號墓中缺失的夏至之神加以聯繫,即使從他處於正南方的位置考慮,其所表現的夏至神的特點也十分鮮明。

南方象天當然是古人恪守的傳統觀念,這應該是西水坡先民獨以位

49　馮時,〈河南濮陽西水坡45號墓的天文學研究〉;《中國天文考古學》(2001),頁280。

居南方的夏至神的脛骨表現北斗杓柄的首要考慮。而夏至神的頭向正南，不同於象徵冬至的神祇頭指其時的日出方向，這種做法無疑顯示了古人對於夏至神的獨特的文化理解。《淮南子・天文訓》：「日冬至，日出東南維，入西南維。至春秋分，日出東中，入西中。夏至，出東北維，入西北維，至則正南。」其中獨云夏至「至則正南」，則是對夏至測影以正南方之位的具體說明，這些方法在《周髀算經》中尚有完整的留存，而〈堯典〉唯於夏至之時以言「敬致」，即夏至致日之事，也明證此俗淵源甚古。夏至日出東北寅位而入西北戌位，所以表影指向東南辰位與西南申位，辰、申的連線即爲正東西，自表南指東西連線的中折處，則爲正南方向。顯然，正南方位的最終測定與校驗，唯在夏至之時，這便是所謂「至則正南」的深意，而墓中象徵夏至的神祇頭向正南，似乎正是這一古老思想的形象表述。

夏至神安排在整座遺跡的南端，這個事實無疑反映了古人對於這一原始宗教場景的巧妙布置。很明顯，由於45號墓的主人已經佔據了夏至神原有的位置，而墓主頭向正南，南方又是靈魂升天的通道，所以45號墓以南方的圓形墓邊象徵天位，墓主的靈魂由此升騰，經過第二組遺跡所表現的靈蹻的駕御，升入第三組遺跡所展現的天國世界。這樣一個完整的升天理念使靈魂升天的通途上已不可能再有容納夏至神的位置，因而夏至神只能遠離他本應在的位置而置於極南，這一方面可以保持整座遺跡宗教意義的完整，另一方面也不違背古人以夏至神居處極南之地的傳統認識。事實上，夏至神居所的這種變動與不確定性似乎體現著一種淵源有自的人文理解，〈堯典〉經文獨於夏至神羲叔僅言宅南交而未細名居地，正可視爲這種觀念的反映。這個傳統在曾侯乙時代仍然保持著，曾侯乙二十八宿漆箱立面星圖唯缺南宮的圖像，時人並將南立面塗黑[50]，

50　湖北省博物館，《曾侯乙墓》（北京：文物出版社，1989），上冊，頁354-356。

意在以玄色的畫面象徵玄色的天空[51]。這種做法當然緣於南方一向被視為死者靈魂的升天通途，因而四神中唯以夏至之神脫離蓋圖而遠置南端，正是要為避讓墓主靈魂的升天路徑。顯然，西水坡宗教遺跡中四神的布處不僅可以追溯出〈堯典〉獨於南方夏至之神只泛言居所而不具名其地的原因，而且可以使我們領略〈堯典〉四神思想的古老與完整。

也許在注意這些安排的同時，我們也不應忽略殉人的年齡。經過鑒定(31號墓未報導)，他們都是12至16歲的男女少年，而且均屬非正常死亡。這些現象顯然又與四子的神話暗合，因為古代文獻不僅以為四神乃是司分司至之神，甚至這四位神人本來一直被認為是羲、和的孩子。

西水坡遺跡既然表現了45號墓主靈魂的升天儀式，那麼其中特意安排的四子就不能與這一主題沒有關係。四子作為天帝的四位佐臣，當然也有佐助天帝接納升入天界的靈魂的職能，因為四子既為四方之神，其實就是掌管四方和四時的四巫。四巫可以陟降天地，這在甲骨文、金文和楚帛書中記述得非常清楚。所以人祖的靈魂升天，也必由四子相輔而護送，當然，有資格享受這種禮遇的人祖必須具有崇高的地位。

古代神話的天文考古學研究，這樣的契機或許並不很多。通過梳理，四子神話的發展與演變似乎已廓清了大致的脈絡。四子的原型為四鳥，這當然來源於古老的敬日傳統，並且根植於古代天文學的進步。但是隨著神祇的人格化，四神由負日而行的四鳥轉變為太陽的四子，而日神則由樸素的帝俊而羲和，其後又二分為羲與和，更漸變為伏羲和女媧。於是四子也就被視為羲、和或伏羲、女媧的後嗣。現在我們似乎有理由相信，這樣一套完整的神話體系的建立，至遲在西元前第四千紀的中葉已經完成。

如果說英國索爾茲伯里巨石陣的研究最終孕育了天文考古學這一

51　馮時，《中國天文考古學》(2001)，頁329-330。

嶄新學科的話，那麼西水坡仰韶時代蚌塑遺跡對於中國天文考古學的構建便具有著同樣的意義。正因爲如此，我們對於古代文明與科學的探索才有了新的有效方法。必須強調的是，西水坡宗教遺跡所展示的科學史與文明史價值固然傑出，但它所構建起的重新審視古代社會的知識背景不僅系統，而且也更顯重要，事實上，這種背景將成爲我們客觀研判古代文明的認識基礎。

三、天文考古學與上古宇宙觀

西水坡宗教遺跡雖然涉及了古代思想的重要方面，但顯然不是上古思想的全部。由於先民對天地神明的景仰，他們的精神活動是豐富而奇特的。這些思想既構成了中國傳統文化的主幹，也形成了傳統文化的特色。

上古的天文思想與人文觀念顯然都建立在古人對於時空的認知之上，這一點通過西水坡的宗教遺跡已經反映得相當清楚。時空觀的形成不僅成就了系統的天文科學，同時也成爲描述陰陽思辨的理想形式，而人們對於天地本質的探索則爲交泰思想的產生奠定了基礎。這些觀念逐漸發展豐富，構成了上古宇宙觀的核心。

（一）時空觀

中國古代的空間觀與時間觀密不可分，傳統時間體系的建立必須通過對空間的測定而完成，因此，古人如何決定時間，實際取決於他們如何決定空間，當然，表是辨方正位的基本工具。事實上，我們沒有理由把古人對於方位的認定看成是很晚的事情，眾多的考古資料顯示，新石器時代的房屋、墓穴和郭邑的方向常常都很端正，因此可以相信，只要古人願意把他們的生居或死穴擺在一條正南正北的端線上，他們就

有能力做到這一點。這證明當時的人們顯然已經掌握了用表確定方位
的方法。

　　將表立於平整的地面上測影定向並不是一件困難的事情，古人通
過長期實踐，可以使這一工作日益精密。《詩經》以及稍晚的文獻中有
關這一工作的記載已很明確[52]，方法雖然簡質，但頗有效。西元前第四
千紀，古人對於表的運用顯然已經相當成熟，西水坡宗教遺跡的發現充
分印證了這一點，而表的實物甚至在夏代的遺址中已有發現，至於殷卜
辭常見的「立中」之貞，意即立表正位定時[53]，這個意義當然體現了建
旗聚眾與立表計時的綜合思想[54]。顯然，以表決定空間和時間的傳統是
相當古老的。

　　由「中」字所表現的立表測影而獲得的空間觀念通過甲骨文作為天
干之首的「甲」和作為大地象徵的「亞」字得到了具體體現。「甲」字
本作「＋」形，象東、西、南、北、中五方，而「亞」字作「⊕」，
乃是「甲」字所表現的四方中央觀念的平面化，象徵五位。四方五位作
為空間方位的基礎，它的建立無疑暗示了商代先民已經完成了由四方
五位到八方九宮的一整套空間觀念的發展。

　　古人最早確定的方位當然只有東、西、南、北四正方位，因為不論
這四個方位中兩個任意相對方位的確定，都將意味著另外兩個方位可
以同時得到建立。儘管一年中只有春分和秋分時太陽的出沒方向位於
正東和正西，但測定東、西方位卻並不一定非要在這兩天進行。相反，
只有當方位體系──至少是四方──建立完備之後，人們才可能根據已
經確定的方位標準確定四氣──春分、秋分、夏至和冬至。因此，方位

52　參看《詩·鄘風·定之方中》、《考工記·匠人》、《周髀算經》、《淮南子·
　　天文訓》。

53　蕭良瓊，〈卜辭中的「立中」與商代的圭表測景〉，《科技史文集》10(1983)。

54　馮時，《中國古代的天文與人文》，頁9-10。

體系作爲原始的記時體系的基礎這一點應該沒有疑問。

　　早期先民對太陽的崇拜使他們很早就懂得了如何利用太陽運動來解決自己在方位和時間上所遇到的麻煩，這當然得益於立表測影。因此，在人們尙不能用文字表達方位概念的時代，四方的概念，特別是象徵太陽出升與沒落的東、西兩方往往是通過太陽表示的。生活在西元前第五至前第四千紀的河姆渡文化先民已經掌握了這些知識，出土的屬於這一時期的骨匕、象牙雕片和陶豆盤上不僅繪有太陽與分居左右的兩鳥合璧的圖像，甚至還有太陽與分居四方的四鳥合璧的圖像[55]。如果說鳥象徵著太陽而居四方，那麼居於四方的鳥不僅表現了古人通過立表測影所懂得的東、西、南、北四個方位，而且也恰好反映了先民以鳥作爲太陽象徵的傳統觀念。不過由於河姆渡文化已經具有了高度發達的稻作農業，這在古人對於時間蒙昧無知的時代是不能想像的，因此，鳥作爲太陽的象徵而指建方位的寓意顯然已具有指建時間的意義，這意味著真正的方位體系和原始記時體系的起源年代比河姆渡文化要古老得多。

　　古人用比太陽或鳥更抽象的符號來表示五方則是「甲」字。「甲」字本象二繩交午之狀，這個形構不僅體現了蓋天家對於大地的理解，而且相關的理論和思想在《淮南子》和《說文解字》中也有完整的存留[56]。二繩中的「—」(卯酉)表示東、西，「｜」(子午)表示南、北，二繩的交午處則爲中央。很明顯，「甲」字作爲二繩交午的字形來源於古人觀測日影而決定四方的寫實，而四方既是計時的基礎，同時又是四氣的象徵，

55　浙江省文物管理委員會、浙江省博物館，〈河姆渡遺址第一期發掘報告〉，《考古學報》1978.1；河姆渡遺址考古隊，〈浙江河姆渡遺址第二期發掘的主要收獲〉，《文物》1980.5。

56　馮時，〈古代時空觀與五方觀念〉，*Actes des Symposiums internationaux Le Monde Visuel Chinois*, Centre de Recherches Linguistiques sur l' Asie Orientale, École des Hautes Études en Sciences Sociales, Paris, 2005.

於是「甲」字便自然地移用於記時文字，並成為十天干中首要的符號。

對於方位的古老表示方法，河姆渡先民似乎已完成了從太陽或鳥向「＋」形的抽象工作。當時的遺物上已普遍見有這類符號，儘管它們的天文學含義尚不十分明確，但更晚的禮制建築或遺物中，類似的設計則相當廣泛。河南杞縣鹿台崗龍山文化的一座禮制建築呈外方內圓[57]，頗具明堂之風，其中居中的圓室之內則有一正向的「＋」形遺跡(圖18)。

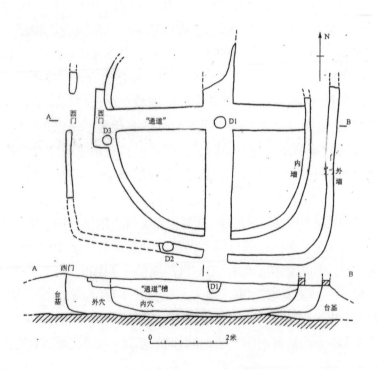

圖18　河南杞縣鹿臺崗龍山文化禮制建築平、剖面圖

57　鄭州大學文博學院、開封市文物工作隊，《豫東杞縣發掘報告》(北京：科學出版社，2000)。

這個傳統在西漢景帝陽陵陵園的設計中，仍以「羅經石」的形式保持著[58]，而二里頭文化青銅鉞與圓儀上的「＋」形符號不僅由於這兩件遺物本身就是象徵王權的儀仗和天文儀具（圖19），而且更重要的是，「＋」形符號的設計方式明確反映了古人對於原始律曆的理解以及與此相關的一整套數術思想，從而使位於十干之首的「甲」字本身的記時功能通過「＋」形圖像所展示的作為記時基礎的空間概念的強化得到了徹底的體現[59]。

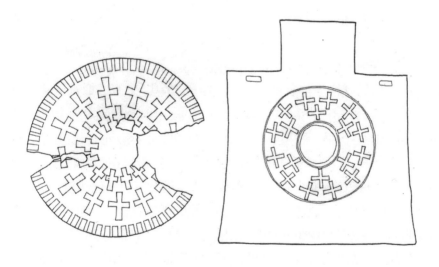

圖19　雕飾記時「甲」字的二里頭文化青銅圓儀與青銅鉞

58　馮時，《中國古代的天文與人文》（2006），第一章。
59　馮時，〈《堯典》曆法體系的考古學研究〉，《文物世界》1999.1；《中國天文考古學》（2001），第三章第三節。

四方的建立顯然只是更為複雜的
方位體系得以建構的基礎而已。學者
認為，人立足於大地，他會怎樣看待
宇宙呢？二元對應顯然不夠，因為東
的出現則意味著有西，而東、西的建
立又意味著有南、北，人只有立於環
形的軸心，或者說是四方的中央，才
容易獲得和諧的感覺[60]。這種人類共有
的心裡感受造就了一連串相互遞進的
方位概念，即四方、五位、八方和九
宮。從四方到五位反映了古人空間觀
念由點及面的延伸，商代的「亞」字
完全可以視為「甲」字的平面化（圖

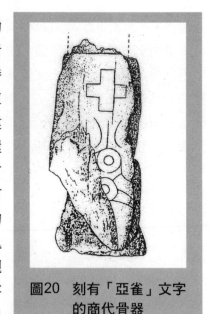

圖20　刻有「亞雀」文字
的商代骨器

20），而且有些「亞」形甚至呈現出五位空間的內涵乃由居於其中的作
為五方的「＋」形逐漸擴張的結果（圖21），並且最終在四維處形成了蓋
天家所承認的四鉤。這些觀念直至西漢時期仍然沒有任何改變，安徽阜
陽雙古堆西漢汝陰侯墓出土太一九宮式盤的地盤背面[61]，其由五方遞進
而成的九宮圖像與殷器的思想一脈相承（圖22）。當然，方位的表示方法
可以有很多，點與面所表現的空間差異並不意味著兩種概念具有本質的
不同[62]。事實上，古人既可以用「＋」表示四方和四氣，並且進而通過
兩個「＋」形圖像的轉位疊交表示八方和九宮，也可以用更為複雜的

60　艾蘭，〈「亞」形與殷人的宇宙觀〉，《中國文化》1991.4。

61　安徽省文物工作隊、阜陽地區博物館、阜陽縣文化局，〈阜陽雙古堆西漢汝陰
　　侯墓發掘簡報〉，《文物》1978.8。

62　民族學資料也可助證這一點。參見王堯，〈藏曆圖略說〉，《中國古代天文文
　　物論集》（北京，文物出版社，1989）。

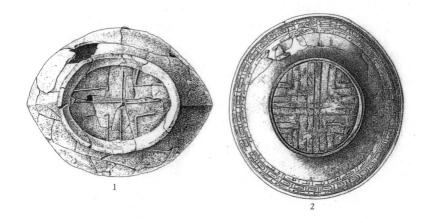

圖21　商代青銅器底部裝飾的「亞」形
1. 銅壺(殷墟侯家莊1400號墓出土)
2. 銅盤(殷墟侯家莊1400號墓出土)

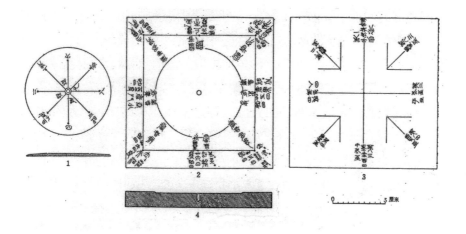

圖22　西漢太一九宮式盤(安徽阜陽雙古堆汝陰侯墓出土)
1. 天盤　2. 地盤正面　3. 地盤背面　4. 地盤剖面

「亞」形表示四方五位,甚至通過由兩個「亞」形的轉位疊交所構成的指向四正方向的特殊八角圖形表示從四方到九宮的一切空間概念,顯然這其中也兼含了八節。自西元前第五千紀以降,中國東部新石器時代先民表示方位與時間普遍採用的正是這樣一種方法[63]。

空間觀念的形成不僅決定了時間體系的建立,同時也完善著先民樸素的宇宙觀。古人對於宇宙的感知肇端於他們對天地形狀的描述,這種探索逐漸形成了一種以天圓地方的宇宙模式爲基本內涵的古老蓋天觀。在這個樸素理論中,雖然圓形的天更接近人們的直觀感受,但方形的地卻並不是一件容易認識的事情。如果人們僅僅滿足於對大地形狀的探索,其實根本得不出方形大地的結論。既然如此,古人緣何會以方形的地去配伍圓形的天?事實上,這種觀念並非出自人們對於自然世界的客觀認識,而來源於辨方正位所建立的五方觀念。我們知道,古人以五方的平面化而構成五位,進而形成八方和九宮,因此,九宮所體現的空間觀念實際則反映了九方的平面結構,或者從五位的角度講,九宮也僅僅是將其所缺的四角補齊。這樣,方形的大地便終於由立表定位所建立的五方結構擴充完善而成。殷代遺物上由直線交午組成的五方「十」逐漸擴展成平面的「亞」形(圖21),形象地再現了這種空間觀念的發展過程。

如果說由二繩交午的「十」形構成的五方含有自此及彼的方向觀念的話,那麼這種觀念顯然是由方位的觀念衍生出來的。商代甲骨文的「巫」字寫作「十」,乃象在二繩交午的五方的基礎上特別強調了距中央最遠的四極,這便是四方觀念的本質。當然,巫不僅居於四極,而且充當著司理分至四氣的四神,這使甲骨文的「巫」字可以順理成章地移用于「方」。這些思想甚至與相對于四方的「中」一起,直接發展出三

63　馮時,〈史前八角紋與上古天數觀〉,《考古求知集》(北京:中國社會科學出版社,1997);《中國天文考古學》(2001),第三章第三節之四、第八章第二節。

代獨特的政治地理觀念[64]。

（二）天帝觀

中國先民的偶像崇拜首先來自於對天的景仰，從而創造出作為萬物主宰的至上神——帝。帝的出現當然基於人們對於天威的敬畏，這也決定了帝實際享有著至高無上的地位與權能。商周兩代的人王若與天帝溝通，必須由作為帝使的巫覡自傳達[65]，這個事實便清楚地反映了這一點。很明顯，天以其威嚴及所具有的超自然力量而被賦予了至上神的神格，因而天神上帝成為原始宗教中享受禮祭最隆重的至尊神祇。

帝的居所在天的中央，這既關係到古人對於天神的認識，也關係到他們對於天極和極星的理解。北極是北天中的不動點，它附近的重要星官當然是北斗。由於歲差的原因，北斗的位置在數千年前比今日更接近北天極，這使它圍繞北極的運動非常明顯，從而在北天的中央規劃出一片神秘天區，這個由北斗的繞極運動所規劃的以北極為中心的天區就是璇璣[66]。

古人賦予璇璣的想像顯然沒有我們理解的那麼簡單，在先民看來，璇璣的形狀其實並不僅是人們從地面上望見的那樣一個平面，由於位居璇璣中央的太一星量度太低，以至於使人認為，璇璣的中央如果與環繞其周緣的明亮的北斗相比，實際則呈高聳而入的圓錐之狀。璇璣的這種獨特造型不僅在《周髀算經》中有著系統的描述[67]，甚至自新石器時代以降的各種禮天器物之上，凡對天蓋的描寫，幾乎都一致地表現了這種中央凸聳的璇璣（圖23.1；圖24；圖25）[68]。

64　馮時，《中國古代的天文與人文》，第一章第二節。

65　胡厚宣，〈殷卜辭中的上帝和王帝〉，《歷史研究》1959.9、1959.10。

66　馮時，《中國天文考古學》（2001），第三章第二節。

67　江曉原，〈《周髀算經》蓋天宇宙結構〉，《自然科學史研究》15.3（1996）。

68　馮時，《中國天文考古學》（2001），第三章第二節。

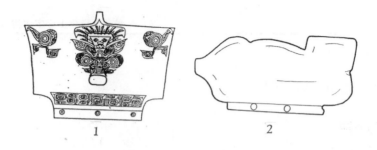

図23　良渚文化斗魁形禮玉
1. 浙江瑤山出土（M2:1）
2. 日本東京國立博物館藏

圖24　良渚文化玉琮上的天帝御斗圖

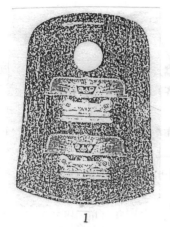

圖25　良渚文化玉器雕飾的天帝御斗圖
1.上海博物館藏石鉞
2.美國佛利爾美術館藏山字形玉器

　　先民對於天極的獨特理解如果認爲只出於直觀的天學感受，這當然很不夠，事實上，誘發古人這種感受的更主要的動因則是至上神觀念的建立。天帝作爲至上神祇居於天之中央，這樣才能體現出眾星拱極的至尊地位，猶如人王居於地之中央一樣威嚴。但是，天蓋的中央如果不做層次的區分，天帝便與帝臣處在同一層面，這樣的空間結構當然無法體現出上帝的至上地位。很明顯，只有當璿璣所呈現的樸素天極觀形成之後，上帝與帝臣才能具有真正意義上的空間的劃分。上帝居於璿璣的頂端，帝臣則分居於天蓋五方，就像人王高居萬民之上一樣。權能的至高無上必須通過地位的至高無上得到表現，顯然，璿璣的創造使得至上神的至上地位再也無法被僭越。

　　北斗既是規劃天極的星，同時又是指示時間的星，這兩項內容與上帝作爲主宰萬物的至上神祇的地位都很吻合，於是北斗自然充當了最古老的帝星。直到漢代，人們仍把北斗想像爲天帝的乘車(圖9)，並作

爲指建萬物的重要星官。這些思想可以從新石器時代的天文遺存中一步步追溯出來，我們不僅可以從中看到一個由極星與天極構建的古老天文傳統，更能領略由天帝和帝星爲底蘊的人文精神。

北斗充當了帝星，帝星的形象也就體現著天帝的形象。中國古人以豬比附北斗的觀念在新石器時代已很流行，甚至到西漢時期，仍隨處可見這種古老觀念的孑遺[69]。豬的形象常以生具獠牙和不具獠牙的特徵成對出現，反映了北斗雄雌的古老思想。而北斗作爲帝車爲天帝所御，因此北斗的形象其實也就表現著天帝。自西元前第四千紀以降，海岱先民將這些思想刻畫得淋漓盡致，他們或將象徵北斗的豬雕飾於禮天的玉璧，或將這些形象雕飾於溝通天地的玉琮，有時則逕直配繪於象徵斗魁的斗形禮玉（圖23.1），而這種禮玉甚至還會製作成豬斗合璧的形象（圖23.2）。儘管表現手法豐富多采，但都圍繞著一個永恆的主題，這就是通過象徵帝星的豬以及由斗魁四星所表現的北斗形象再現天帝。

良渚文化先民創造的天帝形象已經至善至美（圖24），這種形象普遍見於玉琮、玉璧和玉鉞之上。天帝的形象由上下兩部分內容組成，下面是生具獠牙的豬首，豬首的上方則爲一張斗形方臉，方臉頭罩象徵天蓋及天極璿璣的羽冠。通過某些簡化的圖像可以看出，斗形方臉與天蓋的形象實已合爲一體（圖25）。這類形象所展示的含義是清楚的，被天帝御使的豬乃是先民觀念中北斗的化身，而天蓋璿璣之下的斗魁圖像則顯然描寫了形象化的斗魁，二者合爲一體，構成了天帝的原始形象。天帝御豬，這種觀念正可以爲東漢北斗帝車畫像的設計理念找到淵源。

天神的人格化是造成新石器時代晚期以豬爲母題的北斗圖像普遍擬人化的重要原因，良渚文化禮玉上的天帝形象則將這種擬人化傾向推

---

69 馮時，《中國天文考古學》（2001），第三章第二節之四；〈洛陽尹屯西漢壁畫墓星象圖研究〉，《考古》2005.1。

向了極致。天帝既爲至上神，那麼以帝爲首的帝廷就不會沒有臣僚，於是人們便模擬人王的宮廷組織，對人祖之外的自然神世界進行了複製，構建起具有無上神權的帝廷。

帝臣雖然包括日月雷雲等自然神祇，但最重要的臣僚則只有五位，殷人稱其爲「帝五臣」或「帝五介臣」，這裡的「介臣」指爲旁庶，顯然時人已將帝與帝臣作了嫡庶的區分。商代的帝五臣實際就是司掌五方的神祇，也就是後世五方帝的原始。五方神包括四方和中央，這當然是古人具有的五方五位的空間觀念的體現。殷人以爲，四方各有神祇主司，這便是司理分至的四方之神。而四方神如果與五方相配，就必須補足缺失的中央神祇，這當然和天帝的位置並不衝突。理由很簡單，在先民的觀念中，上帝的位置雖然居於中央，但四方神與中央帝的關係與其說表現爲方位的不同，倒不如說更注重層次的區別，古人只有創造出比上帝次一層面的神祇，才能使上帝具有的高居眾神之上的至尊地位突顯出來。正像我們曾經對天極的討論那樣，先民看待天宇世界是將北天極視爲中央凸聳的璇璣，而璇璣的頂點則是上帝的居所，這種觀念恰好印合了上帝具有的高居於四方的至尊形象。顯然，當四方神確立了位處上帝之下的臣僚地位的時候，與之處於同一層面的中央方位便空缺了出來，於是古人爲建立起與五方觀念相適應的完整的神祇體系，就必須在中央天帝之下創造出一個與四方神具有同等地位的神祇，這個別造的神祇由於與天帝同處中央，因而必須具有與天帝同樣的化育萬物的權能，這就是社神。

帝五臣雖然同屬上帝的臣僚，但身分卻不盡相同。其中四方神爲分至四神，殷人視其爲上帝建授時間的使者，因而稱爲帝使。而社神位居上帝之下的中央，殷人則以其爲帝工。帝使與帝工的區別似乎還含有五臣距上帝遠近的意味，帝工社神直隸於帝下，但非嫡系的帝子而爲帝臣，故以工官名之；帝使四神分居帝下四極，遠離帝廷中心，故以帝使

名之。這種結構如果以平面的形式表現，那麼同居中央的天帝與社神顯然是重疊的，而至少自西元前第五千紀開始，無論河姆渡文化陶盆上的帝星與社神重疊繪製的圖像（圖26），還是馬王堆西漢墓所出帛畫太一與社神合二爲一的處理方式（圖27），都忠實地恪守著這一思想，甚至帛畫所繪太一居於眾神中央並高於眾神的地位，正是古老天極觀與帝廷思想的形象表現。天帝與社神顯然已成爲郊祀的對象[70]，而這種獨特的天帝與帝廷觀念不僅反映了古人對於地載天賜的樸素理解，而且直接發展出尊天親地的古老傳統。

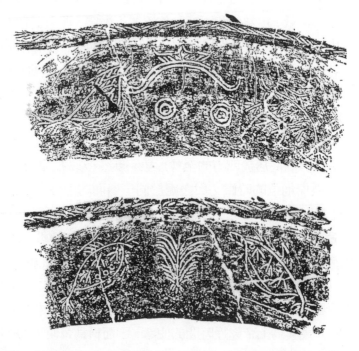

圖26　河姆渡文化繪於陶盆兩側的太一與社神圖像（T29④:46）

70　馮時，《中國古代的天文與人文》，第二章第二節之一。

圖27　馬王堆西漢墓出土帛畫

（三）陰陽觀

　　中國古代的陰陽思想幾乎影響著傳統文化的各個層面。人類的繁衍與生命的誕生當然使他們產生了最原始的陰陽判斷，而由對生命誕生的了解擴大到對萬物生養的帶有普遍性的認識，則必須要求古人完成一種具有一般意義的陰陽思辨。當然，觀象授時的經驗可以使他們很容易認識到生命與時間的關係，而決定時間的天以及神明化的帝便自然成為表述這種關係的最理想的終極對象。事實上，天帝雖然作為生育萬物的

主宰，但天帝對於萬物的化育也需要有著地社的負載，於是天與地的對
應便形成了一種具有基本形式的陰陽關係。因此，古人對於陰陽的認識
其實並不在於陰陽本身，根本目的則是爲探索萬物生養的哲學解釋。

農作物的生長得益於觀象授時的正確，所以時間體系不僅是陰陽
相生的基本要素，同時也成爲陰陽描述的基本形式。中國古代的曆法爲
陰陽合曆，所謂陰陽合曆即是一種以太陽年和朔望月共行爲原則的曆
制，其中氣表現陽的屬性，朔表現陰的屬性，氣朔的結合當然體現著陰
陽的結合。而古人對於作爲曆法基本記時單位的日的記錄方法，又是通
過天干與地支配伍的形式來完成，其中天干屬陽，地支屬陰。顯然，作
爲萬物生長基礎的古老記時制本身，無處不滲透著陰陽的觀念。

在世界文明史中，先民們創制的古代曆法大致有三類，即太陽曆、
太陰曆和陰陽合曆。前兩種曆法由於只以太陽或月亮作爲記時的標誌，
其編算方法都相對簡單。而陰陽合曆由於要同時關注太陽和月亮的運行
週期，因此曆法的編算也最爲複雜。人們或許要問，是什麼原因促使中
國古人捨簡求繁地獨取陰陽合曆作爲自己的傳統曆制？答案當然只能
向選擇這種曆法制度的傳統觀念尋找。學者認爲，中國古代曾經行用過
以十月爲基本特徵的太陽曆[71]，這當然不符合先民的一貫思想。事實
上，三代甚至更早的曆法都是陰陽合曆，這顯然乃由人們具有的根深柢
固的傳統陰陽觀所決定。

古以律曆一體，十二律以六律屬陽，六呂爲陰，律曆相應，曆月也
便有了陰陽的區分。二里頭文化的青銅鉞與圓儀分別以十二和十三個
記時的「甲」字象徵曆月，而且「甲」字的設計均呈雙層分布，何況銅
鉞的「甲」字更以六「甲」與十二月相配合，顯然含有律曆陰陽的寓意。
這些闡釋曆月陰陽的物證如果不是最古老的，至少也最完整。而在比二

---

71 陳久金，〈論《夏小正》是十月太陽曆〉，《自然科學史研究》1.4 (1982)。

里頭文化更早的時代，律呂陰陽攝轄曆月的制度似乎已經建立了基本
的雛型。河南舞陽賈湖發現的新石器時代骨律[72]，凡出自同一墓葬的兩
支律管，其宮調皆呈大二度音差，證明當時的律管確已具有雌雄的分
別[73]。這些思想深奧而質實，它將曆法、樂律與陰陽彼此聯繫，醞釀並
形成了意蘊獨特的文化觀念。

　　以時間服務於生產與生活的觀象授時活動當然視恒星爲主要的觀
測對象，而二十八宿各宮授時主星的形象則建構起原始的四象體系。四
象的形象雖然早晚略有不同，但這充其量也僅表現在人們對於北宮形
象的選擇。然而不論早期四象體系中作爲北宮之象的鹿或麒麟，還是晚
期四象體系中構成玄武的龜蛇，都區別於其他三宮而以成對的動物表
現，這當然反映著某種傳統的陰陽觀念。戰國曾侯乙墓出土二十八宿漆
箱的北立面星圖即繪有成對的麒麟(圖8.4)，古人又以雄曰麒，雌爲麟，
因此，北宮星圖以麒麟暗喻陰陽的思想是鮮明的，這個傳統直至西漢時
期仍被保持著[74]。儘管北宮之象後來發展爲玄武，但這個新形象所體現
的陽龜陰蛇的觀念依然很明顯。所以，北宮之象的選擇不僅反映著授時
主星的形象，同時也體現著古人對於陰陽的認知。

　　四象中獨以北宮的形象表現陰陽，這種做法當然源於古人對於北
方作爲方位與時間起點的認識。由於觀象授時乃是古代帝王最重要的
工作，而中國傳統的觀象方法又是重點觀測恒星的南中天，於是坐北朝
南便逐漸成爲古代君王習慣的爲政方向。顯然，在這種由觀象授時所決
定的人文傳統中，君王所處的北方完全可以應合天上北斗所象徵的天
帝的方位，因而理所當然地成爲方位的起點。方位體系由於是時間計量

72　河南省文物考古研究所，《舞陽賈湖》(北京：科學出版社，1999)。

73　吳釗，〈賈湖龜鈴骨笛與中國音樂文明之源〉，《文物》1991.3。

74　孫作雲，〈洛陽西漢卜千秋墓壁畫考釋〉，《文物》1977.6；馮時，《中國天
　　文考古學》(2001)，頁317。

的基礎，這意味著方位的起點其實就是時間的起點，而這些起點的人文理解則是化生萬物的開始。傳統以萬數之始「一」、十二支之始「子」、五行之始「水」與四氣之始「冬至」配伍北方，都是這一人文思想的體現，而後世曆法以冬至所在之月作爲歲首，又是將方位的起點運用於曆法的發展。所有這些做法，目的當然只有一個，那就是表現陰陽相合而致生養萬物的哲學理念。

中國古代天數不分，天文觀測必須要以相應的計算作爲支持，因此數學的發展歷史與天文學的歷史一樣悠久[75]。古人對於數的玩味非常純熟，他們既懂得如何滿足一種古老進位制的需要而創立生成數的體系，也已思辨出數字屬性的不同而建立了陰陽數體系，而對數字的陰陽劃分，不僅影響著古人對於物質陰陽的理解與表達，而且直接發展出易變的思想。

數字不僅可以通過對「一」的積累而至無窮，而且隨著「一」的疊加，其性質也會隨之重複性地發生改變，這便是奇偶的交替變化。如果用陰陽的觀念去審視奇偶，則奇陽偶陰的選擇便成就了對陰陽的抽象描述。事實上，將數字賦予陰陽的屬性正可以使古人通過數字的衍生過程去理解萬物的化生。不僅如此，「一」所具有的萬數之本的性質甚至直接導致了道家思辨哲學的產生[76]。

奇數爲陽、偶數爲陰的思想是精妙而古老的，如果說殷周時期的數字卦資料尚不足以說明這種觀念的古老程度的話，那麼西元前第三千紀的洛書玉版的發現[77]，則使人們對這個問題的所有疑慮都煥然冰釋。洛書的主體爲一長方形的拱形玉版，玉版中心圓區內繪有九宮，九宮呈

---

75 馮時，《中國古代的天文與人文》，第五章。

76 馮時，《出土古代天文學文獻研究》（臺北：臺灣古籍出版有限公司，2001），第二章。

77 安徽省文物考古研究所，〈安徽含山凌家灘新石器時代墓地發掘簡報〉，《文物》1989.4。

八角五位的結構，體現著四方、五位、八方和九宮的一系列方位概念。
九宮之外的圓區均分八份，每區內各以一枚矢狀標指向八方，這既是八
方與八節的表示，同時八區又與中央的內圓組成了新九宮。八區之外的
四維各為一標所指，強調了四維四門與中央區域的關係。而四維之外的
四緣則分別列有四組數字，不論順勢或逆勢判讀，都是4—5—9—5。玉
版夾放於玉龜之中，看來後人指稱洛書為龜書也不是徒逞懸想（圖
28）[78]。顯然，洛書圖式不僅為後世的式盤所繼承，甚至4—5—9—5的數
字所反映的太一行九宮的理論[79]，直至漢代的人們仍然記憶猶新[80]。

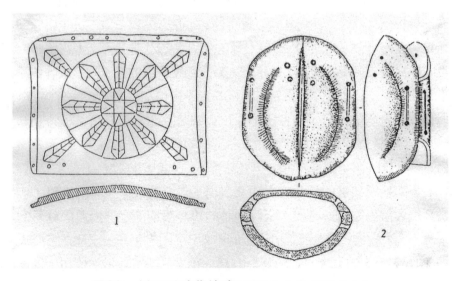

圖28　新石器時代洛書（安徽含山凌家灘出土）
1. 洛書玉版（M4:30）　2. 玉龜（M4:35、29）

78　馮時，〈史前八角紋與上古天數觀〉；《中國天文考古學》（2001），第八章第
　　二節。
79　陳久金、張敬國，〈含山出土玉片圖形試考〉，《文物》1989.4。
80　參見《易緯乾鑿度》及鄭玄《注》。

　　九宮方位需要與數字配合，這便是《黃帝九宮經》所說的「戴九履一，左三右七，二四爲肩，六八爲足，五居中央，總御得失」，這個方位當然就是洛書的方位。相關的數字其實早在《大戴禮記·明堂》中就已有記載，可見其來源的古老。數字奇偶所表現的陰陽雖然在九宮圖中表現爲太一運行的次序，而且這些觀念與晚世以黑白圓點象徵陰陽的做法也稍有不同，但它所表達的陰陽思想卻已足夠清晰。

　　方位所體現的陰陽思想同樣悠久，依傳統的後天八卦方位，乾、坎、艮、震爲四陽卦，分配西北、北、東北、東四方，巽、離、坤、兌爲四陰卦，分配東南、南、西南、西四方，同時根據〈說卦〉的理論，東方震爲長男，北方坎爲仲男，南方離爲仲女，西方兌爲少女。這些觀念到底是後人的附會，還是他們對於一種古老思想的承傳？天文考古學研究也同樣提供了可貴的線索。西水坡宗教遺跡所表現的四子神話或許傳達了某種信息，儘管象徵南方夏至神祇的孩子的性別鑒定結果沒有報導，但葬於45號墓中的三子的性別卻似乎與四時及四方存在著某種特別的聯繫，其中象徵東方春分神和北方冬至神的兩個孩子皆爲男性，而象徵西方秋分神的孩子則爲女性，與《易傳》的思想正好吻合！

　　天與地所象徵的南北方向顯然表現了古老的觀象授時的方位，但當天地與陰陽配伍的時候，天陽地陰的思想最初卻是通過震陽兌陰的東西方位表達的。西元前第三千紀的中葉，紅山文化先民已建造了祭天禮地的圜丘和方丘(圖29)[81]，圓形的圜丘和方形的方丘當然模仿了蓋天家所理解的天地的形狀[82]，而圜丘居東，方丘居西，則又分明體現著天陽地陰的獨特觀念。可以相信，古人對於陰陽的思辨，伴隨著他們對天

81　遼寧省文物考古研究所，〈遼寧牛河梁紅山文化「女神廟」與積石塚群發掘簡報〉，《文物》1986.8。

82　馮時，〈紅山文化三環石壇的天文學研究——兼論中國最早的圜丘與方丘〉；《中國天文考古學》(2001)，第七章第二節。

地的認識早就完成了。

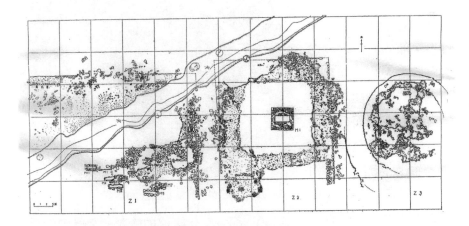

圖29　紅山文化圜丘與方丘(遠寧建平牛河梁發現)

　　天與地的哲學描述,方式之一就是乾、坤,其所體現的陰陽思想通過對龍與馬的強調而在《周易》的乾、坤兩卦中得到了高度概括。乾卦的爻辭雖然闡釋六龍,但六龍的本質卻來源於星象[83],而坤卦幾乎也以同樣的形式表達了相同的意義,這意味著古人對於龍顯然有著陰陽的區分[84]。陽性的龍當然升在天上,這就是二十八宿東宮星宿所組成的形象[85];而陰性的龍則降在地下,這便是社神。夏代的社神名為句龍,它的遺跡我們已有幸找到[86],龍的口中不僅銜有社木,而且遍身通飾具有水物意義的鱗紋(圖30),這當然顯示了龍的陰性特徵。而天龍的特點同

83　聞一多,〈璞堂雜識・龍〉,《聞一多全集》(北京:三聯書店,1982),冊二。

84　馮時,〈殷周遺物龍紋樣的圖像學詮釋〉(未刊稿)。

85　馮時,〈中國早期星象圖研究〉;《中國天文考古學》(2001),頁305-311。

86　馮時,〈夏社考〉,《21世紀中國考古學與世界考古學》(北京:中國社會科學出版社,2002)。

樣鮮明，通身的菱形紋飾構成了它與陰龍社神的重要區別(圖14)[87]。事實上，龍的陰陽的區分來自於古人對於龍星迴天運行的觀測與認知，龍自東方躍淵而升天，這當然顯示了其陽的屬性，而自天上西落沉潛，又應顯示著其陰的屬性。因此，作爲社神的句龍，其實就是天龍

圖30　陶寺文化陶盤內繪製的夏社句龍圖
(山西襄汾陶寺M3076:6)

入地的轉化。坤卦雖主牝馬之貞，但在二十八宿的東宮龍星之中，作爲農祥的房星正稱爲天駟，這當然加強了龍與社神的聯繫。其實我們對坤卦卦爻辭的研究，也正可以揭示其所描述的房宿迴天運動的特點，這個做法與乾卦爻辭乃對六龍之星迴天運行特點的描述一樣[88]。升龍在天上，與龍對應的行地之物則比配爲馬。龍馬的形象可以一直追溯到紅山文化時代[89]，而殷墟出土的車馬器也常以龍首作爲裝飾[90]，這顯然是受龍星之一的房宿同時兼寓天駟觀念的支配。商代遺物裝飾菱紋和鱗紋的二龍

87　馮時，〈二里頭文化「常爐」考〉(未刊稿)。二里頭文化綠松石龍的資料見中國社會科學院考古研究所二里頭工作隊，〈河南偃師市二里頭遺址中心區的考古新發現〉，《考古》2005.7，圖版陸、圖版柒。可資比較的資料有殷代龍形銅觥，見謝青山、楊紹舜，〈山西呂梁石樓鎮又發現銅器〉，《文物》1960.7。

88　馮時，〈周易乾坤卦爻辭研究〉(未刊稿)。

89　孫守道，〈三星他拉紅山文化玉龍考〉，《文物》1984.6。

90　石璋如，《小屯》，第一本(臺北：中央研究院歷史語言研究所，1970)，遺址的發現與發掘：丙編，殷虛墓葬之一，北組墓葬(下)，圖版伍貳。

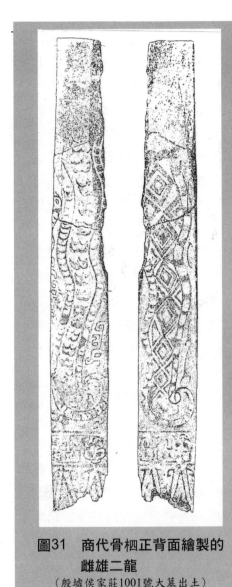

**圖31　商代骨柶正背面繪製的
雌雄二龍**
（殷墟侯家莊1001號大墓出土）

成對並見的現象已非常普遍（圖
31）[91]，甚至這兩種紋樣有時更
合飾於一龍的背、腹兩面[92]，其
所體現的陰陽思想意蘊深刻。

很明顯，中國傳統的天文
曆算體系承載了表達陰陽思想
的最基本的手段，或者更準確
地說，古人對於陰陽的描述，
其實是以集中通過天文曆算的
形式完成的，這種做法當然源
自觀象授時作爲生養萬物的決
定因素的感性認知。因此，先
民的天文活動早已不是僅爲滿
足生產需要的技術工作，他們
對於生命本原的追索無疑體現
著一種樸素的哲學思考。

（四）交泰觀

獨陰不生，獨陽不生，獨天
不生，參合然後萬物生，這種觀
念如同古人對於天地的感知一
樣根深柢固。那麼陰陽的本質

91　梁思永、高去尋，《侯家莊》，
　　第二本（臺北：中央研究院歷史語言研究所，1962），1001號大墓（上）。
92　梁思永、高去尋，《侯家莊》第九本（臺北：中央研究院歷史語言研究所，1996），
　　1400號大墓，圖版肆柒。類似的圖像在殷周時代已普遍流行。

又是什麼？這關係到古人對於宇宙本質的探索。事實上，人類的呼吸，四時的風雨，都可以誘發古人對於宇宙中充滿了氣的認識。殷人有關四方風的記錄證明，他們知道所謂四方之風實際就是分至四時的不同之氣。這種思想甚至可以追溯到西元前第五千紀的新石器時代，屬於這一時期的先民已經學會利用律管候氣的方法[93]，這意味著他們早已懂得分至四時的變化其實就是氣的變化的一般道理。當然，候氣的方法首先需要有律呂的知識作為支持，而發現於河南舞陽賈湖的新石器時代骨律已備八律[94]，八律當然只為適應候氣八節的需要，顯然，十二律在當時已經形成應是可以接受的事實。舞陽骨律已有雌雄的分別，而且律管的音孔設計涉及到較複雜的分數運算，表明中算學的發展同天文學的發展一樣具有著相當的水準。這些事蹟所呈現的先民的文明成就顯然不應被理解為單純的技術創新，它實際涵蓋了古人對於天文曆算的科學認識以及宇宙本質和陰陽相生的哲學思辨。

天地的本質是氣，這個事實恐怕早已為古人所認識。戰國到漢代的文獻不僅充斥了這類思想，而且在當時人們用以禮天的玉璧之上，竟也雕繪著遍布禮玉的雲氣[95]，甚至新石器時代的某些墓葬也大量隨葬玉璧[96]，似乎反映著人們試圖通過以充盈著氣的禮天玉璧再現現實世界的渴望。氣有清濁，這當然直接影響到天地形成的次序。清氣薄靡為天，濁氣凝滯為地，天先成而地後定於是成為人們普遍認同的宇宙起源模式，而象徵大地的「亞」字也便具有了次第的含義。商代王陵於象徵墓主居室的墓室平面常呈「亞」形設計，形象地表現了這種思想。顯然，

93　馮時，《中國天文考古學》（2001），第四章第一節。

94　吳釗，〈賈湖龜鈴骨笛與中國音樂文明之源〉。

95　林巳奈夫，〈中國古代の遺物に表われた「氣」の圖像的表現〉，《東方學報》61(1989)。

96　浙江省考古研究所反山考古隊，〈浙江餘杭反山良渚墓地發掘簡報〉，《文物》1988.1。

天地的離析必然導致天地之氣的分別，以至於氣也有了陰陽的區分。這種認為天地間充滿著氣的樸素的科學思想很可能直接得益於古老的候氣法的啟示，並一以貫之於中國傳統文化的諸多方面。

《周易・泰卦》：「泰，小往大來。吉亨。」「小往大來」似乎是說天地的換位，但又有誰真的見過天地的位移呢？〈彖傳〉以為：「天地交而萬物通也，上下交而其志同也。內陽而外陰，內健而外順，內君子而外小人，君子道長，小人道消也。」孔穎達的解釋是：「所以得名為泰者也，正由天地氣交而生養萬物，物得大通，故云泰也。」已直探交泰思想的核心。因此，傳統的天地交泰思想其實正反映了天地之氣的交通[97]。天氣下降，地氣上騰，萬物於是交融合和而生，很明顯，這種交泰觀念的思辨結果就是陰陽參合。至遲到西元前第三千紀的中葉，先民們已用自己的方式準確地傳達著這種思想。發現於遼寧建平牛河梁的紅山文化遺址具有豐富的先民禮祀天地的遺跡[98]，其中禮天的圜丘與祀地的方丘我們已有過專門討論[99]。而方丘西側壝旁分布的墓葬則與這兩處天地祭壇有關，其中規模最大的一座墓葬M4尤為特別，墓主頭向正東，仰身而葬，兩腿膝部疊交，左腿在上，右腿居下，周身隨葬三件禮玉，玉箍形器橫枕於頭下，兩件豬形禮玉並排背對背倒置於胸前，吻部向外（圖32）[100]。毫無疑問，這個發現為研究古老的天地交泰思想的起源提供了重要線索。

---

97 參見孔穎達，《周易正義》。
98 遼寧省文物考古研究所，〈遼寧牛河梁紅山文化「女神廟」與積石塚群發掘簡報〉。
99 馮時，〈紅山文化三環石壇的天文學研究──兼論中國最早的圜丘與方丘〉；《中國天文考古學》（2001），第七章第二節。
100 遼寧省文物考古研究所，〈遼寧牛河梁紅山文化「女神廟」與積石塚群發掘簡報〉，《文物》1986.8。

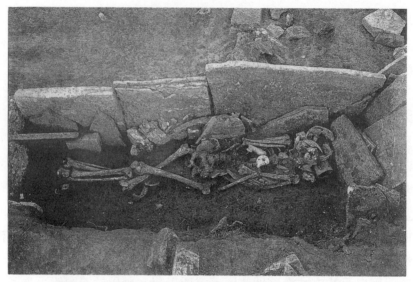

圖32　遼寧建平牛河梁第二地點紅山文化4號墓

　　墓主的特別葬式很容易讓人聯想到古文字的「交」，甲骨文和金文的「交」都形象地寫作「𣎴」，象人仰身而雙脛疊交，這與《說文解字》的解釋剛好相符。「交」字的字形與「大」字有著密切的關係，「大」字象人正面站立，這是區別於幼子的獨立行為。而「大」、「太」、「泰」為古今字，所以交泰的思想其實恰可以通過使「大」獨交其脛的「交」字很好地傳達出來，顯然，「交」字的字形本身即體現了交泰的思想。

　　古人緣何不以交臂為交，而獨取交脛以喻交泰，其中當然蘊涵著先民對於天地之氣交泰的獨特理解。我們曾經指出，古人用以測定時間的表正是為模仿人體測影而設計，而直立的人體正是由腿骨所支撐，因此「髀」便具有了表與人腿骨的雙重含義，西水坡遺址北斗杓柄的設計已完好地體現了這種思想。很明顯，古人以人腿骨作為測度時間的髀表的象徵，而時間體系的建立卻要通過對分至四氣這四個時間標誌點的確定才能最終完成。換句話說，表是測定四時的工具，也是測定四氣的工

具，因此，象徵髀表的腿骨的交泰也就暗寓了天地之氣的交泰，這種腿骨對於氣的象徵意義直接決定了古人以腿骨的交疊象徵天地之氣交泰的做法。事實上，《淮南子・天文訓》對於古人以四肢比附四時的傳統記述得相當明確，這使天地交泰的思想自然可以通過交脛這樣一種特殊的姿態準確地傳達出來。

僅以交脛的姿態傳達交泰的思想當然還很不夠，擺放於墓主胸前的兩件豬形禮玉便是對這種思想的絕好詮釋。豬形禮玉作爲形象化的北斗已經再清楚不過，北斗由於規劃著天極而成爲帝星，爲天帝的常居之所，同時發揮著指建四時的特殊作用，因而扮演著主氣之神的重要角色，這個思想通過天帝神名的演變而代代傳承。古人曾以太一爲天帝的別名，但主氣之神的本質特徵卻並沒有改變。安徽阜陽雙古堆西漢汝陰侯墓所出太一九宮式盤的天盤九宮圖的中央，在本該書寫北辰太一的位置卻偏偏寫上了「招搖」（圖22），而《黃帝內經・靈樞》所載「合八風虛實邪正圖」，於九宮圖的中央也布列招搖，與阜陽太一式盤的布圖完全一致。招搖當然就是北斗，這個星官在六壬式盤中則被徑直地繪於天盤的中央。顯然，在以北斗作爲極星的時代，太一不僅爲北辰神名，而且也是主氣之神，這個意義當然來源於北斗的建時作用，這便是古人將北辰與太一視爲一體的原因。因此，北斗既是決定陰陽四時的重要星官，同時又是主氣之神，所以墓主以運斗爲職，其交泰姿態便自然含有了融會天地之氣的獨特含義。

其實對於某些細節的關注對於揭示一種古老思想的起源也同樣有益。我們發現，墓主胸前的豬形北斗並非一個，而是一大一小兩件，況且擺放的方向恰好相反，其中大者居右，爲青綠色；小者居左，爲白色。甚至兩件玉豬的面部造型也稍有差異。毋庸置疑，兩件豬形北斗之所以選擇不同大小、不同面貌、不同顏色，並以不同的方向並排擺放，其含義很可能體現著北斗的雌雄陰陽的分別，這種觀念在《淮南子・天文訓》

中有著明確的記載。古人以爲，北斗之神有雌雄，雄左行，雌右行。以這種理論衡量兩件豬形北斗，其相合的程度確實令人不可思議。事實上，如果按照《周易・泰卦・彖傳》的解釋，內屬陽而外屬陰，結合後天八卦方位去理解陰陽的關係，又正是右屬陽而左屬陰，因爲墓主置北斗於胸前，正重現了其生前以觀斗爲職的特點，這當然要求他的觀象方向必須呈現背南面北的形式。在這樣的空間框架下審視墓中的安排，不難發現，豬形北斗以居右者形大，爲雄，其色青而屬東，其首居右而身左旋，正應雄左行；居左者形小，爲雌，其色白而屬西，其首居左而身右旋，正應雌右行。北斗之雌雄當然暗喻著天地之氣的陰陽，而天之陽氣與地之陰氣的交合，也恰好通過墓主交脛的姿態得到了表現。

北斗既以居左居右分別陰陽，那麼很明顯，先民已經具有了陰陽的基本觀念應該毫無問題。其實以這種觀念檢視墓主的交脛姿態也同樣很有意義，我們發現，即使對於任何看似無足輕重的細節處理，古人也不會疏略或隨意爲之。具體地說，墓主的交脛姿態表現爲左脛在上而疊壓右脛的特殊姿勢，這與〈彖傳〉所講的內陽而外陰的關係吻合無間，墓主以右爲陽而居內，以左爲陰而居外，這種關係甚至通過陰陽北斗的擺放位置完整地表現了出來。古人對於祭祀的虔誠使他們在處理自己葬儀的時候絕不可能掉以輕心，這意味著墓中爲表現交泰思想的一切現象都應是古人有意識的設計結果。

天地交泰的本質乃是天地之氣的交通，這當然也是禱祈天地的目的之一。墓葬分布於禮天的圜丘與祀地的方丘旁側，其試圖通過交泰之姿以表達祈求天地之氣交通的寓意極爲分明。事實上，天地、方位與陰陽的關係僅僅通過墓主的葬式與圜丘方丘的布列形式就已經表現得相當清楚。古人以爲，東方爲陽位，當然也是天位；西方爲陰位，其實就是地位。而禮天的圜丘居東，祀地的方丘居西，恰好體現著這些思想。古人又以人的首足以應天地，這使他們將墓主的葬臥方向特別呈現首東

足西的處理，這種做法顯然意在以人的首足位置應合天地與陰陽的方位，這至少在形式上已使天地交泰的基本訴求十分圓滿。因此可以相信，天地交泰的觀念以及作爲這一觀念的思想基礎的陰陽觀念，甚至五色配伍五方的觀念，至少在西元前第三千紀即已頗具系統。

最後需要強調的是，中國古人以五色分配五方的做法雖然很傳統，但有關它的起源的探索，文獻學的證據似乎很難上溯到戰國以前[101]。然而天文考古學的研究顯示，早在西元前第三千紀的新石器時代，青、白、赤、黑、黃五色不僅已兼有了方位與陰陽的含義，甚至直接影響到五行觀念的起源，這不能不說具有重要的意義。學者或據殷卜辭關於五方禘祭的內容討論商代的五方觀念[102]，其實在比殷人早得多的時代，以五方觀念爲基礎的時空認知就已十分成熟，這當然爲五行觀念的形成準備了條件。事實上，古人如果能夠完成以五色與五方相互配屬的思考，那麼我們就沒有理由認爲這種觀念與五行的產生渺不相涉。顯然，對於五行觀念的起源，紅山文化先民所留棄的以五色配伍五方的物證已提供了足夠明確的暗示。

四、結語

儘管我們不得不忽略更多的細節內容而完成上古天文與思想的鳥瞰，但僅就這些關乎古代文明的主體部分而言，天文考古學爲我們提供的對於古代科學與文明的認識已足夠新奇，我們甚至無法通過其他的途徑或方式完成類似的探索。依憑考古資料進行古典哲學以前的原始思維的重建，這個工作當然很困難，但卻絕對不是不可以實現的空想。

---

101 郭沫若，〈金文所無考〉，《金文叢考》（北京：人民出版社，1954）。
102 羅振玉，《增訂殷虛書契考釋》（東方學會石印本，1927），卷下；胡厚宣，〈論殷代五方觀念及中國稱謂之起源〉，《甲骨學商史論叢初集》。

事實上，科學與文明的傳承使得後人留下了大量可供佐證先人勞績的
文獻，只要我們有足夠的細心，考古遺跡和遺物所反映的科學史與思想
史內涵就可以得到正確的解讀。

　　天文考古學研究帶給人們的新的見識其實並不僅僅在於對古代科
學成就的揭示，當然這些成就可以逐漸構建起我們重新審視文明歷史
的認識基礎，但更重要的是，它使我們真正懂得，每一項科學的發展都
是作爲文明發展進程中的一項元素而已，它由於直接服務於先民的生
產和生活，因此無法擺脫固有思想的影響和傳統觀念的制約。換句話
說，古代科學的發展歷史也就是古代思想的發展歷史。我們不可以抛
棄對傳統思想的究尋而片面地強調科學本身，事實上這種做法無助於
古代科學史的研究。

　　新石器時代是中國天文學與傳統思想體系形成的關鍵時期，這將
在很大程度上改變人們對於古代文明與古代科學的習慣認識。誠然，中
國古代天文學所具有的科學史及思想史意義已逐漸爲人們所領悟，這當
然可以爲重新評判中國古代文明的發展歷史提供依據。就天文學本身的
成就而言，天文考古學所展示的科學史內涵在某些方面甚至比《史記‧
天官書》的傳統還要豐富，而在科學思想、宗教思想乃至哲學思想方面，
這些新資料不僅比傳統文獻所提供的答案更具說服力，而且也更爲生
動。毫無疑問，對於重建早期科學史與思想史，天文考古學研究已經展
現了它獨有的特點和可預見的前景。

2006年7月9日晚寫竟於北京尚樸堂

天事恆象
——殷周至漢初天文占卜體系的發展與演變[*]

張嘉鳳^{**}

一、前言

　　古代中國天文與現代天文學最大的不同，在於前者以天象占卜人
事爲主要的目的，深具人文與政治色彩。再與世界其他文明之古天文學
相較，古代中國天文在政治與軍事上所扮演的角色，更爲重要而深遠。
上述特質，早已爲學界所習知。雖然歷年來極力闡揚中國古天文學實
即星占學的論述輩出，但多失之於泛論，並將從遠古到清朝滅亡之間的
天文，視爲一個未曾改變的整體，對於天文如何走向以占卜爲其最主要
功能的歷史過程，鮮少有精確描述或分析。因此，本文將以春秋到西漢

* 本文初稿發表於「科技與中國史研討會」（臺北：中央研究院歷史語言研究所，
2006），感謝與會學者的討論與建議，特別是擔任評論的林聖智與祝平一教授。
再者，本文之審查人提出的寶貴意見，以及臺灣大學中文系林佳同學協助打
字，歷史研究所王亞灣同學幫忙影印資料，亦一併致謝。
** 臺灣大學歷史學系。

初年天文的發展與演變爲中心，探究天文如何成爲專制王朝最重要的
占卜工具之歷程，並呈現天文與當時政治思想和天下形勢的動態互動
關係。

　　春秋中晚期以降，天文占卜的體系逐漸擴充且日趨完備，其軍事與
政治功能亦逐步增強，在此一歷史發展的過程中，分野說扮演舉足輕重
的角色。因此，本文亦將討論分野說的根據、本質、功能，及其發展與
變遷，藉此彰顯分野說在天文占卜上的關鍵地位。昔日有關分野說的研
究，集中於介紹各種分野說的源流、出現時間與模式[1]，或側重於不同
模式之間的比較，或僅淺論其與政治、地理的廣泛關係[2]，上述的研究
方法與成果，失之於將分野說孤懸在歷史脈絡之外，未考慮分野說與
時代脈動的密切關係，且忽略了影響分野說發展與變遷的歷史動力，
故難以呈現分野說的歷史意義。據此，本文嘗試將分野說還原入其既有
的社會與文化脈絡中，藉由具體的事證，勾勒出分野說的理論和操作、
發展和流變，及其如何貫串與體現古人天、地、人合一的宇宙觀，從而
使天文占卜系統得以有效地開展，並逐步成爲歷代王朝最重要的占卜
工具。

1　李勇，〈中國古代的分野觀〉，《南京大學學報》1990.5-6：169-179；李勇，
　　〈對中國古代恆星分野和分野式盤研究〉，《自然科學史研究》11.1(1992)：
　　22-31；江曉原，《天學真原》(1991)(瀋陽：遼寧教育出版社，2004修訂版)，
　　頁183-187；陳乃華，〈漢簡《占書》的分野說〉，《山東師大學報》1999.2：
　　16-17；陳乃華，〈從漢簡《占書》到《晉書‧天文志》〉，《古籍整理研究學
　　刊》，2000.5：7-10；馮時，《中國天文考古學》(北京：科學文獻出版社，2001)，
　　頁76-80；劉樂賢，《馬王堆天文書考釋》(廣州：中山大學出版社，2004)，頁
　　189-194；李智君，〈分野虛實之辨〉，《中國歷史地理論叢》20.1(2005)：61-69。
2　宋京生，〈舊志"分野"考──評古代中國人的地理文化觀〉，《中國地方志》
　　2003.4：76-77；陳久金，《中國星占揭密》(臺北：三民書局，2005)，頁10-25。

二、殷商至漢初天文的發展與轉折

古代「天文」的初義，或泛指天象[3]。歷年來論者習以爲中國古代「天文」的本質自始至終即是星占，然而，遠古事務常因時代久遠或證據不足而渺茫難知，故截至目前爲止，無論是考古發掘的文物或是載籍之文獻，均無法具體或直接地證實或反駁上述的說法。不過，古人最初站在實用的立場來觀測天象，並運用在生活上，卻是不爭的事實。我們從現存文獻或考古證據中發現，古人觀測天象的初衷之一，是爲了辨方向與造宮室，例如新石器時代人們就能觀測太陽在天空中某些特定位置，從而設計其氏族墓地的排列方位[4]，而《詩經·定之方中》稱：「定之方中，作于楚宮，揆之以日，作于楚室。」即是在黃昏時分測定中星，以建造宗廟，並觀察太陽出落，訂定方位以營制居室。

其次，古人長期觀測天體的運行，逐漸發現其規律，且得知天象遠較其他物候準確，遂藉以定四時和明月份，譬如《左傳》昭公十七年：「火出，於夏爲三月，於商爲四月，於周爲五月」，與《國語·晉語》：「火中而旦，其九月十月之交乎」即是。較精確地掌握天文的規律之後，便可制訂曆法[5]，此即《尚書·堯典》：「乃命羲和，欽若昊天，曆象

---

3 陳遵媯，《中國天文學史》(1980)(上海：上海人民出版社，2006)，頁1；江曉原，《天學真原》，頁1；劉樂賢，《馬王堆天文書考釋》，〈前言〉，頁1。

4 譬如新石器時代西安半坡、臨潼姜寨、泰安大汶口、江蘇邳縣大墩子、劉林，以及南京北陰陽營等多處遺址的墓向，相關的討論請參見盧央、邵望平，〈考古遺存中所反映的史前天文知識〉，收入中國社會科學院考古研究所編，《中國古代天文文物論集》(北京：文物出版社，1989)，頁1-9。

5 關於中國早期曆法的發展，請參見陳遵媯，《中國天文學史》，中冊，頁963-1034，1137-1150；陳久金，〈曆法的起源和先秦四分曆〉，《科技史文集》第一輯(上海：上海科學技術出版社，1978)，頁6-8；張培瑜、盧央、徐振韜，〈試論殷代曆法的月與月相的關係〉，《南京大學學報》1984.1：65-72；陳美東，《古

日月星辰，敬授人時」，與《大戴禮記》：「聖人慎守日月之數，以察星辰之行，以序四時之順逆，謂之曆」之義。

　　古人制訂曆法，可以更具效率地掌握農業活動的有利時機，規劃農業生活，同時，更由於製曆能夠掌握天機與規範人民的生活，遂可從而進行政治的管理與社會的控制，這是觀象授時的另一真義，其重要性甚至凌駕前者，使得中國古代曆法具備鮮明的政治色彩。關於這一點，亦可從秦漢以降官方壟斷制訂、頒布與專賣曆法之實窺其一斑[6]。再者，古代的曆日註記著形形色色的鋪註，內容都是與生活息息相關的宜忌、占測或指南，目的在趨吉避凶，並作為人民的生活指導與依歸，此一特色，除了再度彰顯曆法的政治性與社會性之外，亦反映曆法兼具數術的特質。

　　古人觀測天象，除了上述多種實用目的以外，最重要的就是占測人事。《漢書・藝文志》整理與分類當時的知識體系時，為天文做了以下的定義：

> 天文者，序二十八宿，步日月五星，以紀吉凶之象，聖王所以參政也[7]。

作者指出漢代天文知識體系是以二十八宿為座標所開展的[8]，並且特重

（續）─────────────

　　曆新探》（瀋陽：遼寧教育出版社，1995）；江曉原、鈕衛星，《中國天學史》（上海：上海人民出版社，2005），頁94-148。

6　相關的討論，請參見陳遵媯，《中國天文學史》，中冊，頁1170-1195；黃一農，〈從湯若望所編民曆試析清初中歐文化的衝突與妥協〉，《清華學報》新26.2(1996)，頁189-220；黃一農，〈通書──中國傳統天文與社會的交融〉，《漢學研究》14.2(1996)：159-186。

7　〔漢〕班固，《漢書》（北京：中華書局，1975一版三刷），卷30，頁1765。

8　二十八宿或稱二十八舍、二十八次或二十八星，分布於黃道與赤道附近的兩個帶狀區域內，採用恆星月的長度，其目的是古人企圖通過間接參酌月球在天空

日月和五星的運行與變化，其功能與目的在於綜理吉凶與預卜人事，從而鑒往知來與趨吉避凶，充滿政治、人文與數術的氣息。德行固然是王者維繫天命的根本，而查察天象所透露的訊息，更能直接明瞭天意，及早修咎補過，並作為治理天下，掌控與鄰近國家或敵國之間關係，以及延續天命的重要參考。

《漢書·藝文志》對於天文的定義，賦予《易·賁象》：「觀乎天文，以察時變」更明確的政治意涵，同時也彰顯天文是漢代政府最重要的占卜工具之實。更重要的是，《漢書》所定義的天文，非僅漢家一朝的天文特質而已，一直到清朝覆亡，它都是中國古代天文的基調[9]，與古代其他文明之天文學或現代天文學明顯有別。

古代專制王朝時期，天文被官方壟斷，唯有官方能對天象進行解釋，是天與天意的唯一代言人，同時，官方亦藉由獨攬觀測與詮釋天文的權力，正當化其政權與統治。為此，歷朝政府多禁止民間任意私習天文與制曆，違者予以嚴懲，唯恐野心分子利用天文危害或顛覆政權，製

（續）────────────

　　中的位置，進而推定太陽的位置。近年來，學者更從河南濮陽西水坡45號墓葬的蚌塑星圖推測，二十八宿的起源時間至少可溯自西元前第四千紀，是古人觀象授時最重要的依據。參見潘鼐，《中國恆星觀測史》（北京：學林出版社，1989），頁11-47；馮時，《中國天文考古學》，頁261-301。

9　有關古代天文性質的討論，請參見〔英〕李約瑟，《中國科學技術史》第四卷《天學》（香港：中華書局，1978），頁39-56；席澤宗，〈論中國古代天文學的社會功能〉，收入方勵之主編，《科學史論集》（合肥：中國科學技術大學出版社，1987），頁189-196；江曉原，〈中國古代曆法與占星術──兼論如何認識中國古代天文學〉，《大自然探索》7.3(1988)：153-156；張嘉鳳、黃一農，〈天文對中國古代政治的影響──以漢相翟方進自殺為例〉，《清華學報》新20.2(1990)：361-378；張嘉鳳，〈中國傳統天文的興起及其歷史功能〉（新竹：清華大學歷史研究所碩士論文，1991）；江曉原，《天學真原》，頁26-108，176-208；姜志翰、黃一農，〈星占對中國古代戰爭的影響──以北魏後秦之柴壁戰役為例〉，《自然科學史研究》18.4(1999)：307-316；馮時，《中國天文考古學》，頁12-80；陳久金，〈中國星占術的特點〉，《廣西民族學院學報》10.1(2004.2)：14-22。

造動亂。另一方面，在政權不穩定或政權鼎革之際，競逐天下者常透過天文製造和散播有利己方的訊息，以合理化其行動和贏得民心。顯然不論是王者或有心稱王者，都深諳天文和天命思想在傳統社會中不可搖撼的地位與影響力。

既然古代官方天文機構的核心任務，是透過觀測天象以掌握天機，預知天命的意向，以維持統治大權，因此，官方天文所占卜的人間事務，遂以政治、軍事、經濟等國家大事為主[10]，所占測的對象是特定而舉足輕重的個人，包括皇帝、皇室與官僚，並不涉及一般人民個別的命運或禍福。

古代天文與天命思想緊密結合，皇帝的政績透過天文呈現，天文直接反映天意，是皇帝繼續保有天命與維繫統治的關鍵指標。古人以此作為制衡專制統治的重要機制，但事實上，由於皇帝握有天文占卜的最終解釋權，反過來操弄天文，將施政所引發的天文異象之責任推卸或轉嫁他人，於是官僚成了代罪羔羊。歷史上最著名的例子，莫過於西漢成帝綏和二年(7BC)，丞相翟方進因「熒惑守心」天象而被迫自殺之事[11]，

---

10 有關古代天文與政治、軍事的密切關係，以及具體歷史事例之研究，請參見張嘉鳳、黃一農，〈天文對中國古代政治的影響——以漢相翟方進自殺為例〉，頁361-378；黃一農，〈星占、事應與偽造天象——以"熒惑守心"為例〉，《自然科學史研究》10.2(1991)：120-132；范家偉，〈受禪與中興——魏蜀正統之爭與天象事驗〉，《自然辯證法通訊》18(1996.6)：40-47；姜志翰、黃一農，〈星占對中國古代戰爭的影響——以北魏後秦之柴壁戰役為例〉，頁307-316；董煜宇，〈天文星占在北宋皇權政治中的作用〉，《上海交通大學學報》11.3(2003.3)：56-60；趙貞，〈唐代星變的占卜意義對宰臣政治生涯的影響〉，《史學月刊》2004.2：30-36；韋兵，〈五星聚奎天象與宋代文治之運〉，《文史哲》2005.4：27-34。

11 「熒惑」即五星中的火星，其字義含有眩惑的意思，熒惑之為星名，多指悖亂、殘賊、疾、喪、饑、兵等惡象，其占文關係著君主之天命與性命。心宿是二十八宿之一，屬於東宮蒼龍七宿，心宿大星可占測天王(即皇帝)之吉凶，馬王堆漢墓帛書《五星占》提到熒惑「其與心星遇，則縞素麻衣，在其南、在其北，皆為死亡」，清楚地以熒惑入心宿代表死亡的徵兆。詳細的討論，請參見張嘉

正是皇帝掌控與主導天文占卜的最佳例證。

　　古代天文饒富政治與人文的特質，不待《漢書》立論而後彰顯，早在西漢初年，司馬遷撰寫《史記‧天官書》時，業已突顯出天文的政治與數術本質。司馬遷所謂的「天官」，根據司馬貞《史記索隱》的解釋：「官，星官也。星座有尊卑，若人之官曹列位，故曰天官」，可見「天官」一詞不但蘊含天人合一的深義，天上星宿對應著人間官僚體系，天人之間相互感應，且「未有不先形見而應隨之者也」[12]。

　　素以天官為家學的司馬遷又指出：「自初生民以來，世主曷嘗不歷日月星辰？及至五家三代，紹而明之」[13]，且歷代均有「傳天數者」[14]，天文之學可謂淵源甚早，與政治統治的關係至重。雖然遠古天文的發展大略如此，但必須注意的是，天文並非一開始就是官方最重要的占卜工具，殷商卜辭就是最佳例證。《史記‧龜冊列傳》曰：

　　　　自古聖王將建國受命，興動事業，何嘗不寶卜筮以助善！唐虞
　　　　以上，不可記已。自三代之興，各據禎祥。塗山之兆從而夏啟
　　　　世，飛燕之卜順故殷興，百穀之筮吉故周王。王者決定諸疑，
　　　　參以卜筮，斷以蓍龜，不易之道也[15]。

可見自三代以來，卜筮是統治階層問事與決疑最重要的工具。雖然殷商卜辭中記載不少異常的天象或氣象紀錄，包括日蝕、月蝕、日珥、虹、雲與彗星等等，殷人或有疑慮，但他們占問吉凶禍福的方法，依舊是透

（續）────────────
　　鳳、黃一農，〈天文對中國古代政治的影響──以漢相翟方進自殺為例〉，頁361-378。
12　〔漢〕司馬遷，《史記》（北京：中華書局，1975一版七刷），卷27，頁1349。
13　同上，頁1342。
14　同上，頁1343。
15　同上，卷128，頁3223。

過卜筮蓍龜[16]，並未直接以天象預卜人事，與後世專制王朝時期官方的天文占卜不同。

卜筮蓍龜是殷周統治階層占卜決疑主要的工具，殷晚期以來，還發展出「三卜制」，反覆占卜以求準確[17]，是以《史記‧龜冊列傳》云：「五占從其多，明有而不專之道也」[18]，表現骨卜之法有逐漸成熟而趨於繁複之傾向。再從殷周時期骨卜鑽鑿排列越來越「整齊與程式化」，以及骨卜形制逐步精細化的趨勢來看[19]，亦證明骨卜的發達。再檢視《尚書》與《詩經》的內容，骨卜與筮確爲人們貞卜的主要方法，《尚書》約當西周初年成書[20]，〈大誥〉是周公東伐管、蔡與武庚的詔誥，文中將龜卜所得之吉兆，視爲不可違逆的天命，從而鼓勵諸侯、越庶士和御事參與征戰，而〈金縢〉、〈召誥〉、〈洛誥〉與〈洪範〉諸篇，或占問疾病，或卜築城吉凶，或獻卜還政，或稽疑擇建等國家大事[21]，都是藉由骨卜貞問，並未藉天象占卜。至於西周初年至春秋中葉成書的詩歌總集《詩經》[22]，其所記載的占卜工具，用的也都是卜或筮，偶見占夢之事。譬如〈氓〉、〈小宛〉、〈定之方中〉、〈小旻〉與〈泮宮〉等篇，或透過卜筮占問決疑，或言及占卜所用的寶龜乃方國進貢物品[23]，並不見天文占卜之跡。此外，近年來出土若干載有契數的卜甲，學者認

16　詳細的討論，請參見張嘉鳳，〈中國傳統天文的興起及其歷史功能〉，頁20-30。
17　宋鎮豪，〈殷代「習卜」和有關占卜制度的研究〉，《中國史研究》1987.4：97-101。
18　《史記》，卷128，頁3225。
19　蕭良瓊，〈周原卜辭與殷墟卜辭之異同初探〉，收入胡厚宣主編，《甲骨文與殷商史》第二輯(上海：上海古籍出版社，1986)，頁261-275。
20　屈萬里，《尚書集釋》(臺北：聯經出版事業公司，1983)，頁134。
21　《尚書》，卷12，頁16-20；卷13，頁6-9；卷15，頁1-2；卷15，頁14-29。
22　屈萬里，《先秦文史資料考辨》(臺北：聯經出版事業公司，1983)，頁327。
23　詳細之討論，請參見張嘉鳳，〈中國傳統天文的興起及其歷史功能〉，頁38-39。

爲這是殷代已用六十四卦之證明，故殷人兼用卜與筮以決疑問事[24]。假若再進一步參考《尚書‧洪範》：「汝有大疑，謀及乃心，謀及卿士，謀及卜筮，汝則從龜、從筮、從卿士、從庶民，是之謂大同」之語，則殷周以卜筮決疑之實不容置疑。

再看西周初年之《易經》，其本身即是一本筮書[25]，內容上自王者用兵、用享與刑罰，下至個人婚姻、爭訟與疾病等等，包羅甚廣。《易經》並非成於一人之手，應是根據古人長期卜筮的經驗，不斷排比而成，用途廣泛，既關乎國家大事，亦關乎日用民生，由於它被後世評爲六經之首，重要性不證自明。再者，《易經‧繫辭》明白指出：「探賾索隱，鉤深致遠，以定天下之吉凶，成天下之亹亹者，莫大乎蓍龜。」足見筮是當時最重要的占卜工具。曾有學者主張《周易》「是用數來占的一種占星術」，「是用六十四卦代替星座」[26]。即使《易經》占筮之法或得自觀測天象的啓發，或以天象取譬卦象，其所謂的「天垂象，見吉凶」，實乃強調觀象制器與崇法自然之義，並非直接以天象進行占卜。

春秋時期(770-476BC)，卜與筮仍是盛行的決疑工具，《左傳》之中頗多實際的例證。例如魯僖公十五年(645BC)，秦穆公伐晉，使卜徒父筮問戰事之成敗吉凶[27]；當秦三敗晉而攻打至韓原之際，晉獻公與慶鄭對是否應誘敵深入一事意見相左，遂以卜問決疑，慶鄭爲右，但晉獻公卻堅持己見，最後身陷泥濘之中，呼慶鄭救之，慶鄭以晉獻公「愎諫、違卜」而去[28]；又如魯成公十六年(575BC)，楚晉戰於鄢陵，苗賁皇建議晉侯分擊楚軍左右，再以三軍集中攻其中軍，晉侯必待筮得吉兆，而

---

24 饒宗頤，〈殷代易卦及有關占卜諸問題〉，《文史》20(1983)：1-11。

25 高亨，《周易大傳今注》(濟南：齊魯書社，1988)，〈自序〉，頁1。

26 陳遵媯，《中國天文學史》，上冊，頁64。

27 楊伯峻，《春秋左傳注》(臺北：漢京文化事業有限公司，1987)，頁353-354。

28 同上，頁354-356。

後始從之[29]。卜筮除了廣泛運用在軍國大事方面以外，也用於貞問祭祀、任官、遷移、嫁娶、生產與疾病等重要事務之吉凶，例如魯哀公十七年(478 BC)，周敬王與葉公枚卜子良為令尹，而稍後又改卜子國為令尹[30]；魯僖公三十一年(629BC)，狄圍衛，衛被迫遷都於帝邱，「卜曰三百年」[31]；魯襄公十年(563BC)，晉悼公有疾問卜[32]。此外，春秋時人重視卜筮，尚可自侯獳賄賂筮史一事見之。晉文公五年(632BC)伐曹，執曹伯，分曹、衛之地予宋，侯獳是曹伯之臣，利用晉文公生病之際賄賂筮史，說服晉文公釋放曹伯，並會諸侯於許[33]。此事一方面顯示筮官可藉由職務之便，操弄卜筮的結果，另一方面則顯示春秋時人的確非常倚重卜筮。

　　春秋時期，常見卜與筮並用的情形，其順序常常是先卜後筮，《左傳》中這類的例子也不少。例如魯僖公二十五年(635BC)，晉文公與秦作戰，使卜偃先卜後筮，皆得吉兆[34]。當卜與筮兼用，但兩者所得的結果不同時，則多取決於卜，不過也有例外，譬如魯僖公四年(656BC)，晉獻公欲以驪姬為夫人，卜之不吉，筮之得吉，晉獻公欲從筮，卜人卻說：「筮短而龜長，不如從長」，晉獻公不聽[35]。雖然《禮記·曲禮》有「卜筮不過三」之說，但有時為了想得出符合問者心意的答案，甚至還出現過四卜或五卜的案例，譬如魯僖公三十一年(629BC)與襄公十一年(562BC)「四卜郊，不從」[36]，與成公十年(581BC)五卜的例子即是[37]，

29　楊伯峻，《春秋左傳注》，頁882-885。
30　同上，頁1709。
31　同上，頁487。
32　同上，頁977-978。
33　同上，頁474。
34　同上，頁431-432。
35　同上，頁295-296。
36　同上，頁484-485，985。
37　同上，頁847。

即使卜問的結果不合心意，他們仍堅持舉行郊祭典禮，只是不殺為祭祀所準備的犧牲，算是尊重卜問的折衷辦法。

　　根據以上所述，殷商與西周之統治階層是以卜與筮作為貞問決疑的主要工具，到了春秋時期，卜與筮仍然舉足輕重。但值得注意的是，春秋以降，文獻開始出現以天文占卜和預言的事例，且數量逐漸增多，地位也有越來越重要的趨勢。孔子作《春秋》，除了卜筮之外，亦不乏星變或其他自然界災異的紀錄，但因其記事簡潔，不易確切推知其中的微言大義，因此，要考察春秋時期的天文，或應從《左傳》和《國語》入手。

　　周定王(609-586BC)使單襄公聘於宋，道經陳國以聘楚。單襄公歸來，預言不久之後陳國將滅亡，理由是：

> 夫辰角見而雨畢，天根見而水涸，本見而草木節解，駟見而隕霜，火見而清風戒寒，故先王之教曰：「雨畢而除道，水涸而成梁，草木節解而備藏，隕霜而冬裘具，清風至而修城郭宮室」。故《夏令》曰：「九月除道，十月成梁。」其時儆曰：「收而場功，偫而畚梮，營室之中，土功其始，火之初見，期於司里」，此先王所以不用財賄，而廣施德於天下也。今陳國火朝覿矣，而道路若塞，野場若棄，澤不陂障，川無舟梁，是廢先王之教也[38]。

曾謙稱：「吾非瞽史，安知天道」的單襄公無非是在批評陳侯廢棄先王之教，不遵守各時令應有的活動，政德虧失，故有滅亡之虞。單襄公所

38　〔周〕左丘明撰，〔吳〕韋昭注，《國語‧周語中》（臺北：漢京文化出版事業公司，1983），卷2，頁68-69。

列舉的應時措施，都是以天象作為紀時的標準，不但說明這些天象是一種觀察自然的成果，同時也表現出春秋初期人們觀測天象的目的，是為了更精確地掌握氣候與季節變化，作為統治與管理的依據。在這個例子裡，天象不用於占卜。

魯僖公五年(655BC)，晉獻公假道虞以攻虢，八月，晉圍攻上陽，晉獻公問卜偃攻城的結果，卜偃答稱：

> 童謠云：「丙之晨，龍尾伏辰，均服振振，取虢之旂。鶉之賁賁，天策焞焞，火中成軍，虢公其奔。」其九月、十月之交乎！丙子旦，日在尾，月在策，鶉火中，必是時也[39]。

卜偃所根據的童謠，應是有心人的策略性運作，目的是想影響戰爭的結果。童謠透過「龍尾伏辰」、「鶉之賁賁」、「天策焞焞」與「火中成軍」諸天象，預言晉國攻克虢國，而卜偃更進一步結合天象的紀時與占卜功能，指出晉國得勝的時間點，提供晉侯參考。此一事例，顯示天文占卜已在政治舞臺上占有一席之地。

春秋時期，直接將天象與人事休咎相互附會的例子，亦見於魯文公十四年(613BC)，「有星孛入北斗」，周內史叔服預言：「不出七年，宋、齊、晉之君皆將死亂。」[40] 或因北斗七星，故叔服預測七年後才會應驗於人事之上。又如魯昭公十七年(525BC)，有星孛於大辰，亦即大火附近出現彗星，其尾部光芒西及銀河。魯大夫申須針對此一異常天象

---

39 楊伯峻，《春秋左傳注》，頁310-311；《國語‧晉語二》，卷8，頁299。根據楊伯峻的註解，「龍尾伏辰」是指日行在尾宿，其光為日所奪，伏而不見；「天策焞焞」是指傳說星無光耀貌；鶉火為柳宿；「火中成軍」意指鶉火出現於南方。

40 楊伯峻，《春秋左傳注》，頁604。

曰：「彗所以除舊布新也，天事恆象，今除於火，火出必布焉，諸侯其
有火災。」梓慎則進一步說：「火出，於夏爲三月，於商爲四月，於周
爲五月。夏數得天，若火作，其四國當之，在宋、衛、陳、鄭乎。」[41]
配合大火在各國出現的時機，明確指出當災的地域。申須與梓慎之說頗
爲謀合，都是遵循同類相感的原則，以大火預卜火災。

　　春秋時人利用天象查察或預卜人事，多以歲星爲根據。魯襄公二十
八年(545BC)，春天無冰，梓慎云：

> 今茲宋、鄭其饑乎！歲在星紀，而淫於玄枵。以有時菑，陰不堪
> 陽。蛇乘龍，龍，宋、鄭之星也，宋、鄭必饑。玄枵，虛中也，
> 枵，耗名也。土虛而民耗，不饑何爲[42]？

梓慎透過氣象的變異，與歲星超次的異常現象，預測宋與鄭將發生饑
荒。雖然玄枵屬於齊國分野，星紀是吳與越的分野[43]，但梓慎卻依據龍
蛇相乘之說，認定災禍將降於宋、鄭兩國。針對同樣的歲星失次現象，
鄭國裨竈卻預測周天子與楚康王將死[44]，因爲依據歲星紀年法，當年木
星當在星紀，但實際上卻出現於玄枵，故裨竈藉此預卜事驗於周與楚，
與梓慎的觀點不同。杜預注曰：「俱論歲星過次，梓慎則曰宋、鄭饑，
裨竈則曰周、楚王死，《傳》故備舉以示占卜唯人所在。」[45]春秋時期
各家的星占預言不必然相同，或因各有師傳與家派，或依所在的觀測根

41　楊伯峻，《春秋左傳注》，頁1390-1391。
42　同上，頁1140-1141。
43　昭公三十二年(510BC)，吳伐越，史墨云：「不及四十年，越其有吳乎！越得
　　歲而吳伐之，必受其凶。」杜預注曰：「此年歲星在星紀，星紀吳、越之分也。」
　　楊伯峻，《春秋左傳注》，頁1516-1517。
44　楊伯峻，《春秋左傳注》，頁1144。
45　同上。

據有別。然而即使梓慎與裨竈對同一現象所做的預言不一致，但他們都視天文異變是人事變作的預兆，從而進行占卜，且他們的預言都以歲星的運行規律為根據，可見自春秋中晚期起，人們對天文與天變的敏感度增高，天文成為占卜的方法或預言的根據。春秋時人多以歲星行次進行占卜，這是當時使用歲星紀年法所特有的現象，而上述記載中所謂歲星失次，實際上是由於時人不了解歲星超辰所造成的必然結果。

　　春秋時期，涉及天文的占卜事例中，有一個值得注意的現象，就是人們不一定只在天變出現時才占卜人事，即使沒有異常星變，他們也會比附歲星行次預測未來，這一類的例子，若是站在秦漢以後的人的角度來看，只能看做是間接的天文占卜，與上述幾個直接針對天變占卜的情況不同。例如魯昭公八年(534BC)，楚國滅陳，立穿封戌為陳公，晉平公問史趙陳國是否從此滅亡？史趙認為不會，理由如下：

> 陳，顓頊之族也，歲在鶉火，是以卒滅，陳將如之。今在析木之津，猶將復由，且陳氏得政於齊，而後陳卒亡[46]。

史趙認為陳國的天命繫於鶉火，雖然此時不會覆亡，但終究將走向滅國之路。史趙的言論透露出國家之興衰存亡，可藉由歲星歷十二次的週期而察知，充滿濃厚的天命思想與天道循環觀念。

　　既然春秋時人常以歲星作為預言的根據，他們所預測的來事發生之時間點，遂多與歲星歷十二次的循環相關。例如晉文公重耳在狄十二年之後，聽從狐偃的建議離開，當他路過五鹿時，野人獻土塊，重耳怒，欲鞭打野人，子犯云：

---

46 楊伯峻，《春秋左傳注》，頁1305。

> 天賜也，民以土服，又何求焉！天事必象，十有二年，必獲此
> 土，二三子志之。歲在壽星及鶉尾，其有此土乎！天以命矣，
> 復於壽星，必獲諸侯。天之道也，由是始之[47]。

子犯斬釘截鐵的相信「天事必象」，於是將野人獻土解釋成晉文公霸業
的前兆，並根據歲星歷十二次的循環，推算晉文公將來獲土的時間。

除了歲星十二次之外，春秋時人也利用大火查察天意，預測未來。
例如魯昭公九年(533BC)，陳發生火災，鄭國裨竈云：

> 陳，水屬也。火，水妃也，而楚所相也。今火出而火陳，逐楚
> 而建陳也。妃以五成，故曰五年。歲五及鶉火，而後陳卒亡，
> 楚克有之，天之道也，故曰二十五年[48]。

裨竈藉陳與楚兩國的水火屬性，配合大火和火災的出現，預測楚陳兩國
之間的勢力消長關係，但末了還是歸結到歲星的運行規律，預測人事應
驗的時機。

以大火的出現推測天意的例子，也發生在魯昭公六年(536BC)，當
時鄭國鑄刑書，遭遇不少阻力，文士伯就預測大火出現之際，鄭國必有
火災[49]，這是由於鄭國鑄刑書於鼎中，需以火熔青銅，故文士伯有此比
附。其實，大火在某一固定時間自地平線上出現，是年復一年的的自然
現象，文士伯利用此一規律進行占卜，看似一種預言，實則含有政治批
判的意味。

類似文士伯這種在沒有異常天變的狀況之下，卻透過歲星行次或

47　《國語・晉語四》，卷10，頁338-339。
48　楊伯峻，《春秋左傳注》，頁1310。
49　同上，頁1277。

大火出現時間預卜未來的例子，真正的目的，是藉天象言事，或藉天象論政，而天文只是扮演附於驥尾的角色。類似的例子不少，譬如還有魯襄公三十年(543BC)，歲在降婁，裨竈與公孫揮路經鄭國權臣伯有家，見其門上生莠草，裨竈指出伯有將死於歲再降於降婁之前[50]；又如魯昭公十一年(531BC)，周景王問萇弘有關諸侯的吉凶，萇弘預言蔡侯將招致凶阨，因為蔡世子般曾在魯襄公三十一年弒君，當時歲在豕韋，如今再逢豕韋，蔡侯遂將應事。萇弘又預測楚國雖將滅蔡，但歲至大梁時，蔡國必當復興，楚則將遭逢凶禍，原因是楚靈王弒立之年，歲在大梁，而昭公十三年又逢歲在大梁[51]。萇弘所謂的「天之道也」，實乃透過歲星的運行規律，預言蔡與楚的國運興衰，與後世因天變出現而占卜人事者不同。

　　根據以上所述，春秋時期統治階層主要仰賴卜筮決疑或貞問，相對來說，以天象直接進行占卜的情形並不普遍。同時，無論是以歲星十二次或大火來占卜人事，皆藉由循環或固定出現的天象預卜來事，其所能占卜的事務、範疇與結果均受局限，亦不能針對迫切性的人事進行預測或解釋，無法與卜筮等量齊觀，因此，春秋時期的天文占卜可能只是發展的初期而已。

　　欲透過天文有效地占卜人事，最重要的條件之一，即是更精確地掌握天體運行的規律與變化，唯有在天文知識拓展與觀測技術進步的基礎上，才能進一步擴大天象占測的範圍與質量，以符合複雜的人事現實，以及滿足人們預占來事的需求。此一關鍵的發展過程，出現於戰國至西漢初年之間，從此天文逐漸取代卜筮，成為官方最重要的占卜工具。1973年，長沙馬王堆三號墓出土的《天文氣象雜占》與《五星占》，

50　楊伯峻，《春秋左傳注》，頁1177-1178。

51　同上，頁1322-1323。

正是戰國至漢初天文知識與技術發展的見證。《天文氣象雜占》內容駁雜，包括日、月、星、彗星、風、雲、氣與虹等異象及其占辭，遠比春秋時期的天文占更爲細緻而複雜，例如《左傳》魯昭公二十一年（521BC）與二十四年（518BC），分別發生日食，占家均以陰陽的觀念，解釋日食的現象，並預測將發生水、旱災[52]。但細觀《天文氣象雜占》有關日食的記載，除了區別出「陰食」、「不勝時」、「地食」的差異以外，還將各種日變再細分成「日出赤」、「黑日出」、「日有珥」、「赤日、黑日皆出」、「日軍（暈）」、「日入環侖（輪）」與「日骱（鬪）」等類，並且都附有相應的占辭，其所能占卜的項目、範疇、質量以及複雜程度，均較過去大幅提升。再以彗星爲例，《左傳》的彗星紀事，譬如前述魯文公十四年有星孛入北斗，以及魯昭公十七年有星孛於大辰，當時的占文預言諸侯將死或有火災。《天文氣象雜占》的彗星占部分，不僅區分出不同的彗星型態，給予不同的名稱，例如蒲彗、帚彗、竹彗、苦彗與厲彗等，每一類彗星均各有占文。再者，《天文氣象雜占》還繪製29幅彗星圖，除了彗頭與彗尾以外，其中數個圖甚至還繪出肉眼不易看見的彗核，在在顯示古人觀測與研究彗星的高水準，更重要的是，在此一長期觀測與研究成就的基礎下，天文占卜也相對的成長，其預卜人事吉凶的可行性亦隨之提高。

　　馬王堆帛書《五星占》對於五星更精準的觀測結果，也爲天文占卜奠定更穩固的根基。《五星占》記載金星會合週期爲584.4日，比今值583.92日只多了0.48日；土星的會合週期爲377日，比今值小1.09日；恆星週期爲30年，僅比今值大0.54日。帛書末尾還特別列出70年間金星、土星與木星的位置，並描述此三顆行星在一個會合週期內的動態[53]。這

52　楊伯峻，《春秋左傳注》，頁1427，1451。
53　席澤宗，〈馬王堆漢墓帛書中的《五星占》〉，收入中國社會科學院考古研究所編，《中國古代天文文物論集》，頁46-58。

些觀測與記錄的成果，代表戰國以來人們對五星的認識與掌握更詳盡，比過去更能確切了解五星運行的常變，天文占卜才可能隨之擴展，且日趨細緻。

對於天體運行及其規律的了解，往往需要長時間的持續觀察、計算與研究，而且唯有更進步的天文知識與技術支援，天象之常變才能成為更有效的占卜工具。前述馬王堆帛書《五星占》臚列五星的會合週期，以及70年間金星、土星與木星的位置，和它們在一個會合週期內的動態，正是天文家長期累積的成果。天文知識與星占之間的密切關係，還可以再透過比較馬王堆《五星占》與《史記‧天官書》得知，以熒惑(火星)為例，《五星占》基本上述及熒惑在東、西方出現時，與所去、所居國之間的關係，還有熒惑與心星遇的占辭，以及熒惑赤而角，或出現赤芒、白芒、青芒、黑芒與黃芒的占文[54]。《史記‧天官書》對熒惑的描述，除了運行的規律，及其東、西行和所去、所居國的關係外，還包括熒惑出與入、南與北、與他星鬥，以及與心宿、太白、太微、軒轅、營室遇的占文，對於熒惑反道二舍以上，並出現滯留現象的狀況，也有細膩的說明：「三月有殃，五月受兵，七月牟亡地，九月太牟亡地。」[55]不論從知識或技術水準來看，《史記‧天官書》都比《五星占》更為提高而豐富。同樣的差異概況，也見於兩份文獻對填星(土星)的記述。由此可見，晚出的《史記‧天官書》之天文知識與星變占文，有越來越豐富而且趨於細緻的傾向，於是天文占卜可運用的層面與效能亦隨之增廣。

二十八宿系統起源甚早，但整個體系的完成則約在戰國時期，此後古人觀象授時，例如敘昏旦中星、定月離日躔、述五星次舍與記經星方

---

54 馬王堆帛書整理小組，〈馬王堆漢墓帛書《五星占》釋文〉，收入《中國天文史文集》(北京：科學出版社，1978)，頁6。

55 《史記》，卷27，頁1317-1319。

位等,莫不以二十八宿為依據[56]。對於古代天文學的發展而言,二十八宿系統的成形,不啻是最重要的里程碑之一,更為天文占卜帶來新的發展空間,這一點可在《史記‧天官書》得到印證。在中宮天極星與北斗之後,〈天官書〉隨即依東、南、西、北四宮次序,以相當大的篇幅次第介紹二十八宿及其占文,不難想見二十八宿占在整個天文占卜系統中的重要地位。《左傳》魯昭公十年(532BC)春,有星出於二十八宿之一的婺女,裨竈據此推測晉平公將死[57],但預言的根據卻是歲星運行之規律,並非婺女,此與《史記‧天官書》直接以二十八宿占卜人事有著極大的差異,這是由於二十八宿在春秋時期尚未完整出現,也未系統化的緣故,占家對二十八宿以及相關的占卜知識掌握不足,無法直接而適時地提供占卜服務。

二十八宿體系完成於戰國時期,這意味著此後人們能更有效的利用天象進行占卜。以1972年山東臨沂縣銀雀山出土《陰陽時令占候之類》竹簡為例,當作者述及天文占卜時,出現「鄭受角、亢、抵(氐)」、「楚受軫、翼」、「魯受奎、婁、女、胃」、「巍(魏)受房、心、尾、女」、「秦受東井、輿鬼」與「周受柳」等記載[58],進一步將二十八宿分別與戰國時期各諸侯國配對。這種分配各國所屬天星與分野的結果,更具體而明確的將天文、人事與地理空間聯繫起來,從此占家能更廣泛而游刃有餘地運用星占。

由於二十八宿所包括的天星數目相當多,其所能占測的對象、內容與範疇亦隨之增廣,再加上二十八宿是戰國以後天文家進行觀測、記錄與占卜的基礎,與日占、月占以及五星占相互為用,人們更能因此掌握

56　潘鼐,《中國恆星觀測史》,頁11-47;馮時,《中國天文考古學》,頁261-301。

57　楊伯峻,《春秋左傳注》,頁1314-1315。

58　吳九龍,《銀雀山竹簡釋文》(北京:文物出版社,1985),頁19,31,115,172,228。

天星的變化而用於占卜，從而超越春秋時期歲星或大火占法的局限。由於天文占卜系統隨著天文知識迅速增長，與五星占文日趨細緻化，以及二十八宿體系的完成而漸次開展與擴大，逐步取代卜筮的地位，成為國家最重要的占卜工具，前述《漢書·藝文志》為天文所下的定義：「序二十八宿，步五星日月，以紀吉凶之象，聖王所以參政也。」適足以反映此一歷史過程，同時也貼切地展現這個過程完成之後天文的面貌與特質。

戰國到西漢初期是天文知識與占卜體系突飛猛進的關鍵時期，而此一重要的歷史過程，其實是許多內外在的因素交互影響的結果。除了天文本身知識與技術進步的因素之外，戰國時期的政治形勢與時代需求，也是主導天文以占卜為主要發展方向的推手。司馬遷《史記·天官書》透過春秋戰國時期的天變，說明天下的形勢與政權的轉移：

> 蓋略以春秋二百四十二年之間，日蝕三十六，彗星三見，宋襄公時星隕如雨。天子微，諸侯力政，五伯代興，更為主命。自是之後，眾暴寡，大并小。秦、楚、吳、越，夷狄也，為彊伯。田氏篡齊，三家分晉，並為戰國。爭於攻取，兵革更起，城邑數屠，因以饑饉疾疫焦苦，臣主共憂患，其察禨祥候星氣尤急。近世十二諸侯七國相王，言從衡者繼踵，而皋、唐、甘、石因時務論其書傳，故其占驗凌雜米鹽[59]。

司馬遷巧妙地透過歷年來的異常天象，剖析春秋戰國時期的形勢與歷史發展，並指出戰國時期天文技術與占卜發達的原因，肇因於當時國際之間激烈競爭的時代背景。為了在這一場生死存亡的激戰中勝出，各國

59　《史記》，卷27，頁1344。

急於利用天象洞察先機，預測天意與天命之所歸，而天文家則是在這樣
強烈的時代需要，以及布衣可以為卿相的時代氣氛之下，著書獻技，發
展出更多更細緻而繁複的天文占卜之學，企圖藉此參政與作為晉身之
階。於是在如此迫切的時代需求與高度的人為選擇之下，天文遂以占卜
為發展的主軸，從此披上濃厚的政治與人文色彩，與時俱變，並且凌駕
其他的占卜系統，成為國家最主要而且壟斷的占驗工具。

三、分野與天文占卜

在天人感應與天命思想的影響之下，古人透過天象變異占測人事，
其具體的操作方式，就是將天星與地上的侯國、州域、山川、人物配合。
若日、月或某星發生變異，人們就依據星變的狀況，及其所對應的地點
或人物，來判斷祥瑞或當災的對象，發揮天文占卜的功能。這種將天星
配分人間侯國、州域、山川等的觀念與方法，就是分野，或稱星野，此
即《周禮・保章氏》所說的：「以星土辨九州之地，所封封域皆有分星，
以觀妖祥。」占家透過分野說緊密地聯繫天、地、人，使天文變成一套
更有效的占卜體系，故分野的目的，完全是為了成就天文占卜體系，是
占家觀測天象、占卜人事休咎的骨幹，而《周禮》有關保章氏職掌的說
明，透露出天文與分野均為官方所掌控。

若未明確地將天星與人事、地域對應起來，則直接以天象占卜的工
作勢難進行。以殷商時期的甲骨刻辭為例：

癸酉貞：日夕虫食，唯若(順)？癸酉貞：日夕虫食，匪若[60]？

60　溫少峰、袁庭棟，《殷墟卜辭研究——科學技術篇》（成都：四川社會科學院
　　出版社，1983），頁28-29。

殷人透過甲骨占問日食的吉凶,與後世直接透過日食來預卜人事不同,或因當時天文知識與技術不足,並無明確的分野觀念,不能直接將天象與地點、人事關聯起來,以占知吉凶,或得知吉凶兆應的地點,或應此吉凶的人員,故無法直接據以占卜人事。因此,當殷人發現日食時,仍以其最看重而慣用的龜卜貞問。

　　分野或根源於一種原始的恆星建時法,新石器時代或已初步成形[61]。分野不僅是天文占卜實際操作與落實的關鍵,也是天人合一觀念的具體展現。文獻上較早出現的分野事例,見於《左傳》。由於《左傳》所記錄的天文占卜實例,大多以歲星所在十二次的位置進行占卜,當時的分野觀遂多以十二次為基準。魯襄公九年(564BC),宋國發生火災。晉侯問士弱曰:

> 「吾聞之,宋災於是乎知有天道,何故?」對曰:「古之火正,
> 或食於心,或食於咮,以出內火。是故咮為鶉火,心為大火。
> 陶唐氏之火正閼伯居商丘,祀大火,而火紀時焉。相土因之,
> 故商主大火。商人閱其禍敗之釁,必始於火,是以日知其有天
> 道也。」[62]

士弱指出宋的分野係繼承商而來,是因為周公東征之後,封微子於宋,以奉商祀的緣故。至於商與大火的關聯,則淵源於商的祖先閼伯,閼伯是陶唐氏的火正,居住在商丘,以大火紀時,並且祭祀大火,故士弱以為商的子孫興敗與大火有關。士弱提到的閼伯傳說,與子產的說法契合。子產云:

61　馮時,《中國考古天文學》,頁76。

62　楊伯峻,《春秋左傳注》,頁963-964。

昔高辛氏有二子，伯曰闕伯，季曰實沈，居於曠林，不相能也，
日尋干戈，以相征討。后帝不臧，遷闕伯於商丘，主辰。商人
是因，故辰為商星。遷實沈於大夏，主參，唐人是因，因服事
夏、商。其季世曰唐叔虞，……遂以命之。及成王滅唐，而封
大叔焉，故參為晉星。由是觀之，則實沈參神也[63]。

周成王封叔虞於唐，其子燮徙居水旁，改唐為晉，稱晉侯[64]，此即晉國
的來歷。據子產的說法，實沈是參神，而參亦為晉星，所以晉屬實沈。
此又與魯僖公二十三年(657BC)，秦穆公納重耳，董因迎公於河，曰：
「歲在大梁，將集天行，元年始受，實沈之星也。實沈之墟，晉人是居，
所以興也。……大火，闕伯之星也，是謂大辰。辰以成善，后稷是相，
唐叔以封」之說相符[65]。根據上述，宋與晉所屬分野的由來，與其祖先、
祖先崇拜的對象、封地、封國的傳承，以及周初的封建形勢密切相關。
這一類型的分野說，充滿政治、血緣與宗教色彩，反映了當時的政治格
局與時勢。

陳哀公三十四年(535BC)，陳哀公之弟招殺悼太子，立留為太子，
悼太子之子吳出奔晉。哀公欲誅招，招起兵反抗，哀公自殺。楚靈王使
公子棄疾發兵伐陳，遂滅之。吳奔晉時，晉國的史趙預言：

陳，顓頊之族也，歲在鶉火，是以卒滅。陳將如之。今在析木
之津，猶將復由。且陳氏得政于齊而後陳卒亡。自幕至于瞽瞍
無違命，舜重之以明德，寘德於遂，遂世守之。及胡公不淫，
故周賜之姓，使祀虞帝。臣聞盛德必百世祀，虞之世數未也，

63　楊伯峻，《春秋左傳注》，頁1217-1218。
64　《史記》，卷39，頁1636。
65　《國語‧晉語四》，卷10，頁365。

　　繼守將在齊，其兆既存焉[66]。

史趙的預言是以歲星十二次根據，並將鶉火之歲歸於陳。相傳舜爲顓頊的七世孫，周武王滅殷後，封舜的後人嬀滿(胡公滿)於陳，以奉舜祀，據此，則陳以鶉火爲分野，亦源自於其祖先。由於析木有建星及牽牛，屬齊國分野，吳出奔時，歲在析木之津，故史趙預測陳的復興與析木之津攸關，陳(田氏)最後將得位於齊。

　　魯昭公十年(532BC)春天，有星出於婺女，歲在玄枵，鄭國裨竈卻預言分野屬實沈的晉君將死。玄枵雖屬齊國分野，裨竈卻上溯齊國的母系，認爲晉國應該當災，「逢公以登，星斯於是乎出，吾是以譏之」[67]。從這個例子來看，天變受災者不必盡爲分野所屬之國，但須與原來的分野屬國有某種關係[68]。另外一個可能，則是占家對當時之政情具有相當的敏感度，遂對於所預測的事項，保留一定的自由度與彈性，故其預言不拘泥於單一的分野框架之限，後世天文占卜的事例中亦不乏類似的狀況。值得注意的是，裨竈認爲齊的分野爲玄枵之說，與前述的析木之津不同，可見春秋時期各占家對於分野屬地的看法不一，形成分野說多元並存的局面。

　　從上述春秋時期的分野說，往往追溯及其先祖或妻族的特徵來看，分野說具體地反映出周初的封建形勢，以及氏族社會尚未崩解前諸侯

66　楊伯峻，《春秋左傳注》，頁1305。此處所謂的「其兆既存」，係指魯莊公二十二年(672BC)懿氏卜妻敬仲，言：「八世之後，莫之與京」，及魯昭公三年(539BC)，晏嬰云：「齊其為陳氏矣。」

67　楊伯峻，《春秋左傳注》，頁1314-1315。《爾雅·釋天》：「玄枵，虛也。顓頊之虛，虛也。」故顓頊之虛當為玄枵。郝懿行，《爾雅義疏》(上海：上海古籍出版社，1983)，中之四，頁18。

68　齊太公之女邑姜是唐之封祖叔虞的母親，因此，齊和晉為姻親。傳說逢公為殷時齊地之諸侯，死於戊子之日，裨竈遂比附晉平公亦將死於戊子日。

國間的婚姻關係，與歷史發展的脈絡緊密扣合。其次，當時的分野說皆
與歲星十二次有關，但卻出現不同的標準與見解，這可能就是司馬遷所
稱：「其文圖籍禨祥不法」的時代[69]。由於春秋時期諸侯國林立，各國
從事天文占卜的人員很可能各有傳承或發明，故其所占測的分野依據
並不一定相同。雖然各家所據之分野觀不一，但若無分野作為判斷天變
當災對象的依據，則紛沓之天變無從對應繁雜的人事，天象的占卜功能
便無從展現。

西漢初年，司馬遷《史記‧天官書》記載了數種不同的分野說，表
現從春秋至西漢之間多種分野說並存的現象，而各分野觀本身或有傳
承與變遷，各分野觀之間或有交互影響的可能性。《史記‧天官書》記
錄的第一類分野說，是以北斗星作為分野依據：

> 北斗七星，所謂「旋、璣、玉衡以齊七政」。杓攜龍角，衡殷
> 南斗，魁枕參首。用昏建者杓；杓，自華以西南。夜半建者衡；
> 衡，殷中州河、濟之閒。平旦建者魁；魁，海岱以東北也[70]。

北斗七星的分野屬地，包括了華山以西、黃河與濟水之間，以及海岱東
北方的區域，約當春秋戰國時期中原的核心地帶。可能是因為春秋時期
夷夏之分較為嚴格，故當時的分野說未將秦、楚、吳、越等曾被稱為蠻夷
的邊陲地區容納進來，據此，正如太史公所說，此一分野說之起源較早。

《周禮》賈公彥疏引《春秋緯文耀鉤》，進一步敘述北斗七星所屬
的分野：

---

69 《史記》，卷27，頁1343。
70 同上，頁1291。

華岐以龍門、積石至三危之野、雍州，屬魁星；則大行以東至
碣石、王屋、砥柱、冀州，屬樞星；三河、雷震東至海岱以北、
兗州、青州，屬機星；蒙山以東主南江、會稽、震澤、徐、揚
之州，屬權星；大別以東至雷澤、九江、荊州，屬衡星；荊山
西南至岷山、北嶇、鳥、鼠、梁、荊，屬開星；外方熊耳以至
泗水、陪尾、豫州，屬搖星[71]。

此分野說所對應的地理位置，是根據自然的地形，將其間的州郡與北斗
七星配合，其所網羅的地理區域，比前述〈天官書〉載錄的北斗分野說
更為廣闊、明確而細密。

《後漢書·天文志》注引《星經》，對於北斗分野說的描述，又較
前說更為詳盡：

玉衡者，謂斗九星也。玉衡第一星主徐州，常以五子日候之。
甲子為東海，丙子為琅邪，戊子為彭城，庚子為下邳，壬子為
廣陵，凡五郡。第二星主益州，常以五亥日候之，乙亥為漢中，
丁亥為永昌，己亥為巴郡、蜀郡、牂牁，辛亥為廣漢，癸亥為
犍為，凡七郡。第三星主冀州，常以五戌日候之，甲戌為魏郡、
勃海，丙戌為安平，戊戌為鉅鹿、河間，庚戌為清河、趙國，
壬戌為恆山，凡八郡。第四星主荊州，常以五卯日候之，乙卯
為南陽，己卯為零陵，辛卯為桂陽，癸卯為長沙，丁卯為武陵，
凡五郡。第五星主兗州，常以五辰日候之，甲辰為東郡、陳留，
丙辰為濟北，戊辰為山陽、泰山，庚辰為濟陰，壬辰為東平、

---

71 〔漢〕鄭玄注，〔唐〕賈公彥疏，《周禮注疏》，收入《重刊宋本十三經注疏》
（板橋：藝文印書館，1955），卷26，頁21。

任城，凡八郡。第六星主揚州，常以五巳日候之，乙巳為豫章，
辛巳為丹陽，己巳為廬江，丁巳為吳郡、會稽，癸巳為九江，
凡六郡。第七星為豫州，常以五午日候之，甲午為潁川，壬午
為梁國，丙午為汝南，戊午為沛國，庚午為魯國，凡五郡。第
八星主幽州，常以五寅日候之，甲寅為玄菟，丙寅為遼東、遼
西、漁陽，庚寅為上谷、代郡，壬寅為廣陽，戊寅為涿郡，凡
八郡。第九星主并州，常以五申日候之，甲申為五原、鴈門，
丙申為朔方、雲中，戊申為西河，庚申為太原、定襄，壬申為
上黨，凡八郡。……凡有六十郡，九州所領，自有分而名焉[72]。
（參見表1）

此一分野系統，乃是將天上的斗九星分別與地上的行政單位對應起來，
這顯然是郡縣制出現以後才有的情形。同時，此一分野系統更添加了天
干、地支與方位、時間的概念，將所謂的九州與六十郡全予網羅，形成
一個更龐大而細密的分野圖象與天文占測體系，天人合一與天人感應的
觀念更具體地展現，占家只須觀測天象的變化，便能更精確地預知天下
大事與掌握先機。

　　從以上三種北斗分野說來看，時代越晚出的分野說所囊括的區域與
範圍，往往隨著國土的擴張與開發不斷地擴大，反映了分野說隨時因政
治形勢與行政劃分的變化而變化，表現分野與時俱變，以及與當代歷史
脈絡緊密結合的特色。另外一方面，隨著更細緻的分野說的應用，占家
預測出天變所影響的地點，比較疏略者更為明確，更符合占家所需。但
是，更確切地指出地理空間之際，無異是對占卜的準確度要求更高，而

72　〔宋〕范曄撰，〔唐〕李賢等注，《後漢書》（北京：中華書局，1973一版二
　　刷），頁3213-3214。（編按：范曄《後漢書》的志尚未寫成即被殺，今本《後漢
　　書》的志係後人從司馬彪的《續漢書》取來補進去的。）

占家所面臨的壓力遂亦相對地增加。

表1

星州	一	二	三	四	五	六	七	八	九
州	徐州	益州	冀州	荊州	兗州	揚州	豫州	幽州	并州
干支	甲子	乙亥	甲戌	乙卯	甲辰	乙巳	甲午	甲寅	甲申
郡	東海	漢中	魏郡 勃海	南陽	東郡 陳留	豫章	潁川	玄菟	五原 鴈門
干支	丙子	丁亥	丙戌	己卯	丙辰	辛巳	壬午	丙寅	丙申
郡	琅邪	永昌	安平	零陵	濟北	丹陽	梁國	遼東 遼西 漁陽	朔方 雲中
干支	戊子	己亥	戊戌	辛卯	戊辰	己巳	丙午	庚寅	戊申
郡	彭城	巴郡 蜀郡 牂牁	鉅鹿 河間	桂陽	山陽 泰山	廬江	汝南	上谷 代郡	西河
干支	庚子	辛亥	庚戌	癸卯	庚辰	丁巳	戊午	壬寅	庚申
郡	下邳	廣漢	清河 趙國	長沙	濟陰	吳郡 會稽	沛國	廣陽	太原 定襄
干支	壬子	癸亥	壬戌	丁卯	壬辰	癸巳	庚午	戊寅	壬申
郡	廣陵	犍為	恆山	武陵	東平 任城	九江	魯國	涿郡	上黨

資料出處：《後漢書‧天文志》注引《星經》

　　中國古代的郡縣制萌芽於春秋時期，至兩漢大備[73]，秦始皇分天下爲三十六郡，後益爲四十一郡，與《後漢書‧天文志》注引《星經》所錄者比較，僅二十二郡名相同，而該《星經》卻載有六十郡，可見《後漢書‧天文志》所記述的內容，是漢以後的情形。漢高祖定鼎天下，在秦的三十六郡基礎上，又增加二十六郡，郡名同《星經》者有三十四個[74]，

---

73 嚴耕望，《中國地方行政制度史》（臺北：中央研究院歷史語言研究所，1974 再版），上編，卷上，頁7。

74 秦始皇與漢高祖所設置之郡名，參見嚴耕望，《中國地方行政制度史》，上編，卷上，頁33-36。

故此一《星經》的成書時間，應更晚於漢高祖時期。考《星經》所稱引的郡名，幾乎皆見載於《漢書‧地理志》[75]，這些郡制除了沿襲秦制之外，大抵爲漢高祖至漢武帝期間所設，可見《後漢書‧天文志》注引之《星經》所稱述的分野，約當西漢中期左右的情況。

既然《後漢書‧天文志》注引《星經》分野說所呈現的天地對應關係，乃是隨著漢代建國的形勢，並因應行政區域變動而調整的，較之前述以戰國時期諸侯國所在的疆域作爲分野的準據，更爲細密。一方面彰顯了分野說不斷配合時勢與實際的占卜需要而更動，具備與時推移的韌性，另一方面，正因分野說的這項特質，能隨時爲天文占卜系統注入活絡的生命力，使得天文占卜體系的發展更具機動性，隨時提供適時的服務。

值得注意的是，《星經》只選取九州六十郡納入分野，而未將所有的州郡都包括進來，並不完全符合漢代的疆域現況。筆者認爲此一分野說選取「九州」的原因，可能是爲了配合斗九星之數，而只選「六十郡」的理由，則是爲了配合六十干支日數，更有利於占卜的進行。無論如何，此一「整齊化」與「數術化」的規劃理念與操作模式，顯然是出自人爲選擇的結果，使分野說所支撐的天文占卜系統充滿強烈的人文氣息。

《史記‧天官書》記載第二類分野說，是以二十八宿配合十二州，作爲分野的準據：

> 二十八舍主十二州，斗秉兼之，所從來久矣。秦之疆也，候在太白，占於狼、弧。吳、楚之疆，候在熒惑，占於鳥衡。燕、齊之疆，候在辰星，占於虛、危。宋、鄭之疆，候在歲星，占於房、心。晉之疆，亦候在辰星，占於參、罰[76]。（參見表2）

75　《星經》除了永昌、安平、濟化、下邳、吳郡、任城、恆山等七郡之外，其餘郡名皆見於《漢書‧地理志》。

76　《史記》，卷27，頁1346。

表2

疆	秦	吳、楚	燕、齊	宋、鄭	晉
候	太白	熒惑	辰星	歲星	辰星
占	狼、弧	鳥衡	虛、危	房、心	參、罰

資料出處：《史記·天官書》

此一分野說除了以太白、熒惑、辰星與歲星之外，還包括二十八宿中的
七組星宿，而這七組星宿的選擇，都恰好使其作爲赤道周天四個象限宮
的中心星宿[77]，再加上狼、弧二星，以這些天星所在的方位，配合地理
區劃，作爲占卜人事的依據，而其所對應的地域，則是以諸侯國的疆域
爲準。由於將宋與晉配以心宿與參宿的分野，與前述《左傳》士弱和子
產的說法一致，故此一分野說的時代至少可以追溯到春秋時期。

　　《史記·天官書》還記載著另一種二十八宿分野說，時代較前者或
爲晚出，內容較爲細緻：

　　　　角、亢、氐，兗州。房、心，豫州。尾、箕，幽州。斗，江、
　　　　湖。牽牛、婺女，揚州。虛、危，青州。營室至東壁，并州。
　　　　奎、婁、胃，徐州。昴、畢，冀州。觜觹、參，益州。東井、
　　　　輿鬼，雍州。柳、七星、張，三河。翼、軫，荊州[78]。（參見表3）

類似的分野說亦見於《史記正義》，作者張守節引用《星經》之說，將
二十八宿、十二州與戰國時期的諸侯國相互對應，但其中六州所屬的
星宿與《史記》不同：

77　馮時，《中國天文考古學》，頁77。
78　《史記》，卷27，頁1330。

角、亢，鄭之分野，兗州；氐、房、心，宋之分野，豫州；尾、
箕，燕之分野，幽州；南斗、牽牛，吳、越之分野，揚州；須
女、虛，齊之分野，青州；危、室、壁，衛之分野，并州；奎、
婁，魯之分野，徐州；胃、昴，趙之分野，冀州；畢、觜、參，
魏之分野，益州；東井、輿鬼，秦之分野，雍州；柳、星、張，
周之分野，三河；翼、軫，楚之分野，荊州也[79]。(參見表4)

表3	
十二州	二十八宿
兗州	角、亢、氐
豫州	房、心
幽州	尾、箕
揚州	牽牛、婺女
青州	虛、危
并州	營室至東壁
徐州	奎、婁、胃
冀州	昴、畢
益州	觜觿、參
雍州	東井、輿鬼
三河	柳、七星、張
荊州	翼、軫
江、湖	斗

資料出處：《史記・天官書》

表4		
十二州	二十八宿	侯國
兗州	角、亢	鄭
豫州	氐、房、心	宋
幽州	尾、箕	燕
揚州	南斗、牽牛	吳、越
青州	須女、虛	齊
并州	危、室、壁	衛
徐州	奎、婁	魯
冀州	胃、昴	趙
益州	畢、觜、參	魏
雍州	東井、輿鬼	秦
三河	柳、星、張	周
荊州	翼、軫	楚

資料出處：《史記正義》引《星經》

　　《星經》所見的分野(表4)，反映的是戰國時期韓、趙、魏三家分
晉以後的情形[80]，而《史記・天官書》的分野(表3)，則是略去戰國時期

79　《史記》，卷27，頁1346。
80　西元前453年，韓、趙、魏滅知氏，瓜分知氏的領地，「三家分晉」的局面已
　　經形成，晉國名義雖在，實已為韓、趙、魏之附庸，終至西元前369年亡國。

諸侯國的配分，重劃二十八宿的分野屬地，顯然是爲了配合秦統一天下後新的政治情勢的結果。以上三個不同時代的二十八宿分野說，再度彰顯春秋到西漢之間分野說與時俱進，隨政體與政權的變化而機動調整，如此一來，天文占卜始終能配合最新的政治局勢，進行占卜，提供更有效或更即時的服務。

　　戰國時期，諸侯國之間常有征伐，政權與疆域迭有變化，而當時的天星分野是以各國疆域作爲劃分的標準，故分野遂經常隨著各國版圖的改變而改變，其間變化甚多，於是張守節感嘆地說：「是戰國時諸國界域，及相侵伐，犬牙深入，然亦不能委細，故略記之，用知大略。」雖然史書未及詳述戰國時期的各種分野說及其演變，但分野說與時俱變的特色，卻已能幫助我們從現存的分野說中，推敲其年代與演變的軌跡。例如銀雀山竹簡殘存幾條二十八宿配諸侯國分野的材料，其中屬秦、楚、周的星宿與《星經》所列者相同[81]，但鄭分野爲角、亢、氐[82]，魯分野爲奎、婁、女、胃[83]，魏的分野爲房、心、尾、女[84]，與《史記正義》引《星經》不同，尤其是魏的分野。這是因爲魏曾於西元前384年、373年及352年分別打敗過齊國，又曾在西元前365年攻宋，取其儀臺，因而囊括了《星經》中部分齊與宋分野的星宿。由此推知，銀雀山竹簡中所使用的分野，約莫是西元前4世紀中期左右的概況。

　　張守節《史記正義》還紀錄了另一種戰國時期的二十八宿分野：

> 秦地於天官東井、輿鬼之分埜。……魏地觜觿、參之分埜。……

81　吳九龍，《銀雀山竹簡釋文・陰陽時令占候之類・占書》，0390號竹簡，頁31；4906號竹簡，頁228。

82　同上，0232號竹簡，頁19。

83　同上，1970號竹簡，頁115。

84　同上，3244號竹簡，頁164。

周地柳、七星、張之分壄。……韓地角、亢、氐之分壄。……趙地昴、畢之分壄。……燕地尾、箕之分壄。齊地虛、危之分壄。……魯地奎、婁之分壄。……宋地房、心之分壄。……衛地營室、東壁之分壄。……楚地翼、軫之分壄。……吳地斗、牛之分壄。……粵地牽牛、婺女之分壄[85]。（參見表5）

表5

二十八宿	侯國
東井、輿鬼	秦
觜觿、參	魏
柳、七星、張	周
角、氐、亢	韓
昴、畢	趙
尾、箕	燕
虛、危	齊
奎、婁	魯
房、心	宋
營室、東壁	衛
翼、軫	楚
斗、牛	吳
南斗、婺女	粵

資料出處：《史記正義》

《史記正義》在此所述之分野，與前引《星經》最大的不同，乃是將銀雀山竹簡中屬鄭之星宿角、亢、氐劃歸韓，究其原因，乃是鄭於西元前375年為韓所滅，故其分野諸星遂歸於韓。

這一類以二十八宿配合行政區域的分野說，秦漢以降，運用最為廣

85　《史記正義》，頁32-33。

泛，實例眾多，俯拾皆是。例如晉穆帝永和四年(348)，熒惑入婁，犯
填星，占文曰：「災在趙。」[86]又如北魏明元帝永興五年(413)，三月與
八月，兩度出現月犯太白於參之象，屬於「參，魏分野」，占文曰：「強
侯作難，國家不勝」[87]；又如陳宣帝太建十二年(580)，月犯牽牛，《隋
書·天文志》云其屬「吳、越之野」等等[88]。《漢書·藝文志》載錄的
天文二十一家之中，有《海中二十八宿國分》與《海中二十八宿臣分》
二佚書[89]，從書名推測，可能就是二十八宿分野專書，足見此一以二十
八宿作為標準的分野說，具有相當的普遍性。

　　《史記·天官書》第三類分野說，是以干支作為準據，與江河山川
或行政疆域配合：

> 甲、乙，四海之外，日月不占。丙、丁，江、淮、海岱也。戊、
> 己，中州河、濟也。庚、辛，華山以西。壬、癸，恆山以北[90]。

《漢書·天文志》亦記述類似的分野說，不過卻是以月支為準：

> 子周，丑翟，寅趙，卯鄭，辰邯鄲，巳衛，午秦，未中山，申
> 齊，酉魯，戌吳、越，亥，燕、代[91]。

86　〔唐〕房玄齡等撰，《晉書》(北京：中華書局，1974)，卷12，頁353。
87　〔晉〕陳壽撰，〔唐〕裴松之注，《三國志·魏書》(北京：中華書局，1975
　　一版六刷)，卷153，頁2396。
88　〔唐〕魏徵、令狐德棻，《隋書》(北京：中華書局，1974一版二刷)，卷21，
　　頁599。
89　《漢書》，卷30，頁1764。
90　《史記》，卷27，頁1332-1333。
91　《漢書·天文志》，卷26，頁1288。《淮南子·天文訓》之記載稍有不同，其
　　寅為楚、辰晉、未宋、戌趙、亥燕。

無論是以天干或地支為標準，這類將時間與地理空間相互搭配，從而進行占卜的分野說，其占測的形式與精神，饒富天人合一與數術的氣息。

《史記‧天官書》第四類分野說，除了仍緊密結合當代的政治脈動之外，還能表現當時的天下觀與夷夏觀：

> 及秦并吞三晉、燕、代，自河山以南者中國。中國於四海內則
> 在東南，為陽；陽則日、歲星、熒惑、填星，占於街南，畢主
> 之。其西北則胡、貉、月氏諸衣旃裘引弓之民，為陰；陰則月、
> 太白、辰星；占於街北，昴主之。故中國山川南北流，其維，
> 首在隴、蜀，尾沒于勃、碣。是以秦、晉好用兵，復占太白，
> 太白主中國；而胡、貉數侵掠，獨占辰星，辰星出入躁疾，常
> 主夷狄，其大經也[92]。

秦分別於西元前230年、225年及222年滅韓、魏、趙與燕，所以，這應是秦統一天下前夕的一種分野觀。春秋以降，夷、夏之間，或為婚姻，或為聯盟，或為交戰[93]，彼此之間的往來相當密切，因此，此一分野說兼及當時的國際形勢與夷夏關係。由於秦、晉地處當時華夏之西陲，近乎夷狄居地，又經常從事戰爭活動，所以人們遂以最與軍事有關之太白來占候秦與晉的吉凶，既能切近於史實，又能解釋秦、晉好用兵的由來，這也是分野與天文占卜系統具有人為操弄色彩的一面。

再者，上述的分野說，以天街二星（畢、昴）作為華夏與蠻夷天文占卜的分界，夏與夷之間，東南與西北對立而分，陽與陰各有歸屬，彷彿地上的國家與族群的界線一樣壁壘分明，生動地勾勒出當時人們的族

---

92 《史記》，卷27，頁1347。
93 錢穆，《國史大綱》（臺北：臺灣商務印書館，1956），頁38-39，85。

群觀與世界觀。反過來看，人間涇渭分明的夷夏之防，也反映在分野與天文星占之上。再者，在這一套夷夏天文分野圖像中，相對於夷狄的好侵奪，中國被塑造成禮義之邦，而這樣的差異對古人來說，是天意所使然，但實際上卻是源自於他們根深柢固的華夷觀念，亦即《左傳》：「非我族類，其心必異」深入人心的結果，而此一觀念也投射在天文占卜與分野說上。

將夷狄納入天文分野之中，亦見於《漢書·天文志》：

> 甲齊，乙東夷，丙楚，丁南夷，戊魏，己韓，庚秦，辛西夷，壬燕、趙，癸北夷[94]。

〈天文志〉將夷狄依其所居住的方位，與戰國七雄並列於十干之下。此類分野雖或可能反映戰國時期的天下觀，然而在漢代天下一統的情勢下，這些「國名」實際上只是地名，不過是因循舊俗，假藉戰國時期諸侯國之名而已，此一變化，又可作為分野說隨時推移的例證。

唐朝李淳風對於夷夏星野的區分，提出更進一步的解釋：

> 故知華夏者，道得禮樂忠信之秀氣也，故聖人處焉，君子生焉。彼四夷者，……莫不殘暴狼戾，鳥語獸音，炎涼氣偏，風土憒薄，人面獸心，宴安鴆毒，以此而況，豈得與中夏皆同日而言哉！……聖人觀象，分配國野，或取水土所生，或視風氣所宜，因係之以成形象之應，故昴為旄頭披髮之象，青丘蠻夷，文身之國，梗河胡騎，負戈之俗，胡人事天，以昴星為主；越人伺

---

94 《漢書》，卷26，頁1288。《淮南子·天文訓》亦有類似記述，惟其壬為衛，癸為越。

察，以斗牛辨祥；秦人占狼，齊觀虛危；各是其國，自所宗奉，
是以聖人因其情性所感而屬，豈越理苟且而傅會者哉[95]！

不論是在天上或人間，華夏與夷狄之間俱有上下、文野的等差關係，李
淳風站在華夏本位立場鄙視四夷的態度，清楚地反映在天文分野說上。
對李氏來說，「聖人觀象，分配國野」的標準，是根據自然的水土風氣
而來，聖人不過是「因其情性所感而屬」而已。此一將蠻夷之邦與具旄
頭披髮之象的昴星相配之見，實則體現古代天人感應的思想，而聯繫天
文與地理的分野也因此深具天人相與的意義。

　　漢代以降，分野說持續發展，其原理與操作基本上仍與歷代的地理
區劃有密切的關係，但地上州域常因地方行政的改制或戰亂等因素，屢
有沿革，不免造成分野的紊亂或劃分上的困難。再加上術家不知變通，
往往因循舊說，無法敏銳地配合州郡的存廢，隨時推移，不免使分野說
的發展面臨窘境。《舊唐書・天文志》云：

> 天文之為十二次……上以考七曜之宿度，下以配萬方之分野，
> 仰觀變謫，而驗之於郡國。……及七國交爭，善星者有甘德、
> 石申，更配十二分野，……張衡、蔡邕，又以漢郡配焉。自此
> 因循，但守其舊文，無所變革。且懸象在上，終天不易，而郡
> 國沿革，名稱屢遷，遂令後學難為憑準[96]。

為此，唐朝統一天下之後，一方面以州縣制為藍本，重新調整各地所屬
的分野[97]；另一方面，為了解決上述的弊病，「更以七宿之中分四象之

95　〔唐〕李淳風，《乙巳占》（臺北：新文豐出版有限公司，1987），卷3，頁57-58。
96　〔後晉〕劉昫等撰，《舊唐書》（北京：中華書局，1975），卷36，頁1311。
97　《舊唐書》，卷36，頁1311。

位，自上元之首，以度數紀之，而著其分野，其州縣雖改隸不同，但據
山河以分爾」[98]，分野說的基準至此底定，並且沿用到後世。

唐朝重整分野的影響深遠，尤其對於地方志的寫作，此後地方志往
往以當地所屬的天星分野，來描述其所在的地理位置，例如宋代樂史《太
平寰宇記》曾謂長沙星分野以南謂之南楚[99]，王象之《輿地紀勝》敘各
路沿革，常及其分野[100]，元代《大德昌國志》、《齊乘》與《吳郡志》
等方志亦載錄分野[101]，明朝《壽州志》與清朝《湖南通志》等，亦皆論
及星野之歷史演變[102]。此外，《大明一統志》介紹各府設置與沿革，皆
論敘其分野；清嘉慶年間重修之《大清一統志》，言及各府時亦首述其
分野，類似的例子不勝枚舉。由於歷代地方志敘述所屬的天星分野時，
大都將之歸入地理志或輿地志之中，於是分野成為地理區劃不可或缺
的空間座標，此一將天文與地理緊密結合的觀念與作法，正可說是分野
說發展的極致。

綜觀上述，分野說是古代天文占卜體系得以展開不可或缺的骨幹，
透過分野的區劃，將天星的變化緊密地聯繫地上的州域與人事的興衰，
從而見微知著，預測未來，掌握先機，具體地展現古人天人感應與天人
合一的思想，這些特點使得天文分野說具有高度的政治、人文與數術色

---

98 〔宋〕歐陽修、宋祁，《新唐書》（北京：中華書局，1975），卷31，頁820。

99 〔宋〕樂史，《太平寰宇記》（臺北：文海出版社，1980），卷114，頁1。

100 〔宋〕王象之，《輿地紀勝》（臺北：文海出版社，1971），卷3，頁1；卷38，
頁1；卷75，頁1。

101 〔元〕馮福京等，《大德昌國志》，收入《宋元地方志叢書》（臺北：大化書
局，1980），卷1，頁1；〔元〕于欽，《齊乘》，收入《宋元地方志叢書》，
卷1，頁3-4；卷5，頁18；〔宋〕范成大，《吳郡志》，收入《宋元地方志叢書》，
卷1，頁4-5。

102 〔明〕栗永祿，《壽州志》（臺北：新文豐出版有限公司影印天一閣明嘉靖刻
本，1985），卷1；〔清〕曾國荃等撰，《湖南通志》（臺北：華文書局，1967），
卷6。

彩。其次，春秋戰國到兩漢之間，雖然多種分野說同時並存，各說採用的依據互異，但卻具備一項共同的特點，亦即分野說與歷史的脈動緊密結合，不是停留在理論層次的論說而已，它因著時勢變化而隨時調整，以符合實際的占卜需求，饒富機動性與實用性，故能使天文得以逐步凌駕其他的占算工具，成為國家最重要的占卜機制。

四、結論

隨著天文知識與技術的進步、時代的迫切需求，以及出現各式機動性高而且與時俱變的分野說，春秋戰國到漢初期間，天文遂逐漸凌駕其他的占卜工具，成為統治階層溝通天地鬼神最重要的媒介。於是，天文走上以占卜為主的發展方向，從此與政治密不可分，成為歷代皇帝亟欲掌控與壟斷的對象。正因為古人相信天事恆象，因此，在他們眼裡，仰觀天文星象與俯察地理分野，即可達到究天人之際與通古今之變的終極理想。

司馬遷《史記・天官書》最末總結道：

> 日變脩德，月變省刑，星變結和。凡天變，過度乃占。國君彊大，有德者昌；弱小，飾詐者亡。太上脩德，其次脩政，其次脩救，其次脩禳，正下無之。夫常星之變希見，而三光之占丞用。日月適暈，雲風，此天之客氣，其發見亦有大運。然其與政事俯仰，最近（天）人之符。此五者，天之感動。為天數者，必通三五，終始古今，深觀時變，察其精粗，則天官備矣[103]。

---

103 《史記》，卷27，頁1351。

在天人感應與天命思想的核心原則之下，司馬遷清楚地指出天變的政治
意義、天文的占卜功能，及其與天下形勢、歷史演變之間的密切關係。
司馬遷的這段文字，正是春秋戰國到漢初天文發展的最佳註腳。

古典醫學的知識形式

李建民*

文信侯曰：嘗得學黃帝之所以誨顓頊矣，爰有大圜在上，大矩
在下，汝能法之，為民父母。蓋聞古之清世，是法天地。
——《呂氏春秋·序意》[1]

岐伯曰：法往古者，先知《針經》也。驗于來今者，先知日之
寒溫、月之虛盛，以候氣之浮沉，而調之于身，觀其立有驗也。
——《素問·八正神明論》[2]

一、問題意識——古史傳說與知識傳承

經常聽到一些現代的中醫師說，中醫是一門「經驗」醫學云云。然

---

* 中央研究院歷史語言研究所。
1 王利器，《呂氏春秋注疏》（成都：巴蜀書社，2002），頁1209-1211。
2 龍伯堅、龍式昭，《黃帝內經集解·素問》（天津：天津科學技術出版社，2004），
 頁372。參看龍伯堅遺作〈黃帝內經考〉，頁1157-1293。

而有哪一種傳統醫學沒有經驗的層面？巫術、儀式性的醫療也可以宣
稱自己是具有經驗事實，並且歷經長期積澱而有驗效的。那麼，中醫知
識真正的特色在哪裡？

　　什麼又是「經驗」？當我們說一位醫生很有經驗時，這個經驗意指
直接、個人與證據性的，同時也蘊含其對個別病人有一連串切身的經
歷。因為醫生治療的對象不僅是「人」，而且是個別的人。臨床的判斷
力無法靠共相的知識專擅，因為醫生必須不斷面對新的狀況作出判
斷。而醫生的經驗受歷史約制，特別是經典提供了詮釋經驗的範式。換
言之，經驗即詮釋，是以歷史傳統為中介的「經驗」。

　　現代中醫的「經驗」，不是完全脫離經典傳統(特別是早期傳統)的
獨立源泉。

　　關於中國早期醫學的探討，由於1970年代大量出土文獻而方興未
艾 [3]。傳世醫學文獻的斷代與核心醫學觀念的重寫與重建，成為中國醫
學史研究的顯學 [4]。其中，特別值得深入的是，不同歷史氛圍的主導性
思想及制度與醫學技術之間，所產生的呼應與唱和。例如，徐復觀即認
為《呂氏春秋》是認識漢代學術與政治的骨幹，「離開了《呂氏春秋》，
即不能了解漢代學術的特性」，其思想以摻透融合之威力，在這段時期
發生了幾乎無孔不入的指導性作用 [5]，當然包括醫學思想在內。

　　《呂氏春秋》發揮人君養生之旨，在全書占相當重的份量。養生

3　馬繼興，〈中醫古典文獻遺產實物發掘與繼承研究的重要價值〉，收入江潤祥
　　編，《現代中醫藥之教育、研究與發展》(香港：中文大學出版社，2002)，頁
　　73-87。

4　廖育群，〈兩漢醫學史的重構〉(未刊稿，共13頁)；韓健平，〈經脈學說的早
　　期歷史：氣、陰陽與數字〉，《自然科學史研究》23.4(2004)：326-333。

5　徐復觀，〈《呂氏春秋》及其對漢代學術與政治的影響〉，收入氏著，《兩漢
　　思想史》卷二(臺北：臺灣學生書局，1993)，頁1-83。又，丁原明，《黃老學
　　論綱》(濟南：山東大學出版社，1997)，頁201-211；劉殿爵，〈《呂氏春秋》
　　的貴生論〉，收入氏著，《採擷英華》(香港：中文大學出版社，2004)，頁243-258。

可以「全其天」，並與天地及天下相通感[6]。《呂氏春秋》的作者呂不韋(文信侯)，將其書依託於黃帝教誨顓頊的聖言；上述的養生長壽與推曆建制、效法天地的原則是一致的。王利器在其具有界碑性《呂氏春秋》疏證的工作，以〈春秋、素王、大一統〉指出這本書的題旨：「治曆明時」、「上觀尚古」，

> 大圓大方之說，又見《管子·心術》篇，曰：「能戴大圓者，體乎大方。」又〈內業〉篇：「乃能戴大圓而履大方。」高誘〈序〉謂「備天地萬物古今之事」，即據此為言，而〈十二紀〉用顓頊曆之故因明白矣。《史記·十二諸侯年表》以孔子之次《春秋》，與呂不韋之為《呂氏春秋》，相提並論，於學術源流，大有關係。一則以《呂氏春秋》比議孔子之修《春秋》，即以〈十二紀〉之治曆明時，比義《春秋》之書「春王正月」，此大一統之義法也。再則以呂氏之上觀尚古，刪拾《春秋》，集六國時事，比義孔子之論史記舊聞，興於魯而次《春秋》；左丘明之因孔子《史記》，具論其語，成《左氏春秋》；虞卿之上采《春秋》，下觀近世，亦著八論，為《虞氏春秋》[7]。

這種政治的宇宙論裡，養生、物理、政事搏為一氣。呂不韋將這種思想著作追溯於「古之清世」的帝王。

古典醫學的知識傳承也氤氳在古史傳說的迷霧中[8]。《黃帝內經》[9]關

6　徐復觀，〈《呂氏春秋》及其對漢代學術與政治的影響〉，頁34-40，41-48。

7　王利器，《呂氏春秋注疏》，頁8。又，呂思勉，〈讀《呂氏春秋》〉，收入氏著，《文字學四種》(上海：上海教育出版社，1985)，頁51-57。

8　古史傳說的新研究，裘錫圭，〈新出土先秦文獻與古史傳說〉，收入氏著，《中國出土古文獻十講》(上海：復旦大學出版社，2004)，頁18-45。

9　席文(Nathan Sivin)，〈《黃帝內經》〉，收入魯惟一主編，《中國古代典籍導

乎生命奧秘的言說，以黃帝爲中心，有五師(岐伯、伯高、少師、少俞、鬼臾區)一徒(雷公)的應對問答[10]；一如《呂氏春秋》把「古之清世」作爲創作的黃金盛世，《內經》「法往古者」也歸於古代聖人所遺傳的《針經》[11]。《內經》的醫學論述不僅以黃帝君臣的格式展開，人體與國家的感應理論更饒富政治意涵[12]。正如席文(Nathan Sivin)教授所指出的：「他們創建的體系，不僅是一個政治體系，也是一個宇宙體系和一個人體系統。我們必須理解這個體系的多重性質，特別要理解爲什麼在各種科學獨立發展之後，這種有政治意味的系統還如此有吸引力。」[13] 這種醫學的文化多樣體(cultural manifolds)，無疑是我們探索古典醫學的核心所在。

本文特別注意古典醫學範例性文獻(exemplary texts)的形成史[14]。中國醫學的文獻固浩若煙海、難以統計，但作爲醫學社群規範與權威的必讀典籍(如《內經》等)不過數種；其生產、維繫及變遷的過程，涉及書籍在學科成員身分的確立、學科邊界的劃定與學術傳承的建立等方面所扮演的角色。

這篇文章所處理的時間，主要在西元前300年至西元後500年之間。以下四個章節，首先分析《史記・扁鵲倉公列傳》與今本《黃帝內經》

(續)————————————————

　　讀》(瀋陽：遼寧教育出版社，1997)，頁206-228。

10　山田慶兒，《中國古代醫學的形成》(臺北：東大圖書公司，2003)，頁19-36。

11　廖育群，《岐黃醫道》(瀋陽：遼寧教育出版社，1992)，頁73-75；龍伯堅，《黃帝內經概論》(上海：上海科學技術出版社，1980)，頁82。

12　金仕起，〈論病以及國——周秦漢方技與國政關係的一個分析〉(臺北：國立臺灣大學歷史學研究所博士論文，2003)。

13　席文，〈中國、希臘之科學和醫學的比較研究〉，《中國學術》總第9輯(2002)，頁125；中山茂，《歷史としての學問》(東京：中央公論社，1974)，頁31-81；G.E.R. Lloyd, *The Ambitions of Curiosity: Understanding the World in Ancient Greece and China*(Cambridge: Cambridge University Press, 2002)，特別是pp. 126-147.

14　李建民，《生命史學——從醫療看中國歷史》(臺北：三民書局，2005)，頁3-20。

中授書儀式的意義；其次，討論醫學書籍「依託」的知識史脈絡；第三，討論漢魏之間授書儀式式微的原因及其後之影響，並進一步申論古典醫學作為「正典」(canon)醫學的意義；最後，質疑以「基層社會」角度的醫療史取向，並提出新的研究進路。

二、「禁方」時代──秘密的醫療技術

中國醫學的起源包圍在傳說之中。這段醫學形成的關鍵時期有一個明顯的特色，就是有關醫學的記載極少，醫家彼此知識授受的系譜不明；除了扁鵲、淳于意、華佗、張仲景幾位名醫以外，大多數是傳說的人物。而這個時期最值得注意的是出現了「禁方」或「禁方書」等書籍的概念。當時的醫學文獻透過秘密的儀式流傳；正如索安(Anna Seidel)形容早期圖書的機密性：「書寫文書被一種類似於傳統寶物的神聖氣氛所籠罩。」[15]。寶物如玉、貝，在古代是權力的象徵[16]。醫學文獻在這種氛圍之下，與其相關的「經驗」、「師資」的實質內涵是迥異於後世的。

先秦的醫學知識主要保留在官府，其隱秘性自不待言。《漢書·藝文志》說得很清楚，「方技者，皆生生之具，王官之一守也。」方技在古代是廣義的「醫學」，包括房中、神仙之術。顧實解釋〈藝文志〉這段話：「《晉語》趙文子曰『醫及國家乎。』秦和對曰『上醫醫國，其次疾，固醫官也。』蓋古醫字亦作毉。上世從巫史社會而來，故醫通於治國之道耳。」[17]當時官府的醫學活動，在《左傳》、《周禮》等書略

---

15 索安，〈國之重寶與道教秘寶──讖緯所見道教的淵源〉，《法國漢學》4輯 (1999)，頁50。

16 江紹原，《中國古代旅行之研究》(上海：商務印書館，1937)，頁1-2。

17 顧實，《漢書藝文志講疏》(臺北：臺灣商務印書館，1980)，頁254。

有反映[18]。但系統性的醫學論述大致是戰國以下民間私學的產物。巫者的職事之一為治病[19]，但歷來並沒有留下系統、持續的醫療論述；巫、醫分流，後者必須依賴典籍以宣其專門之學。不過，由醫學傳授的程序來看，猶有巫史時代之遺緒。讓我們重新理解《史記‧扁鵲倉公列傳》的故事罷。

「禁方」或「禁方書」的「禁」有秘密的意思，並帶有咒術的色彩。就醫學知識的傳授而言，師徒之間並沒有親自傳授經驗而是傳授秘書。這是醫者對其知識來源的自我呈現(self-fashioning)，未必是虛構的。長桑君觀察扁鵲長達十數年，判斷其有無習醫的天賦而後傾囊相授：

> (扁鵲)少時為人舍長，舍客長桑君過，扁鵲獨奇之，常謹遇之。長桑君亦知扁鵲非常人也。出入十餘年，乃呼扁鵲私坐，間與語曰：「我有禁方，年老，欲傳與公，公毋泄。」扁鵲曰：「敬諾。」乃出其懷中藥予扁鵲：「飲是以上池之水，三十日當知物矣。」乃悉取其禁方書盡與扁鵲。忽然不見，殆非人也。扁鵲以其言飲藥三十日，視見垣一方人。以此視病，盡見五藏癥結，特以診脈為名耳[20]。

上文特別值得注意的是書籍在知識傳授過程的核心角色，以及受書儀

18 李建民，《死生之域──周秦漢脈學之源流》（臺北：中央研究院歷史語言研究所，2000），頁120-138。

19 趙璞珊，〈《山海經》記載的藥物、疾病和巫醫──兼論《山海經》的著作時代〉，收入中國《山海經》學術討論會編輯，《山海經新探》（成都：四川省社會科學院出版社，1986），頁264-276。又戰國醫人特色，見陳直，〈戰國醫人小璽匯考〉，收入氏著，《讀金日札》（西安：西北大學出版社，2000），頁239-245。

20 司馬遷，《史記》（臺北：鼎文書局，1984），頁2785。

式中「毋泄」的禁令。扁鵲在接受長桑君的秘儀之後，擁有透視人體臟腑的特殊技能，強調診斷在整個醫療過程的重要性；《史記》所收錄三則扁鵲病案都涉及診斷，這種重視「決死生」的本事與巫者占病的傳統有一定的連繫[21]。

受書儀式的程序中，凸顯師資的主動性；長桑君言「我有禁方」，表達自己掌握不可告人的技術。《史記‧封禪書》也提及漢武帝時期的方士欒大「貴震天下，而海上燕齊之間，莫不搤捥而自言有禁方，能神僊矣。」[22] 此處也說明方士「自言有禁方」，似強調傳授者的師資身分。孰知長桑君何許人也？李伯聰說：「長桑君傳禁方書與扁鵲後，『忽然不見，殆非人也。』簡直竟是一個巫師的形象了。同時所謂『禁方書』，其具體內容已無從得知，但既曰『禁方』，可推知其內容必有一部分為『禁咒之方』。」[23] 從受書儀式服藥、飲用上池之水等，除了典籍之外，應該還有醫事器械(如針砭)與口訣相傳。

扁鵲所受醫書的內容並不清楚，稍晚淳于意(216BC-?)已經可以讀到「扁鵲之脈書」[24]，《漢書‧藝文志》簿錄《扁鵲內經》九卷、《扁鵲外經》12卷[25]。這些禁方書後世散佚，在當時則是習醫的規範。司馬遷〈太史公自序〉：「扁鵲言醫，為方者宗，守數精明；後世循序，弗能易也。」[26] 這裡的「守數」，包括作為原則性的醫典在內，《素問‧疏五過論》：「聖人之術，為萬民式，論裁志意，必有法則，循經守數，

---

21 Donald Harper, "Physicians and Diviners: The Relation of Divination to the Medicine of the *Huangdi neijing* (Inner Canon of the Yellow Thearch)," *Extrême-Orient, Extrême-Occident* 21 (1999): 91-110.

22 司馬遷，《史記》，頁1391。

23 李伯聰，《扁鵲和扁鵲學派研究》(西安：陝西科學技術出版社，1990)，頁107。

24 司馬遷，《史記》，頁2794。

25 陳國慶，《漢書藝文志注釋彙編》(臺北：木鐸出版社，1983)，頁226。

26 司馬遷，《史記》，頁3316。

按循醫事，爲萬民副。」[27] 又云：「守數、据治，無失俞理。能行此術，終身不殆，不知俞理，五藏菀熟，癰發六府。診病不審，是謂失常。謹守此治，與經相明。」[28] 醫者把握醫學的原理（「守數」）往往與明白經旨並行。師徒關係通過受書而確立，而典籍的擁有者同時也扮演文本詮釋、經驗傳授者的角色。換言之，典籍、師資、經驗是三而一的。

什麼是「書」[29]？這一時期的書籍觀念又是什麼？在戰國秦漢的葬俗中，書籍作爲陪葬品，無疑是新興的文化現象。而在作爲陪葬品的書籍中，技術書包括醫學文獻數量之豐富也是令人印象深刻的。文獻通過禮儀程序所帶來權威的臨在，有待我們進一步挖掘。

以授與「禁方書」的知識傳授形態也見於淳于意師弟之間。淳于意習醫主要受業於公孫光與陽慶二人。公孫光保有古代醫學的抄本，淳于意經由受書儀式取得一批秘書及口授心法：

> 臣意聞菑川唐里公孫光善為古傳方，臣意即往謁之。得見事之，受方化陰陽及傳語法，臣意悉受書之。臣意欲盡受他精方，公孫光曰：「吾方盡矣，不為愛公所。吾身已衰，無所復事之。是吾年少所受妙方也，悉與公，毋以教人。」臣意曰：「得見事侍公前，悉得禁方，幸甚。意死不敢妄傳人。」居有閒，公孫光閒處，臣意深論方，見言百世為之精也[30]。

這裡同樣有師徒之間不得妄傳、泄漏的禁令。從淳于意自述來看，公孫光多次受書，並非一次盡傳其技。而且，師徒切磋，「深論方，見言百

27　龍伯堅、龍式昭，《黃帝內經集解・素問》，頁1108。
28　同上，頁1114。
29　參看李零，〈三種不同含義的「書」〉，《中國典籍與文化》2003.1：4-14。
30　司馬遷，《史記》，頁2815。

世爲之精也」，也就是討論歷代醫書的精意所在。淳于意轉益多師、經公孫光推薦之後，拜其同產弟兄陽慶爲師，前後三年之久：

> 臣意即避席再拜謁，受其《脈書》、《上下經》、《五色診》、《奇咳術》、《揆度》、《陰陽外變》、《藥論》、《石神》、《接陰陽》禁書，受讀解驗之，可一年所。明歲即驗之，有驗，然尚未精也。要事之三年所，即已爲人治，診病訣死生，有驗，精良[31]。

淳于意接受另一批醫學秘笈；但陽慶要求他遵守一個條件：「盡去而方書，非是也。」[32]可以推測：公孫光與陽慶各自有若干醫學抄本；公孫光中年時也想得到陽慶秘藏之書，但陽慶不肯給。淳于意之後也教授數名弟子，各得其技（書）之一偏。淳于意的學術系譜如下：

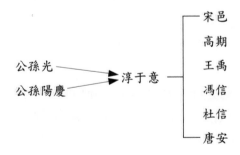

淳于意的六位弟子中，其中三名是由官方派來習醫（高期、王禹、唐安）。這些與淳于意習醫的學生及其後繼者，大概活動於西漢中晚期及稍晚，

---

31 司馬遷，《史記》，頁2796。
32 同上。

其手中保留的秘笈經過兩、三代的轉抄複製，必有攙僞或傳訛。而且，這些秘傳方式只要中間若干人不守相關禁令，即可能將文本外流而產生各種傳本。由馬王堆醫書、張家山醫書與緜陽經脈木人模型等與淳于意師徒同時代的出土醫學文獻來看，當時的貴族、官僚也占有部分醫療資源。在淳于意的「診籍」(病案)也記載一位宦者平，「平好爲脈，學臣意所，臣意即示之舍人奴病」[33]；這些口授的醫理若進一步寫成文字，則醫學典籍的分化與流傳益形紛雜。

而淳于意的病案也以引用既有典籍、師說作爲診斷疾病的主要根據，而「眾醫」也就是同時代其他醫生的說法多爲負面教材。例如：

> 陽虛侯相趙章病，召臣意。眾醫皆以為寒中，臣意診其脈曰：「迵風。」迵風者，飲食下嗌而輒出不留。法曰「五日死」，而後十日乃死。病得之酒。所以知趙章病者，臣意切其脈，脈來滑，是內風氣也。飲食下嗌而輒出不留者，法五日死，皆為前分界法，後十日乃死，所以過期者，其人嗜粥，故中藏實，中藏實故過期。師言曰：「安穀者過期，不安穀者不及期。」[34]

明顯可見，醫生個人經驗是建立在文本及老師相關的解釋。上文中的「法曰」、「分界法」，在其他淳于意的病案皆稱爲「脈法」、「診脈法」、「診法」、「論曰」、「經解」、「脈法奇咳言」等[35]，即診斷的綱領性文本(canon)。換言之，淳于意的經驗是以正典爲中介的經驗。他在診斷齊陽虛侯的病時，認爲「診之時不能識其經解，大識其病所

---

33 司馬遷，《史記》，頁2806。
34 同上，頁2803。
35 同上，頁2797-2813。

在」[36]。這裡的「經」，正如張舜徽所說：「書籍之以經爲名者，初不止於幾部儒家經傳而已。蓋經者綱領之謂，凡言一事一物之綱領者，古人皆名之爲經，經字本非專用之尊稱也。故諸子百家書中有綱領性之記載，皆以經稱之。」[37] 在今本《黃帝內經》所引書之中也有《針經》、《上經》、《下經》等引經之例[38]。

書籍、師資、經驗是三而一的。淳于意解釋如何使用《脈法》，及其個人經驗與「診籍」的關係：

> 古聖人爲之《脈法》，以起度量，立規矩，縣權衡，案繩墨，調陰陽，別人之脈各名之，與天地相應，參合於人，故乃別百病人異之，有數者能異之，無數者同之。然《脈法》不可勝驗，診疾人以度異之，乃可別同名，命病主在所居。今臣意所診者，皆有診籍。所以別之者，臣意所受師方適成，師死，以故表籍所診，期決死生，觀所失所得者合《脈法》，以故至今知之[39]。

診籍在此只是爲了驗證《脈法》而留下的記錄。而典籍的作用，如上述是「度量」、「規矩」、「權衡」、「繩墨」，這些都是正典概念下規範或標準的意義。而且，醫者別人之脈是在「聖人－天地－人」的論述框架下進行的。或者說，古代醫學知識的權威是建立在古代聖人（詳下節），同時個人的經驗得失也必須以依託聖人的文本爲規約。

這些思想，在《黃帝內經》裡有極爲神似的比喻，《靈樞‧九針十

---

36 司馬遷，《史記》，頁2812。
37 張舜徽，《愛晚廬隨筆》（長沙：湖南教育出版社，1991），頁48。
38 龍伯堅，《黃帝內經概論》，頁79-89；張燦玾主編，《黃帝內經文獻研究》（濟南：山東中醫藥大學，2004），頁96-126。
39 司馬遷，《史記》，頁2813。

二原》談到醫學「令可傳于後世，必明爲之法。令終而不滅，久而不絕，易用難忘，爲之經紀。」故立《針經》[40]；《靈樞‧逆順肥瘦》：「聖人之爲道者，上合于天，下合于地，中合于人事，必有明法，以起度數，法式檢押，乃後可傳焉，故匠人不能釋尺寸而意短長，廢繩墨而起平水也。」[41] 所謂法式、檢押都有規矩、標準之意思。事實上，從淳于意的自述可知，醫者人人各有其經驗，技藝高下尚有「有數者」、「無數者」的分別，權威性的醫籍才是判別得失的標準來源，故說「觀所失所得者合《脈法》」。

　　淳于意論及醫學傳授的程序是「受讀解驗」，也就是：受書、誦讀、理解及驗證幾個步驟；基本上，學習醫術是圍繞著典籍而依序展開。《靈樞‧禁服》一篇可與前面扁鵲、淳于意的故事相呼應。〈禁服〉的「禁」即同於「禁方」之「禁」，事涉秘密傳授；服者，拳拳服膺師說，即醫術之書不僅來自師之秘授，也有賴師之解說：

> 雷公問於黃帝曰：細子得受業，通於《九針》六十篇，旦暮勤
> 服之，近者編絕，久者簡垢，然尚諷誦弗置，未盡解於意矣。
> 〈外揣〉言「渾束為一」，未知所謂也。夫大則無外，小則無
> 內，大小無極，高下無度，束之奈何？士之才力，或有厚薄，
> 智慮褊淺，不能博大深奧，自強於學若細子，細子恐其散於後
> 世，絕於子孫，敢問約之奈何？黃帝曰：善乎哉問也！此先師
> 之所禁，坐私傳之也，割臂歃血之盟也，子若欲得之，何不齋
> 乎！雷公再拜而起曰：請聞命於是也。乃齋宿三日而請曰：敢
> 問今日正陽，細子願以受盟。黃帝乃與俱入齋室，割臂歃血。

40　龍伯堅、龍式昭，《黃帝內經集解‧靈樞》，頁1299。
41　同上，頁1749。

> 黃帝親祝曰：今日正陽，歃血傳方，有敢背此言者，必受其殃。
> 雷公再拜曰：細子受之。黃帝乃左握其手，右授之書，曰：慎
> 之慎之，吾為子言之[42]。

由上可見，在傳授過程中有多次授書的可能。老師或先給予入門之書，
或有些文本需要進一步的文本解說，因此隨著不同學習階段而有進階
授書的程序。上文即因雷公不明白《九針》的核心題旨而有第二次授書
儀式，而掌握典籍者同時也是詮釋者及經驗的傳授者。黃帝提及「此先
師之所禁，坐私傳之也」，此處的「坐」即獲罪之意，「私傳」旨在強
調得其人乃傳，不可藏私。而黃帝的解說也是儀式的核心部分，「左握
其手，右授之書」也許還包括了實作的演練。

　　因此，更高層次的密傳是淳于意所說的「解」、「驗」的階段。
例如，《靈樞‧刺節真邪》論及一種「發矇」的針刺方法：

> 黃帝曰：刺節言發矇，余不得其意。夫發矇者，耳無所聞，目
> 無所見，夫子乃言刺府腧，去府病，何腧使然，願聞其故。岐
> 伯曰：妙乎哉問也。此刺之大約，針之極也，神明之類也，口
> 說書卷，猶不能及也，請言發矇耳，尚疾于發矇也。黃帝曰：
> 善。願卒聞之[43]。

這種「發矇」針法，其技巧是在正午之時將針刺入患者的聽宮穴，能使
針感傳至瞳孔，同時耳中也聽見進針之聲。《靈樞‧刺節真邪》解釋說：
「已刺，以手堅按其兩鼻竅而疾偃，其聲必應於針也。」張介賓說：「此

---

42 龍伯堅、龍式昭，《黃帝內經集解‧靈樞》，頁1820。

43 同上，頁2006。

驗聲之法也。」[44] 這些技術上的細節，老師所講、書本所載皆無以取代
操作者的心領神會。

上述的針法，敘述針刺所形成的經驗與期望，即其聲必應於針的
可操作性。在《靈樞》同一篇也在介紹各種針刺技術後，使用文化分類
認識、詮釋人的身體與疾病，並歸結在「用針者，必先察其經絡之實虛，
切而循之，按而彈之，視其應動者，乃後取之而下之」[45] 的總綱之下，
醫者及其後續者不斷地在實踐中堅固其信念。我把這一過程命名爲「正
典回憶」（canonic remembrance）。

書籍的權威在禮儀程序中得以顯現。《黃帝內經》曾用「寶」來形
塑醫學典籍的特性。《靈樞・玉版》：「黃帝曰：善乎方，明哉道，請
著之玉版，以爲重寶，傳之後世」[46]；《素問・氣交變大論篇》：「帝
曰：余聞得其不教，是謂失道。傳非其人，慢泄天寶。」[47]《素問・著
至教論篇》：「醫道論篇，可傳後世，可以爲寶。」[48] 在此，書籍並非
買賣獲得，而是近似政治權力象徵的寶物，即《孫子兵法・用間》：「人
君之寶」，《史記・樂書》：「天子之葆龜」，葆與寶同[49]。

醫通過受書儀式而取得習醫的資格甚至身分的確定。其中，或有口
試或測驗。《靈樞・官能》：「黃帝問於岐伯：余聞《九針》於夫子眾
多矣，不可勝數。余推而論之，以爲一紀，余司誦之，子聽其理，請正
其道，令可久傳，後世無患，得其人乃傳，非其人勿言。」[50] 學生領受
醫學秘笈之後，學習眾多的醫事論述後形成系統而使其條理分明；「一

44　龍伯堅、龍式昭，《黃帝內經集解・靈樞》，頁2006。

45　同上，頁2014。

46　同上，頁1893。

47　龍伯堅、龍式昭，《黃帝內經集解・素問》，頁898。

48　同上，頁1096。

49　王輝，《古文字通假釋例》（臺北：藝文印書館，1993），頁245-246。

50　龍伯堅、龍式昭，《黃帝內經集解・靈樞》，頁1983。

紀」，張介賓說：「一紀者，匯言也。」也就是擇別醫書中的精華所在。
「司(試)誦」是背誦經文，而「推而論之」是在對《九針》的理解之下
進而推演闡發。學生背誦醫書、考核其對核心醫理的了解，故有「子聽
其理，請正其道」之說。關於此，1983年湖北江陵張家山247號漢簡《史
律》中，律文有史、卜、祝學童的教育、課試內容，史學童要求「能諷
書五千字以上」、卜學童要求「能諷書史書三千字」，而祝學童要求背
誦《祝十四章》七千言以上[51]。在《內經》先就入門習醫者的背誦、推
論醫文，考核其為「粗工」、「良工」或「上工」、「下工」[52]。

　　《靈樞‧官能》進一步談到「任其所能」的測驗：

> 雷公問於黃帝曰：《針論》曰：得其人乃傳，非其人勿言，何
> 以知其可傳？黃帝曰：願聞官能奈何？黃帝曰：明目者，可使
> 視色；聰耳者，可使聽音；捷疾辭語者，可使傳論；語徐而安
> 靜，手巧而心審諦者，可使行針艾，理血氣而調諸逆順，察陰
> 陽而兼諸方；緩節柔筋而心和調者，可使導引行氣；疾毒言語
> 輕人者，可使唾癰咒病；爪苦手毒，為事善傷者，可使按積抑
> 痹，各得其能，方乃可行，其名乃彰。不得其人，其功不成，
> 其師無名。故曰：得其人乃言，非其人勿傳，此之謂也。手毒
> 者可使試按龜，置龜於器下，而按其上，五十日而死矣，手甘
> 者復生如故也[53]。

51　李學勤，〈試說張家山簡《史律》〉，《文物》2002.4：69-72。關於中國古代
　　的諷誦文化，參見Martin Kern, "Methodological Reflections on the Analysis of
　　Textual Variants and the Modes of Manuscript Production in Early China," *Journal
　　of East Asian Archaeology* 4.1-4(2002): 143-181.

52　龍伯堅、龍式昭，《黃帝內經集解‧靈樞》，頁1988-1989。

53　同上，頁1990-1991。

老師按照學生的稟賦而爲之器使，什麼樣的人可以學針灸、什麼樣的人可以學導引行氣等等。其中，手毒之人適合按積、抑制頑痹的醫事；而誰爲手毒者，則有按龜的測試，即把龜於置於一種器具之下，被測試者按器上，五十日龜死即是。其他不同人的口、眼、耳等器官的特殊情況，如何檢定而任用應該也有測驗的方法，以傳授其程度不一的典籍及相關的技能。

習醫過程有進階次第，除了背誦典籍、推演經文、擇所專攻，也能行有規矩而靈活權變。《素問・示從容論篇》即說明學藝有一定階段的教學。「示」即示範；「從容」爲技能境界之形容。本篇，黃帝爲師資，對雷公嚴厲的指責與質疑，認爲他根本不體會經典的精微之處、不會提問、技藝不精等，如「公何年之長而問之少」、「此童子之所知，問之何也？」《內經》中的對話設計，有些篇章相當生動，並不是一例按公式套用，甚至有若干段落不妨說是摹擬當時的教學「實況」。文章中也說，臨床上相似病證令人陷入困惑，脾虛浮似肺、腎小浮似脾、肝急沉散似腎等。行醫必須把握其中幽微難測之處：

> 帝曰：子所能治，知亦眾多，與此病，失矣。譬以鴻飛，亦衝於天。夫聖人之治病，循法守度，援物比類，化之冥冥，循上及下，何必守經[54]？

在此，黃帝的口吻並不是針對初學者；他比喻，庸醫治病，就像鴻鳥能飛天一樣，千慮一得。法度典籍雖不可廢，亦不足泥；何必守經，聖人之至治。

上述禁方的傳授，大致是在醫學集團師徒之間的秘密傳授，至於民

---

54 龍伯堅、龍式昭，《黃帝內經集解・素問》，頁1104。

間一般人也要以傳鈔的方式流通某些藥方。《論衡‧須頌篇》：「今方板〔技〕之書，在竹帛無主名，所從生出，見者忽然，不卸（御）服也；如題曰『甲甲某子之方』若言『已驗嘗試』，人爭刻寫，以爲珍秘。」[55] 藥方有不題名，亦有題名者，民間傳鈔的經驗之方疑以前者爲多。而有題名之例，如「甲甲某子之方」劉盼遂以爲「當是某甲某子之方」[56]，這裡的某甲、某子未必是依託古代聖人，而是醫者或傳方者的姓名。例如，出土的武威醫簡等出土簡牘，有「建威耿將軍方」、「公孫君方」、「呂功君方」、「治東海白水侯所奏方」、「惠君方」、「君安國方」、「漕孝寧方」等[57]。方有題名，有時爲迎合一般人民的心理，因爲藥方「無主名」或「所從生出」，沒有人願意服用。相對於《內經》中師出聖君而嚴密的授書儀式，這種私自刻寫珍藏的作風類似今日所謂的「秘方」；而且，藥方的「已驗嘗試」只停留在應用程度，並沒有提升到《內經》的理論層次，更談不上老師的口授心傳與技能演練。

先秦醫學知識主要保存於官府，具有世襲、隱密的色彩。戰國以下，醫學有民間私學，其中扁鵲師徒是以走方醫的形態出現在中國醫學史的舞台。淳于意也是民間的走方醫，不願接受貴族的聘請；據他自述「不敢往」，原因大概是「誠恐吏以除拘臣意也，故移名數，左右不修家生，出行游國中，問善爲方數者事之久矣」[58]，可見當時的名醫未必嚮往官僚的生活。無論扁鵲或淳于意受授醫術都與「禁方」秘傳有關。其中，淳于意的數位弟子裡，有三位是由官方派來學習的，一位還在學習半途被請去當侍醫。從此，可以推測，淳于意所秘傳的若干醫書透過上述管

55 黃暉，《論衡校釋》（臺北：臺灣商務印書館影印，1983年版），下冊，頁855-856。
56 劉盼遂，《論衡集解》（臺北：世界書局，1976），下冊，頁406。
57 張壽仁，〈西陲漢代醫簡方名考〉，《簡牘學報》12（1986）：283-284。
58 司馬遷，《史記》，頁2814。

道保存在官府[59]。他個人的診籍醫論因故也成爲官方檔案。

透過禁方傳遞醫學知識，如果用《內經》的話來總結，即是「循經受業」[60]，張介賓形容這個時代的醫學教育即「依經受學」[61]。這裡的「經」，具有正典概念下的規範或標準的意義。作爲背誦考課、臨床應用甚至師徒論辯的醫文，有的闡述發明，並由口述而文本化。《素問·解精微論篇》也說：「臣授業，傳之行，教以《經論》、《從容》、《形法》、《陰陽》」，「請問有毚愚朴漏之問不在經者，欲聞其狀」，通篇對答即在「經」上打轉如「在經有也」、「且子獨不誦不念夫《經》言乎」等[62]。相對於神仙、房中術偏重選擇明師[63]，祝由等儀式性醫療傳統偏重語言、動作的展演，中國醫學逐漸形成了「以文本爲核心」的醫學。

三、「依託」新論——知識的權威與系譜的重建

古代醫學知識傳授以「依託」爲主要風格，而對其知識表達風格起作用的核心因素是晚周秦漢的政治氛圍。所謂「依託」，余嘉錫論及六藝諸子之學，父子師弟相傳，系譜清楚者爲「家」，而「學有家法」；其間，別有發明則自名爲「一家之學」，「惟其授受不明，學無家法，而妄相附會，稱述古人，則謂之依託。」[64] 依託之書以數術、方技最爲

---

59 關於漢代醫官，見金仕起，〈古代醫者的角色——兼論其身份與地位〉，收入李建民主編，《臺灣學者中國史研究論叢：生命與醫療》（北京：中國大百科全書出版社，2005），頁1-35。

60 龍伯堅、龍式昭，《黃帝內經集解·素問》，頁1122。

61 同上。

62 同上，頁1151-1154。

63 村上嘉實，《中國の仙人—枹朴子の思想—》（京都：平樂寺書店，1991），頁9-11。

64 余嘉錫，《古書通例》（臺北：丹青圖書公司，1987），頁3-4。

大宗。淳于意即將脈法歸功於「古聖人」[65]，馬王堆帛書《脈法》也說：「脈亦聖人之所貴也」[66]。換言之，醫學知識不僅是老師的經驗，同時也是古代聖人的創作。

聖人制器。《墨子‧節用中》即將各種器物歸爲古代聖王之創作，「古者聖王制爲節用之法」、「古者聖王制爲飲食之法」、「古者聖王制爲衣服之法」、「古者聖王制爲節葬之法」[67]。這裡的聖王都是統治者。《周易‧繫辭傳下》以爲，網罟、耒耜、日中爲市、舟楫、臼杵、弧矢、宮室、棺槨、書契等，都是包犧、神農、黃帝、堯、舜等聖王所發明[68]。至於醫藥，《世本‧作篇》述古代的創作醫學託於巫彭、藥學託於神農[69]。《素問‧著至教論篇》：「上通神農，著至教，疑於二皇。」[70] 意思是說：著述醫理，可與古伏羲、神農比美。不過，如前所述，《內經》全部是依託黃帝，並有五師(岐伯、伯高、少師、少俞、鬼臾區)一徒(雷公)彼此問對所形成的[71]。

秦漢時代的聖人概念有二，一是指天子、君主本身，另外，指的是君師、王者之師[72]。所謂「聖」的特質，如《莊子‧胠篋》所說「夫妄

---

65 司馬遷，《史記》，頁2813。

66 馬繼興，《馬王堆古醫書考釋》(長沙：湖南科學技術出版社，1992)，頁274。

67 孫詒讓，《墨子閒詁》(臺北：華正書局，1987)，頁149-12。

68 金景芳、呂紹綱，《周易全解》(長春：吉林大學出版社，1991)，頁514-515。

69 李零，《中國方術考》(北京：人民中國出版社，1993)，頁27。

70 龍伯堅、龍式昭，《黃帝內經集解‧素問》，頁1096。

71 馬伯英，《中國醫學文化史》(上海：上海人民出版社，1994)，頁256-260。

72 關於聖人的研究，見柳存仁，《道家與道術》(上海：上海古籍出版社，1999)，頁5-7，〈聖人和王者師〉一節。又，顧頡剛，〈「聖」、「賢」觀念和字義的演變〉，《中國哲學》1(1979)：80-96；邢義田，〈秦漢皇帝與「聖人」〉，收入楊聯陞等主編，《國史釋論》下冊(臺北：食貨出版社，1988)，頁389-406；葛瑞漢(A. C. Graham)，《論道者：中國古代哲學論辯》(北京：中國社會科學出版社，2003)，頁80-90。

意室中之藏，聖也」[73]，是一種先知的天賦；《呂氏春秋·當務》：「夫妄意關內，中藏，聖也」[74]，高誘注：「以外知內，此幾於聖也。」而《素問·天元紀大論篇》則說：「物生謂之化，物極謂之變，陰陽不測謂之神，神用無方謂之聖。」[75] 在此，「聖」是一種可以把握天地陰陽變化的超凡能力。擁有這種能力的人，在醫書稱為「聖人」、「聖帝」或「聖王」。《靈樞·九鍼論》：「夫聖人之起，天地之數也」[76]，《素問·離合真邪論》：「夫聖人之起度數，必應于天地。」[77] 這裡「數」指的都是宇宙變化的規律、法則。

而且，聖人就是帝王的形象，《素問·上古天真論》：「夫上古聖人之教，下皆謂之。」[78]《素問·陰陽離合論》：「聖人南面而立。」[79] 聖人不僅是政治同時也是醫學的裁判者，《素問·疏五過論》：「聖人之術，為萬民式，論裁志意，必有法則，循經守數，按循醫事，為萬民副。」[80] 而君主的品性即內明外昧，一副黃老無為的形象，《素問·陰陽應象大論》：「聖人為無為之事，樂恬憺之能，從欲快志于虛無之守，故壽命無窮，與天地終，此聖人之治身也。」[81]

聖人一切任其自然，安靜淡泊；醫經往往將這種特質與「神明」連繫起來，如《素問·生氣通天論》：「聖人傳精神，服天氣而通神明。」[82]《素問·移精變氣論》：「夫色之變化以應四時之脈，此上帝之所貴以

73　王叔岷，《莊子校詮》（臺北：中央研究院歷史語言研究所，1988），頁350。
74　王利器，《呂氏春秋注疏》，頁1099。
75　龍伯堅、龍式昭，《黃帝內經集解·素問》，頁825。
76　龍伯堅、龍式昭，《黃帝內經集解·靈樞》，頁2047。
77　龍伯堅、龍式昭，《黃帝內經集解·素問》，頁378。
78　同上，頁18。
79　同上，頁107。
80　同上，頁1108。
81　同上，頁92。
82　同上，頁45。

合于神明也。所以遠死而近生，生道以長，命曰聖王。」[83] 所謂神明，張舜徽說：「古書中凡言神明，多指君言。」又說：「主道重在內藏聰慧，外示昏昧，使人望之若神而不可測。」[84] 這也就是人君南面之術[85]。這與戰國西漢講究精神內守、無所貪欲而形性安的養生觀念是完全一致的。《呂氏春秋·盡數》：「聖人察陰陽之宜，辨萬物之利以便生，故精神安乎形，而年壽得長焉。」[86]《漢書·公孫弘傳》：「武帝賜平津侯詔：『君其存精神，止念慮，輔助醫藥以自持。』」[87]《春秋繁露·循天之道》：「古之道士有言：『將欲無陵，固守一德。』此言神無離形，則氣多內充，而忍饑寒也。和樂者，生之外泰也；精神者，生之內充也。」[88] 董仲舒闡釋古道士「固守一德」說，同時是人君治國之術。

　　不過，更令人好奇的是為什麼醫書採用聖人之間問答形式？山田慶兒認為，《內經》問答形式有雷公—黃帝、黃帝—少師、黃帝—伯高、黃帝—少俞、黃帝—岐伯等五種，這五種君臣答問反映了《內經》內部的「學派」[89]。廖育群也說《內經》中有「不同派別的不同著作」[90]。事實上，問答形式近似君臣之間的奏疏，也就是《春秋繁露》中〈對江都王〉、〈郊事對〉的「對」[91]。孝文帝四年(176BC)，倉公因「不為

83　龍伯堅、龍式昭，《黃帝內經集解·素問》，頁190。

84　張舜徽，《愛晚廬隨筆》，頁97。

85　關於「神明」，參見熊鐵基，〈對「神明」的歷史考察〉，收入武漢大學中國文化研究院編，《郭店楚簡國際學術研討會論文集》(武漢：武漢人民出版社，2000)，頁533-537。

86　王利器，《呂氏春秋注疏》，頁292。

87　班固，《漢書》(臺北：洪氏出版社，1975)，頁2622。

88　蘇輿，《春秋繁露義證》(北京：中華書局，1992)，頁452-453。

89　山田慶兒，〈《黃帝內經》的成立〉，收入氏著，《古代東亞哲學與科技文化》(瀋陽：遼寧教育出版社，1996)，頁234-254。

90　廖育群，《岐黃醫道》，頁64。

91　蘇輿，《春秋繁露義證》，頁62-63。

人治病，病家多怨之者」而受人彈劾，後因少女緹縈上書奏效，得免肉刑。之後皇帝詔問淳于意，令其「具悉而對」[92]。換言之，《內經》的問答是模倣秦漢皇帝親臨之論議制度[93]。《靈樞‧師傳》：「今夫王公大人、臨朝即位之君而問焉，誰可捫循之而後答乎？」[94] 這裡的問答，無疑與當時的政治氛圍密切相關。

《內經》的問答，大多是黃帝提問題，由諸臣回答。但黃帝似具有一定的醫學知識然後對臣下提問，然後以「善」作最後的裁斷或認同。黃帝常以「余聞」、「經言」、「論曰」作爲提問的開始，暗示其知道或閱讀過一些醫書，而後諮詢臣下的意見。例如，《靈樞‧周痺》便說：

> 黃帝問于岐伯曰：周痺之在身也，上下移徙隨脈，其上下左右相應，間不容空，願聞此痛，在血脈之中邪，將在分肉之間乎？何以致是？其痛之移也，間不及下針，其慉痛之時，不及定治，而痛已止矣。何道使然？願聞其故[95]。

本篇涉及如何分辨周痺與眾痺，黃帝的提問相當專業；在經過幾回問對之後，黃帝說：「善。余已得其意矣，亦得其事也。」[96]《內經》許多篇章以「願聞其故」、「請言其故」、「願聞其說」、「願聞其道」等提問方式進行教學[97]。

---

92 司馬遷，《史記》，頁2796。

93 廖伯源，〈秦漢朝廷之論議制度〉，收入氏著，《秦漢史論叢》（臺北：五南圖書公司，2003），頁157-200。

94 龍伯堅、龍式昭，《黃帝內經集解‧靈樞》，頁1709。

95 同上，頁1688。

96 同上，頁1690。

97 任秀玲，《中醫理論範疇——《黃帝內經》建構中醫理論的基本範疇》（北京：

　　《內經》另有若干篇章,則由黃帝爲師資,臣下受教。《素問‧陰陽類論》:「孟春始至,黃帝燕坐,臨觀八極,正八風之氣,而問雷公曰:陰陽之類,經脈之道,五中所主,何藏最貴?雷公對曰:春、甲乙、青、中主肝,治七十二日,是脈之主時,臣以其藏最貴。帝曰:卻念《上下經》、《陰陽》、《從容》,子所言貴,最其下也。雷公致齋七日,旦復侍坐。」[98]通篇雷公受教,君王即醫師。

　　在漢文帝與淳于意的問答中,文帝的提問也是專業知識,並不是表面的虛應故事。其中,文帝八個問答爲:(1)「所診治病,病名多同而診異,或死或不死,何也?」(2)「所期病決死生,或不應期,何故?」(3)「意方能知病死生,論藥用所宜,諸侯王大臣有嘗問意者不?及文王病時,不求意診治,何故?」(4)「知文王所以得病不起之狀?」(5)「師慶安受之?聞於齊諸侯不?」(6)「師慶何見於意而愛意,欲悉教意方?」(7)「吏民嘗有事學意方,及畢盡得意方不?何縣里人?」(8)「診病決死生,能全無失乎?」[99]等。這暗示:醫學知識必須經由政治權威予以認可的程序。而《內經》中君臣問答不是爲了爭辯,更多是爲了統一意見;黃帝往往具有較多的醫學知識,他詢問臣子專門知識,並擁有最後的裁判權。《呂氏春秋‧尊師》,王利器引劉咸炘說:「周秦間師徒有君臣主屬之義。」[100]君、師身分是二而一。

　　甚至,君臣之義轉化推及醫事。《素問‧六微旨大論》便以爲:「帝曰:位之易也如何?岐伯曰:君位臣則順,臣位君則逆。逆則其病近,其害速;順則其病遠,其害微。」[101]這裡論及運氣學說主氣、客氣易

　　　中醫古籍出版社,2001),頁167-183。
　98 龍伯堅、龍式昭,《黃帝內經集解‧素問》,頁1127-1128。
　99 司馬遷,《史記》,頁2813-2817。
　100 王利器,《呂氏春秋注疏》,頁433。
　101 龍伯堅、龍式昭,《黃帝內經集解‧素問》,頁881。

位，君上臣下則爲順，反之則爲逆。在《靈樞‧外揣》：「岐伯曰：明
乎哉問也！非獨針道焉，夫治國亦然。黃帝曰：余願聞針道，非國事也。
岐伯曰：夫治國者，夫惟道焉，非道何可深淺離合而爲一乎？」[102] 針
道及其相關的自然與人體的秩序，與政治秩序是緊密相關的。《素問‧
移精變氣論》便說色、脈是診斷之要事，「逆從到行，標本不得，亡神
失國」[103]，「神」是人生命的總整表現，將其與國家相類比，兩者不僅
相互詮釋，而且治國、治身在操作上是可能的；《素問‧天元紀大論》
透過聖人之口，即說：「余願聞而藏之，上以治民，下以治身，百姓昭
著，上下和親，德澤下流，子孫無憂。」[104]

上一節，我們討論到學醫有進階，登堂入室，循秩就序：受書、誦
讀、理解、驗證等程序；其中聖人之間的問答，反映了知識傳授得人乃
傳、非其人勿教的特質。《素問‧氣穴論》即提到了「聖人易語」的觀
念：

> 黃帝問曰：余聞氣穴三百六十五以應一歲，未知其所，願卒聞
> 之。岐伯稽首再拜對曰：窘乎哉問也！其非聖帝，孰能窮其道
> 焉？因請溢意，盡言其處。帝捧手遁巡而卻曰：夫子之開余道
> 也，目未見其處，耳未聞其數，而目以明、耳以聰矣。岐伯曰：
> 此所謂聖人易語，良馬易御也[105]。

上文強調醫道之難解，「其非聖帝，孰能窮其道焉」，但聖人容易理解
和接受其中深奧的道理。因爲聖人擁有能聽別人所聽不到的訊息的天

---

102 龍伯堅、龍式昭，《黃帝內經集解‧靈樞》，頁1795。
103 龍伯堅、龍式昭，《黃帝內經集解‧素問》，頁194。
104 同上，頁841。
105 同上，頁688。

賦。《呂氏春秋·重言》：「聖人聽於無聲」[106]，《淮南子·說林》：「聽於無聲，則得其聽聞矣。」[107] 因此，勿以教人的禁令並不是不傳、不教，而是得其人（聖人）乃教。

《內經》的問答體例，到了《難經》也就是第二世紀左右[108] 進一步格式化；內容是一問一答，類似考題，其中沒有《內經》注意君臣的教學模倣。《難經》最早出現在張仲景（約142-210）的《傷寒論》序，稱為《八十一難》，與《素問》、《九卷》等黃帝醫書並列。郭靄春指出：張仲景「已撰用《素問》及《九卷》，何需此《八十一難》，若以其有為《內經》所無者，則漢時古籍尚存者多，《黃帝外經》猶具在也。再按《隋書·經籍志》則稱《黃帝八十一難經》，似黃帝另有一書，必不如今之傳本。」[109] 他似乎把《難經》視為黃帝醫書的古傳本之一。的確，這本書早期皆依託黃帝而與扁鵲無關。

皇甫謐（215-282）即將《難經》與黃帝、岐伯等君臣問對的背景連繫起來。《帝王世紀》：「黃帝有熊氏命雷公、岐伯論經脈，旁通問難八十一，為《難經》；教制九針，著內外術經十八卷。」又說：「岐伯，黃帝臣也。帝使岐伯嘗味草木，典主醫病，經方、本草、《素問》之書咸出焉。」[110] 可見在皇甫謐心中，《難經》是旁通《內經》的黃帝書系之一。書中有不少以「經言」、「經曰」開始的提問；據考其中有9處與《素問》相同，有38處與《靈樞》之文相同，此外，還有今本《內

---

106 王利器，《呂氏春秋注疏》，頁2155。

107 劉文典，《淮南鴻烈集解》（臺北：文史哲出版社，1985），卷17，頁96。

108 李今庸，〈《難經》成書年代考〉，收入氏著，《讀古醫書隨筆》（臺北：啟業書局，1986），頁94-97。

109 郭靄春、張海玲，《傷寒論校注語譯》（天津：天津科學技術出版社，1996），頁2，註⑨。

110 皇甫謐，《帝王世紀》（上海古籍出版社據上海圖書館藏清光緒貴筑楊氏刻訓纂堂叢書本景印），頁4。

經》未見的引文17處，大約是同時代流行的古醫經[111]。值得注意的是，
這種從正典中找尋證據(proof-from-canon)對於後代醫家的示範，即引用
既有經文而達到詮釋經驗的功用。從這個角度，可以把《難經》視爲戰
國至西漢末的諸種醫經最早的註釋者或「應用者」。

　　《難經》的81個問難，不僅傳遞了醫學知識的實作演練，也規範了
這個學科核心的範疇概念，並限制該問哪些核心的課題。例如，氣、脈、
陰陽五行以及相關的藏象、表裡、虛實、補瀉……等。要言之，中國醫
學學術的發展，即由前述的範例性文本所界定的文化分類，以及其所蘊
含的身體觀與生命觀，並形塑社群內互相溝通與可以不斷複製的文化形
式。

　　《內經》、《難經》兩書雖然都依託黃帝，但前者的黃帝必須放在
漢代早期黃老思潮理解，後者的「黃」疑傾向於東漢以下道教化的「黃
神」；黃神是天帝、天神，有時也寫成「黃帝」[112]。《難經》的最主要
醫學思想受道教影響已有學者討論[113]。因此，《內經》依託黃帝，不僅
將作者歸功給聖人(potential king)，其隱含的讀者也是君主；換言之，作
者權與讀者權是二而一的。依託之書，聖人是作者，同時也是最主要的
受眾(recipients)，即《淮南子·脩務》所說現實中的那些「亂世闇主」[114]。
醫學權威源自政治權威。而《難經》依託黃帝，除了說明醫學技術授受

---

111 嚴世芸主編，《中醫學術發展史》(上海：上海中醫藥大學出版社，2004)，頁
　　40。

112 吳榮曾，〈鎮墓文中所見到的東漢道巫關係〉，收入氏著，《先秦兩漢史研究》
　　(北京：中華書局，1995)，頁371-373。後漢黃老思想，請參見池田秀三，〈後
　　漢黃老學の特性〉，收入《中國思想における身體·自然·信仰》(東京：東
　　方書店，2004)，頁619-634。另，黃神的考證，參見小南一郎，〈漢代の祖靈
　　觀念〉，《東方學報(京都)》66(1994)：39-55。

113 廖育群，《黃帝八十一難經》(瀋陽：遼寧教育出版社，1996)，〈導言〉，頁
　　3-4。

114 劉文典，《淮南鴻列集解》，卷19，頁32。

有本之外，更強調建立學脈譜系的功能，成爲聯結學術社群的「法規」（canon），使得不同時代的醫者在其中找到自己的身分。例如，唐初的楊玄操的《難經集注》序將《難經》作者依託於扁鵲，但卻放在更宏闊黃帝典故（a wider story）重述：

> 按黃帝有《內經》二帙，帙各九卷。而其義幽頤，殆難究覽。越人（扁鵲）乃采摘英華，抄撮精要，二部經內，凡八十一章，勒成卷軸，伸演其道，探微索隱，傳示後昆。名爲《八十一難》，以其理趣深遠，非辛易了故也。既弘暢聖言，故首稱黃帝[115]。

《難經》依託扁鵲，早在吳人呂廣《黃帝眾難經》注文已見，南北朝謝士泰《刪繁方》引《難經》文時亦稱「扁鵲曰」[116]。楊玄操習醫特有師授，但他說「余今所演，蓋亦遠慕高仁，邇遵盛德。但恨庸識有限，聖旨無涯。」[117]岐伯、黃帝與諸臣的對話成爲醫學最高權威（「聖旨」），其他的範例性文本則託其遺言而進行再創造。

又如唐王勃（648-675）所寫的《難經》一書的源流：

> 《黃帝八十一難經》是醫經之秘錄也。昔者岐伯以授黃帝，黃帝歷九師以授伊尹，伊尹以授湯，湯歷六師以授太公，太公授文王，文王歷九師以授醫和，醫和歷六師以授秦越人，秦越人始定立章句，歷九師以授華佗，華佗歷六師以授黃公，黃公以授曹夫子。夫子諱元，字真道。自云京兆人也。蓋授黃公之術，洞明醫道，至能遙望氣色，徹視臟腑，洗腸刳胸之術，往往行

---

115 凌耀星主編，《難經語譯》（北京：人民衛生出版社，1990），頁5-6。

116 嚴世芸主編，《中醫學術發展史》，頁90-91。

117 凌耀星主編，《難經語譯》，頁7。

焉。浮沉人間，莫有知者[118]。

這個譜系無疑是編造的。但其中值得重視的是，將醫經歸於官學，先由
黃帝、湯、文王等君臣所傳授；而私學到了唐代有傳授道教黃公、曹夫
子的一支。依託重建學術傳承並宣稱曹夫子象徵權力，即自詡其透視人
體、開腸剖腹的醫術與扁鵲、華佗一脈相承。其實，扁鵲非一人，華佗
也依附各種傳說故事[119]，早期中國醫者依託這些人物具有「匿隱性」
（anonymity）；在很長的時間裡，所謂醫以「方士」、「道士」等不同修
辭出現。而「禁方」與「依託」是古典醫學知識表達方式的一體兩面，
這是我們探究中國醫學「正典前」時期不得不留心的兩條重要線索。

總結而言，依託的知識形式蘊含古代君、師合一，以及醫書特殊的
作者觀：即聖人不只是知識的創作者，也是知識最重要的仲裁者。謝觀
（1880-1950）談到依託在中國醫學史的延續及其變化：

> 唐以前之醫家，所重者術而已，雖亦言理，理實非其所重也。
> 宋以後之醫家，乃以術為不可恃，而必推求其理，此宋以後醫
> 家之長。然其所謂理者，則五運六氣之空理而已，非能于事物
> 之理有所真知灼見也。惟重術，故其所依託者，為專門授受之
> 大師，而不必謬託于神靈首出之人以為重。惟重理，乃以儒家
> 所謂道統者，移而用之醫家，于是神農、黃帝，猶儒家之二帝
> 三王，仲景、元化，猶儒家之有周公、孔子矣。于是言醫者，
> 必高語黃、農，侈談《靈》、《素》，舍是幾不足與于知醫之
> 列矣[120]。

---

118 何林天，《重訂新校王子安集》（太原：山西人民出版社，1990），頁75-76。
119 尚啟東，《華佗考》（合肥：安徽科學技術出版社，2005），頁130-154。
120 謝觀，《中國醫學源流論》（福州：福建科學技術出版社，2003），頁46。

我並不同意以重術、重理二系來區分唐以前與宋以後之醫家。然宋代依託形式的「道統化」，可說是中國這種醫學知識表達方式的不斷複製的新階段。

依託於帝王的知識傳統持久不衰。後來御撰或御纂醫書可說是此傳統的的伏流之一。梁武帝即云：「朕常以前代名人，多好此術，是以每恆留情，頗識治體。」[121] 武帝本身懂得治病之道的。梁元帝撰《藥方》一帙十卷、《寶帳仙方》一帙三卷。北魏宣武帝亦命王顯撰醫書，「世宗詔(王)顯撰《藥方》三十五卷，班布天下，以療諸疾。」[122] 此外，有唐玄宗《廣濟方》(723)、唐德宗《貞元廣利方》(796)、宋太宗《神醫普救方》(986)及《太平聖惠方》(992)、宋仁宗《慶曆善救方》(1048)、宋徽宗《聖濟經》(1118)與清高宗《醫宗金鑒》(1742)等[123]。到這個階段，所謂禁方不是民間秘傳之方，而是真正出自宮廷「禁中」之方。

四、正典的胎動──授書儀式的式微及其意義

如前所說，古典醫學知識傳授過程中，典籍所扮演的核心角色。透過授書的儀式，典籍的擁有者也是詮釋者。但這種授書儀式在漢、魏交替期，也就是以西元3世紀為分水嶺，有式微的傾向；文本的公開化、重編及重新應用啟發了「正典」(shifting canon)的契機。王家葵認為，這個階段有從「方士醫學」往「正統醫統」演進的軌跡[124]。不過，「異

---

121 令狐德棻等，《周書》(臺北：鼎文書局，1980)，頁840。梁武帝好學，六藝方術之學並悉稱善。見劉汝霖，《東晉南北朝學術編年》(上海：商務印書館，1936)，頁427-429。

122 魏收，《魏書》(臺北：鼎文書局，1980)，頁1969。

123 嚴世芸主編，《中醫學術發展史》，頁731-775。

124 姜生、湯偉俠主編，《中國道教科學技術史：漢魏兩晉卷》(北京：科學出版社，2002)，頁550-552。

端」(heterodoxy)往往先於所謂正統；授書儀式之所以式微的原因，即是醫學集團的擴大化。

醫學實踐者如扁鵲、淳于意等從周遊各地到定居謀生，漸漸產生世代相襲的醫者。漢平帝生於醫者之家，年輕時代隨父在長安行醫的樓護，出入王莽家族之中。《漢書·游俠傳》：「樓護字君卿，齊人。父世醫也，護少隨父爲醫長安，出入貴戚家。」[125] 類似的史料並不多見，到了西元3世紀張仲景撰集《傷寒論》時這類的醫者已頗爲壯大，甚至成爲被批判的對象：

> 觀今之醫，不念思求經旨，以演其所知，各承家技，終始順舊，
> 省疾問病，務在口給，相對斯須，便處湯藥[126]。

所謂「家技」，森立之：「謂自家傳來方技秘法也。」[127] 同一時期的葛洪(283-363)《枹朴子·雜應》幾乎用極爲相似的口吻質疑世醫的技術：「醫多承世業，有名無實，但養虛聲，以圖財利。寒白退士，所不得使，使之者乃多誤人，未若自閑其要，勝於所迎無知之醫。」[128] 延請無知的世醫倒不如自己學習醫術治病，而世家大族進而壟斷醫學資源，成就了范行準所說「門閥」一系的醫學[129]。例如，范汪(309-372)官至東陽太

---

125 班固，《漢書》，頁3706。
126 郭靄春、張海玲，《傷寒論校注語譯》，頁3。又仲景生平，見劉盼遂，〈補後漢書張仲景傳〉，收入氏著，《劉盼遂文集》(北京：北京師範大學出版社，2002)，頁156-157。
127 森立之，《傷寒論考注》(北京：學苑出版社，2001)，頁35。
128 王明，《抱朴子內篇校釋》(北京：中華書局，1996)，頁272。張舜徽說：「自命其書曰子，則魏以後始有之。」又說：「迨晉葛洪自名其書爲《抱朴子》，梁蕭繹自題所作曰《金樓子》，學者沿波，遂造日廣，名雖類乎古書，義實乖於前例矣。」見張舜徽，《廣校讎略》(北京：中華書局，1962)，頁29-30。
129 范行準，《中國醫學史略》(北京：中醫古籍出版社，1986)，頁59-63。另參見

守，領安北將軍，著《范汪方》共109卷(或176卷)；這部大型方書到唐代《千金要方》仍被視爲必讀之書[130]。又如殷淵源，是孝武帝(373-396)爲太子時的中庶子，官荊州太守，有《荊州要方》[131]。北魏醫家李修「集諸學士及工書者百餘人，在東宮撰諸藥方百餘卷，皆行於世。」[132] 5世紀的陶弘景(452-536)在《本草集注》即說，當時醫家「其貴勝阮德如、張茂先、裴逸民、皇甫士安，及江左葛稚川、蔡謨、殷淵源諸名人等，並亦研精藥術。宋有羊欣、王微、胡洽、秦承祖，齊有尚書褚澄、徐文伯、嗣伯群從兄弟，治病亦十愈其九。」[133] 相較這之前醫家授受不明，學無家法，此時出現像南北朝貴勝世醫如徐氏醫學：徐熙、徐秋夫、徐道度、徐叔響、徐文伯、徐嗣伯、徐成伯、徐雄、徐踐、徐之才、徐之范、徐敏齊等一族七代之醫[134]。家傳醫學的特色，從「思求經旨」的醫家來看，有著較多的封閉與保守的傳授性格。換言之，「禁方」時代傳賢不傳子的秘密傳授，在這個階段以另外一種面貌複製。

其次，原始的道教集團與醫療活動的關係密切。《太平經》中有〈灸刺訣〉、〈草木方訣〉、〈生物方訣〉、〈神祝文訣〉等；該書處處皆見「天

(續)——————

余英時，〈漢晉之際士之新自覺與新思潮〉，收入氏著《中國知識階層史論(古代篇)》(臺北：聯經出版公司，1980)，頁205-327；孟慶雲，〈魏晉玄學與中醫學〉，收入廖果等主編，《東西方醫學的反思與前瞻》(北京：中醫古籍出版社，2002)，頁219-226；周瀚光、戴洪才主編，《六朝科技》(南京：南京出版社，2003)，頁96-129；李學勤主編，《中國學術史‧三國、兩晉、南北朝卷》(南昌：江西教育出版社，2001)，頁755-760。

130 嚴世芸主編，《中醫學術發展史》，頁113-114。

131 范行準，《中國醫學史略》，頁59-60。

132 魏收，《魏書》，頁1966。

133 尚志鈞、尚元勝，《本草經集注(輯校本)》(北京：人民衛生出版社，1994)，頁24。

134 范家偉，《六朝隋唐醫學之傳承與整合》(香港：香港中文大學出版社，2004)，頁91-125。李書田，《古代醫家列傳釋譯》(瀋陽：遼寧大學出版社，2003)，頁113-139。

醫」一詞，如「守之積欠，天醫自下，百病悉除，固得老壽」等。五斗
米道、太平道、天師道等都涉入醫藥領域[135]。不過，正如葛洪所指出的
修道之人其實也會生病，

> 是故古之初為道者，莫不兼修醫術，以救近禍焉。凡庸道士，
> 不識此理，恃其所聞者，大至不關治病之方。又不能絕俗幽居，
> 專行內事，以卻病痛，病痛及己，無以攻療，乃更不如凡人之
> 專湯藥者。所謂進不得邯鄲之步，退又失壽陵之義者也[136]。

古修道之人沒有不兼修醫術的。對那些不懂治病之方的平庸道士，葛洪
斥為古人學步，向前走學不到邯鄲的步態，向後又喪失原來的姿勢。但
與「世俗醫學」相較，道教養生的終極目的不只是治病。道教的病因說
與一般醫學成說互有出入，如對鬼神致病有相當的肯定；在治療方法上
則傾向強調懺悔、齋醮、功德等為救贖之道[137]。例如，《太平經·神祝
文訣》：「夫變事者，不假人須臾。天重人命，恐奇方難卒成，大醫失
經脈，不通死生重事，故使要道在人口中，此救急之術也。欲得此要言，
直置一病人于前，以為祝本文。」[138]

早期醫學的「禁方」傳授在道教內部得到了繼承。從葛洪的論述中
不少勸戒只讀道書不勸求明師而冀望成仙的人。《抱朴子·明本》：「五
經之事，注說炳露，初學之徒猶可不解。豈況金簡玉札，神仙之經，至
要之言，又多不書。登壇歃血，乃傳口訣，苟非其人，雖裂地連城，金

---

135 吉元昭治，《道教と不老長壽の醫學》（東京：平河出版社，1989），頁26-42。

136 王明，《抱朴子內篇校釋》，頁271-272。

137 林富士，〈試論中國早期道教對於醫藥的態度〉，收入李建民主編，《臺灣學
　　者中國史研究論叢：生命與醫療》，頁162-192。

138 楊寄林，《太平經今注今譯》（石家莊：河北人民出版社，2002），頁423。

璧滿堂，不妄以示之。夫指深歸遠，雖得其書而不師受，猶仰不見首，俯不知跟，豈吾子所詳哉？」[139] 所謂「非其人」，屢見於前述禁方傳授的用語；而講究「明師」並不依託古代傳說的黃帝、岐伯，似偏重今師的口訣與秘傳。

世醫重視家傳經驗，道醫依恃明師指導，而這個階段的醫學在古代「醫經」的整理有突出的貢獻。中國醫學史上，醫經曾有幾次關鍵性的整理時期，第一次是西漢宮廷醫生李柱國的工作(26BC)，他將醫學相關典籍分爲醫經、經方、房中、神仙四類。大部分的書籍日後都散佚，除了今人所稱述的《黃帝內經》是唯一例外。但這些書除了官方目錄記錄之外，從不見任何人引述，也未見於其他書籍徵引。如果從秘密的授書作風來考慮，上述的書籍流傳過程無法詳考，應該是可以理解的。

第二次醫經的整理主要以皇甫謐爲代表。他的《黃帝三部鍼灸甲乙經》(259-264)主要是根據三種醫經的傳本改編而成，並且將其放在一個更廣大的醫學譜系之中：

> 夫醫道所興，其來久矣。上古神農，始嘗草木而知百藥；黃帝咨訪岐伯、伯高、少俞之徒，內考五藏六府，外綜經絡血氣色候，參之天地，驗之人物，本性命，窮神極變，而鍼道生焉。其論至妙，雷公受業，傳之於後。伊尹以亞聖之才，撰用《神農本草》，以爲《湯液》。中古名醫有俞跗、醫緩、扁鵲，秦有醫和，漢有倉公，其論皆經理識本，非徒診病而已。漢有華佗、張仲景。華佗奇方異治，施世者多，亦不能盡記其本末[140]。

---

139 王明，《枹朴子內篇校釋》，頁189。
140 張燦玾、徐國仟主編，《鍼灸甲乙經校注》(北京：人民衛生出版社，1996)，頁16。

皇甫謐還提到與他同時代的王叔和(180?-270?)[141]。他接著說：

> 按《七略》、〈藝文志〉:《黃帝內經》十八卷，今有《鍼經》九
> 卷，《素問》九卷，二九十八卷，即《內經》也。亦有所忘失。
> 其論遐遠，然稱述多而切事少，有不編次。比按倉公傳，其學
> 皆出于是。《素問》論病精微，《九卷》原本經脈，其義深奧，
> 不易覺也。又有《明堂孔穴針灸治要》，皆黃帝岐伯遺事也。
> 三部同歸，文多重複，錯互非一[142]。

以西元3世紀爲分水嶺，皇甫謐將淳于意及《內經》的關係一線相牽起
來；而《內經》由一種變爲《鍼經》、《素問》兩種傳本，到了東漢又有
《明堂》針灸書，也是黃帝岐伯遺書，一共三種。皇甫謐的學術譜系裡，
不列崔文子、負局、玄俗、韓康、壺公、費長房、王遙等方士醫者[143]，
同時排除正史所記的涪翁、程高、郭玉等醫家[144]，主要是追溯三種黃帝
醫書，並再度予以重編回到1世紀單一傳本的流傳史：

---

141 王叔和的《脈經》序，指出：「遺文遠旨，代寡能用，舊經秘述，奧而不售。」
又說：「今撰集岐伯以來，逮于華佗，經論要訣，合爲十卷。百家根源，各以
類例相從，聲色徵候，靡不賅備。其王、阮、傅、戴、吳、葛、呂、張，所傳
異同，咸悉載錄。」其中，王指王遙；阮爲阮炳；傅、戴待考；吳指吳普；葛
是葛玄；呂指呂廣；張爲張苗。參葉怡庭，《歷代醫學名著序集評釋》(上海：
上海科學技術出版社，1987)，頁121-125。
142 張燦玾、徐國仟主編，《鍼灸甲乙經校注》，頁20。
143 姜生、湯偉俠主編，《中國道教科學技術史：漢魏兩晉卷》，頁541-542。
144 范曄，《後漢書》(臺北：洪氏出版社，1978)，頁2735。

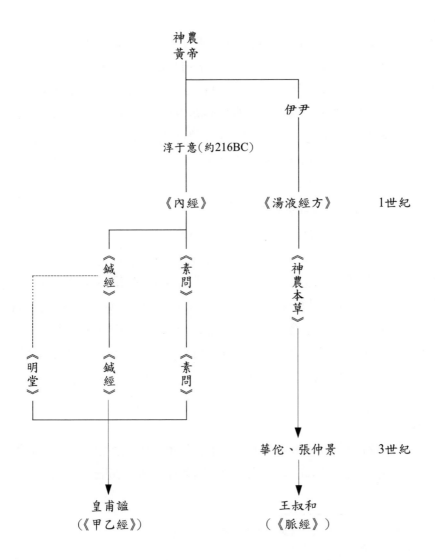

　　皇甫謐並不是述而不作，而是作為編纂者(redactors)的身分出現。他收集三種不同的黃帝醫書重新分類，刪繁去複，給予篇目；《內經》的經文在經過長時期的刪改已經擁有幾「重」(layers)的作者。而每一「重」也標示著典籍改編的關鍵年代。皇甫謐原始的意圖是作為「教經」

而收集這些舊文獻[145]，但《內經》的「經」與《甲乙經》的「經」意義已經不同，後者的目的是意圖作爲制度化的知識（institutionalized knowledge）而設計的。在南北朝《甲乙經》，與其他《內經》系醫書已受到醫者的青睞。例如：《魏書・崔彧傳》：「彧少嘗詣青州，逢隱逸沙門，教以《素問》、《九卷》及《甲乙》，遂善醫術。」[146] 又如《北齊書・馬嗣明傳》：「馬嗣明，河內人，少明醫術，博縱經方，《甲乙》、《素問》、《明堂》、《本草》，莫不成育，爲人診候，一年前知其生死。」[147] 隋唐以下，《甲乙經》已成爲習醫必讀的教材。

　　傳授方式的改變與書籍格式的變化有密切關係。余嘉錫說：「專門之學衰而後著述之界嚴，於此可以知體例變遷之故矣。」[148]《甲乙經》是第一部具有醫經完整目錄、篇名的醫典。在這個階段，醫書「序」的體例開始普遍；序文其實也是文本公開化的象徵，因爲在秘密授書的時代是不會流行這種著作體例的[149]。余嘉錫又說：「古書既多不出一手，又學有傳人，故無自序之例。」[150] 典籍從早期師徒個別傳授的私密特性，如今它所預設的讀者群便有所不同。皇甫謐自序說，如果不精通醫理，即便有忠孝之心、仁慈的性格，國家和父母有難、人民遭受病痛，也只能束手無策[151]。

　　醫經重新分類整理的同時，在醫學體裁也有由問答體到論述體演變的現象。例如，王叔和的《脈經》中偶有問答之例：「問曰：病有血分，

145 張燦玾、徐國仟主編，《鍼灸甲乙經校注》，頁21。

146 魏收，《魏書》，頁1970。

147 李百藥，《北齊書》（臺北：鼎文書局，1980），頁680。

148 余嘉錫，《古書通例》（臺北：丹青圖書公司，1987），頁35。

149 內山直樹，〈漢代における序文の體例—《說文解字》敘「敘曰」の解釋を中心に—〉，《日本中國學會報》53（2001）：30-44。

150 余嘉錫，《古書通例》，頁25。

151 張燦玾、徐國仟主編，《鍼灸甲乙經校注》，頁21。

何謂也？師曰：經水前斷，後病水，名曰血分。此病爲難治。」[152] 這裡的「師」並不依託聖人；全書問答體的篇幅也不多。特別值得注意的是，方書出現「論」的新體例。從出土的方書來看，經方的書寫格式多在疾病之下列一或數個治療的藥方，並沒有太多病理或藥理的解釋[153]。但魏晉以下的方書有「論」，醫家個人可以在古代醫經之外表達新見。陶弘景(451-536)在爲第3世紀的葛洪《肘後方》作序時，指出：「凡此諸方，皆是撮其樞要，或名醫垂記，或累世傳良，或博聞有驗，或自用得力，故復各題秘要之說，以避文繁。又用藥有舊法，亦復假事事詮詔，今通立定格，共爲成準。」[154] 方書從經驗的層次進一步產生系統性的論說。

「方論」的勃興顯示作者意識的強化，以及師資觀念的轉變。而且，這一時期湧現大量臨床實用性的方書，是漢以前數十倍之多。事實上，從數量來看，歷代方書一直占醫書之主流。據統計《千金方》載方五千三百餘首，《外台秘要》、《太平聖惠方》漸次遞增，至《聖濟總錄》則高達兩萬首以上。方論浩繁，不禁令醫家望方浩嘆。然而，正典化的歷程並不是像滾雪球愈來愈多的累積過程，而是以排除(elimination)爲原則，最後留下來的是屬於秦漢醫家及後人續增理論、規範性的「經」籍。今本《金匱要略》，宋人林億等序文後有遺文一篇，據考證應與張仲景醫方及論有關[155]：「仲景金匱錄岐黃《素》、《難》之方，近將千卷，患其混雜煩重，有求難得。故周流華裔九州之內，收合奇異，捃拾遺逸，揀選諸經筋髓，以爲方論一編。」[156] 換言之，方論終必以諸經筋髓爲

---

152 沈炎南主編，《脈經校注》（北京：人民衛生出版社，1991），頁362。關於《脈經》最系統性的研究，見小曾戶洋，〈《脈經》總說〉，收入氏編，《解題・研究・索引》（大阪：東洋醫學研究會，1981），頁333-418。

153 嚴健民，《五十二病方注補譯》（北京：中醫古籍出版社，2005），頁218-221。

154 尚志鈞輯校，《補輯肘後方》（合肥：安徽科學技術出版社，1996），頁9。

155 張燦玾主編，《中醫文獻發展史》（濟南：山東中醫藥大學，2003），頁34。

156 《金匱要略》（元鄧珍本）（東京：燎原書店景印，1988），頁6，宋臣序。

依歸。

　　醫學的邊界也有微妙的調整。漢代廣義的「醫學」（方技）包括神仙與房中術。由於世襲醫學與道教醫學的成立，表現在知識分類上有極明顯的變遷。阮孝緒(479-536)的《七錄》，把「醫經」、「醫方」歸入「技術錄」；而「仙道錄」之下另有「經戒」、「服餌」、「房中」、「符圖」等分支；其中，服餌、房中近乎《漢書‧藝文志》〈方技略〉的「神仙」、「房中」。阮孝緒說：「但房中、神仙，既入仙道；醫經、經方，不足別創。」[157] 醫學與數術合為一錄，不再各自獨立成門，而房中、神仙之術則為道教所吸納精益求精，派生出更多的門類技術[158]。而《隋書‧經籍志》的「醫方」歸於諸子之學，而「道經」一項相應於道教醫學的成立，其下有房中、經戒、服餌、符籙之書[159]。醫學史總的趨勢，是逐漸把神仙、房中排除於「醫」的範疇之外。

　　「正典化」的演變也見於《隋書‧經籍志》。此書收錄梁、陳、齊、周、隋五代官私書目所收現存典籍。其中「醫方」類，承襲《漢書‧藝文志》中「方技」的精神，也有《周禮‧天官‧醫師》（食醫、疾醫、瘍醫、獸醫）內容[160]。由此，可以得知漢至六朝以來醫學的變遷史。清章宗源、姚振宗《隋書經籍志考證》認為「醫方」收錄之書其實是合併了兩份醫書書單：「是篇章法顯分上下，與他類不同，因從而釐析之；上篇五類，下篇六類。」[161]

---

157 阮孝緒，《七錄》（清抄本，北京圖書館分館藏），頁3。另參見汪辟疆，〈漢魏六朝目錄考略〉，收入氏著，《目錄學研究》（上海：商務印書館，1934），頁157-174。

158 林克，〈醫書と道教〉，收入三浦國雄等編，《道教の生命觀と身體論》（東京：雄山閣，2000），頁45-61。

159 長孫無忌等，《隋書‧經籍志》（上海：商務印書館，1955），頁103-110。

160 松木きか，〈歷代史目書目における醫書の範疇と評價〉，《日本中國學會報》50(1998)：92-107。

161 章宗源、姚振宗，《隋書經籍志考證》，收入《二十五史補編》（臺北：臺灣開明書店，1967），頁594。

先將兩份醫學書單的書排列如下（書籍的號碼為作者所加）：

書單（一）	書單（二）
01黃帝素問九卷，梁八卷。	57黃帝素問八卷，全元越注。
02黃帝甲乙經十卷，音一卷，梁十二 　卷。	58脈經二卷，徐氏撰。
	59華佗觀形察色幷三部脈經一卷
03黃帝八十一難二卷，梁有黃帝眾難 　經一卷，呂博望注，亡。	60脈經決二卷，徐氏新撰。
	61脈經鈔二卷，許建吳撰。
04黃帝鍼經九卷，梁有黃帝鍼灸經十 　二卷，徐悅、龍衛素鍼經幷孔穴蝦 　蟇圖三卷，雜鍼經四卷，程天祚鍼 　經六卷，灸經五卷，曹氏灸方七 　卷，秦承祖偃側雜鍼灸經三卷， 　亡。	62黃帝素問女胎一卷
	63三部四時五藏辨診色決事脈一卷
	64脈經略一卷
	65辨病形證七卷
	66五藏決一卷
05徐叔嚮鍼灸要鈔一卷	67論病源候論五卷，目一卷，吳景賢 　撰。
06玉匱鍼經一卷	68服石論一卷
07赤烏神鍼經一卷	69癰疽論方一卷
08岐伯經十卷	70五藏論五卷
09脈經十卷，王叔和撰。	71瘧論幷方一卷
10脈經二卷，梁脈經十四卷。又脈生 　死要訣二卷；又脈經六卷，黃公興 　撰；脈經六卷，秦承祖撰；脈經十 　卷，康普思撰，亡。	72神農本草經三卷
	73本草經四卷，蔡英撰。
	74藥目要用二卷
	75本草經略一卷
11黃帝流注脈經一卷，梁有明堂流注 　六卷，亡。	76本草二卷，徐大山撰。
	77本草經類用三卷
12明堂孔穴五卷，梁明堂孔穴二卷， 　新撰鍼灸穴一卷，亡。	78本草音義三卷，姚最撰。
	79本草音義七卷，甄立言撰。
13明堂孔穴圖三卷	80本草集錄二卷
14明堂孔穴圖三卷，梁有偃側圖八 　卷，又偃側圖二卷。	81本草鈔四卷
	82本草雜要決一卷
15神農本草八卷，梁有神農本草五 　卷，神農本草屬物二卷，神農明堂	83本草要方三卷，甘濬之撰。
	84依本草錄藥性三卷，錄一卷。

圖一卷，蔡邕本草七卷，華佗弟子吳普本草六卷，陶隱居本草十卷，隨費本草九卷，秦承祖本草六卷，王季璞本草經三卷，李譡之本草經、談道術本草經鈔各一卷，宋大將軍參軍徐叔嚮本草病源合藥要鈔五卷，徐叔嚮等四家體療雜病本草要鈔十卷，王末鈔小兒用藥本草二卷，甘濬之癰疽耳眼本草要鈔九卷，陶弘景本草經集注七卷，趙贊本草經一卷，本草經輔行、本草經利用各一卷，亡。

16神農本草四卷，雷公集注。

17甄氏本草三卷

18桐君藥錄三卷，梁有雲麾將軍徐滔新集藥錄四卷，李譡之藥錄六卷，藥法四十二卷，藥律三卷，藥性、藥對各二卷，藥目三卷，神農採藥經二卷，藥忌一卷，亡。

19太清草木集要二卷，陶隱居撰。

20張仲景方十五卷，仲景，後漢人。梁有黃素藥方二十五卷，亡。

21華佗方十卷，吳普撰。佗，後漢人。梁有華佗內事五卷，又耿奉方六卷，亡。

22集略雜方十卷

23雜藥方一卷，梁有雜藥方四十六卷。

24雜藥方十卷

25寒食散論二卷，梁有寒食散湯方二十卷，寒食散方一十卷，皇甫謐曹歙論寒食散方二卷，亡。

26寒食散對療一卷，釋道洪撰。

85靈秀本草圖六卷，原平仲撰。

86芝草圖一卷

87入林採藥法二卷

88太常採藥時月一卷

89四時採藥及合目錄四卷

90藥錄二卷，李密撰。

91諸藥異名八卷，沙門行矩撰。本十卷，今闕。

92諸藥要性二卷

93種植藥法一卷

94種神芝一卷

95藥方二卷，徐文伯撰。

96解散經論幷增損寒食節度一卷

97張仲景療婦人方二卷

98徐氏雜方一卷

99少小方一卷

100療小兒丹法一卷

101徐大山試驗方二卷

102徐文伯療婦人瘕一卷

103徐大山巾箱中方三卷

104藥方五卷，徐嗣伯撰。

105墮年方二卷，徐大山撰。

106効驗方三卷，徐氏撰。

107雜要方一卷

108玉函煎方五卷，葛洪撰。

109小品方十二卷，陳延之撰。

110千金方三卷，范世英撰。

111徐王方五卷

112徐王八世家傳効驗方十卷

113徐氏家傳秘方二卷

114藥方五十七卷，後齊李思祖撰，本百一十卷。

115稟丘公論一卷

27解寒食散方二卷，釋智斌撰。梁解
　　散論二卷。

28解寒食散論二卷，梁有徐叔嚮解寒
　　食散方六卷，釋慧義寒食解雜論七
　　卷，亡。

29雜散方八卷，梁有解散方、解散論
　　各十三卷，徐叔嚮解散消息節度八
　　卷，范氏解散方七卷，釋慧義解散
　　方一卷，亡。

30湯丸方十卷

31雜丸方十卷，梁有百病膏方十卷，
　　雜湯丸散酒煎薄帖膏湯婦人少小
　　方九卷，羊中散雜湯丸散酒方一
　　卷，療下湯丸散方十卷。

32石論一卷

33醫方論七卷，梁有張仲景辨傷寒十
　　卷，療傷寒身驗方、徐文伯辨傷寒
　　各三卷，傷寒總要二卷，支法存申
　　蘇方五卷，王叔和論病六卷，張仲
　　景評病要方一卷，徐叔嚮談道述徐
　　悅體療雜病疾源三卷，甘濬之瘭疽
　　部黨雜病疾源三卷，府藏要三卷，
　　亡。

34肘後方六卷，葛洪撰。梁二卷。陶
　　弘景補闕肘後百一方九卷，亡。

35姚大夫集驗方十二卷

36范陽東方一百五卷，錄一卷，范汪
　　撰。梁一百七十六卷。梁又有阮河
　　南藥方十六卷，阮文叔撰。釋僧深
　　藥方三十卷，孔中郎雜藥方二十九
　　卷，宋建平王典術一百二十卷，羊
　　中散藥方三十卷，羊欣撰。褚澄雜
　　藥方二十卷，齊吳郡太守褚澄撰。

116太一護命石寒食散二卷，宋尚撰。

117皇甫士安依諸方撰一卷

118序服石方一卷

119服玉方法一卷

120劉涓子鬼遺方十卷，龔慶宣撰。

121療癰經一卷

122療三十六瘻方一卷

123王世榮單方一卷

124集驗方十卷，姚僧坦撰。

125集驗方十二卷

126備急草要方三卷，許證撰。

127藥方二十一卷，徐辨卿撰。

128名醫集驗方六卷

129名醫別錄三卷，陶氏撰。

130刪繁方十三卷，謝士秦撰。

131吳山居方三卷

132新撰藥方五卷

133療癰疽諸瘡方二卷，秦政應撰。

134單複要驗方二卷，釋莫滿撰。

135釋道洪方一卷

136小兒經一卷

137散方二卷

138雜散方八卷

139療百病雜丸方三卷，釋曇鸞撰。

140療百病散三卷

141雜湯方十卷，成毅撰。

142雜療方十三卷

143雜藥酒方十五卷

144趙婆療漯方一卷

145議論備豫方一卷，于法開撰。

146扁鵲陷冰丸方一卷

147扁鵲肘後方三卷

148療消渴眾方一卷，謝南郡撰。

亡。

37秦承祖藥方四十卷見三卷。梁有陽
　晒藥方二十八卷，夏侯氏藥方七
　卷，王季琰藥方一卷，徐叔嚮雜療
　方二十一卷，徐叔嚮雜病方六卷，
　李譡之藥方一卷，徐文伯藥方二
　卷，亡。

38胡洽百病方二卷，梁有治卒病方一
　卷，徐獎要方一卷，無錫令徐獎
　撰；遼東備急方三卷，都尉臣廣
　上；殷荊州要方一卷，殷仲堪撰。
　亡。

39俞氏療小兒方四卷，梁有范氏療婦
　人藥方十一卷，徐叔嚮療少小百病
　雜方三十七卷，療少小雜方二十
　卷，療少小雜方二十九卷，范氏療
　小兒藥方一卷，王末療小兒雜方十
　七卷，亡。

40徐嗣伯落年方三卷，梁有徐叔嚮療
　腳弱雜方八卷，徐方伯辨腳弱方一
　卷，甘濬之療癰疽金創要方十四
　卷，甘濬之療癰疽毒惋雜病方三
　卷，甘伯齊療癰疽金創方十五卷，
　亡。

41陶氏效驗方六卷，梁五卷。梁又有
　療目方五卷，甘濬之療耳眼方十四
　卷，神枕方一卷，雜戎狄方一卷，
　宋武帝撰。摩訶出胡國方十卷，摩
　訶胡沙門撰。又范曄上香方一卷，
　雜香膏方一卷，亡。

42彭祖養性經一卷

43養生要集十卷張湛撰。

44玉房祕決十卷

149論氣治療方一卷，釋曇鸞撰。

150梁武帝所服雜藥方一卷

151大略丸五卷

152靈壽雜方二卷

153經心錄方八卷，宋候撰。

154黃帝養胎經一卷

155療婦人產後雜方三卷

156黃帝明堂偃人圖十二卷

157黃帝鍼灸蝦蟇忌一卷

158明堂蝦蟇圖一卷

159鍼灸圖要決一卷

160鍼灸圖經十一卷，本十八卷。

161十二人圖一卷

162鍼灸經一卷

163扁鵲偃側鍼灸圖三卷

164流注鍼經一卷

165曹氏灸經一卷

166偃側人經二卷，秦承祖撰。

167華佗枕中灸刺經一卷

168謝氏鍼經一卷

169殷元鍼經一卷

170要用孔穴一卷

171九部鍼經一卷

172釋僧匡鍼灸經一卷

173三奇六儀鍼要經一卷

174黃帝十二經脈明堂五藏人圖一卷

175老子石室蘭臺中治癩符一卷

176龍樹菩薩藥方四卷

177西域諸仙所說藥方二十三卷，目一
　卷，本二十五卷。

178香山仙人藥方十卷

179西錄波羅仙人方三卷

180西域名醫所集要方四卷，本十二卷

45墨子枕內五行紀要一卷，梁有神枕方一卷，疑此即是。

46如意方十卷

47練化術一卷

48神仙服食經十卷

49雜仙餌方八卷

50服食諸雜方二卷，梁有仙人水玉酒經一卷。

51老子禁食經一卷

52崔氏食經四卷

53食經十四卷，梁有食經二卷，又食經十九卷，劉休食方一卷，齊冠軍將軍劉休撰。亡。

54食饌次第法一卷，梁有黃帝雜飲食忌二卷。

55四時御食經一卷，梁有太官食經五卷。又太官食法二十卷，食法雜酒食要方白酒并作物法十二卷，家政方十二卷，食圖、四時酒要方、白酒方、七日麵酒法、雜酒食要法、雜藏釀法、雜酒食要法、酒并飲食方、鮭及鐺蟹力、羹臛法、菹腩朐法、北方生醬法，各一卷，亡。

56療馬方一卷，梁有伯樂療馬經一卷，疑與此同。

181婆羅門諸仙藥方二十卷

182婆羅門藥方五卷

183耆婆所述仙人命論方二卷，目一卷，本三卷。

184乾陀利治鬼方十卷

185新錄乾陀利治鬼方四卷，本五卷，闕。

186伯樂治馬雜病經一卷

187治馬經三卷，俞極撰，亡。

188治馬經四卷

189治馬經目一卷

190治馬經圖二卷

191馬經孔穴圖一卷

192雜撰馬經一卷

193治馬牛駝騾等經三卷，目一卷。

194香方一卷，宋明帝撰。

195雜香方五卷

196龍樹菩薩和香法二卷

197食經三卷，馬琬撰。

198會稽郡造海味法一卷

199論服餌一卷

200淮南王食經并目百六十五卷，大業中撰。

201膳羞養療二十卷

202金匱錄二十三卷，目一卷，京里先生撰。

203練化雜術一卷，陶隱居撰。

204玉衡隱書七十卷，目一卷，周弘讓撰。

205大清諸丹集要四卷，陶隱居撰。

206雜神丹方九卷

207合丹大師口訣一卷

208合丹節度四卷，陶隱居撰。

	209合丹要略序一卷,孫文韜撰。
	210仙人金銀經幷長生方一卷
	211狐剛子萬金決二卷,葛仙公撰。
	212雜仙方一卷
	213神仙服食經十卷
	214神仙服食神祕方二卷
	215神仙服食藥方十卷,抱朴子撰。
	216神仙餌金丹沙祕方一卷
	217衛叔卿服食雜方一卷
	218金丹藥方四卷
	219雜神仙丹經十卷
	220雜神仙黃白法十二卷
	221神仙雜方十五卷
	222神仙服食雜方十卷
	223神仙服食方五卷
	224服食諸雜方二卷
	225服餌方三卷,陶隱居撰。
	226真人九丹經一卷
	227太極真人九轉還丹經一卷
	228練寶法二十五卷,目三卷。本十四卷。闕。
	229太清璇璣文七卷,沖子。
	230陵陽子說黃金祕法一卷
	231神方二卷
	232狐子雜決三卷
	233太山八景神丹經一卷
	234太清神丹中經一卷
	235養生注十一卷,目一卷。
	236養生術一卷,翟平撰。
	237龍樹菩薩養性方一卷
	238引氣圖一卷
	239道引圖三卷,立一,坐一,臥一。
	240養身經一卷

	241養生要術一卷 242養生服食禁忌一卷 243養生傳二卷 244帝王養生要方二卷，蕭吉撰。 245素女祕道經一卷，幷玄女經。 246素女方一卷 247彭祖養性一卷 248郯子說陰陽經一卷 249序房內祕術一卷，葛氏撰。 250玉房祕決八卷 251徐太山房內祕要一卷 252新撰玉房祕決九卷 253四海類聚方二千六百卷 254四海類聚單要方三百卷

　　這一短一長的兩份書單並抄於《隋志‧醫方》。前份書單1-14醫經，15-41本草、經方，42-44房中，45-51神仙，52-56為食經與獸醫。第二份書單57-71也是以醫經為首；72-155為本草、方書，數量為前份書單的數倍之多；156-174針灸方面的醫籍；175-201各種方書，包括胡方、香方療法等；202-244神仙、養生；245-252房中書；253-254大型方書。值得留心的是，兩份書單都以《素問》為首，依託黃帝的古書仍相當多，別出的《脈經》注解也十分豐富；特別是第二份書單中醫經明堂圖的遽增。另外，從《隋志》注文中得知，著錄醫書以梁人最多，數量近140種[162]；這似乎是醫學史斷代的一個重要指標[163]。

---

162 張燦玾主編，《中醫文獻發展史》，頁43。

163 醫學在南北朝，南學或勝於北學，初步意見參陳寅恪，《魏晉南北朝史講演錄》（臺北：昭明出版社，1999），頁365-382。又，周一良，〈江氏世傳家業與南北文化〉，收入氏著，《周一良集》第2卷（瀋陽：遼寧教育出版社，1998），頁605-606。

方書在上述兩份書目皆占最大宗[164]。然而，醫經與方書的位階不同；5世紀陳延之的《小品方》即強調，原則性的醫經爲「大品」，應用性的方書則爲「小品」：

夫故方之家，唯信方說。不究藥性，亦不知男女長少殊耐、所居土地溫涼有早晚不同，不解氣血浮沉深淺應順四時、食飲五味以變性精。唯見方說相應，不知藥物隨宜，而一概投之，比爲遇會得力耳，實非審的爲效也。是以《黃帝經》教四海之民，爲治異品，此之謂也。今若欲以方術爲學者，當精看大品根本經法，隨宜制方處針灸，病者自非壽命應終，毒害已傷生氣，五勞七傷已竭氣血者，病無不愈也。若不欲以方術爲學，但以備身防急者，當依方訣，看此《經方小品》一部爲要也[165]。

陳延之批評此時各種「方說」橫行，因襲舊法，不考慮本草藥性，而且沒有規範可依循。他心目中的準則是《黃帝經》，也就是《黃帝內經》[166]。陳延之述醫家古今之師承共五家：神農、黃帝、扁鵲、華佗和張仲景。其中，「黃帝矜于蒼生，立經施教，教民治病，非但慈于疾苦，亦以強于國也。」[167] 這無疑是《內經》中黃帝的典型形象。陳延之質疑「後來學者，例不案經，多尋方說，隨就增損」[168] 的風氣，並且認爲習醫有次第可循：「儻幼始學治病者，亦宜先習此小品，則爲開悟有漸，然

---

164 參見范行準，〈兩漢三國南北朝隋唐醫方簡錄〉，《中華醫史論叢》6(1965)：頁295-347。

165 高文鑄輯校，《小品方》(北京：中國中醫藥出版社，1995)，頁1。李經緯、胡乃長，〈《經方小品》研究〉，《自然科學史研究》8.2(1989)：171-178。

166 馬繼興，〈《小品方》古寫本殘卷分析〉，收入高文鑄輯校，《小品方》，頁310。

167 高文鑄輯校，《小品方》，頁14。

168 同上，頁3。

後可看大品也。」[169] 將醫書區分爲大品、小品的位階，這是醫經正典化的重要一步。

與陳延之同時代的陶弘景整理《神農本草經》的文本，以爲「此書應與《素問》同類」[170]，也就是把黃帝經視爲經典。陶弘景針砭醫家不知藥理：「今庸醫處治，皆恥看本草，或倚約舊方，或聞人傳說，或過其所憶，便攬筆疏之，俄然戴面，以此表奇。」[171] 這種論調與前述陳延之的態度是相同的。因此，陶弘景希望以漢代故籍《神農本草經》作爲「故方之家」的標準，「藥理既昧，所以人多輕之。今案方處治，恐不必卒能尋究本草，更復抄出其事在此，覽略看之，易可知驗。」[172] 對藥理的訴求，正是本草對經方之學憑恃經驗的批評。

方論大盛的同時，規範化的呼聲此起彼落。南朝梁人（5、6世紀人）全元起首次訓解《素問》，即在這種氛圍裡誕生[173]。唐中期的王冰改編《素問》即根據全元起本：「而世本紕繆，篇目重叠，前後不倫，文義懸隔。施行不易，披會亦難。歲月既淹，襲以成弊。」所謂的「世本」，除了全元起本，尚有別本。王冰注所引注文有「全注」與「一經言」，也多有「一方」、「或作」等按語，可見當時各種不同的《素問》傳本在流通[174]。而王冰本《素問》增入運氣七篇大論可說是「擴大的正典」（expanding canon）；而唐人楊上善的《太素》爲另一別本類編，從篇幅來看可說是「縮小的正典」（narrow canon）[175]。整個《內經》的定本化即

169 高文鑄輯校，《小品方》，頁3。

170 尚志鈞、尚元勝，《本草經集注（輯校本）》，頁2。

171 同上，頁28。

172 同上，頁94。

173 段逸山，《「素問」全元起本研究與輯復》（上海：上海科學技術出版社，2001）。

174 同上，頁55-59。

175 錢超塵，《內經語言研究》（北京：人民衛生出版社，1990），頁33-85。

正典的最後形式到宋代才告一個段落[176]。

　　無論是皇甫謐、王叔和、全元起、楊上善或王冰等人的工作，並不
是賦予任何經書的正典地位與權威，而是不斷地把既有醫經的正典性
挖掘出來。換言之，所謂的正典，是「權威性文獻的輯錄」(a collection
of authoritative texts)而不是「文本的權威性輯錄」(an authoritative collection
of texts)。歷來不同醫家重新編輯、命名、注解與閱讀並不是權威來源，
只有書卷本身才是。而前者的功用，涉及了學科成員身分的認確、學科
邊界的再劃定與學術傳統的重建等多個層面。

　　正典化一方面是加強古代典籍的權威，另一方面也稀釋這些古書
的神聖性。褚澄(?-483)的《褚氏遺書》有〈辨書〉一篇談到對《素問》
等古典的態度有三問：

> 曰：《素問》之書，成于黃岐，運氣之宗，起于《素問》，將古
> 聖哲妄耶？曰：尼父刪經，三墳猶廢；扁鵲盧醫，晚出遂多，
> 尚有黃岐之經籍乎？後書之托名聖哲也。
> 曰：然則諸書不足信邪？曰：由漢而上，有說無方，由漢而下，
> 有方無說。說不乖理，方不違義，雖出後學，亦是良醫。故知
> 君子之言，不求貧朽；然于武成之策，亦取二三。
> 曰：居今之世，為古之工，亦有道乎？曰：師友良醫，因言而
> 識變；觀省舊典，假筌以求魚。博涉知病，多診識脈，屢用達

---

176 嚴世芸主編，《中醫學術發展史》，頁212-214。據〈大唐故尚乘奉御上柱國吳
　　君(本立)墓誌銘并序〉，唐高宗永徽元年(650)已有醫舉。肅宗時，醫術科地
　　位始與明法科同。其考試科目在乾元三年(760)固定下來。見彭炳金，〈墓誌
　　中所見唐代弘文館和崇文館明經、清白科及醫舉〉，《中國史研究》2005.1：
　　41-42。另參看Joseph Needham, *Science and Civilisation in China*, Volume VI
　　(Cambridge: Cambridge University Press, 2000), pp. 95-113.

藥，則何愧于古人[177]。

《內經》經文的「正典形式」（canonical shape）也就是經文的最後形式，從漢到六朝一直都在變動不居。而運氣之說是否出於《素問》原書，未有定論。褚澄所說的「托名」，並不同於前述的「依託」，而是晚出之書假冒古聖哲之名以傳書。其次，褚澄自居於「有方」的時代，故提出「說不乖理，方不違義，雖出後學，亦是良醫」的說法，意思是方說雖出的後學，但只要不違拗古典義理，也是可取的。作者還引用了兩個典故：「君子之言，不求贅朽」典出《禮記‧檀弓上》，意思是說書籍產生有其歷史條件，所言內容學者不容硬套。「然于武成之策，亦取二三」語出《孟子‧盡心篇》，亦即書上的東西不可盡信，二三策即書中一小部分。因此，在尊古之下，醫家以臨床親診校正古典，假筌求魚，也就無愧於古人了。活用古書，這才是提倡正典的真正目的。

託古之風沒有完全消逝。葛洪即說：「世俗苦于貴遠賤近，是古非今，恐是此方，無黃帝、倉公、和、鵲、踰跗之目，不能采用，安可強乎？」[178] 相對於葛洪不願從俗，西晉醫家徐熙一族的醫學，據說來自某位道士，「（徐）熙好黃、老，隱於秦望山，有道士過求飲，留一瓠瓤與之，曰：『君子孫宜以道術救世，當得二千石。』熙開之，乃《扁鵲鏡經》一卷，因精心學之，遂名震海內。」[179] 此類似扁鵲遇長桑君之故事，而《扁鵲鏡經》內容爲何，並不清楚。此外，南齊龔慶宣編著的

177 趙國華，《褚氏遺書校釋》（河南科學技術出版社，1986），頁51。《褚氏遺書》的年代，或以為成書於宋。近來的考證則傾向該書不偽；從《遺書》中對歷代典籍的態度，亦近魏晉南北朝人手筆。見《褚氏遺書校釋》，頁64-69。余嘉錫以為此書為宋人之作，趙璞珊駁議，見趙璞珊，《中國古代醫學》（北京：中華書局，1997），頁78-79。

178 尚志鈞輯校，《補輯肘後方》，頁7。

179 李延壽，《南史》（臺北：鼎文書局，1981），頁838。

《劉涓子鬼遺方》亦託名「黃父鬼」爲作者：

> 昔劉涓子，晉末於丹陽郊外照射，忽見一物，高二丈許，射而
> 中之，如雷電，聲若風雨，其夜不敢前追。詰旦，率門徒子弟
> 數人，尋蹤至山下，見一小兒提罐，問何往爲？我主被劉涓子
> 所射，取水洗瘡。而問小兒曰：主人是誰人？云：黃父鬼。仍
> 將小兒相隨，還來至門，聞搗藥之聲，比及，遙見三人，一人
> 開書，一人搗藥，一人臥爾，乃齊聲叫突，三人並走，遺一卷
> 癰疽方並藥一臼。時從宋武北征，有被瘡者，以藥塗之即愈[180]。

又說：

> 道慶曰：王祖劉氏有此鬼方一部，道慶祖考相承，謹按處治，
> 萬無一失。舅祖涓子兄弟自寫，寫稱云無紙，而用丹陽錄，永
> 和（疑爲元嘉）十九年，財資不薄，豈復無紙，是以此別之耳[181]。

此書實爲家藏之秘方，卻與「禁方」傳授彷彿，託名於異人（物）所遺
留。其病癰疽諸說，都循《靈樞・癰疽》。例如，卷4〈九江黃父癰疽論〉
全文抄襲《靈樞・癰疽》。僅在問答體例上將「黃帝曰」僭改爲「九江
黃父問於岐伯曰」[182]。由此個案，可見斷裂中的連續（continuity of

---

180 龔慶宣編，《劉涓子鬼遺方》（北京：人民衛生出版社，1986），頁7。劉涓子
　　據說是東晉時醫家，曾隨南朝宋武帝劉裕北征。元嘉二十年（443），時秣陵（江
　　蘇南京）令患背疽，劉與甘伯濟共議治療得遂。龔慶宣於建武二年（495）得劉氏
　　書抄本，以其故草寫多無次第，乃於永元元年（499）整理編次。另參見張贊臣，
　　《中醫外科醫籍存佚考》（北京：人民衛生出版社，1987），頁1-10。
181 龔慶宣編，《劉涓子鬼遺方》，頁8。
182 同上，頁32。

discontinuity)的特質：即在創新中的舊傳統因素的延續。

以西元3世紀爲分水嶺，中國醫學經歷了一連串根本性的變遷：受書儀式的式微、醫學集團的擴大、文本公開化、醫書撰寫格式的改變、作者意識強化、方書有「論」、目錄分類的變遷、古醫經的改動以及不同類型醫書位階的確立等，不一而足。中國醫學作爲正典醫學，彷如成長茁壯中的胎兒，正等待著瓜熟蒂落了。

五、結論——「極端的中間」（radical middle）

禁方的時代去矣，依託的真正精神也無所依傍。

不同的技術或醫療傳統對典籍的依仗程度不一，中國醫學主流發展是逐漸形成「以文本爲中心」的醫學。不過，如葛洪所提示的：書籍「雖不足以藏名山石室，且欲緘之金匱，以示識者。其不可與言，不令見也」[183]。誠然，若學無傳人，經典寧可封諸石室金匱，以待來人。

古代醫學透過受書儀式傳授知識，在此書籍具有建立師徒關係、區別我群與他群(如神仙家、房中家)的功能。受書儀式大概式微於漢魏之間，早先典籍、師資、經驗不可分割的知識特質，從此有所分化。道教醫學可說是明師類型的知識形態，門閥醫學則以血緣相繫、家傳經驗爲標示。而魏晉醫家整理舊有醫經重新劃定「醫學」的邊界，並試圖形塑醫學知識的正統。

古代醫書的權威性源自依託。依託於聖人，他們不僅是技術的作者，同時也是孕育的讀者，在現實上欲說服的主要對象。聖人具有稱爲「共同個性」（corporate personality），因此政治秩序、自然秩序與身體秩序三者可以協同感通。而聖人之言是自圓自足的；對歷代醫家來說，中國

---

183 王明，《抱朴子內篇校釋》，頁368。

醫學可謂是聖人「個性」之集團化，其技術本身也始終沾滿資治的色彩。

「正典」醫學的發展，一是以《內經》系爲主流。根據同一批文本不斷重編的歷史，另一是注釋這些醫經的傳統的形成。另外，由古代醫籍別出分化的論述也層出不窮、迭生新說。中國醫學的進程彷如築室。《內》、《難》、《傷寒》等提供的骨架業已營建周全，後人寓居，不過適應時代而稍作增損修葺；但其根本基盤，固未嘗撼搖。

從西元前3世紀到元3世紀，是所謂禁方時代；東漢末至魏晉南北朝是中國醫學重整、系統化的時期；其中，3世紀至5世紀又是另一個階段。5世紀左右的幾本重要醫書如《小品方》、《本草經集注》、《褚氏遺書》等都論及古典醫經的位階。到了7世紀，幾種核心的醫學正典以「皇帝教科書」的面貌示人。我們看到上述三個不同歷史階段，以及舊有的文化形式再創造的現象。

而相應時代的變化，君臣倫理讓位於血親關係。如王燾（約690-756）所說：「齊梁之間，不明醫術，不得爲孝子。」[184] 因此，魏晉六朝的王公侯伯將軍及其子弟們紛紛寫起了醫書。

中國正典醫學的敘事浸潤於政治史、制度史之中。王汎森先生指出：中國史近年來研究的眼光有兩種下降的特色，其一是：「由了解上層爲主下降到庶民的研究、對基層社會之注意」[185]。但中國歷來醫書所呈現的生命、身體的觀念，與不同時代上層的思想、文化是互相滲透、套疊的。我們不同意將「民俗」擴大解釋，並以政治制度史用另外一種姿態改寫，成爲下層社會生活史研究的常態[186]。換言之，從醫療看中國

---

184 高文鑄校注，《外台秘要方》（北京：華夏出版社，1993），頁5。

185 王汎森，〈歷史研究的新視野──重讀《歷史語言研究所工作之旨趣》〉，收入許倬雲等，《中央研究院歷史語言研究所七十五周年紀念文集》（臺北：中央研究院歷史語言研究所，2004），頁174。

186 杜正勝，《新史學之路》（臺北：三民書局，2004），頁381-382。

歷史，一方面是竭力從爲數龐大的醫療(含養生)文獻中挖掘「基層社會」的心態與生活，另一方面這些研究也必須建立在更縝密、更深入對上層文化的洞見。這是一種「極端的中間」(radical middle)的研究取向──不僅是中國正典醫學發展史的特色，同時也是中國歷史真正本色所繫。

附錄：正典醫學相關年表[187]

310-307BC	扁鵲遇刺
239BC	《呂氏春秋》寫成
186BC	張家山漢墓《脈書》、《引書》下葬年代[188]
180BC	淳于意接受《脈書》、《上下經》等醫書
168BC	馬王堆漢墓醫書下葬年代[189]
139BC	劉安獻《淮南子》給漢武帝
134BC(?)	董仲舒著《春秋繁露》
26BC	宮廷侍醫李柱國校方技書[190]，內容包括《黃帝內經》、《黃帝外經》等
5	漢元帝元始五年，徵天下通知方術、本草者[191]
16	王莽使太醫尚方、巧屠共解剖王孫慶屍體
東漢早期	甘肅武威旱灘坡出土一批醫簡[192]
70-80(?)	王充著《論衡》。充另撰有《養性書》[193]
79	章帝詔博士、議郎、諸儒等議五經於白虎觀

---

187 本年表的製作，參考郭靄春，《中國醫史年表》（哈爾濱：黑龍江人民出版社，1984）；〈歷代中醫學術紀事年表〉，收入嚴世芸主編，《中醫學術發展史》（上海：上海中醫藥大學出版社，2004），頁730-775；岩井祐泉，〈日中《內經》關連年表〉，收入《素問‧靈樞（日本經絡學會創立二十周年紀念）》（東京：日本經絡學會，1992），頁407-410；魯惟一主編，《中國古代典籍》（瀋陽：遼寧教育出版社，1997）。

188 張家山二四七號漢墓竹簡整理小組，《張家山漢簡竹簡》（北京：文物出版社，2001），〈前言〉。

189 馬繼興，《馬王堆古醫書考釋》（長沙：湖南科學技術出版社，1992），頁8-21。

190 陳國慶，《漢書藝文志注釋彙編》（臺北：木鐸出版社，1993），〈序言〉。

191 本草學的年代，參廖育群，《岐黃醫道》（瀋陽：遼寧教育出版社，1992），頁124-127。

192 甘肅省博物館、武威縣文化館編，《武威漢代醫簡》（北京：文物出版社，1975），頁23。

193 石田秀實，〈《論衡》與醫術〉，《大陸雜誌》89.6(1994)：28-41。

106	《難經》成書[194]
165	邊韶為陳相，作〈老子銘〉
205	荀悅完成《申鑒》呈送給皇帝
150?-219?	張仲景《傷寒論》序提到《素問》、《九卷》、《八十一難》等書[195]
207(?)	華陀卒。華陀遺書甚豐，但真偽雜揉[196]
217	曹植作〈說疫氣〉
220(?)	王叔和著《脈經》[197]
243	嵇康〈養生論〉、〈答問秀難養生論〉
259-264?	皇甫謐《鍼灸甲乙經》序提到《鍼經》、《素問》、《明堂孔穴針灸治要》[198]
283-363	葛洪活躍的時代，著有《肘後方》、《抱朴子內篇》
454-473(?)	陳延之著《小品方》[199]
492-500(?)	陶弘景《本草經集注》[200]
479	全元起注《黃帝素問》
499	龔慶宣整理《劉涓子鬼遺方》
666-668	楊上善撰注《黃帝內經太素》
668	楊上善著《黃帝內經明堂》
762	王冰注《黃帝內經素問》

---

194 凌耀星主編，《難經校注》（北京：人民衛生出版社，1991），頁138-140。

195 劉盼遂，〈補後漢書張仲景傳〉，收入氏著，《劉盼遂文集》（北京：北京師範大學出版社，2002），頁156-157。

196 高文鑄主編，《華陀遺書》（北京華夏出版社，1995），〈敘錄〉。

197 章太炎，〈《菿漢微言》論漢二則〉、〈王叔和考〉，收入《章太炎全集（八）》（上海：上海人民出版社，1994），頁145-147。

198 朱建平，《中國醫學史研究》（北京：中國古籍出版社，2003），頁14-19。

199 高文鑄，《小品方輯注》（北京：中國中醫藥出版社，1995），頁263-267。

200 尚志鈞、尚元勝，《本草經集注（輯校本）》（北京：人民衛生出版社，1994），頁3。又，鍾國發，《陶宏景評傳》（南京：南京大學出版社，2005），頁353-361。

從古代中國數學的觀點探討知識論文化

林力娜(Karine Chemla)[*]

在《理解生命》(*Make Sense of Life*)這本書中[1]，作者凱勒(Evelyn Fox Keller)的出發點衍生自下述觀察：在各種探討生命的社群中——更確切

---

* REHSEIS—CNRS & U. Paris 7

This paper was presented to the workshop organized by Professor Chu Pingyi in the Academia Sinica, Taiwan in September 2006. It is my pleasure to thank all the participants to that workshop for the helpful suggestions they made to help me revise it. Professor Chu Pingyi, Professor Horng Wann-sheng, Professor Volkov and the anonymous referee, on the one hand, Professor Evelyn Fox Keller, on the other hand, gave detailed and insightful comments, which proved quite useful in the process of rewriting the paper. May they find here the expression of my deepest gratitude. Yang Yating 楊雅婷 showed an impressive talent in translating the text from English into Chinese. I am most happy to express here not only my gratitude, but my admiration. To prepare the final manuscript, Professor Chu Pingyi spared no effort and I am wholeheartedly thankful to him for his support and care. Needless to say, I am responsible for the remaining errors and shortcomings, which are only due to my limits and my stubbornness.

1 Evelyn Fox Keller, *Making sense of life: explaining biological development with models, metaphors, and machines* (Cambridge, Mass.: Harvard University Press, 2002).

地說，在凱勒所處理的案例裡，這些社群所探討的是個別有機體的生物發展——某些內容被認為（或曾經被認為）是對於某種現象的「解釋」或「理解」，而這些內容透顯出令人意想不到的多樣性。她強調，與此多樣性有關的是，從事者（practitioners）認為重要而值得探討的問題，以及他們所尋求適當答案的種類，往往因社群而異。結果，由這些社群所生產出來的知識種類，也展現出差異。凱勒從這個觀察出發，她所面對的主要問題可以被簡述如下：我們如何解釋這種多樣性？凱勒在著作中致力探究這個問題。除了強調不同的社群所尋求的「理解」不同之外，她的目的在於建立這些差異與科學文化（其成員便是在這些科學文化中運作）之間的關聯。

為了達到這個目標，她認為只探討「某個特定的科學次文化（scientific subculture）的局部實作（local practices）——亦即其做法、工具和實驗系統」是不夠的。換句話說，科學探索是在各種局部的次文化（local subcultures）之內進行的，而歷史學家通常會描述構成其中某個次文化的特徵；凱勒認為這些特徵不夠豐富，無法廣泛而具體地描述研究如何在這些社群之內進行的特點。根據她的看法，我們必須同時考慮「某個特定的科學家群體所秉持的規範和習俗；在這些規範和習俗的基礎上，科學家賦予字詞——如『理論』、『知識』、『解釋』與『理解』，甚至『實作』這個概念本身——意義」。凱勒認為，歷史學家研究這些社群時，倘若不探討在社群內發展出來的「知識的需求」（epistemic needs），便無法掌握重要特徵，來描述這些社群如何選擇其問題並闡述他們所要的答案。然而，為了解釋這些社群所生產出來的成果，我們可能必須先了解這些特徵才行。凱勒之所以提出「知識論文化」（epistemological cultures）的觀念，目的在更確切地了解附著於這些向度上的「多樣性」（variability），並且強調：當我們試圖揭露下述兩者之間的關聯時——一方面是特定科學次文化的特徵，另一方面是它們所發展出來的概念、成果和理論——這些

向度所具有的重要意義(Keller 2002: 3-6)。

　　凱勒提出這個概念的同時，也有好幾位科學史、科學哲學和科學社會學研究者試圖引進類似的概念，目的在更正確地掌握運作中的科學社群的特徵，以及此社群所生產的成果。我們可以想到Karin Knorr Cetina的「知識的文化」(epistemic culture)概念，或Crombie的「思想風格」(style of thought)概念，後者最近被Ian Hacking採用並進一步闡述[2]。然而，在我看來，與這些相比，凱勒的「知識論文化」最重要的特點在於她結合了下述兩方面的要素：一方面是物質實作的獨特元素，這些實作形塑某種特定的局部文化，而社群便是在此文化的脈絡內從事其科學活動；另一方面則是在此社群中居支配地位的知識論價值和選擇(epistemological values and choices)。

　　在這篇論文中，我將採用凱勒的建議，並說明她的觀念如何幫助我們探討某些古代中國的數學文獻，藉以解釋我為何認為這個觀念如此重要。在這麼做的過程中，我將闡述我自己的理解：當「知識論文化」的概念被運用在某個運作中的社群上時，它可能指的是什麼。換句話說，我不會為這個概念提供一個抽象的定義，而將根據西元前2世紀到西元7世紀之間在中國寫成的某些數學著作，具體說明「知識論文化」可以幫助我們掌握哪些現象。我要強調，這一描述無法澄清古代中國所有數學活動的情勢，但我相信現存的材料見證了當時共存的不同的知識論文化，而我只擇其一而論。探索「知識論文化」這個概念的運用，將使我

2　Karin Knorr Cetina, *Epistemic cultures: how the sciences make knowledge* (Cambridge, Mass.: Harvard University Press, 1999), A. C. Crombie, *Styles of scientific thinking in the European tradition: the history of argument and explanation especially in the mathematical and biomedical sciences and arts* (London: Duckworth, 1994), Ian Hacking, " 'Style' for historians and philosophers," *Studies in History and Philosophy of Science* 23(1992): 1-20. 亦見Hacking 在法蘭西學院所作的演講: http://www.college-de-france.fr/default/EN/all/ins_pro/p1157460409944.htm.

們有機會討論它所引發的一些問題，以及它所開啓的一些觀點。

　　我希望這樣的思考──以取自古代科學的例子爲探討對象──將
會凸顯古代數學史在建立一般科學史的理論上所可能做出的貢獻。特別
是，我們將看到古代數學領域如何提供一個放大鏡，讓我們詳細檢視在
其他脈絡中可能不這麼顯著的問題。

　　接下來，在第一部分，我將描述我據以從事分析的原始資料，並描
述構成（這些資料所見證的）知識論文化的要素。這些元素初看似乎尋
常，是否有必要用理論來處理它們亦啓人疑竇。本文的第二部分論稱，
直到最近，歷史學者在探討這些要素的時候，經常將它們轉譯成與這些
學者同時代的知識論文化所含有的類似要素。因此，當我們描述歷史學
者如何可能以時代錯誤（anachronistic）的方式解讀原始資料時，「知識論
文化」的觀念也證明是很有用的。相對地，爲了使我們對於這些（構成
知識論文化的）要素的詮釋有更堅實的根據，我主張這些要素所涉及的操
作（practices）與當代的操作不同，而且，我們還可以還原中國古代數學
從事者以這些要素發展出來的古代實作。在此基礎上，本文的結論將說
明，這些用法在這些要素之間編織起複雜的關係，且異於我們如今所習
慣的關係。此結論促使我提出我心目中的知識論文化，並容許我們討論
在描述這樣的文化時所遇到的一些問題。

一、原始資料與文化要素

　　我根據一些原始資料來探討作爲本文關注焦點的知識論文化。現
在，就讓我先描述這些原始資料。我將藉此機會簡述過去30年間針對這
些原始資料而撰述的大量二手文獻。

原始資料

　　現存最早的、能夠見證古代中國數學活動的原始資料，其著成年代在漢代，或是更早幾十年。這些書籍只包含了「論述文本」（discursive text）。正如我將在下文詳細說明的，這些早期著作暗示有一個「表面」，讓人以算籌（計算用的小棒子）在上面進行計算；如果我們不理會這個事實的話，那麼要等到比這些著作的編成年代更晚一些的時代，才有中國數學著作明確地提到將數學形象化（visualization）的幾何工具。而其他的文本要素——像是插圖，以及詳列計算過程——則還要更晚才會被納入著作本身[3]。

　　這些現存的原始資料中，有兩本是透過書寫傳統流傳下來的。歷史學家對於它們確切的著成年代並無定論。《周髀》似乎是最古老的著作，被認為完成於西元前1世紀（錢寶琮1963，vol. 1：4）或更早（郭書春、劉鈍1998，說明：3），或是在西元1世紀、王莽在位期間（Cullen 1996: 148-156）。至於《九章算術》，有些學者相信它寫成於西漢，但我同意另一些學者的看法，認為它成書於東漢初期[4]。

　　不同於其他任何探討數學的早期著作，這兩本書是經由書寫傳統而

3　參見 Karine Chemla, "Variété des modes d'utilisation des tu dans les textes mathématiques des Song et des Yuan," 為 *From Image to Action: The Function of Tu-Representations in East Asian Intellectual Culture* （Paris, 2001）這個會議所準備的 Preprint（稿子見 http://halshs.ccsd.cnrs.fr/halshs-00000103/）。關於這點，詳見下文討論。此陳述乃針對《周髀》而應該修飾，見 Karine Chemla, "Geometrical figures and generality in ancient China and beyond: Liu Hui and Zhao Shuang, Plato and Thabit ibn Qurra," *Science in Context* 18（2005b）: 123-166, 尤其 118-120。

4　郭書春討論關於《九章算術》著成年代的各種不同立場，而選擇將本書最後的修改年代確定為西元前1世紀，參見他在 Karine Chemla and Guo Shuchun, *Les neuf chapitres. Le Classique mathématique de la Chine ancienne et ses commentaires* （Paris: Dunod, 2004）, pp. 43-56 中 chapter B 的討論。在第6章的導論中，我提出一些促使我同意將著成年代延後的論證（Chemla and Guo Shuchun, *Les neuf chapitres*, pp. 475-481）。關於《九章算術》更完整的參考書目，我無法在此詳列，而建議讀者參考此書。在這篇論文中，除非特別註明，我所根據的都是我們在這本書中出版的《九章算術》校勘版。

流傳下來的，這個事實不可謂不重要。在經由書寫傳統流傳的過程中，這兩本著作很快便成爲注解的對象。值得注意的是，無論是《周髀》或《九章算術》，現存的古代版本全無例外地都包含一套注解——這些注解寫成於第3世紀以後，並經過書寫傳統的挑選，與書籍本身一同流傳下來。最早的注解是劉徽在西元263年完成的《九章算術》注，以及趙爽在第3世紀所作的《周髀》注。劉徽和趙爽都稱他們所注解的書爲「經」[5]。

接下來的幾世紀裡，這兩部文獻作爲「經」的地位一再被強調。唐代的情形便是如此：當時，在李淳風的監督下，一群學者收集了10部「算經」，爲它們作注。在這10部被挑選出來的書籍中，最古老的是《周髀》和《九章算術》；學者將這兩部著作置於選集之首，在西元656年呈獻給皇帝[6]。這個版本的重要性無論如何強調都不爲過：它比之前所有的版本都要出色，以至於現存的所有古代版本都以它爲依據，因而也都包含了這群以李淳風爲首的唐代學者所作的注釋，以及他們認爲必要的早期注釋，包括前文提到的劉徽和趙爽所作的注。

5　筆者為《九章算術》及其早期注釋所使用的專門用語編了一份註釋詞表，收錄在Chemla & Guo Shuchun, *Les neuf chapitres*, pp. 895-1042. 在本文接下來的討論中，我將稱這份詞彙表為*Glossary*。它為專門用語的意義和相關事實提供了證據。至於這兩部漢朝的著作被視為「經」的證據，請見下面，或參見*Glossary* p. 942 的 "Classique 經" 這個詞條。該詞條所收集的證據說明，在唐代之前針對《九章算術》或《周髀》而作的現存所有注釋（即劉徽的、趙爽的、甄鸞的（*fl. ca.* 560）），都分別稱這兩部文本為「經」。亦見Karine Chemla, "Classic and commentary: An outlook based on mathematical sources," (paper presented at the Conference Critical Problems in the History of East Asian Science, Dibner Institute, Cambridge, Mass., 2001. 收錄於 Max Planck Institut für Wissenschaftsgeschichte 的Preprints叢書, 2008, 46 p., http://www.mpiwg-berlin.mpg.de/Preprints/P344.PDF), Appendix 1, pp. 41-44.

6　《周髀》所探討的是天文曆法所必須運用的數學。在第7世紀時，這本書被納入「算經」選集之中；基於這個理由，我依循過去學者的看法，在此將這本書視為一部數學著作。

　　總之，經由書寫傳統而流傳下來的**所有**最早期書籍，在過去經常都
被視為「經」，而且，正因為這個原因，皇家機構特別重視它們。由於
具有這種地位，它們不但被注釋，也經常連同注釋被研讀──這解釋了
為何存留下來的古代版本，全都包含了在第7世紀被選用的注釋。除非
特別註明，我在這篇論文中提到的《九章算術》或《周髀》，都指此第
7世紀版本所收錄的經文連同注釋，因為這些是我們的原始資料所提供
的唯一實際文本，也具有某種歷史意義：在現存的古代版本中，經文或
任一種注釋都不曾單獨存在。

　　與此相對，唯一完成於漢代或漢代之前、如今依然存在的數學文
獻，是《算數書》。它經由完全不同的管道存留下來：1984年，它從一
座大約封於西元前186年的陵墓中被挖掘出來[7]。沒有任何跡象顯示它
曾經被視為經書，或成為注釋的對象。因此，它們給歷史學家提供談論
中國古代數學的另一種途徑。這些事實顯示，這些透過不同管道保存下
來的數學著作，必然曾被過去的行動者當成不同種類的文本而進行探
討。我們會試圖解釋文本之間的差異並在稍後討論這些論點。

　　在我看來，這些原始資料見證了（至少）兩種截然不同的數學文化。
我相信《周髀》見證了與其他兩種資料不同的做數學的專業文化。這自
不意味此二文化沒有共相，我試圖描述的文化並非一封密的世界，它們
共享基本的操作或是交換資訊（詳下文）。也許當我們能描述這些文化
後，我們也能展示出其變化並掌握它們在不同時點的演變。這些問題尚
待探索。這些點並不明顯，需要進一步探究才能清楚展現這些數學文化
之間的對比。然而，我不想在此討論這個問題，因為我必須先描述我所
謂「知識論文化」的意義，才能開始推想，透過流傳自古代中國的最早

7　它的內容最早出版於2000年，然後在2001年，一部附有詳注的校勘本問世：彭
　　浩，〈中國最早的數學著作《算數書》〉，《文物》9(2000)；彭浩，《張家
　　山漢簡《算數書》注釋》（北京：科學出版社，2001）。

數學文獻，我們能夠辨認出多少這樣的文化？因此，在這篇論文中，基於一些稍後將解釋清楚的理由，我將把焦點集中在《九章算術》上——包含連同經書流傳下來的注釋；但我也會提到《算數書》，在我看來，它屬於同樣的知識論文化。在接下來的討論中，我將稱這套文本爲我的「材料」（corpus）。

在我開始討論這篇論文的真正主題、並處理知識論文化的問題之前，讓我先簡短地回顧過去對於這份材料的研究所探索的主要方向。18世紀末，《九章算術》的文本幾乎已散佚，因爲有證據顯示，學者曾經試圖尋找它而無所獲。乾隆皇帝任命學者修纂《四庫全書》；而在這項巨型計畫的架構之內，戴震才能獲得方法與機會，根據《永樂大典》重新編輯這本書[8]。隨著《四庫全書》的修纂，《九章算術》的文本被單獨重印，因而再度廣泛流傳。結果，它很快便成爲中國數學與歷史研究的對象。在西文出版品中，最早提到它並予以重視的是新教傳教士偉烈亞力（Alexander Wylie），時間在1850年代以後[9]。

直到1960年代，以《九章算術》爲對象進行的歷史研究，具有兩個彼此關聯的特色。一方面，這些研究多半以經文爲焦點，在處理注釋

---

8 關於當時產生的各種版本，以及其歷史脈絡和重要性，參見郭書春，《匯校九章算術》（瀋陽：遼寧教育出版社，1990）；Chu Pingyi（Zhu Pingyi, 祝平一），"Taming the Western sciences: Compiling books and writing histories, 1600-1800," 收錄於Florence Bretelle-Establet（ed.）, *Looking at it from Asia: The processes that shaped the sources of history of science*（即將出版）。

9 Alexander Wylie, "Jottings on the science of the Chinese," *Chinese researches* (Shanghai, 1897)(Papers originally published in the *North China Herald,* August-November 1852: 108-111, 112, 113, 116, 117, 119, 120, 121); Alexander Wylie, *Notes on Chinese literature: with introductory remarks on the progressive advancement of the art; and a list of translations from the Chinese into various European languages* (Shanghai, London: American Presbyterian Mission Press; Trübner & Co., 1867).

時，若不是將它們當成獨立的文本[10]，便是將它們當成對於經文中難解的面向提供解釋的文本[11]。另一方面，這些研究主要關注的是文本所展現的數學成就，以及這些成就如何與出現在西方資料中的類似成果相比較[12]。這些研究說明古代中國數學所探討的主題——分數、算術運算、面積與體積的計算、與直角三角形有關的演算法、決定圓周率π的近似值等等。這種導向顯然反映在1950年代到1960年代的西方譯著中，它們都只翻譯經文的部分[13]。

這是李儼和錢寶琮於1930年代在中國出版的數學史論著所具有的特色；儘管如此，在1950年代與1960年代發行的修訂版中，卻可以清楚察覺到一種轉變：歷史學者將關注的焦點轉移到注釋上。在這種轉變中，他們比之前更明確地強調注釋中含有數理證明與理論發展。在這個脈絡之內，出現了自戴震以來的第一本《九章算術》現代校勘本，作者為錢寶琮，出版於1963年。

這樣的轉變對於接下來數十年的《九章算術》研究取向產生了巨大影響：此後的研究完全著重於注釋及其理論特性，包括證明在內。在文

10　例如Mikami Yoshio, *The development of mathematics in China and Japan* (Leipzig, New York: B. G. Teubner; G. E. Stechert & co., 1913).

11　王鈴的論文為這種做法提供了清楚的例子：Wang Ling, "The 'Chiu Chang Suan Shu' and the History of Chinese Mathematics during the Han Dynasty" (Dissertation for the Degree of Doctor of Philosophy, Cambridge: Trinity College, 1956).

12　參見李儼，《中國算學小史》(北京：商務印書館，1930)，重印於李儼與錢寶琮，《李儼錢寶琮科學史全集》(瀋陽：遼寧教育出版社，1998)，卷1，頁82-85；李儼，《中國算學史》(北京：商務印書館，1937)，頁18-23；錢寶琮，《中國算學史》(上篇)(北平：國立中央研究院，1932)，重印於李儼與錢寶琮，《李儼錢寶琮科學史全集》，卷1，頁205-221。受到這些論著的影響，才有Yabuuti Kiyosi, *Chugoku no sugaku*(中國的數學)(Tokyo: Iwanami Shoten, 1974)。

13　Elvira I. Biérëzkina, "Matiématika v diéviati knigakh（九章中的數學）. Annotated translation of *The Nine Chapters on mathematical procedures*," *Istoriko-matiématitchiéskiié issliédovaniia*（數學史研究）10（1957）; Kurt Vogel, *Neun Bücher arithmetischer Technik*（Braunschweig: Friedr. Vieweg & Sohn, 1968）.

化大革命之後的中國,最重要的數學史研究題目顯然是《九章算術》,
特別是劉徽的注──自1980年代初期以來出版的無數論著,都致力於這
方面的研究,可見其受重視的程度。一開始,有好幾部多人合著的論文
集或期刊專題探討這些題目,隨後則出現由單一作者完成的校勘本和著
作[14]。這種在研究取向上的調整,也出現在西方學界,至少從Donald
Wagner的論文和早期著作開始便是如此[15]。在這個趨向之下,1980年出
版的《九章算術》日文譯本不僅包含經文本身,也將劉徽的注解納入其
中[16]。

　　然而,我們也應該注意一種對於經文本身仍維持著相當興趣的新研
究路線的興起。倡導這方面研究的是數學家及數學史家吳文俊,以自己
在自動驗證(automated proofs)上的研究工作為基礎,依循電腦科學家
Donald Knuth在1970年代開創的趨勢,強調《九章算術》所包含的「術」

14　我在此要舉出的有:自然科學史研究所與數學史組所編的《科技史文集》卷8(上
海,1982);科學史集刊編輯委員會所編的《科學史集刊》卷11(北京,1984);
吳文俊所編的《九章算術與劉徽》(北京:北京師範大學出版社,1982a);李
繼閔,《東方數學典籍九章算術及其劉徽注研究》(西安:陝西人民教育出版
社,1990);郭書春,《匯校九章算術》;李繼閔,《九章算術校證》(西安:
陝西科學技術出版社,1993);郭書春,《古代世界數學泰斗劉徽》(濟南:山
東科學技術出版社,1992);李繼閔,《九章算術導讀與譯注》(西安:陝西人
民教育出版社,1998);郭書春,《九章算術》(譯注)(瀋陽:遼寧教育出版社,
1998)。

15　Donald Blackmore Wagner, "Proof in ancient Chinese mathematics: Liu Hui on the
volumes of rectilinear solids" (Cand.mag. 〔candidatus magisterii〕 degree,
Copenhagen: University of Copenhagen, 1975〔1 March 1976〕); Donald Blackmore
Wagner, "An early Chinese derivation of the volume of a pyramid: Liu Hui, 3rd
century A.D," *Historia Mathematica*, 1979. A. Volkov 和我本人的研究也朝這個
方向進行,參見Alexeï Volkov, "Matiématika v driévniém Kitaié III-VII vv"(西元
第3世紀與第7世紀期間的古代中國數學)(俄文)(Ph.D. Thesis in Physics and
Mathematics, Moscow: 1988, May 18)。

16　川原秀城譯,〈劉徽注九章算術〉,《中國天文學、數學集》(東京:朝日出
版社,1980)。

應該被解讀爲演算法(algorithms)。這項主張促使學者對於文本提出一種新型態的分析——在此之前，學者研讀這些文本時，主要著重的是它們所陳述的結果，而不是這些結果被表示出來的方式。

在這段時期的密集研究之後，若不是因爲下述事件的發生，學界對於該時代數學的興趣也許會逐漸消退：1984年，《算數書》在一座陵墓中被發現，而它的第一部校勘本則於2000年和2001年由彭浩發表。這份文本的出版重新點燃了學界對於古代中國數學與《九章算術》編纂過程的濃厚興趣[17]。

數十年來的研究工作使我們獲得了許多知識，包括古代的中國人從事哪種數學、探討哪種題目、哪些階層的人可能在何種環境背景下參與發展數學，以及在目前所知的最早文獻中，數學知識以何種形式呈現。這些研究論著爲我接下來的討論提供了非常重要的基礎。然而，依據我的看法，它們並未有系統地處理「在古代中國學者如何從事數學活動」的問題。過去20年，我所致力探討的便是這個方面。爲了達到此目的，我根據《算數書》及《九章算術》這些原始資料檢視了在古代中國爲了發展並運用數學而形成的各種實作(practices)。在這個基礎上，我提出下一個問題：要決定哪種史學(historiographic)概念最能掌握這些數學實作所形塑的局部文化，亦即我們的原始資料所見證的局部文化。我建議我們以這個問題爲焦點，並藉此理解我打算在這篇論文的結論中討論的

17　這份文本的問世促使這方面的研究論著大量增加，在此只列舉其中一些：Christopher Cullen, *The Suan shu shu* 算數書 *'Writings on reckoning': A translation of a Chinese mathematical collection of the second century BC, with explanatory commentary* (Cambridge: Needham Research Institute, 2004)；洪萬生、林倉億、蘇惠玉、蘇俊鴻，《數之起源》(臺北：臺灣商務印書館，2006)；張家山漢簡『算數書』研究會編，《漢簡『算數書』》(京都：朋友書店，2006)；Joseph W. Dauben, "算數書. *Suan Shu Shu* (A Book on Numbers and Computations). English Translation with Commentary," *Archive for history of exact sciences* 62(2008)：91-178.

主題：「知識論文化」的概念。

　　為了達到此目的，必須先就本文所要闡明的這類型知識論文化，列出及描述其構成要素。下面是我認為相關的要素：

　　──要解決的問題，也就是其運用來表達其題目的情況和以它們可以計算其答案的數量。

　　──數，涉及到解題所用之「術」。

　　──「術」，或以當代專有名詞來說，即「演算法」(algorithms)。

　　──文本的類型，包括「經文」和「注釋」。

　　──用來計算的表面和算籌。

　　──圖。

　　──證明。

　　──知識論價值。

　　──各種類型的機構、社群和個人等等。

　　這張清單大部分看來甚為平常，也使人好奇，從什麼角度來看，這能顯示某一數學文化的特色。且讓我們先依據原始資料的內容，或是這些資料容許我們設想的狀況，來簡述這些要素，無論這樣的描述可能顯得多麼乏味。觀察它們的型態將有助於我們熟悉它們。但當本文第二部分討論實際上的基本操作時，上述的元素如何被運用到某一特殊的文化，我們將會展現為何必須拋卻這些元素給人的第一種印象，即它們是如此不具特色。

問題

　　無論就材料中的文本而言，或是就文本所見證的文化而言，第一個要素都是問題。在原始資料中，與問題相關的兩個專門用語是「問」（或

「所問」)與「求」。我們可以從《九章算術》中的一組題目看出問題的多樣性[18]。

首先，讓我們考慮問題6.18(Chemla and Guo Shuchun 2004: 526-29)：

6.18

今有五人分五錢，令上二人所得與下三人等。問各得幾何。

答曰：

甲得一錢六分錢之二；

乙得一錢六分錢之一；

丙得一錢；

丁得六分錢之五；

戊得六分錢之四。

這道題目的用詞，包含了對於一個看起來相當具體的**情況**和一些**數值**的描述：一定數量的金錢要分給一定數目的人，這些人有不同的等級——顯然是國家官僚體制中的官員。在決定每個人所得到的金額時，必須考

18　我為經文中的每道數學題目附加了一組編號，其中第一個數字表示這道題目出現在哪一章，第二個數字則表示它是該章中的第幾個問題。如果我提到注釋中的某個問題或另一種內容，我將以出現在它之前的、經文中的問題編號，來標明它的所在位置。有些「術」或注釋中的問題或別的內容出現在經文中任何問題的陳述之前；在這種情況下，我將以「0」作為其編號的第二個數字。例如：「2.0」指第二章中，出現在問題2.1之前的經文和注釋。我必須強調，這些數字並不屬於原始資料的一部分。原始資料運用其他方法來指稱被討論的問題。我曾在另一篇論文中描述這些方式，那是我第一篇探討《九章算術》的問題的論文：Karine Chemla, "Qu'est-ce qu'un problème dans la tradition mathématique de la Chine ancienne? Quelques indices glanés dans les commentaires rédigés entre le IIIe et le VIIe siècles au classique Han *Les neuf chapitres sur les procédures mathématiques*," in Karine Chemla (ed.), *La valeur de l'exemple* (Saint-Denis: Presses Universitaires de Vincennes, 1997a)。

慮他們的等級差異。值得注意的是，就像其他所有的問題一樣，作者在概述問題之後，緊接著便陳述該問題的答案。由於《九章算術》在這方面並未有任何變化，因此我們將不再討論答案的部分[19]。讓我們把注意力集中在構成問題內容的情況和數值上。

大部分其他問題的類型也與6.18相同，像是問題2.1——解答這類問題時，作者介紹所謂的「三率法」(rule of three)；或是問題1.19——對於這個問題，作者提出了「乘分」(分數的乘法)之術。

問題2.1的敘述如下(Chemla and Guo Shuchun 2004: 224-225)：

2.1
今有粟一斗，欲為糲米。問得幾何。

在分析這個問題的社會背景之後，可得知這種穀物的交換所指的是納稅的情況，因而也與官僚體制的運作有關[20]。問題1.19(Chemla and Guo Shuchun 2004: 168-169)所描述的情況也可以放在同樣的脈絡中詮釋：

1.19
今有田廣七分步之四，從五分步之三，問為田幾何。

田地的向度名稱——「廣」(寬)和「從」(長)——顯示田地的形狀為長

---

19 在《算數書》的大部分問題中，答案即附在對於情況的描述之後。我將在另一篇論文討論少見的例外。

20 我在下面這本書第2章的導論中說明了這點：Chemla and Guo Shuchun, *Les neuf chapitres*, pp. 201-205. 亦見腳註3，頁785。我為《九章算術》及其早期注解的法文翻譯撰寫了一些腳註(pp. 747-894)，在接下來的討論中，我將稱之為「腳註」。

方形[21]。然而,如果考慮漢代的測量單位值(一步的長度在1.38到1.44公尺之間),我們便會明白,這個問題的實際情況似乎並不那麼重要。同理,我們不確定在當時的數學文獻中,「田」這個字是否只指「田地」,還是它已經變成一個通稱,泛指某種幾何形狀——至少在第3世紀以後,「田」的用法是如此[22]。因此,就這個例子而言,問題中所描述的情況有何具體特性,其實並不確定。

在我們的材料裡,問題所使用的情況種類並不如我們可能設想的那麼多。事實上,有好幾個問題都運用同一種情況。舉例來說,在問題1.18中,作者藉由分錢的情況來描述「帶分數」相除的演算法,而無論在《九章算術》或《算數書》裡,這類問題就像問題6.18一樣,都運用「將某物(最常見的是金錢)分給數個人」的情況[23]:

1.18
又[24]有三人三分人之一,分六錢三分錢之一、四分錢之三。問人得幾何。(Chemla and Guo 2004: 166-167)

21　參見 *Glossary* 中的兩個詞條:"*guang*廣"(p. 927)以及"*zong*從"(p. 913)。
22　參見 *Glossary*, pp. 992-993.
23　更明確地說,在《算數書》中,有一個問題提到分錢,而第二個問題則沒有言明要分的是什麼東西。關於同一個情況在不同問題中的重複出現,以及與此特徵相關的現象可以推斷出什麼結論,參見下面這篇論文的討論:Karine Chemla, "Les problèmes comme champ d'interprétation des algorithmes dans les *Neuf chapitres sur les procédures mathématiques* et leurs commentaires. De la résolution des systèmes d'équations linéaires," *Oriens Occidens. Sciences Mathématiques et Philosophie de l'Antiquité à l'Age Classique*(2000).
24　(Chemla and Guo Shuchun 2004: 166-167)。這個「又」字通常出現在問題的開端,表示此問題接續著另一個或好幾個其他的問題,它們都附屬於同樣的運算法(「術」)。這項事實顯示,有些運算法總結了好幾個問題的陳述,而另一些運算法則是在單一的問題之後被提出。運算法的分配,以及附屬於每個運算法的問題數目,在郭書春的《九章算術》(譯注)頁5-8中有描述。

　　同樣的主題經常被重複使用，可能表示一些典型的情況被挑選來進行數學活動。未來的研究可以進一步探究這些被挑選出來的情況，包括挑選的過程與依據，以及我們所研究的這個數學文化如何左右挑選的結果。

　　然而，我們對於問題型態的描述並不完整，因爲我們還沒有提到，在《九章算術》所用的問題中，有些是在抽象的情況下被提出的。問題1.9便是如此。在敘述這個問題之後，作者接著說明「合分」（分數的加法）之術：

> 1.9
> 又有二分之一，三分之二，四分之三，五分之四，問合之得幾何。（Chemla and Guo 2004: 158-159）

這個問題的描述仍然使用特定數值（values）來表示涉及的數量（quantities）。然而，相對於上文所引述的問題1.18和1.19，此處的數量是抽象的。此外，作者以三個問題來說明「句股術」（在《九章算術》中，這是相當於「畢氏定理」的演算法）。同樣地，相對於問題1.18和1.19，這三個問題所描述的也是抽象的情況。問題9.1言：

> 9.1
> 今有句三尺，股四尺，問為弦幾何。（Chemla and Guo 2004: 704-705）

正如上述問題所顯示的，儘管描述的情況不同，它們都運用特定數值（values）來表示涉及的數據。然而，如果我們更仔細地檢視這些數，便會發現它們也展現出某種多樣性。

數

在我們的原始資料中，「數」和「率」這兩個專門用語被用來稱呼數值的類型。它們不僅出現在問題的陳述中，也出現在其他任何數學書寫段落[25]。讓我們來觀察它們所能指稱的各種數值類型。

大多數的數值都是「度量的數量」（measured quantities），也就是說，將數值附加在特定的度量單位上。有些數值是離散的，並以整數表示，例如「五人」、「五錢」（1.18），「一斗」（2.1），「三尺」（9.1）。有時候，數值也會以一連串的度量單位來表示，像是「二十五斗九升」（2.20）或「一石二鈞二十八斤三兩五銖」（2.40）。值得注意的是，在最後一個例子裡，不同單位之間的關係並非十進位。

另有一些數值所表示的是對於一種連續量的度量。在這種情況下，有時數值以純分數表示，例如「七分步之四」（1.19），有時則以帶分數表示，例如「三人三分人之一」（3又1/3人）（1.18）[26]，或是「一錢六分錢之二」（1又2/6錢）（6.18）[27]。最後這種數代表中國古代最根本的數值類型。

有些數值的表達方式綜合了上述幾種方法，例如「一畝二百步十一分步之七」（1.24）。在所有類似的例子中，附加在最後的分數，都是前一個度量單位的幾分之幾。問題1.18所描述的數量也用同樣的方式表

25　舉例來說，問題9.13便使用了「率」這個字。關於這兩個用語，參見 *Glossary*, pp. 984-986, 956-959. 略而言之，在這裡，率這個術語是經常為指出至少兩個──有時更多的──數值而用的。它表示這些數值只是相對而定的，即可以用同樣一個數據而同時乘或除它們而率不變。譬如可以舉「比率」的例子：構成一個比率的這兩個數值都可被視為及稱為「率」。我們將在下文回來討論「率」的概念。

26　這個數值非常有趣。我們可能會據此推斷，此處的數值應該具有抽象的意義。然而，這可能是「數學的抽象」（mathematical abstraction），也可能是「官僚體制的抽象」（bureaucratic abstraction）。

27　在這個例子（取自問題6.18的答案）中，分數的數值並未經過約分。

示：「六錢三分錢之一、四分錢之三」。

與前述數值相對的是，有些數值以「抽象的數量」(abstract quantities)表示。前文已引述過「二分之一、三分之二、四分之三、五分之四」(1.9)。我們還可以看到「一、六十三分之五十」(1+50/63)(1.8)這樣的數值。

在表達數量時，除了上述的數之種類外，經文中也出現「n 的平方根」這樣的無理數[28]。在出現於問題4.24之後的注釋中，這些無理數所表達的可能是「度量的數量」，如「四十二萬一千八百七十五尺之面」，或是「抽象的量」，如「五之面」。

出現在我們的材料中的所有數值，都是以中國字來表示。它們不同於另一種表現數值的方式：以算籌在某個用來計算的表面上排列出數值。直到許久以後，文本本身才出現對於這些表現方式的圖解說明。我們稍後將討論到它們。現在，讓我們繼續探討最早的數學著作所包含的要素，並檢視在我們的材料中，「術」──或以當代的專有名詞稱之：演算法──如何被描述。

演算法──術

在我們的材料中，「術」這個字經常被用來引介一連串的運算步驟，

---

28 三位研究者分別探討過這個情況，參見Alexei Volkov, "Ob odnom driévniékitaïskom matiématitchiéskom tiérminié,"(對於一個古代中國數學名詞的討論)(這篇論文在下面這場研討會中提出：the Conference Tiézisy konfiériéntsii aspirantov i molodykh naoutchnykh sotroudnikov IV AN SSSR〔Work meeting of the Ph.D. students and young researchers of the Institute of Oriental Studies of the Academy of sciences of the Soviet Union. Summaries〕, Moscow, 1985); 李繼閔，《東方數學典籍》；Karine Chemla, "Des nombres irrationnels en Chine entre le premier et le troisième siècle," *Revue d'Histoire des Sciences* 45(1992b). 在下面這篇論文中，我討論到注釋家為了解釋這些數量的出現而引用的理由：Karine Chemla, "Fractions and irrationals between algorithm and proof in ancient China," *Studies in History of Medicine and Science.* New Series 15(1997/1998).

對於問題的數據——包括量(magnitudes)和值(values)——進行運算，以得出所求的量和它們的數值。許多線索顯示，演算在古代中國數學占有核心地位，而最足以說明此事實的，便是《九章算術》以「算術」一詞爲書名。

「術」有兩個面向。現存的著作展現出其中一個面向，也就是列出一組運算步驟的文本本身。然而，這些運算也意味著第二個面向的存在：亦即在某個「表面」上進行計算的演算法；我們將在稍後探討計算表面時，回來討論這個面向。現在，我將從文本的角度描述「術」的主要特徵，暫時不試圖理解其背後的數學基礎。下面是一個「術」的文本的標準例子：

6.18

術曰：**置**錢、**錐行**衰。并上二人為九，并下三人為六，六少于九，三。以三均加爲，**副并**為法。以所分錢乘未并者，各自為實。實如法得一錢。（Chemla and Guo 2004: 528-529）

我以黑體字標出我將注解的文本部分。好幾條線索顯示在文本之外，存在著實際操作的計算方式：「置」的意思是將數值放在某種實物表面上(比方桌面、方布之上等，各代習慣已不可考)。在這個例子裡，作者甚至提到代表數值(1到5的整數)的算籌，在計算表面上形成一個「錐」的形狀。我們將在後文回來討論這個部分。

這段對於術的描述，運用了好幾個專門用語。其中一個牽涉到如何在表面上進行計算：「副并」這個詞表示被加的數值在被加之前，要先在表面上的另一個位置複製一份，這樣這些數值才不會在演算過程中被毀掉，而能保存在表面上，以待稍後之用(*Glossary*, p. 925)。

第二個用來描述「術」的專門用語是「均加」，它強調以相似的計

算方式運用在所有陳列出來的數值上。事實上，這整個演算法都具有這樣的特徵。這個演算法產生了一連串的被除數，並且透過平行運用在不同數值上的同樣一連串指示，在最後得出一連串的結果。

最後一個專門用語很值得注意：「衰」。它指的是另一種演算法：「衰分」之術(3.0)。在比較描述於問題6.18之後的演算法與「衰分」之術後，我們發現前者，事實上對於「衰分」這種比較一般性的演算法做了一番調整，以解決一種新類型的問題。作者在描述「衰分」(3.0)時提出了一些專門用語，而當他說明問題6.18的演算法時，這些專門用語全部都再度被使用。

另一方面，出現在問題6.18之後的術，明確地提到該問題所涉及的特定情況(上位者、下位者、錢)，以及這個問題所用到的特定數值。這個特徵與其他的「術」被描述的方式恰成對比。問題1.21的內容是關於計算一塊田的面積，而問題1.9則是抽象的。出現在它們之後的「術」(前面標明了演算類型的名稱)都是抽象而一般性的。茲引述如下：

> 1.19-1.21
>
> 乘分
>
> 術曰：母相乘為法，子相乘為實，實如法而一。(Chemla and Guo 2004: 169-171)
>
> 1.7-1.9
>
> 合分
>
> 術曰：母互乘子，并以為實。母相乘為法。實如法而一。(Chemla and Guo 2004: 158-161)

儘管出現在「術」之前的幾個問題，彼此之間有性質上的不同，但「術」本身並未提到這些問題所涉及的情況或數值，而只運用了「母」、「子」、

「互乘」(*Glossary*, p. 931)等專門用語。同樣地，問題9.1以抽象的方式
被提出，而出現在這組問題(9.1-9.3)之後的「術」——相當於其他數學
傳統中的「畢氏定理」——也以抽象的方式被描述：

9.1-9.3
句股
術曰：句、股各自乘，并，而開方除之，即弦。(Chemla and Guo
2004: 704-705)

《九章算術》所載的不同的「術」之間，有各種不同層次的抽象敘
述。在提出問題2.1之後，作者以出現在問題中的用詞和數值來說明其
演算法：

2.1
術曰：以粟求糲米，三之，五而一。(Chemla and Guo 2004: 224-225)

然而，在陳述第2章的任何問題或演算法之前，作者卻先描述了一種
「術」——它似乎是運用抽象化(abstraction)的做法，從第2章所包含的
所有演算法導出的[29]。其內容如下：

---

29 這個結論是根據《算數書》的演算法與《九章算術》的演算法之間的關係推斷
而得的。詳見 Karine Chemla, "Documenting a process of abstraction in the
mathematics of ancient China," in Christoph Anderl and Halvor Eifring (eds.),
*Studies in Chinese Language and Culture － Festschrift in Honor of Christoph
Harbsmeier on the Occasion of his 60th Birthday* (Oslo: Hermes Academic
Publishing and Bookshop A/S, 2006).

2.0

今有

術曰：以所有數乘所求率為實。以所有率為法。實如法而一。

（Chemla and Guo 2004: 222-225）

我們可以將此「術」詮釋成相當於當代數學中的「三率法」(rule of three)，但即使如此，在古代中國，人們構想與使用它的方式，卻是把它當成一種遠為概括的演算法。從它的表述方式便可以推測，這個「術」比其他演算法（例如「合分」之術）更加抽象。這種明顯的抽象表述與下述事實相符合：「今有」之術涵蓋了各種不同的演算法，其中有些被匯集在第2章。在說明「今有」之術時，作者提出了「率」這個專門用語——前文已提到它被用來指稱某特定的數的概念，我們稍後還會回來討論它。同樣地，置於第9章一開始的「句股」之術，也與第9章的其他所有演算法有關，其對應關係就像「今有」之術與第2章所匯集的所有演算法之間的關係一樣。

在對於帶分數除法的描述中，也可以看到作者以其他形式達到更高的抽象層次。其內容如下：

1.17-1.18

經分

術曰：以人數為法，錢數為實，實如法而一。有分者通之；重有分者同而通之。（Chemla and Guo 2004: 166-169）

在說明此術時，作者提到了問題1.17和1.18所描述的具體情況，儘管如此，這個術仍運用了兩種比較抽象而概括的運算（譬如說，比用來描述「合

分」之術的運算更為抽象而概括）：「通」和「同」[30]。

總而言之，作者在說明「術」時，可能運用了被用來表述問題的具體情況的元素（如人、錢、田等），也可能運用了出現在問題中的抽象用語（如直角三角形的兩邊：句、股），或是由「術」所介紹的概念（如分子、分母、所有數、所有率等等）。此外，作者在說明「術」時所運用的運算，可能是普通的運算（如乘法、除法），也可能是比較抽象的運算（如「通」等）。作者以這些元素來撰寫為演算法的各種不同文本。

到目前為止，我描述了三種類型的文本構成要素。基本上，它們涵蓋了中國最早的數學文獻（如《算數書》與《九章算術》的經文）的組成要素。隨著注釋等後期資料的出現，構成文本的要素也變得更多樣化。在分析這些新的要素之前，讓我們先探討現存文本的不同性質。

文本的類型

好幾個出現在我們的原始資料中的用語，證明了人們並不認為最早的中國數學文本都屬於同一個種類：關於《九章算術》，人們在「經」與「注」（如劉徽所作）[31] 之間做了對比。相對地，我們沒有任何表明《算

30　這兩種運算的意義，分別討論於 *Glossary*, pp. 994-998, 993-994. 這兩種運算的提出過程，可以從對於《算數書》與《九章算術》的比較中推斷而得。詳見下面這篇論文的分析：Karine Chemla, "Documenting a process of abstraction in the mathematics of ancient China," 請見 http://halshs.archives-ouvertes.fr/halshs-00133034.

31　正如我們所見，關於《九章算術》的主要文本被視為「經」，最早的證據出現在劉徽完成於西元263年的注釋中。見註5。然而，劉徽也引述了更早的對於各部分主要文本的注解。舉例來說，在問題5.10之後，劉徽的注說：「此章有塹堵、陽馬，皆合而成立方，蓋說者乃立棊三品，以效高深之積。」關於這些「棊」（積木），以及它們如何被注釋家用來闡述幾何推論，見白尚恕，〈《九章算術》與劉徽的幾何理論〉，收錄於吳文俊所編之《九章算術與劉徽》，與郭書春，〈劉徽的體積理論〉，《科學史集刊》11(1984b)。我們將於後文回來討論這些「棊」。這段引文似乎指出，有些對於主要文本的注釋寫成於劉徽之前。

數書》過去被認為是「經」的痕跡。同樣地,古代的行動者沒有給我們在下面要提到的另外一些著作,譬如《數術記遺》,「經」的地位。這些事實幫助我們了解,在我們史料當中,有不同性質與地位高低的著作。既然這些差異反應了不同的閱讀和書寫的做法,因此在描述相關的學術文化時,試圖釐清這學術文化所生產,也見證了這一文化的,各種篇章的地位便很重要。

正如我在前文強調的,文本間的差異與傳播模式的差異有關。《算數書》之類的著作並未透過書寫傳統而流傳,但卻因為喪葬習俗而保存下來,並且藉由考古學的發展而重現於世。相對地,《九章算術》流傳至今;至少到13世紀為止,它的經文一直是注釋的對象,而且其中有些注釋(例如劉徽所作的注,以及在李淳風監督下完成的注)[32]經過有系統的選擇,與經文一起流傳下來。這一傳承模式的對比,影響了不同文本被保存的形態,也因而影響了歷史行動者和歷史學者如何處理這些文本。

「透過書寫傳統來傳遞」與「早被認為是經典」間的關係,可以從其他證據弄得更清楚。且讓我們談一下這個問題,因為這對圈限我們所使用的材料性質,及其在歷史上所引發的態度將有用處。為此,我們將暫時擴大我們的範圍,考慮現存在10世紀前便已編成的數學材料。

如果我們專注在這些透過書寫傳統來傳遞的材料,其保存主要依賴唐代李淳風的督修之功,因而產生了注釋本的十部算經。這些被編在一起的書的性質為何? 有兩點值得注意:首先,在李淳風及其助手所選的書中,有些已具有「經」的地位。收在十部算經中的兩個《周髀》註本,皆稱《周髀》之本文為經。至於《九章》,在王孝通完成於約626年的《緝古算經》序中,亦以兩度以「經」稱此漢代文獻(錢寶琮校點,《算經十書》,1963,第2冊:487,493-4)。這兩例皆是十部算經纂輯前,算書稱經之例。另一方

---

32 從此處起,為求簡潔,我將稱此注釋為「李淳風的注釋」。

面，李淳風督修下的這十部算書被認為是經必須與其不久之後在國子監中被當成教本之事分開。因為在十部算經之外，有兩部被當成教本，卻沒有「經」的地位；其中流傳至今的一部即徐岳（約220年）所編的《數術記遺》。因此，李淳風並未將所有的教本編入十部算經之中，而只收那些值得被當作是「經」的書。在描述「認識論文化」時，必須理解「經」之地位意何所指。

「經」的意義及歷史可以局部地從十部算經這套著作在數學材料傳承的過程當中所起的關鍵作用而理解。當1084及1213年，國家欲印行數學文本時，它們印的便是十部算經所代表的經典性文本。雖然我們對這些「御製」的最早第一個幾乎一無所知，但有一點值得注意。這個版本所包括的《夏侯陽算經》和唐代的十部算經毫無關係，原因在於被插入的著作被誤認為是算經之一（錢寶琮校點，《算經十書》，第2冊：551）。此書乃唯一一本既非算經，亦非教本，卻為書寫傳統傳下的文本，而這僅因它被誤認為是經典。此事顯示了經典的地位對於數學文獻傳承的影響。

鮑澣之在1213依據北宋刊本而第二次印行數學的經典文獻時，亦留下有趣的證據。雖然他意圖依十部算經的形式再刊行數學的經典文獻，鮑氏卻無法找到部分文獻。他描述他如何找到本來成為一套書籍的離散部分時，再次顯示了這十部算經乃被分別流傳，而其中有部分則散佚了。一部書雖不因它是經典便會被流傳，但被視為經典，仍對其流傳後世有很大的幫助。在鮑氏找資料的過程中，他找到了一本《數術記遺》。在他的跋語中，他顯然注意到該書並非經典，而只是與經典並用的教本。而他也在跋語中，用「以補算經之闕」為由，解釋他為何將此書包含進去。這再次顯示了「經」的地位對於再次刊行這些文獻的影響。上述的細節顯示了宋朝重新刊行十部算經對於過去數學文獻傳承的影響。只有與經典文獻發生關連時，一些沒有「經」的地位的書才會被流

傳。

　　最後我們可以猜想，若沒有宋朝努力恢復這些經典文獻，能流傳下來的書本損失將更慘重。無論如何，其後《永樂大典》與《四庫全書》兩次主要御製撰修數學書，對於文獻保存有很大的貢獻，但它們只保留了十部算經的一部分，而10世紀前的文獻則都不在其中。而《四庫全書》中之所以能保存較《永樂大典》多的早期文獻，也多賴南宋的鮑刊本。

　　這些資料顯示與其他藉由考古所發現的數學文獻形成有力的對比。除了《算數書》外，這些數學抄本保留於11世紀封洞的敦煌。敦煌的文獻顯示了數學書寫不限於經典或那些用於國子監的教本，即使這些抄本的內容有些近於某一經典文本，但大部分則有差異，且這些資料都沒被流傳下來。

　　我認為這個對比顯示了一個文本在某個時候被視為經典是件重要的事。不論如何，這是被以書寫傳統流傳下來的重要條件。再者，上述的證據顯示歷史行動者在處理這些從由不同管道流傳下來的數學文獻，將之視為不同種類的文獻。我們必須牢記，不同的讀者究竟如何在不同的時點探討一部經典這一問題。這大致解釋了為何我們可見的不同種類文獻是理解認識論文化的重要元素。更重要的是《九章》以注疏的形式被流傳是史學研究上的一個關鍵事實。從方法論上的觀點，注疏乃重要的文本，因為注疏比經文更加清楚地顯示了數學的實作；它們一方面見證了一般古代中國的數學活動進行的方式；另一方面見證了經典在過去如何被閱讀。注疏因而對我們描述在其脈絡之內經典和注疏被形成的認識論文化相當重要。

　　在某種程度上，這個結論解釋了為何現存原始資料的多樣呈現是知識論文化的一個關鍵要素。就本文的目的而言，更重要的是，經文連同注釋一起流傳下來的這個事實，對史學理論來說是個關鍵的事實。從方法論的觀點來看，這些注釋是非常重要的文本；由於它們對於數學的

實作比經文本身有更明確的說明，因而見證了兩方面的現象：一方面是數學活動在古代中國的一般進行方式，另一方面則是經文在過去被解讀的特定方式。當我們描述經文與注釋在什麼樣的知識論文化中寫成時，這樣的見證格外重要[33]。

再者，這個見證也因為另一個理由而顯得格外重要：從這個角度檢視這些注釋，並將它們拿來與其他研究領域的注釋相比較，可以顯示人們在哪些方面以特別的方式探討經文，特別是因為它被賦予了「經」的地位[34]。就我們試圖描述的知識論文化而言，這也是一個重要的特徵。

上述這些理由可以解釋：即使我們仔細檢視現存的所有文本，但從**方法**的觀點來看，為了達到我們的目的，我們仍不得不以《九章算術》，尤其是其注釋，為主要的討論根據。

現在，讓我們轉而討論文本所提及的其他要素，首先是用來進行計算的表面。正如我們在上文看到的，這也是現存最早的演算法的描述提到的運算工具。

用來計算的表面和算籌

正如我們已注意到的，就某些演算法（如前文所引述的、出現在問題

---

33 這是我們所能找到的最好方式。然而，我們顯然必須記得，這並不是我們所能想像的最好方式，因為它在推導出與經文本身有關的結論時，所依賴的是在經文之後好幾百年才寫成的注釋。在使用這個方法的同時，我們必須找到控制它的方式。

34 於這個問題，參見Karine Chemla, "Les catégories textuelles de 'Classique' et de 'Commentaire' dans leur mise en oeuvre mathématique en Chine ancienne," in Jean-Michel Berthelot (ed.), *Figures du texte scientifique* (Paris: Presses Universitaires de France, 2003b); Karine Chemla, "Classic and commentary: An outlook based on mathematical sources," and Karine Chemla, "Antiquity in the shape of a Canon. Views on antiquity from the outlook of mathematics," in Dieter Kuhn and Helga Stahl (eds.), *Perceptions of Antiquity in Chinese civilization* (Heidelberg: Edition Forum, 2008).

6.18之後的「術」)而言,文本中的描述暗示,有一種表現數的方式,被置於一個計算工具上,讓操作者在上面進行運算。這些線索揭露了古代中國演算法的第二個面向:除了記錄在文本中的一連串運算程序(亦即我們在前文討論的)之外,這些演算也是一連串接續的計算步驟,施用於呈現在計算工具上的實際數值,在計算過程中將它們轉變爲其他數值,直到獲得最終的結果爲止。

現存最早的數學原始資料只間接提到這種工具,並且是從各種不同的觀點[35]。在還原其主要特徵和使用方式時,必須對這所有的線索有正確的了解,並讓它們符合我們所推斷出來的操作系統。讓我們來檢視這些原始資料對於這個工具所提供的證據。

除了指示要放置(「置」)數值外,《算數書》有時也提到將不同的數量成分(不同單位的量、不同的分數)放置在「上」或「下」的位置[36]。另一方面,對於某些需要複雜排列的演算法,《九章算術》的經文明白表示數值應該「置下行」(4.22)、「置中行」(4.22,Chemla and Guo 2004:

---

35 在下面這篇論文中,我試圖根據出現在不同時代的數學著作中的證據,推斷這種計算工具之使用方式的基本特徵:Karine Chemla, "Positions et changements en mathématiques à partir de textes chinois des dynasties Han à Song Yuan. Quelques remarques, " in Karine Chemla and Michael Lackner (eds.), *Disposer pour dire, placer pour penser, situer pour agir* (Saint-Denis: Presses Univ. Vincennes, 1996b). 我特別說明,透過這種工具,各種演算法如何被當成一連串的計算步驟來探討與操作。而在另一篇論文中,讀者可以看到對於古代中國各種計算模式的描述,以及可據以推斷其重要特徵與使用方式的廣泛文獻──全都以非常嚴謹的方式被討論:Alexei Volkov, "Capitolo XII: La matematica. 1. Le bacchette," in Karine Chemla, with the colloboration of Francesca Bray, Fu Daiwie, Huang Yilong and Georges Métailié (eds.), *La scienza in Cina* (Roma: Enciclopedia Italiana, 2001).

36 我在下面這篇論文中討論對於這些內容的詮釋:Chemla, "Documenting a process of abstraction in the mathematics of ancient China," pp. 172-173, 183-186. 我們可以根據文獻推斷,在《九章算術》和後來資料著成的時代,人們如何使用這些「位置」來計算數字;而上述內容則符合這些推斷。

372-373)、「置」於某些「位」(9.15，Chemla and Guo 2004: 728-729)、「置……於右方」(8.1，Chemla and Guo 2004: 616-619)、「置……於左方」等等。如果沒有來自後期資料的證據，證明這些早期說法與使用方式一直延續到後世的話，我們將很難詮釋上述的指示。在這方面，有一項一般性的歷史事實十分重要：文本的著成時代愈晚，對於此工具之使用和主要特徵所提供的資訊也就愈多，直到（最晚在第10世紀以後）數字的呈現方式、以及（更晚出現的）對於計算中的數字結構的圖解，都被納入文本之中為止。學者根據晚期資料而推斷的計算方法，其主要特徵與早期文獻所暗示的相同——這個事實一旦成立，我們便知道《九章算術》所提到的「位」與「行」，都是一個表面(surface，用來進行計算的表面)上的位置。到目前為止，沒有考古或文本上的證據可以顯示這個表面的物質特徵。根據我對於「位」這個字在數學文獻和歷史中的意涵所作的內部分析(internal analysis)，我所得到的結論是：這個表面並沒有任何標示行列或位置的記號[37]。它可能是任一種表面，可能是地面或桌面，也許鋪上一塊特別的布——如同Volkov(2001: 128-129)在詮釋劉徽的一句注解時所提出的看法。

在我們所參考的最早數學資料中，還有其他說法顯示數字如何被呈現在這個表面上。《算數書》和《九章算術》的書名都以「算」這個字來指稱數學。事實上，這個字的本義為「算籌」，引申為「用算籌計算」的意思，進而指數學這門學問——而在古代中國，人們對於數學的構想主要是在探討演算法（參見 *Glossary*, pp. 988-989, "*suan* 算"）。算籌的物質特徵在《漢書·律曆志》（大部分為劉歆46BC?-23所作）與《說文解字》（在121年呈獻給皇帝）中都有描述。此外，這兩部文本都提到算籌被用來從

37　參見Chemla, "Positions et changements en mathématiques à partir de textes chinois des dynasties Han à Song- Yuan. Quelques remarques."

事天文學上的計算(李儼1935:29-36;Volkov 2001: 126, 129)。

在《九章算術》中,有兩個「術」(4.16、4.22)明白提到運用一支算籌(「借算」)來表示數1。從這兩段文字,可以看出這支算籌被放在一個表面上,在「行」中移動,其數值或是被加入計算中,或是因計算而改變。更廣泛地說,這些演算法運用了下面這個事實──所有用來表示相關數值的算籌排列形式,都具有同樣的物理性質:作者在描述「術」時,暗示此排列形式在計算過程中被移動、改變,或是加入計算中。這些用語支持下述假設:所有的數值都由放置在表面上的算籌代表,並且以這種方式成為計算的基礎[38]。這樣的推論符合《漢書·律曆志》和《說文解字》的描述。除此之外,相對於上文所討論到的、關於計算表面的例子,考古上的發現也顯示有成套的算籌(與這些原始資料的描述相符)伴隨其主人埋葬在墓中。

《孫子算經》[39]等晚期資料描述了以算籌表示數值的方式──多虧有一些被記錄在後期文本(最晚出現在第10世紀之後,直到至少14世紀為止)中的圖解說明,這些描述才能夠得到正確的詮釋(李儼,〈唐代算學史〉,收入《中算史論叢》,第一集〔北京:科學出版社,1955〕:26-99;Martzloff 1987: 190-193)。換句話說,最早概述如何用算籌來表示數值的文字,與後來出現的圖解說明相符;而且我們有理由相信,同樣的計算方法至少從西元前3世紀開始就被使用了。《孫子算經》也記錄了在計算表面上對數進行乘、除的演算法。雖然《九章算術》並不包含這些演算法,我們卻有更強而有力的理由相信,在我們所參考的各種原始資料

---

38 對於經文的注釋也經常提到這類計算用的算籌。注釋中提到用它們來代表數字、進行計算。注釋還使用其他語詞──如「籌」──顯然也是指這種計算用的算籌。

39 錢寶琮(1963,第2冊:275)斷定這部文本著成於西元400年左右,但強調其中包含了少許在唐代做的更改。儘管每一章的首頁都提到在李淳風監督下寫成的注釋,但這些注釋都沒有存留下來。

寫成時，同樣的演算法已經被使用了（Chemla 1989）。

要還原這種計算工具的原貌，顯然需要依賴寫成於《九章算術》幾百年後的晚期資料，以進行複雜的歷史推論。事實上，同樣的情況也出現在《九章算術》所提到的幾何圖形上。

圖

在我們的材料中，有一些說法暗示在古代中國，人們用一些方式將幾何情況呈現爲具體的形象。相較於文本對於計算方法所提供的線索，這些關於形象的線索在性質上有所不同。現在便讓我們來檢視它們。

無論是《算數書》或《九章算術》的主要文本，都沒有提到視覺輔助用具或將數學概念形象化的方式[40]。

在此必須指出的是，相對於《算數書》和《九章算術》，另一本著成於漢代的經書《周髀》，則提到了視覺輔助用具。舉例來說，在其開頭的章節——內容在說明一種相當於「畢氏定理」的演算法——經文清楚地提到一些形狀被切割成幾個片塊，或是環繞其他的片塊而旋轉[41]。

就本文所討論的材料而言，只有在注釋中，我們才能找到明確的內容，提到用來將幾何情況呈現爲具體形象的手工製品。劉徽和李淳風都使用了兩個語詞，它們所指的是不同類型的視覺輔助用具：「圖」和「棊」（積木）；前者只用於平面幾何，後者只用於空間幾何。因此，相對於我

---

40 事實上，這個陳述可能必須修正——倘若我們能夠設法證明（如同我在前文提到的），在《算數書》或《九章算術》寫成時，「田」這個字已經具有「圖」（figure）的意義（就「形狀」的涵義而言）；至少從劉徽的時代之後，「田」這個字確實具有這個意義。我認為即使如此，「田」所指的仍是一種幾何形狀，而非一種實際的圖像工具——後來出現的「圖」才指這個意思。

41 在下面這篇論文中，我提出對於這個文本的詮釋，並推斷其視覺輔助用具的樣貌：Chemla, "Geometrical figures and generality in ancient China and beyond: Liu Hui and Zhao Shuang, Plato and Thabit ibn Qurra."

們今日所經驗的情況，在古代中國，用來探討平面和空間的視覺輔助用
具是完全不同的。當劉徽在第4章從其中一個討論到另一個時，他引述
《周易‧繫辭》之語：「言不盡意」（4.22，Chemla and Guo 2004: 374-375）。
我們將在下文回來討論這點。

關於「棊」，劉徽和李淳風的注釋只提到幾種類型（立方、塹堵〔我
們稱之為半立方〕、陽馬〔用當代術語：一種棱錐〕、鱉臑〔一種四面體〕）。
據我們所知，注釋者提到的「棊」都沒有存留下來。它們似乎原來都是
具有標準化的尺寸（相當於1尺）的物質物體，而且其形狀都被清楚地認辨
出來。事實上，它們全都以立體（solids）的形式出現——這些立體是《九
章算術》的問題所探討的主題——即使並不總是用這些名稱[42]。在注釋
中，它們的狀態改變了，因為這些「棊」不再是問題所探討的主題，而
成為用來分析其他主題的物體。一般來說，它們被用來分解並重新排列
任何被考慮的立體[43]。我稍後將說明它們如何被應用在幾何學上。值得
注意的是，如果不考慮《九章算術》的宋代注釋提及它們的說法，它們
似乎已經從數學實作中消失。

關於「圖」，劉徽和李淳風的注釋所提到的圖都已散佚。就像用來
計算的表面一樣，我們必須依據現存的所有線索來還原其模樣。然而，
還原「圖」的過程要比還原「棊」更為困難。

有些線索可以在注釋本身找到。舉例來說，在好幾個例子裡，當劉
徽提到「圖」時，他藉由不同的顏色來區分各種形狀。例如出現在問題
9.15之後的注釋，注釋家在提到要把被檢視的長方形分解成較小的部分

42　這些「棊」大部分在「腳註」30的引文中都有提到。在這段引文中，注釋家列
　　出所使用的棊的種類，並說明他認為為什麼要選用這些棊。我們將在下文回來
　　討論鱉臑。這些立體大多未出現在《算數書》中。

43　這是簡化的說法。舉例來說，出現在問題4.24之後的注釋，便提到具有彎曲表
　　面的棊。然而，我們無法在此討論這些細節。關於更精確的說明，參見Glossary,
　　p. 967, "qi bloc".

時，首先說明「朱、青、黃冪各二」[44]。根據上下文，可以清楚看出每一片是什麼形狀。在第二個步驟中，這些圖片被切割成更基本的形狀，像是三角形或正方形，然後加以重新排列。將面積分解成較簡單的形狀，並以置於其上的某種顏色來指稱這些形狀，似乎是使用（劉徽所運用的這種）「圖」的標準方式。這些簡單的形狀通常被切割、再重新組合成長方形——在問題9.15的例子中，則是組成另一個不同的長方形。事實上，在這些形狀的基本性質中，最重要的特徵便是演算者能夠用它們組合成長方形，因而能輕易地計算出面積。在這種情況下，「圖」的使用似乎完全可以與我們對於「棊」的描述相提並論。在問題9.15之後的同一段文字中，劉徽建議「可用畫於小紙，分裁……」。湊巧的是，這是數學文本第一次提到使用紙的情形。然而，紙是用來畫出形狀的，這些形狀之後將被裁剪下來、重新排列。這些內容與《周髀》所暗示的、對於視覺輔助用具的操作方式相符。但我們完全不知道漢代的人用什麼材料來進行這些操作。

關於注釋家所使用的「圖」，其他的線索可以在《周髀》的注釋中找到；此注為趙爽所作，大約與劉徽注《九章算術》同時。我在《九章算術》經注的法文譯本第9章的導論中（Chemla and Guo Shuchun 2004: 661-701），提出了一段很長的論證——在此無須重複——說明這兩部現存最早的《周髀》和《九章算術》注解，在處理直角三角形時，分別依據共同的資料來源。此處重要的是，一方面，在現存最早的《周髀》版本（出版於西元1213年）中，趙爽所使用的圖保存了下來；另一方面，我

---

44 （Chemla and Guo 2004: 728-729）. 在下面這篇論文中，我討論到這些顏色可能具有的意義：Karine Chemla, "De la signification mathématique de marqueurs de couleurs dans le commentaire de Liu Hui," in Alain Peyraube, Irène Tamba and Alain Lucas（eds.）, *Linguistique et Asie Orientale. Mélanges en hommage à Alexis Rygaloff*, 1994c）.

們可以證明，在劉徽注解《九章算術》第九章的第一段文字中，他所提
到的三個「圖」，與趙爽一開始使用的三個圖完全相同。圖1顯示其中
的一個（依據1213年出版的版本）：

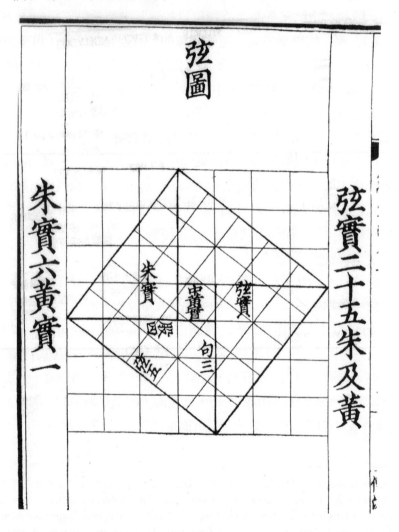

圖1　弦圖。引自趙爽注《周髀》（3世紀），1213年版。

　　我說「完全相同的圖」是什麼意思？讓我藉由圖1來說明這點。根據劉徽在注釋中的說法，他所依據的圖，顯然包含了與圖1相同的形狀，以及相同的內在結構。此外，在注釋中，劉徽用同樣的顏色來指稱同樣的基本形狀，亦即以「黃」稱中央的正方形，以「朱」稱三角形。

　　趙爽的圖顯示出具有特定尺寸的直角三角形：底邊為3，高為4，斜邊為5。這是上文引述的問題9.1所提到的尺寸，同時也出現在《周髀》開頭的段落中。因此，我們有理由相信，劉徽所使用的圖也有同樣的尺寸。

　　事實上，在趙爽的圖中，繪圖者藉著使用由單位正方形（unit-squares）所構成的格子，來強調尺寸的特定數值。用來畫圖的紙張很可能經過設計，本身便具有這樣的格子。圖1似乎說明，原本的圖由一些形狀構成——這些形狀在紙上被裁剪出來，放在其他形狀上，而後者本身也是從同一張紙裁剪出來的[45]。趙爽所用的其他的圖，也顯示出由類似格子標示的形狀。在圖1裡，從這種背景裁剪出來的形狀，具有顏色的名稱。在其他例子裡，趙爽則以天干（即甲、乙、丙等）來標示構成某個形狀的正方形（錢寶琮，《算經十書》，1：33）。在其文本中，趙爽以「黃甲」、「黃乙」等名稱來稱呼它們。有趣的是，在《九章算術》第4章，當劉徽想稱呼某個圖中的不同黃色形狀時，也使用完全相同的說法，亦即同樣的命名方式（Chemla and Guo Shuchun 2004: 364-365）。這可能表示劉徽的圖具有兩個特色：一方面，它們可能被畫在一張紙上，上面有正方形單位的格子，類似趙爽的圖所顯示的。有好幾項線索指出，在古代中國，

45　這些推論完全符合李繼閔對於這些圖形所作的推論。參見李繼閔，《東方數學典籍》，頁371-374。下述兩篇論文都認為全部的圖都具有這樣的格子：Wang Ling, "The 'Chiu Chang Suan Shu' and the History of Chinese Mathematics during the Han Dynasty," (p. 156)，以及藪內清（Yabuuti Kiyosi），《中国の数学》（*Chugoku no sugaku*, 中國的數學）。

幾何圖形可能經常以這種方式表現。另一方面，劉徽所使用的圖，可能（在某一形狀的每個單位正方形中）具有與趙爽相同的標記：天干。這可以解釋我們爲何會在注釋中，發現他以同樣的方式指稱在一個表面之內被決定的平面圖片。

總之，本文到目前爲止討論的線索，促使我們相信：劉徽和趙爽使用同一種紙張來繪製圖；他們藉由紙張本身所具有的格子，來表示所繪形狀的特定尺寸；他們以顏色或天干、或兩者皆用，來標示這些圖形中的各個區域。除此之外，我們知道在某些例子中，他們所依據的是完全相同的圖。事實上，我們將在下文看到，後面這種類型的圖——如圖1的圖——可能與上文所提到的第一種圖不同；在特徵和使用方式上，後者較接近《周髀》開頭的內容所暗示的視覺輔助用具。

最後，關於古代中國人所使用的、用來將幾何概念呈現爲具體形象的工具，其他的線索可以根據時代較晚的資料推導出來。我這麼說的基本理由是，至少從13世紀以降，中國數學著作的內容組成發生了徹底的改變。如上文所述，在文字內容之中，插入了對於數字和表面配置方式的描繪，以說明如何在計算表面上進行計算；除此之外，作者也在文本中大量納入各式各樣的「圖」。這爲我們提供了有關圖的豐富證據，即使我們在運用這種晚期證據推斷早期用法時，必須格外謹慎。事實上，關於最早的數學文獻中的圖，有一些性質可以被證明；而在較晚時代插入文本中的圖，以及這些圖被使用的方式，不僅展現出與上述已證明的性質相連貫之處，同時也展現出與它們不連貫的地方[46]。正因有這些不連貫之處，所以我們不可將宋元時代的使用方式投射到早期的資料上。特別是，當我們使用西元1213年版的「圖」來討論第3世紀的圖的特徵

---

46 我在下面這篇論文中討論到這些連貫與不連貫之處：Chemla, "Variété des modes d'utilisation des tu dans les textes mathématiques des Song et des Yuan." 在此，我將根據這篇論文所提出的論點陳述一些推論，而不再複述其論證過程。

時——如同我們剛剛所做的——提到的情況。

在此要提到的第一個重要的不連貫處是，從較早的時代到宋元時期，「圖」這個字的意義歷經了極大的轉變。早期注釋家所說的「圖」，是只用於平面幾何的視覺輔助用具；相對地，在宋元時期的資料中，「圖」則指各式各樣的「圖解說明」，包括數字在表面上的配置方式、空間幾何的情況、平面幾何，甚至更多。第二個重要的不連貫處，是關於文本和「圖」之間的關係。在宋元時期的文獻中，論述與圖解說明都被插入書頁之中；相對地，並沒有證據顯示，早期的「圖」屬於書寫內容本身的一部分。相反地，我的推論是，如同算籌和某一般，早期的圖也是本身具有形體的輔助用具；論述可能會提到它，但它並不會被呈現在文本之中。就這點而言，我認為西元1213年版的圖可能誤導我們產生錯誤的理解——當趙爽提到它時，它並不是被安插在其注釋中的一個圖形，而是一種具有實質形體的用具——包含了各種幾何形狀，用畫有格子的紙張裁剪而成，並且以各種不同的方式組合。在宋代，這種用具被描畫在書頁當中，致使歷史學者將它解讀為平常的幾何圖形。這番假設也許可以解釋，為什麼注釋家所提到的早期的「圖」，並未全部流傳至今。

然而，就連貫的部分而言，在圖中使用格子，以及用顏色來標示某個形狀之內的各組成部分，都是古老的技巧——它們後來都繼續被採用，並配合被轉印到書頁上的圖而做調整。

在《九章算術》的經文與注釋寫成的時代，人們使用這些工具，將幾何情況呈現為具體的形象。本節對於這些工具的粗略描述，將足以讓我們在稍後進一步探究它們如何被納入本文所要討論的知識論文化中。現在，我們可以轉向原始資料的另一個要素：數學證明。

證明

幾乎在每個經文所描述的「術」之後，或是在這段描述的文句之間，

注釋家都會著手證明這個演算法是正確的。提出證明似乎不是《算數書》或《九章算術》的作者所關切的。事實上，這個問題比乍看之下更加複雜[47]。然而，我們並不打算在此深入討論其細節。

注釋家經常用來總結其論證的說法，顯示他們確實了解自己所寫的內容是在證明經文所提出的演算法是正確的。「即得」便是這些說法之一。這個詞恰當地表示「證明某個演算法為正確」的做法所具有的意義；也就是說，注釋家證明一個演算法確定其數值(value)的量(magnitude)其實便是所求的量，而計算出來的數值可以被正確地附加在它上面。其他的說法，如「即合所問」，意指所求的量已經在問題的架構之內被表明。除了這類說法之外，注釋家也使用一些專門用語來指稱推理的類型。舉例來說，在數學文獻中，「驗」這個字只用來指一種根據視覺輔助用具進行的證明方式(參見*Glossary*, pp. 1015-1016)。

簡言之，由於這些注釋有系統地著手證明演算法的正確，它們因而見證了一種證明的實作──比如說，這種做法便與出現在歐幾里德(Euclid)《幾何原本》(*Elements*)中的證明法不同。據我所知，它們見證了最早被記錄下來的系統地試圖建立一套可以施用於數學演算法的證明實作[48]。我將不在此詳述這個努力的過程。為了說明我在本文提出的論點，引述兩則證明便已足夠。我甚至不打算對它們做完整的描述，請讀者參考其他詳論它們的著述。

---

47 我在下面這篇論文中討論到，注釋家似乎根據經文表述演算法的方式來解讀其論點：Karine Chemla, "Theoretical Aspects of the Chinese Algorithmic Tradition (First to Third Century)," *Historia Scientiarum* 42 (1991). 再者，這篇論文說明了經文作者與注釋家處理演算法的方式是連貫的。從另一個觀點來看，洪萬生強調，在《算數書》中，好幾個演算法的表述都使用了表示邏輯的用語──顯示作者在指示計算步驟的同時，也在進行推理。參見洪萬生，〈《算數書》初探〉，《師大學報》(科學教育類)45(2001)。

48 在Chemla and Guo Shuchun, *Les neuf chapitres*, pp. 26-39的Chapter A，我描述這些證明所包含的基本做法，並說明它們與注釋家所使用的專門用語相符。

　　第一個有助於說明本文論點的證明，所要證明的是「句股」之術——在中國文獻中，它相當於所謂的「畢氏定理」——的正確性。這個演算法的內容在上文已有引述。在《九章算術》法文譯本的第9章導論中，我以相當長的篇幅提出論證（此處不再複述），證明劉徽的推理可以被闡述如下（Chemla and Guo Shuchun 2004: 673-684）。

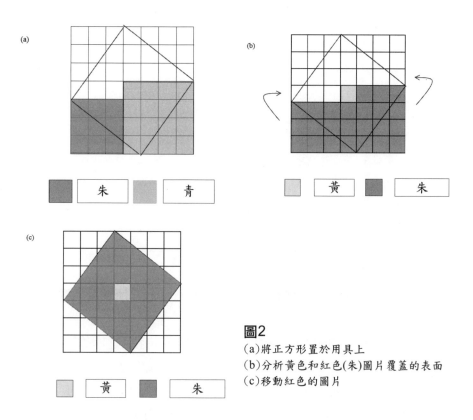

圖2
(a)將正方形置於用具上
(b)分析黃色和紅色(朱)圖片覆蓋的表面
(c)移動紅色的圖片

　　注釋家所提出的證明必須依賴一種用具，我們可以藉由圖1來推想其樣貌。在這個用具上，劉徽先將兩個正方形並排放置，一為青色，一為朱色，並讓每個正方形對應於演算法一開始指示要計算和相加的數

值：高(股)的平方和底邊(句)的平方(圖2(a))。這對應到一個步驟，在
此步驟中，經文所指示的運算的第一部分所具有的意義(「意」)，被清
楚地顯示出來。然後，藉由用具所提供的兩種基本圖片──中央的黃色
正方形，以及朱色的三角形(圖2(b))──注釋家進一步分析被涵蓋的面
積。最後，其中兩個朱紅色的三角形被移動，如圖2(c)所示，形成斜邊
(弦)的平方。於是，藉由開方求得斜邊的理由便很清楚了。這個演算法
的正確性於是得到證明。

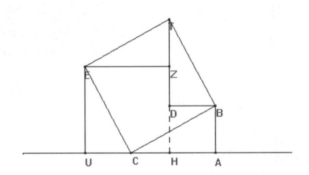

圖3　塔比‧伊本‧庫拉(Thabit ibn Qurra, 9世紀)**所使用的圖**

　　此處出現一個問題：為什麼這個用來證明「句股」之術的用具如此
複雜？一個遠較為簡單的用具便足以達到目的。在第9世紀，當塔比‧
伊本‧庫拉(Thabit ibn Qurra)發展出「畢氏定理」的證明時，他運用一個
如圖3一般的圖，其中包含足以得到同樣結論的圖像資訊。事實上，我
們可以假設，《周髀》開頭所提到的一連串圖像運作，與塔比的圖相當
類似──即使從形體的觀點來看，兩者截然不同，因為塔比的圖是畫在

紙上的，而且被納入文本之中[49]。相對地，圖1的用具卻是不必要地精細複雜。舉例來說，其外圍的正方形似乎與上文所討論的證明無關。這些是我們在探討原始資料時所需面對的挑戰類型——下面還有許多其他的挑戰等著我們：我們將會看到，提出「知識論文化」的概念，便是處理這些挑戰的一種系統化方法。

關於圖，《周髀》所暗示的圖像用具，以及圖1所描繪的用具，兩者之間的差異在我看來意義重大。我相信，這個差異表示在古代中國出現了圖像用具所必須遵守的、新型態的條件（Chemla 2005b）。我們將在下文更詳細地探討這些議題。

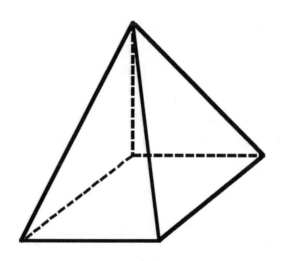

圖4　稱為「陽馬」的棱錐

49　關於這些問題，我建議讀者參考Chemla, "Geometrical figures and generality in ancient China and beyond: Liu Hui and Zhao Shuang, Plato and Thabit ibn Qurra."

　　接下來要概略敘述的第二個證明，是在證明計算棱錐體積的演算法是正確的。在問題5.15，《九章算術》所問的是「陽馬」的體積。這個立體的尺寸名稱顯示其形狀如圖4所示：其底部的左後方頂點形成了一個牆角。

　　藉由一個需要計算長方形面積的問題(1.19)，我們已經看到在中國古代數學中，形體的尺寸名稱如何透露了它的形狀。同樣地，名叫「陽馬」的立體也是如此：它的三個向度分別稱爲「廣」(寬)、「從」(長)、「高」，彼此垂直──由此便足以看出它的形狀(參見*Glossary*)。

　　「術」所做的指示是，將長、寬、高三邊彼此相乘，然後再除以三，以求得「陽馬」的體積。劉徽努力證明此演算法的正確[50]。讓我們略述其證明開頭的部分，因爲這部分對本文的討論來說很重要。

　　劉徽首先考慮三個向度(長、寬、高)的尺寸皆相等的情況。他指出，在這種情況下，三個完全一樣的「陽馬」構成了一個正立方體，如圖5所示。

　　如果是這種情況，接下來便可以立即推導出「陽馬」這個棱錐的體積是正立方體體積的三分之一，而正立方體體積的求法，便是將長、寬、高三邊相乘。

50　這段注釋成為許多論著探討的主題，包括：李儼，《中國數學史大綱·修訂本》
　　(北京：科學出版社，1958)，頁53-54(我無法查閱這本書的第一版，但第二版
　　概述了這道證明的主要論點)；Wagner, "An early Chinese derivation of the
　　volume of a pyramid: Liu Hui, 3rd century A.D"；郭書春，〈劉徽的體積理論〉，
　　51-53；李繼閔，《東方數學典籍》，頁295-303。亦見Karine Chemla, "Résonances
　　entre démonstration et procédure: Remarques sur le commentaire de Liu Hui (IIIe
　　siècle) aux *Neuf chapitres sur les procédures mathématiques* (1er siècle)," 收錄於
　　Karine Chemla (ed.), *Regards obliques sur l'argumentation en Chine* (Saint-Denis:
　　Presses Universitaires de Vincennes, 1992a), Chemla and Guo Shuchun, *Les neuf
　　chapitres*, pp. 396-398, 428-433, 820-824.

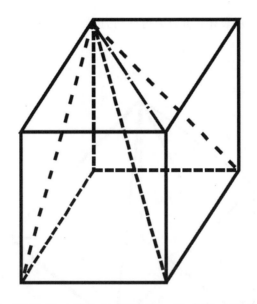

圖5 同樣尺寸的三個「陽馬」構成了一個立方體

　　然而，劉徽指出——這也是本文討論的重點——這項推論並不能延伸到所有的棱錐形體，也就是三個向度的尺寸並不相等的狀況。理由是，當長、寬、高不相等時，由長方體分解而成的三個棱錐便不是完全相同的。因此，在這個演算法尚未被證明為正確之前，我們無法推論這三個棱錐的體積是相等的。基於這個原因，劉徽拋棄第一個推論，開始進行第二個比較具概括性、也遠較為複雜的推論。

　　在第二個推論過程中，劉徽同時考慮「陽馬」和一種叫做「鼈臑」的四面體，兩者的組合可以形成一個半長方體（參見圖6）。這兩個立體——「鼈臑」和「塹堵」——都是《九章算術》的問題（分別為問題5.14和問題5.16）所探討的立體。在這兩個例子中，其向度的名稱描述了它們的形狀。在此基礎上，劉徽為自己設定了一個新目標：證明「陽馬」在「塹堵」中占據的體積是「鼈臑」的兩倍。從這個性質，便可以立即推

導出上述演算法（用來計算棱錐的體積）的正確。然而，我們無須在此檢視這部分的論證。

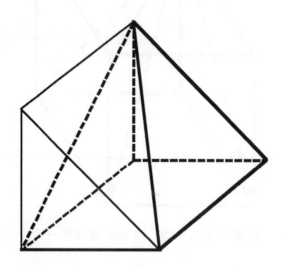

圖6　一個「陽馬」和一個「鼈臑」構成一個「塹堵」（半長方體）

　　劉徽以此命題為新目標，試圖證明其成立。同樣地，我們將只敘述其論證的開頭部分。

　　他的第一個步驟是將「陽馬」這個棱錐切割成幾部分，每一部分都將原本的長、寬、高分為兩半[51]。結果，「陽馬」被分解成好幾種立體，它們的尺寸全都是原本「陽馬」尺寸的一半（參見圖7）。在頂部和右前方，我們看到兩個較小的「陽馬」，形狀與最初的「陽馬」相似；在右下後方和左前方，我們看到一個較小的半長方體（即「塹堵」）；而在左下後方，我們看到一個較小的長方體（稱為「立方」）。這些組成單位都

51　我根據自己對於原文要旨的了解，以不違背其重點的方式簡化了劉徽的論證。

是「棊」，因而我們可以看到在空間幾何中，積木如何被用來分解立體。接下來的論證是經常出現的形式：藉由將立體切割成積木，並重新排列這些積木，以做出論證。

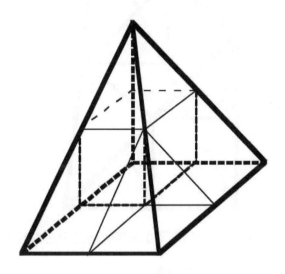

圖7　藉由將「陽馬」棱錐的尺寸減半，將立體分解成較小的立體

　　在第二個步驟中，劉徽以同樣的方式分解「鱉臑」。將每個向度劃分為一半的做法，產生了與上文所述同樣類型的分解結果：原來的立體被分解成兩種形狀的小立體，其各個向度的尺寸皆為原形體的一半（參見圖8）。在頂部後方和右前方，我們看到兩個較小的「鱉臑」，形狀與原本的「鱉臑」相似。在左前方，我們看到兩個上下相疊的「塹堵」。

　　如果把分解後的立體組合起來，將會得到原本「塹堵」的總體分解結構，如圖9所示。在圖10中，我將這些構成「塹堵」的積木拆開，以易於計算這些組成單位的數目。然而，我們必須記得，被切割的立體，以及我們所檢視的分解結構，是「塹堵」。

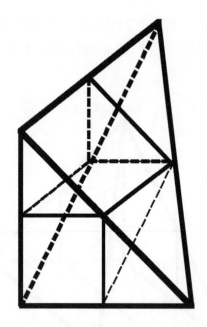

圖8　藉由將「鱉臑」（四面體）的尺寸減半，將立體分解成較小的立體

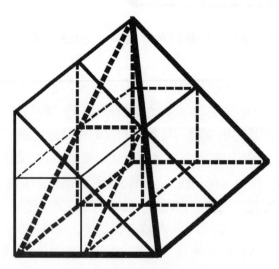

圖9　分解後的半長方體

　　論證的第三個步驟，是分別考慮「塹堵」的兩個區域。

　　第一個區域是(在「塹堵」中)由形狀相似原本的「鱉臑」和「陽馬」、但尺寸皆為其一半的立體所占據的空間。我們知道每一種形狀各有兩個。在原本的「塹堵」之中，它們兩兩構成了較小的「塹堵」，一個位於圖9(或圖10)的前下方右側，另一個位於圖9(或圖10)的後上方左側。

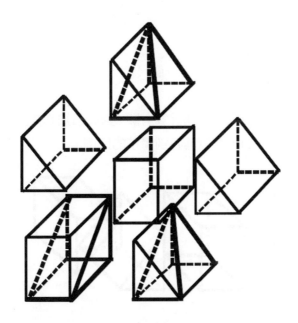

圖10　分解後的半長方體，將各部分拆開

　　在「塹堵」所包含的空間中，第二個區域是由較小的「塹堵」和一個小長方體構成的。這些小立體可能朝向不同的方位，但它們的三個向度都是原本「塹堵」的長、寬、高的一半。我們知道，半個長方體的體積，等於其相應的長方體體積的一半。因此，這些立體的體積很容易便可以計算出來。然而，這在此處並非關係重大的性質——劉徽也沒有提

到它。唯一有用的資訊是，所有這些半長方體的體積都相等，因為它們有同樣的長、寬、高；而且其體積等於長方體體積的一半。

另外兩個性質遠較為重要得多。

第一個主要性質衍生自求取下述數值的過程：在第二個區域中，計算來自「陽馬」的積木和來自「鱉臑」的積木所占據的相對空間。結果發現，在第二個區域中，來自「陽馬」的積木所占據的空間，是來自「鱉臑」的積木所占據的空間的兩倍。劉徽所求的性質於是在第二個區域中得到證明。

至於第一個區域，它在另一個尺度上複製了我們一開始面對的情況。

第二個主要性質則與下述計算有關：對於已知其情況的空間，以及情況仍待釐清的空間，計算其各別體積的比例。

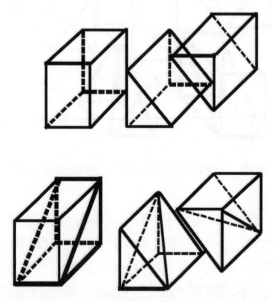

圖11 原本的塹堵重新排列成四個較小的塹堵

　　爲了決定這個比例，劉徽將前上方的半長方體移走，放到後下方的半長方體旁邊。除此之外，他也將後上方的半長方體(由一個較小的「鱉臑」和一個較小的「陽馬」構成)移走，放到前下方類似的半長方體旁邊(參見圖11)。

　　這番重新排列組合(只移動了兩塊積木——兩塊較小的「塹堵」)將原本的「塹堵」轉變成一個長方體，其本身由四個較小的長方體(長、寬、高各為原來的一半)組成。從這個觀點來看，上文所考慮的第二個區域——也就是在其中所求性質已得到證明的區域——顯然占據了原形體的3/4，而第一個區域則只占據了1/4。這些相對比例確保當我們重複同樣的論證時，剩下1/4的3/4也可以被證明具有相同的性質，而這個論證可以不斷重複下去。

　　我將不討論劉徽的最後一部分論證。對本文來說，重要的是了解對於特殊情況的證明如何不同於概括性的證明。當我們稍後回來探討注釋中的證明實作時，這種了解將會有所助益。更廣泛地說，即使我們還可以更詳盡地描述注釋家所推演的各項證明，但上文所概述的這兩個例子，將足以描述古代中國數學中的、我們所關注的這個知識論文化。

知識論價值

　　到目前爲止，我們所描述的所有要素(它們構成了本文所探討的數學材料)，全都是經過清楚確認的文本內容，或是可以藉由文本還原其樣貌的實質用具。現在，我們要轉而探討知識論文化的一個向度，也就是「知識論價值」(epistemological values)；正是這個向度，賦予了此文化「知識論」的特質。然而，它遠較爲難以捉摸。我們需要從文本中捕捉其蹤影，而在文本中，它通常不是特定論述本身所要闡釋的對象。藉由掌握好幾項線索與跡象，我們才能夠說明我們的材料所見證的多種知識論價值。

　　最重要的線索出現在注釋當中。然而，一旦經由注釋發現它們的存在，我們便學會在《算數書》和《九章算術》中辨認出它們留下的線索。

　　注釋家所見證的主要知識論價值，是概括性（generality）的價值。這種價值透過特定的專門用語留下印記。舉例來說，在兩個例子裡，注釋家在注解演算法時，一開始便宣稱該演算法為「都術」（普遍萬用的演算法）。其中一個演算法引述於上文：它所對應的運算，經文給了一個奇怪的名稱──「今有」；這個名稱取自於用來陳述大多數問題的開頭兩個字。對於這個名稱的選擇，一種解釋是：這個名稱旨在強調此演算法的概括性；對於這種看法，注釋家立即做出應和[52]。

　　《九章算術》對於概括性之價值的強調，可以從「廣」、「博」等修飾語的用法看出端倪。注釋家經常根據經文處理問題情況的方式，來強調這些價值。此外，在一個例子中，他們主張以這種方式來詮釋「廣」這個字出現在經文中的意義。那是《九章算術》為某個演算法提供的名稱：「大廣田」（1.24）。同樣的演算法也收錄在《算數書》中，標題為「大廣」（彭2001：123-124）。相當有趣的是，李淳風在解釋這個標題時，眼前所看到的似乎並非一般被認為是標準版的經文內容，而是出現在《算數書》中的名稱：「大廣」。他所提出的詮釋是，這個名稱強調該演算法的概括性，因為，根據他的解釋，它結合了三種之前分別被提出的演算法。結果，一種獨特的演算法現在可以解決範圍更大的一組情況──對於這些情況，之前需要三種不同的演算法才能解決：新演算法的提出擴展了每個舊演算法的效能。這個注解顯示李淳風如何關注演算法的概括性價值──也就是擴展演算法所能解決的情況。此注解也顯示，他重視「有些演算法可能比另一些更具概括性」的事實，並注意到

52　另一個注釋家宣稱為「都術」的演算法，提出於第8章，用來解決盡量多的 聯
　　立線性方程組。參見Chemla, "Les problèmes comme champ d'interprétation."

經文所包含的某些演算法具有這樣的性質。

這種概括性的價值連結到一些哲學概念，後者在數學之外的領域相當重要，但在數學領域中也顯然被認爲深具意義。值得一提的有「類」的概念——劉徽在注解分數時提出「類」的方式與它在《算數書》中的用法完全相同[53]。還有「通」的概念——《九章算術》在描述演算法時運用了這個概念(參見上文引述的「經分」)。這兩個概念被引進數學中，顯示在數學領域之外被確認的普遍現象，如何也在數學領域之內得到迴響。在後面這個例子中，概括性是藉由抽象化(abstraction)而達成的結果——只要將《九章算術》拿來與《算數書》比較，便能證明這點(Chemla 2006)。從概括性與抽象化的關係，我們進一步觀察到注釋所見證的第二個知識論價值，也就是抽象性。

同樣地，有些語詞可以被附加在對於抽象化的強調上，例如「空」，或更明確地說，「空言」[54]。這些語詞表明了對於下述意圖的省思：人們意圖構想一些演算法，讓它們不受任何特定問題的情境限制——像是「今有」之術。然而，耐人尋味的是，「抽象化」在這方面的使用並不總是具有正面的涵義，即使大部分的情況是如此。此外，在提出「通」之類的運算方式時，會運用到抽象化的做法，或者，「率」之類的概念(我們所掌握的原始資料容許我們分析這個概念)也會連結到抽象化的做法；而這種做法之所以受到重視，似乎是因爲它能導引出概括性，而不是因爲它本身的價值。換句話說，抽象化似乎從屬於概括性。

53　參見類 *"lei* category," in *Glossary*, pp. 948-949. 亦見Karine Chemla, "How does the *Book on mathematical procedures* (*Suanshushu*) contribute to our understanding of *The nine chapters on mathematical procedures and their commentaries*" (forthcoming-a).

54　參見*Glossary*, p. 947. 在Chemla, "Les problèmes comme champ d'interprétation" 這篇論文中，我討論到「抽象化的價值」與「具體問題的使用」之間的緊張性，這種緊張性顯示在《九章算術》的注釋中。

注釋還提到其他的價值：「正」（以及其他表示「精確」的語詞）[55]、「易」、「簡」、「省」、「約」。在大部分的情況下，這些價值被提出來解釋注釋家在經文所給的演算法的操作方式中看到的選擇，或是被用來批評演算法未能遵守這些價值。此外，注釋家將這些價值連結到哲學文本中被廣泛強調的內容。舉例來說，「易」與「簡」顯然與《周易》有關，特別與〈繫辭〉關係密切。然而，它們也被連結到《莊子》（8.18）。

如果我們想深入描述本文所探討的知識論文化的特色，便需要對上述的每一種價值進行特定的研究。然而，限於篇幅，我在此必須將焦點集中在第一個被提到的價值——概括性，以便凸顯它如何充斥於構成知識論文化的數學操作中。

理論上，爲了讓我的描述更完整，我需要在此說明本文所討論的數學論著是在哪幾種機構中寫成的，或是描述哪些社群或個人參與了相關的數學活動。然而，由於現存的古代中國資料有限，在大部分情況下，我們只能以非常模糊的方式推測這些面向。因此，我將暫時擱置它們，轉向這篇論文探討的核心問題：現在，我們已描述過文本的構成要素、記錄種類、實質用具、文本所提到的對象、文本所見證的價值，那麼，這些要素如何構成一種知識論文化？

55　《九章算術》提出二次無理數(quadratic irrationals)的觀念，說明在開方過程中，如果被開方的數目N不是完全平方數(即所謂的「開之不盡」)，便會產生這種結果。在此情況下，開方的結果被稱爲「N之面」，用現代術語來說，便是「N的平方根」的意思。劉徽對這個事實的解釋是：「其數不可得而定，故惟以面命之，爲不失耳。」(4.16, Chemla and Guo 2004: 365-366)

二、描述中國古代對於這些要素之實作與確定詮釋的基礎

問題、數、演算法、計算工具、圖、證明、文本的類型、價值，這些要素看起來都是我們所熟悉的事物。因此，現代的詮釋者很容易便將自己所習慣的數學活動，自然地投射到這些要素上。不僅如此，這些要素之間的連結，也由此而自然地被建立起來。舉例來說，人們似乎理所當然地認為，在提出問題之後，便應該出現解答此問題的演算法，也就是決定所求答案的計算步驟。再者，被提出的證明，應該是要確認演算法的正確，而且可以運用「圖」來達到此目的。

我的看法是，很容易被投射在上述要素上的數學活動，並不出現在我們所探討的時代；而上一段所描述的種種連結，也同樣有時代差誤的問題。「知識論文化」的概念也可以用來解釋我們**如何**將現代的活動投射到古代文獻上。我認為我們對於這些要素不加思索的解讀，很可能受到某些現代知識論文化的影響——這些知識論文化是這些要素如今被使用的背景，而在生活中，我們總是有機會以某種方式經驗到這些知識論文化。

舉例來說，當歷史學者處理出現在古代資料中的數學問題時，似乎以兩種特定的方式來探討它們。第一種方式是，他們認為這些問題是在學校環境中被提出來的；於是，他們為這些問題加上一種社會背景，並強調相關的某些特定價值（例如在教學法上具有意義的內容）。第二種方式是，他們將這些問題的運用連結到工程師或官僚的實作上，因而想像出另一種社會環境，並強調其他的價值，如效率。

同樣地，也有許多例子顯示，現代學者如何以此方式探討上述的每一項要素，並將它們嵌入到時代上並不相符的特定文化中。學者在每一項要素上看到它的現代化身，然後在此基礎上詮釋、重新表述、比較、

對照或評量它。這種史學研究的做法促使學者將社會環境和操作類型加在這些要素上，將它們轉譯爲概念，或根據(一般而言為)外來的價值評量它們。

這種轉譯賦予這些要素其他的意義、其他的形式——譬如學者對於視覺輔助用具的推想——以及其他的用法。此外，它也在這些要素之間建立了其他的關係。

我的看法是，這些要素和它們的各種現代化身之間，只是表面上相同而已。因此，如果要重新建構這些要素所界定的文化，這樣的轉譯方式反而會形成一道屏幕，使我們無法看見此文化的真相。讓我們回到第一節所提出的每一項要素，並描述在我們的材料所見證的數學文化中，與這些要素有關的特定實作。當然，要在一篇論文的架構之內詳述每一種實作，是不可能的事。我的主要目的是盡可能具體地描述，使讀者能感受到這種研究取向的潛力。如果讀者想閱讀進一步的資料，我將針對每一項要素提出相關的著作——在這些著作中，我對於這些實作有更詳盡的描述。

演算法——術

讓我們先從演算法談起，因爲這是古代中國數學活動中最出類拔萃的項目。

首先必須強調的是，在我們的材料中，所謂的「術」並不只限於指示計算步驟而已。事實上，正如上文所主張的，在《算數書》或《九章算術》中提出的「術」——作爲文本，這些演算法以一組運算步驟的形式呈現——具有兩個面向。一方面，它們陳述了一種轉化的關係(a relation of transformation)，並由此得出一個量(magnitude)。另一方面，它們被看成一連串的運算步驟，可以在用來計算的表面上操作，因而關聯到實際的計算動作，並得出一個數值(value)。

讓我用一個例子來說明這兩個面向之間的差別。在《九章算術》第一章，有兩個問題提供了直徑和圓周(兩者的比率為1比3)的條件，要求計算面積。在陳述這兩個問題之後，作者提出下面這個演算法[56]：

術曰：半周半徑相乘得積步。

一方面，這個演算法陳述：將一半的周長與一半的直徑相乘，可以得出面積——這是被看成一種轉化關係的演算法：它運用題目所提供的、作為數據的量，加以操作，所求出的量即為圓形的面積。另一方面，這個演算法宣稱，將半周的數值與半徑的數值相乘，可以得到面積的數值——在這第二個面向中，演算法運用了題目所提供的數值，所得到的則是一個數值，而此數值據說相對應於圓形的面積。

事實上，這個圓形面積的例子，最適合幫助我們理解這兩個面向為什麼應該被分開考慮，並讓我們看出劉徽的注釋如何將它們區分開來，分別處理。理由如下：當這個演算法被當成一種轉化的關係時，它是正確的。劉徽也證明了它的正確性。然而，一旦我們想要用它來計算，也就是說，一旦我們考慮到這個演算法的第二個面向，便會遇到一個基本的問題：我們不可能同時而又精確地表示出直徑與圓周的數值。因此，

---

56 (Chemla and Guo 2004: 177-178.) 事實上，關於這些數學問題，作者提出了四個演算法，這是第一個。關於這個題目，參見Karine Chemla, "Relations between procedure and demonstration: Measuring the circle in the 'Nine chapters on mathematical procedures' and their commentary by Liu Hiu (3rd century)," in Hans Niels Jahnke, Norbert Knoche and Michael Otte (eds.), *History of mathematics and education: Ideas and experiences* (Goettingen: Vandenhoeck & Ruprecht, 1996a); Karine Chemla, "The interplay between proof and algorithm in 3rd century China: the operation as prescription of computation and the operation as argument," in Paolo Mancosu, Klaus F. Jorgensen and Stig Andur Pedersen (eds.), *Visualization, explanation and reasoning styles in mathematics* (Dordrecht: Springer, 2005a).

在這個例子中，被視爲一種轉化關係的正確演算法，卻無法在計算上對
應到任何精確的演算法。只有在這個例子中，這兩個面向需要被分開並
分別處理；因此，這也是最能幫助我們理解這兩個面向的情況。對於被
視爲轉化關係、也被證明爲正確的演算法，劉徽以下面這段陳述來說明
上述兩種面向之間的差距：「此以周、徑，謂至然之數，非周三徑一之
率也。」[57]換句話說，題目所給予的數值，不能被用在正確的運算法中、
以得出正確的面積數值。在《九章算術》中，這個出現於問題之後的演
算法，即使是正確的，仍不能被用來計算圓形面積的精確數值。

在這裡，能夠求出一個量的演算法，以及能夠求出一個數值的演算
法，兩者之間顯然有差異。因此，要證明一個演算法是正確的，就是要
證明它能得出正確的量和正確的數值。應該強調的是，演算法（或是它
的次演算法sub procedure）所求得的量，是根據問題所描述的情況解釋出
來的：在證明演算法的正確性時，這構成了一個關鍵的操作。更廣泛地
說，在演算法的這兩個面向之間作區分是很重要的，因爲我們將會看
到，在中國古代數學中，這兩個面向都是研究演算法的目標。另一方面，
在剛剛描述的例子裡，問題和演算法之間的關係可能比乍看之下更爲複
雜。一般的情形也是如此。

《九章算術》通常在提出兩個以上的問題之後，才描述相關的演算
法──就像上文所引述的例子一般；因此，其用意顯然是讓每個演算法
涵蓋兩個以上的情況。事實上，我們可以證明，演算法的設計，並不只
是用來解決出現在它之前的那些問題，也是要解決這些問題所代表的整
個問題類型。至少，這是劉徽在注解問題6.18（引述於上）時所透露的期

---

57 (Chemla and Guo 2004: 179-180). 率這個字在此指3和1這兩個數字；在經文中，
這兩個數字被用來表示圓周和直徑的比例。它們作爲率的性質，暗示它們可以
被任何數字乘、除，而不會影響其比例。關於這個概念，參見下文更詳細的說
明。

望。在這個獨特的例子中，《九章算術》所提供的演算法正確地解決了問題6.18，卻未能解決更「廣泛」的問題[58]。藉由證明《九章算術》的演算法正確地解決了出現在它之前的問題，劉徽提出了兩項判準，一方面強調此演算法運用了問題6.18所特有的兩項特徵，同時也說明此演算法為何不具概括性。劉徽接著提出一個問題——這個問題與經文中的問題類似，但並不符合運用演算法所需的兩個判準。換句話說，他讓讀者看到，經文所提出的演算法，不能涵蓋最初的問題所代表的問題類型。劉徽的下一個步驟是修正《九章算術》的演算法，但仍依據相同的觀念，並維持在同樣的架構之內，以便擴展此演算法的解題效能，解決所有與問題6.18類似的問題。這種做法從另一個觀點再度顯示，問題與演算法之間的關係，並不如表面上看起來那麼簡單：演算法不該只是解決出現在它之前的問題而已，而應涵蓋更廣泛的情況。此外，一個問題所代表的問題類型，似乎是由出現在它之後的演算法所決定：藉由檢視此演算法如何擴展，來決定一個問題所代表的問題類型是什麼。我們看到，對注釋家來說，問題與出現在它之後的演算法，形成了一個概括的陳述，即使它並不是抽象的。

剛剛描述的實作，與數學從事者對於概括性的興趣有關——這是就第一種意義而言。事實上，在對於問題6.18及其演算法的注釋上，劉徽並未就此作結。他繼續進行最後的步驟，描述一個完全不同的演算法。這個替代的演算法具有較為廣泛的性質。因此，比起經文所提出的演算法，它也使問題6.18所代表的問題類型變得較為廣泛。這個步驟可以被詮釋為一種意圖——不僅要有一個概括的演算法，還要找出可能存在的、應用範圍最廣泛的演算法。這種做法也顯示出對於概括性的興

58　對於這部分的文本，下面這篇論文有更詳細的分析：Karine Chemla, "Generality above abstraction: the general expressed in terms of the paradigmatic in mathematics in ancient China," *Science in Context* 16（2003a）.

趣——這是就第二種意義而言。對於概括性的興趣所具有的這兩種特徵，將會於其他實作中再度浮現。

對於最大概括性的追求，反映在《九章算術》的演算法所展現的其他性質中。事實上，如果演算法的目的在於涵蓋盡可能多的情況，其文本可能必須能夠透過某些適當的技術，產生不同的運算步驟，以處理不同的案例。

讓我們用開平方的例子來說明這點。開平方所用的演算法，應該要能有效地解決許多不同類型的案例。它應該要能應用在整數、分數或帶分數上。此外，當它應用在整數上時，無論此整數是個位數或多位數，也無論此數值是否為開得盡的完全平方數，這個演算法都應該要能有效地求出答案。《九章算術》陳述開方之術的文本，出現於問題4.16之後，能夠滿足上述所有的條件[59]。它運用不同的技術，將各種案例所需的各種不同運算步驟整合起來，成為一個單一及獨特的描述。

首先，分數與帶分數的案例都被簡化為整數的案例。這種在面對不同案例的演算法時，將其中一種嵌入另一種的做法，在《九章算術》中經常出現。舉例來說，「經分」的演算法也是以這種方式處理。

其次，針對開平方的計算，這個演算法一開始先透過在計算表面上進行的計算步驟，試圖一位數接著一位數地求取某個整數的平方根。在處理一或兩位整數N的情況時，所使用的計算步驟，與求取任何整數之平方根的第一位數的計算步驟相同。結果，唯一的一個次演算法（subprocedure）——也就是整個演算法的第一部分——被提出來同時解決兩種情況。在前一種情況中——也就是整數N具有一或兩位——，被開方的數若非完全平方數，可由演算法求出答案，便是「開之不盡」的非完

---

59 我在此只能略述這些性質。讀者若有興趣，請參看Karine Chemla, "Should they read FORTRAN as if it were English?," *Bulletin of Chinese Studies* 1（1987）或是我在 Chemla and Guo Shuchun, *Les neuf chapitres*, pp. 322-329所寫的第4章導論。

全平方數,而開方結果將被稱爲「N之面」。在後一種情況中——也就是演算法求出平方根的第一位數,在此計算階段被留在計算表面上的數值,將成爲接下來的計算步驟據以求取下一位數的基礎。它本身將在計算表面上留下開平方的結果,或是留下一個餘數,其開方結果將以「N之面」的形式表示,或是留下需要繼續進行計算的數值。這裡有兩個相當有趣的觀察。

一方面,在演算法的第二部分(也就是第二個次演算法),同樣的計算步驟可以被重複使用——如果有必要的話——以求取接下來的任何一位數。用專門術語來說,其描述運用了疊代法(iteration),這種方法相當正確地被寫了下來。用一般的話來說,這個次演算法被描述的方式,讓它可以重複地有效運作:文本並未依照需要求取的位數,一次又一次地複述這個(由演算法的第二部分構成的)次演算法,而是將此敘述整合爲唯一的一組運算步驟,加上重複操作的指示。重複操作是這樣進行的:在計算的某個特定階段,文本要求讀者回到計算過程中的在此階段前已遇到的另一個特定階段,於是,讀者可以從此再度使用同樣的運算步驟(也就是用來求取前一位數的運算步驟),以繼續進行演算。爲了讓演算者運用同一個次演算法求取下一位數,擺置在計算表面上的數字結構也改變了。我們在此很清楚地看到,這種對於演算法的操作模式,以演算法爲一組運算步驟的形式來運作。

另一方面,文本也運用「條件詞」(conditionals):在一組可以通用於不同案例的運算步驟之後,會出現一個選項,引導演算者進入另外的運算步驟——至於是哪一種運算步驟,端視在這個計算階段遇到的情況(由留在計算表面上的數字表示)而定。這是另一個整合不同演算法的技術,《九章算術》中還有其他例子運用這種技術,如第7章的「盈不足」之術(Chemla 1991)。結果,整合後的演算法具有一種樹狀結構:運算步驟的線性形式隱藏了下述事實——這個演算法的第一部分通用於它所

能解決的所有案例。接下來第二部分的計算，只有某一種類型的情況才
需要用到它，而最後的第三部分，則只有另一種類型的情況才需要用到
它。同樣地，在前一個例子中，作者運用所有的技術，結果產生了一個
以線性形式呈現的文本；這樣的文本隱藏了計算所具有的分枝與環狀的
實際結構。除此之外，相當耐人尋味的是，後一個例子透露了一個可能
運用分枝技術的條件：第一部分的運算步驟（為兩種案例的解答所共用），
可能具有不同的意義，端視它用在哪個案例而定。為了做出共同的描
述，作者必須擱置這些意義，只將注意力放在下述事實上：同樣的一組
運算步驟可以有效地啓動對於所有相關案例的解答過程。這種特性顯示
出對於這些運算步驟的構想所具有的代數性質。關於這樣的構想如何進
行，《九章算術》提供了一些洞見。在經文中，求取平方根和立方根的
演算法被寫成平行的文本，每一句陳述都彼此對應。我們可以證明，作
者不僅期望讀者閱讀每一種演算法，也期望讀者了解兩種演算法之間的
關係，而這種關係是透過其平行的描述來表達的。因此，可以預期的是，
它們的近似性在11世紀被闡釋出來，當時的學者成功地將它們與其他
演算法整合，置於唯一的一個更加概括的演算法的架構之內（Chemla
1994b）。我們看到這種研究做法與研究取向如何產生一種演算法，具有
與剛剛檢視的演算法相同的性質。

　　關於開方的案例，最後一項觀察將顯示出另一個關鍵條件，此條件
同時容許對於上述兩種技術的使用。對於在計算表面上進行的計算做
法，我們已經在前文描述過它的主要特徵。正如當時所指出的，經文對
於演算法的描述，包含了在開始計算時，用來表示數值的算籌，必須被
放在表面的固定位置上。在計算過程中，還會使用到其他的輔助位置。
這些輔助位置被放在表面上的方式也被決定了。據此，演算法指示將不
同的數值放在特定位置上，然後對於這些數值進行計算，或是讓它們交
互作用，使這些位置上的數值在計算過程中持續轉變。從演算法作為文

本的觀點來看,這些運算步驟被應用的項,並不是嚴格意義上的「數」,或被決定的量,而是在某計算階段中、這些「位」正好被應用時它們所包含的內容。由於這些位置的內容在計算過程中不斷轉變,此特性讓同樣的一組運算步驟能夠有效地運作於不同的時刻。以專門術語來說,在描述演算法時所使用的這種特性,被稱為「變數之賦值」(assignment of variables)。

到目前為止,我們對於開方之術的描述,說明了《九章算術》中的演算法為了將不同的「術」整合為唯一的文本,所使用的各種不同技術。我們可以看出作者為了產生這樣的文本,以陳述一種普遍而能涵蓋所有可能案例的演算法,所花下的工夫。這樣的整合便是「大廣田」之術的特性,亦即李淳風在注解這個名稱時所強調的。結果,同樣的演算法,作為一種文本,應用在不同案例的起點上,產生了各種不同的具體計算流程,以決定方根。作為文本的演算法,以及在計算表面上從這個演算法衍生出來的計算——它們是同一事實的兩個面向——兩者之間的關係非常複雜,需要做進一步的分析。

另一個性質完全不同的技術,被用來進行類似的、對於不同演算法的整合:這個技術便是抽象化。《九章算術》在2.0所提出的「今有」之術(上文有引述),事實上整合了第二章所包含的所有較具體的演算法,以及出現在他處的演算法[60]。藉由比較《九章算術》的經文與《算數書》,我們才能相當正確地描述《九章算術》如何以較不具概括性的演算法為基礎,透過抽象化而得出「今有」之術。結果發現,「今有」之術之所以能整合這些不同的演算法,原因在於它們都具有同樣的形式(Chemla 2006)。在此,我們可以再度看出這種對於運算步驟的數學構

---

60 請記得「今有」之術出現於第二章的一開始,在任何問題的架構之外。一道演算法出現在某一章的開始,以及它作為最具概括性的演算法之一,這兩者之間可能具有某種關聯。

想所具有的代數面向。

　　然而，必須強調的是——而注釋家也確實強調了這點——即使抽象化是整合各種演算法的一個充分條件，它卻不是必要條件。《九章算術》第八章探討聯立線性方程組的解題方式。此章提出的第一個演算法——「方程」之術——是在一個具體問題的架構之內陳述的。在這一章裡，作者運用另一種技術逐步擴展它，最後涵蓋了所有可以被解決的案例：作者提出兩種不同的數，即正數與負數，並提出一種演算法，說明「方程」應該如何透過處理這些數，而被應用在不同的案例中。擴展被使用的數的種類，並探討如此擴展的後果，使得這個演算法能夠將原本不同的運算步驟整合起來（Chemla 2000）。

　　讓我扼要地重述這一節的討論：演算法顯然不只是一組組的運算步驟，用來解決一個問題、或甚至完全屬於同一類型的多個問題，雖然在新觀點——即促使歷史學者將《九章算術》的「術」（procedures）看成演算法（algorithms）——被提出之前，歷史學者經常重複這種看法。我們也不能說「術」反映了現代人對於演算法的操作。顯然地，古代的實作有其特徵，需要被還原。我們可以在《九章算術》中指出各式各樣的技術，這些技術讓演算法變得盡可能具概括性，並有效地解決範圍盡可能廣的一組問題。這些技術的歷史尚待學者撰寫。

用來計算的表面和算籌

　　到目前為止，我們主要將焦點放在對於演算法的構想與陳述上。從這個觀點來看，演算法是一組組的運算步驟，亦即我們在現有的原始資料中看到的文本內容。在演算法的這個向度上，對於整合的考量——也就是將乍看之下彼此不同的「術」整合成唯一的一個演算法——被轉化為表示它的這列運算步驟所具有的特性。然而，這個向度不應隱藏演算法的另一個面向——我們在上文提到過，而且它與第一個面向有密切

的關係：除了作爲得出量(magnitude)的文本之外，「術」也會得出數值(value)。這第二個面向來自於將文本轉化爲在計算表面上進行的計算步驟。

這兩個面向——文本與計算——之間的關係絕不單純。如果作爲文本的一組運算步驟能夠整合各種不同的「術」，當它被轉化爲計算步驟時，實際的數值需要被放在用來計算的表面上，而與(文字敘述的)演算法相應的計算流程，將濃縮成演算法爲了這個案例(由擺置出來的數值表示)而嵌入的「術」。從這個觀點來看，演算法所進行的整合相當具體：文本描述了唯一的一組運算步驟，而這組運算步驟將依據所處理的案例，對應到計算表面上的各種不同的具體計算流程。

我們可能會因此而認爲，從理論的觀點來看，作爲文本的演算法代表了數學研究的最根本面向，而實際的計算步驟只是從屬於它，是一種降低層級的、較簡單的形式。更廣泛地說，歷史學者普遍抱持的態度是，將計算工具與用這些工具進行的計算，視爲數學活動中較不重要的附帶部分。同樣地，這種態度之所以會產生，是因爲學者將現代人對於計算的看法(這些看法是在當代的知識論文化中發展出來的)投射到過去。

然而，在本文所探討的情況中，我們已經看到一些線索，指出事情並非如此單純。我在上文的好幾處討論中強調，在計算表面上進行的計算步驟，其物質向度如何反映在演算法能夠完成整合的方式上。舉例來說，我們看到：在操作過程的任一階段，一個演算法所涉及的數值並非數本身，而是在計算表面上的位置的內容。在演算過程中，每一階段的計算都運用了位置的內容(此內容隨時間而改變，或依據被處理的案例而改變)——這項事實使得演算法能夠具有概括性。結果，作爲文本的「術」所具有的某些特性，決定於在計算表面上進行的計算所具有的物理性質。

因此，我們必須注意在計算表面上操作的計算步驟的實質記錄。事實上，更廣泛地說，當我們還原古人所發展出來的、與計算表面有關的

數學演算實作時，便會明瞭，此計算表面在我試圖描述的知識論文化的核心，扮演了關鍵的角色。然而，要清楚說明這個事實，必須對現有的一切證據進行精細而嚴謹的探索。這方面的研究在未來大有可為。在此，我只概述我們已獲得的一些結果；這些結果可以作為線索，顯示在本文所討論的中國古代數學文化中，演算法的這個向度所扮演的角色。

我們根據現有的證據來推想在計算表面上進行的複雜計算，而在觀察其設計與操作時，可以看到一些嚴格而系統化的規則，決定數值在開始計算時如何被擺放於特定的位置，並且隨著計算的進展而演變（Chemla 1996b）。對於在計算表面上進行的計算，我們的資料所見證的處理方式絕不是把它當成草稿一般的材料──亦即在上面草草寫下輔助記錄，只為了求得結果，記錄於主要論述中，而推導出結果的方式則被棄之不理──相反地，其處理方式必須接受一些限制，使它近似一種形式體系（formalism），就像在撰寫現代公式時所使用的一般。

到目前為止，我們尚未能確認這種形式體系；之所以如此，可能是因為我們自己對於一般形式體系所抱持的期望。我們可能假設一個形式體系應該以永久的方式被記錄下來，或是它應該包含實際的象徵。這些假設使我們看不到下述事實：在古代中國，人們為了對於在計算表面上進行的計算作暫時的記錄，發展出某種形態的形式體系。

與它的暫時性密切相關的是，這個形式體系同時也是動態的（dynamic）：它將計算記錄為一種過程。而且我們可以證明，當計算的過程以這種方式體現時，它們本身便是古代中國數學研究的對象（Chemla 1993）。

就好幾方面而言，為了探討本文所關注的知識論文化，我們必須將注意力集中在這類型的形式體系上。

從某種意義來說，一道計算的擺放方式，規定了這道計算能夠被執行的方式；這個特徵顯示它與我們所習慣的某些現代形式體系相近。然

而，對本文的討論來說，這絕非最重要的。相對地，關於在計算表面上進行的計算，另外兩個特徵來得更為根本而重要，因為它們彰顯了數學研究——對於以這種方式記錄下來的演算法所做的數學研究——的某些具體性質。

一方面，這種嚴密而決斷的方式(用以在計算表面上寫下演算法)，提供了一個基礎，在此基礎上，數學從事者探求計算的最根本要素——動態的要素，為不同的演算法所共有——並從而探求演算法之間的實際(動態)關係。上文提到開方演算法的演進，所說明的其實便是這種探求(Chemla 1994b)。這些根本要素以位置和(在計算過程中發生在位置上的)連續動作的形式呈現。對於這些基本要素的確認，以及其有助於實現的對於演算法的統合，可以被理解為另一種對於概括性的興趣的表現；而在這裡，對於概括性的追求是以計算工具為基礎。請讀者注意，這種對於概括性的追求，不同於前文所描述的對於概括性的追求(後者產生了能夠整合各種「術」的演算法)。它著眼於作為一種過程的計算，試圖在計算流程之內，確認重複出現的行為模式——藉由位置的安排，這些行為模式才得以穩定下來。存在於各種運算中的根本要素，便是出現在計算流程本身的結構中。

另一方面，這種對於演算法的探討(透過它們在計算表面上的動態記錄)，提供了一種基礎，在此基礎上，數學從事者以特定方式構想出好幾項新的數學物件。對於這種構想，代數方程提供了絕佳的例子。就我們所知，在中國古代，二次方程呈現為具有兩個項的運算，衍生自開平方的計算過程。二次方程與開平方的演算法之間的關係如下：在開平方的計算過程的某個階段，之前進行的計算被擱置一旁。計算表面上剩餘的位置形成了方程的項，接下來的計算過程則是用來解方程的演算法。於是我們看到，數學從事者在計算表面上動態地記錄開方的演算法，而方程如何從這種動態的記錄方式，衍生出它自己的特性和解題模式。此

外，有趣的是，這種引介的方式，將物件方程塑造成依賴另一個演算法而成立的東西：我們看到另一種整合演算法的形式，它必須依賴計算工具來進行。這兩者之間的關聯並未在接下來的幾世紀裡被切斷；對於開方演算法的每一種修改，都造成「方程」這個概念的相關轉變，至少到13世紀為止，「方程」的概念都在這個架構之內發展。

總而言之，用來計算的表面絕不只是一種計算「工具」而已。它容許數學從事者對於演算法做公式化的動態記錄，而藉由這樣的記錄，它成為一種基礎，讓數學從事者探索演算法之間的動態關係，或是將運算概念化。無論是哪一種情況，它都在一套演算法的組織上扮演了重要的角色。從前面兩節的討論可知，演算法的兩個面向──它的文本，以及它在計算工具上對應的實際計算做法──都是古代數學研究的發展基礎；而這種對於演算法的研究，目標在於以不同的方式達到更高的概括性。

數

在上一節對於計算表面的討論中，當我們提到數時，都把它們當成籠統的實體──在計算的某個時刻出現於某個位置上，然後被納入運算中──而沒有進一步的具體說明。當代高等數學對於數的處理方式，確實使我們認為出現在問題陳述或演算法中的數是不重要的，並認為它們只是等著被計算，所以就此而言，它們基本上相當於抽象的數值。然而，在我們的原始資料中，數值經常（雖然並不總是）伴隨著度量單位出現。但這個面向到目前為止都被視為無關緊要。對於《九章算術》經注或《算數書》中所記錄的實際數值，很少有人關注；這可能是由於當代輕貶數值的傾向所導致的偏見[61]。

61　值得注意的例外，是李繼閔探討第9章（主題為直角三角形）中的數值的方式，

　　然而，基於許多理由，我們相信，量測數量(measured quantities)與抽象數(abstract numbers)之間的對比，是理論建構——亦即我們的材料見證的傳統所特有的理論建構——的核心[62]。換句話說，我們的材料對於數的實作和思考其實相當明確，而且不同於今日常見的做法和想法。因此，若要掌握數學被實行的方式，歷史學者必須也探究這種處理數的方式。

　　首先，非常清楚的是，在我們掌握的原始資料中，這兩種數值——一方面是帶有度量單位的數值，另一方面是抽象數值——的分布並非任意而隨便的。讓我們秉持這個觀念觀察下面的問題與演算法(前文亦有引述)：

2.1
今有粟一斗，欲為糲米。問得幾何。……
術曰：以粟求糲米，三之，五而一。

(續)————————————

　　見於李繼閔，〈劉徽對整句股數的研究〉，《科技史文集》8(1982b)；李繼閔，《東方數學典籍》，頁374-86。

62　我將此探索取向的發展歸功於 Christine Proust 所從事的研究——她研究西元前一千多年、尼普爾(Nippur)的書吏學校中的數學課程。在這個不同的脈絡中，抽象數值與量測數值之間的區別非常重要，但它在理論中扮演的角色，完全不同我們所能推想的中國古代情況。我無法在此充分闡述這個觀念，請讀者參考一篇即將出版的論文——在這篇論文中，我一方面說明《算數書》與《九章算術》在這方面屬於同一個傳統，另一方面也說明《九章算術》在這點上顯示出更高的理論精密度。在下面這篇論文中，我已經討論過「數」這個概念的具體性質：Karine Chemla, "Nombre et opération, chaîne et trame du réel mathématique. Essai sur le commentaire de Liu Hui sur Les Neuf chapitres sur les procédures mathématiques," in Alexei Volkov (ed.), *Sous les nombres, le monde. Matériaux pour l'histoire culturelle du nombre en Chine ancienne* (Saint-Denis: Presses Universitaires de Vincennes, 1994a).

「術」所依據的數值，界定了粟和糲米之間的等值關係。這些數值以抽象數表示（分別為5和3），對比於將要被轉換的粟的數量——後者以量測數量（一斗）表示，也以此形式進入計算過程中。在所有類似的演算法中，都存在著這種差異。它關係到一種系統化的做法：在這類演算法中同時讓抽象數值和量測數量發揮作用。這種做法應和著另一種做法：提出「數」與「率」在概念上的對比，以指稱兩種類型的數值。後者很清楚地出現在《九章算術》對於抽象演算法的描述上，而根據注釋家的說明，前者則是由這種抽象演算法衍生的：

　　今有

　　術曰：以所有數乘所求率為實。以所有率為法。實如法而一。

與其他任何傳統形成對比的是，「三率法」（rule of three）在中國以一種不對稱的方式被描述，因為有些數量——它們提供了被交換事物之間的等值關係——被構想、稱呼為「率」，而要被轉換為另一種事物的東西——在上述的例子中，是粟被轉換成糲米——則透過一個帶有度量單位的數值進入演算過程。

　　這種概念上的差異，轉變為操作上（亦即在演算法中處理數值的方式）的差異。將進入「今有」之術的兩個數值稱為「率」，表示它們可以同時被同一個數量乘、除（其單位在抽象化的過程中被除去），而不影響它們表達同樣的等值關係的能力。作者引用「通」這個理論名詞，來稱呼這種轉變或它所產生的數的狀態。結果，將「今有」之術的三個項中的兩個稱呼為「率」，意謂著在執行演算法之前彼此一致地修改其數值的可能性。這解釋了下述事實：在特定演算法中，它們可以被表示成抽象的數。換句話說，演算法中出現抽象數值與量測數值，是基於理論上的理由，並意謂著一種執行演算法的特殊方式。這指出了一個尚待探索的研

究方向。更廣泛地說，對於抽象單位一（unity）與度量單位等概念，以及中國古代執行演算法的實際方式，還需要做許多探究，才能夠進一步掌握這種（抽象數值與量測數值之間的）分歧。

同樣的現象（即抽象數值與量測數值被同時用）以相同的理論用語出現在《九章算術》的第九章關於直角三角形的討論中[63]。於是，注釋家在詮釋用來解決這些問題的演算法時，認為它們也是以同樣的方式從「今有」之術衍生而來。然而，注釋家也說明同一章裡的其他演算法——第九章第二部分的全部（Chemla and Guo Shuchun 2004: 669-671, 684-689）——以另一種方式運用了「率」與「數」之間的對比：在這裡，「率」指的是幾何實體（geometrical entities），其數值以量測數量表示。換句話說，「率」與「數」這兩個概念之間的對比可以透過多種形式呈現，而抽象的數與量測的數之間的對比只是其中一種。我們自然而然地便加以區分的情況，由此而從理論的觀點產生了關聯。

在我們剛剛描述的內容中，對於各種類型的數——抽象的與量測的——的運用，關聯到將某些演算法概念化和執行計算的特定方式。然而，注釋提出了另一種理論研究取向，與被使用的數的多樣性有關——這次是整數、帶分數，以及二次無理數；這個研究取向揭露了一個出人意料的關係：在被運用的數值與一種關鍵運算（用來證明演算法的正確性）之間的關係。讓我概略地敘述這個論證：如同本文第一節所述，除了整數之外，《九章算術》也引入分數和「2的平方根」之類的無理數。劉徽在注解開平方的演算法時討論到，根據他的看法，為何經文必須提出「N的平方根」之類的數量——如果演算法無法開盡N這個數、以求得其平方根的話。這番闡述為他提供了一個機會，探討與被使用的另一類

63　在問題9.13和9.20，作者用抽象數字來表示兩個附加於直角三角形的量之間的關係；這些抽象數字被稱為「率」，對比於以量測數量之形式出現的其他數值。

型數(也就是整數+分數)相關的相同問題。在這兩種情況(帶分數與無理
數)中,他認爲對於這類數值的需要,與產生這些數值的運算所具有的
一項特性有關。由於引入剛剛提到的數,除法與開平方才能夠產生確切
的結果;這項事實在他看來非常重要,因爲在最終結果上應用逆運算的
做法,可以「還原」應用除法或開平方來求解的數值。

因此,很顯然地,注釋家將經文作者提出這些數的做法,連結到產
生這些數的運算(即除法或開平方)所具有的一項類似特性,即除法或開
平方的逆運算恢復它們所轉化的、原來的數值,結果,除法或開平方的
作用被取消。這個特性爲何重要?要回答這個問題,唯一可行的方法是
探究注釋家運用此特徵之處。結果發現,在用來證明演算法爲正確的基
本方法上,這個特性扮演了關鍵的角色。其論證如下:爲了證明《九章
算術》所提出的某個演算法是正確的,注釋家所用的方法之一是,先構
想一個能夠達到同樣目標的演算法,然後證明此演算法可以透過有效
的轉化,被轉化爲經文所提出的演算法,由此確立後者之正確性。爲了
要進行這類證明的第二部分,也就是確保所應用的轉化之有效性,這些
運算(即除法或開平方)必須具有可以求得確切結果的特性。基於這項事
實,我將這類證明稱爲「在演算法的脈絡中的代數證明」(algebraic proofs
in an algorithmic context)[64]。舉例來說,爲了將注釋家所構想的演算法轉
化爲經文所提出的演算法,可能必須刪去對立的運算(譬如彼此對立的乘
法和除法)──它們在證明演算法爲何正確時非常重要,但是在實際的
計算步驟中彼此抵銷。在此,兩方面之間的連結被建立起來:一方面是

────

[64] 這個論證闡述於Chemla, "Fractions and irrationals between algorithm and proof in
ancient China." 讀者可以在這篇論文中找到證據,證明這種關切也存在於《九
章算術》和《算數書》之中(參見Glossary, 924-925的fu〔復〕"to restore" 這個
詞條)。我在另一篇即將出版的論文中說明,對於《九章算術》處理數字的方
式,我在此著重探討的兩項特徵,事實上彼此有關。

被使用的數，另一方面是將某演算法轉化爲另一演算法的做法。總之，數顯然不只是被計算的對象而已。它們的各種型態，以及它們被處理的方式，顯示它們如何關聯到概念化（conceptualization）與證明。我們將在下文回來討論證明的實作。

問題

在前面的討論中，我們看到歷史學者如何需要還原古代數學實作的原貌——關於演算法、在計算表面上進行的計算，或是數——並需要探討它們展現的具體特性，以免在提出詮釋或預期時，出現時代錯誤的情況。現在，我將說明同樣的現象在數學問題上也是成立的，這些問題在我們所探討的現存古代中國數學資料中，是相當重要的構成要素。

在「演算法——術」這一節，我們探討問題6.18和出現於其後之「術」，看到注釋家如何指出此演算法未能做足夠廣泛的擴展。讓我們再度以此爲例，但這次從它所涉及的問題的角度來檢視它。劉徽的反應提供了一些線索，幫助我們了解古人如何解讀這些問題。當然，在古人的理解中，這些問題所指的並不止於它們本身，而是代表整個問題的類型。因此，這樣的問題可以被視爲「範例」（paradigms）——依據文法家賦予這個詞的意義。也就是說，爲了解釋如何對於法文中的第一類動詞進行變位，文法家並不提出抽象的陳述，而是以一個例子，亦即一個範例——"Je chante, tu chantes, il chante, nous chantons…"——爲基礎，作出概括的陳述。我認爲，在我們的材料中，「問題」也具有同樣的地位。然而，要決定這些問題所具有的概括性種類，其方式可能不盡相同：顯然地，必須藉由分析出現在這些問題之後的演算法，才能探究它們所代表的問題類型。於是，我們在此有了一種表達概括性的特定模式[65]。

65　我在Chemla, "Qu'est-ce qu'un problème," pp. 96-97中說明，劉徽在解讀對於問題

　　到目前爲止，我們所描述關於問題的每一種性質，似乎都相當尋常：我猜想，沒有人會認爲童年的浴缸問題所代表的只是它們本身而已。然而，其他證據要求我們更密切地檢視我們的材料如何見證中國古代的數學問題實作。

　　事實上，我們的材料含有出人意料的、對於問題的處理方式。這些方式提醒我們，不該將對於問題的實作視爲理所當然。此外，它們爲我們對於這種實作的重新建構提供了一種限制。只有當我們有資格詮釋所有被證實的、對於問題的用法時，才可能提出可靠的推斷，說明問題如何在我們的材料所見證的數學文化中被使用。

　　我們必須解釋的第一個難題是，爲什麼注釋家爲了闡述關於「乘分」之術(分數相乘之演算法)的一項論證，需要改變問題的情況？他將問題所描述的情況：

1.19
今有田廣七分步之四，從五分步之三，問爲田幾何。

改變爲：

馬「一匹，直金五分斤之三」。今「一人賣七分馬之四」，「人得幾何」[66]。

（續）────────────────
　　的處理方式時，顯示這種處理方式需要要求讀者在數學領域內，具備「舉一反三」的能力──根據《論語》記載，這是孔子要求受教者具備的能力：「舉一隅不以三隅反，則不復也。」因此，根據劉徽的詮釋，數學實作與更廣泛的知識實作是相連貫的。
66　(Chemla and Guo 2004: 170-171.) 我從原注中擷取三句，組成對於這個問題的陳述，以便與經文所提出的問題相對照。在這段注釋中，劉徽以三個意義相同的問題來闡述他的論證，此處所引的是這系列問題中的第三個。在Chemla，

在這個例子中，情況改變了，但數值被保留下來。我們所遇到的第二個難題與此對稱：爲了在問題5.10之後的注釋中闡述其論證，劉徽改變了數值，但未更改情況。原本出現在經文中的問題是：

5.10
今有方亭，下方五丈，上方四丈，高五丈。問積幾何。（Chemla and Guo 2004: 422-425）

在注釋的一開始，劉徽將數值改變爲

假令方亭，上方一尺，下方三尺，高一尺。

從現代人處理問題的觀點來判斷，這些改變似乎頗爲弔詭。而在我們確認一個問題其實是一個範例、且代表整個問題的類型之後，它們看起來更是如此。要將這所有的事實綜合在一起，必須還原中國古代對於數學問題的實作，而這種實作顯然不同於現代的實作。讓我概述這個古代實作的一項出人意料的主要特徵，在我看來，它有助於解決上述的難題。

　　根據我們的材料推斷，數學問題的主要用處是，問題所陳述的情況提供了一些元素，容許數學從事者「詮釋」一個演算法的連續步驟。在這裡，我們遇到了證明演算法正確的第二個關鍵操作。要證明一個演算法正確，就是要證明最後得出的量（magnitudes）和值（values）相應於所求。爲了達到這個目標，一項基本的操作是：一個運算接著一個運算、一個次演算法接著一個次演算法地形成該演算法連續決定的內容。注

（續）————————————————
"Qu'est-ce qu'un problème," pp. 96-97中，對於這段注釋有完整的描述，並更詳細地探討此處及下文所提到的兩個難題。第一個難題在http://halshs.ccsd.cnrs.fr/halshs-00000091中有討論。

釋家用一個專門語詞來稱呼運算或次演算法所具有的這種「意義」：
「意」。將促使數學從事者使用某個運算或某個次演算法的「用意」
(intention)表明出來，則是注釋家主要作爲。或換句話說，表明這些運算
所產生的量，是注釋家在證明演算法正確時，所做的一個主要動作[67]。

現在，就「乘分」之術而言，重點是注釋家想要提出的證明，引入
了一個他所證明的演算法(乘分術)所不需要的運算。「詮釋」這個運算
(也就是決定它所要計算的內容)對於證明來說是必要的；而爲了這麼做，
注釋家需要一個新的情況──比起計算長方形面積的問題所能提供的
情況，這個新情況必須在詮釋上具有更豐富的可能性。注釋家用來取代
1.19的問題，具有三個量，容許他詮釋這些運算的「用意」：人的數目、
馬的數目，以及金的數量；這便是這個問題比較適合用來做證明的理
由。任何問題，只要它的結構跟這個由馬、人、金組成的問題一樣豐富，
以便容許詮釋證明所需要的運算，便能夠被用來陳述這道證明。這界定
了問題的情況如何能變化的原則，在此變化之內，問題仍然是一個範
例，而且需要被理解爲一個概括的陳述。這項觀察有個重要的結果：一
個演算法即使被以特定的說法表述，它仍然可以是概括的；同樣地，注
釋家提出一道證明時，所根據的可能是(出現在演算法之前的)問題所描
述的特定情況，或是任何其他問題所描述的特定情況，即使如此，這道
證明仍可能是概括的。

總之，在注釋家證明演算法的正確時，數學問題似乎扮演了關鍵性
的角色。這讓我們看到一個尚待進一步研究的問題：是否有一種對這個
目的來說特別有用的問題文化(a culture of problems)？我們將在另一篇論
文討論這個問題。

對於出現在問題5.10中的改變，也可以發展出同樣的論證。不過，

67　參見 *Glossary*, pp. 1018-1022.

在這個案例中，我們看到一個特殊的例子，顯示出遠較爲普遍的現象：在古代中國，對於視覺輔助用具的實作，整體而言類似於對於問題的實作。這讓我們想起劉徽用來介紹棊在空間幾何之用處的一句話：「言不盡意」（4.22）。

圖與棊

一方面，就像問題一樣，視覺輔助用具提供了一個場域，可以詮釋演算法的步驟、次演算法、或是證明演算法正確所需的運算。前面曾經討論過對於「句股」之術（與「畢氏定理」有關）的證明，讓我們回顧一下當時的論點。

經文所提出的「術」，要求分別計算出底邊和高的平方。運用圖1所描繪的視覺輔助用具，注釋家從幾何的角度詮釋這些運算所決定的內容——也就是它們的「意」。由於有視覺輔助用具所提供的背景，注釋家得以分析這些依照經文指示來計算的面積——對應於它們在演算法中的總和——並由此解釋它們該如何被轉化。就這點而言，證明所用的圖，如同上一節所討論的問題一般，需要比只能描繪三角形的圖具有更豐富的詮釋可能性。

兩個正方形組合出來的面積，經過轉化之後，顯示此面積即等於弦（直角三角形斜邊）的平方。這提供了一種詮釋，在此基礎上，演算法的最後步驟可以被理解爲正確地得出了弦的長度。如同上文指出的，由於開平方的演算法總是產生正確的結果，由此得到的數值因而被認爲也相應於所求的數值。藉由這種方式，視覺輔助用具使人們可以依次決定運算或次演算法的「用意」。

注釋家也證明了關於棱錐的演算法是正確的；對於這項證明，我們可以提出同樣的論證。這些棊，還有它們爲了證明及其詮釋所經歷的連續分解步驟，可以依次凸顯符合所求性質的空間體積。

　　另一方面，如同問題一般，視覺輔助用具也具有最特定的尺寸。我們之所以能確立和分析這個事實，是基於對棱錐的概括證明所具有的一個額外特徵。前文曾經強調，這道證明是劉徽爲了棱錐而提出的第二個論證。他拋棄了第一個論證，因爲它只有在棱錐的三個向度都相等的情況下才能成立。最耐人尋味之處是，這個證明——很明確地是爲了棱錐三個向度不等的情況而提出的（圖6至10）——事實上藉由棊（即使它們的三個向度都是相等的）而同樣明確地被表述出來。在這種情況下，就像問題的情形一樣，藉由視覺輔助用具來詮釋或說明的表達方式具有範例的作用（一組特定的尺寸被讀爲表示向度的任何數值）。此外，更重要的是，如同問題一般，具有特定向度的視覺輔助用具所涵蓋的擴展範圍，將根據施用在它們上的操作方式來決定：與第一道證明相對，第二道概括的證明之所以能夠擴展而涵蓋所有的「陽馬」棱錐，是因爲其運算並未運用三個向度相等的情況所獨具的特徵。這個結論也解釋了爲何圖1所顯示的視覺輔助用具如此清楚地展現出其構成要素的特定向度。如同問題一般，概括性藉由具有明顯特定向度的視覺輔助用具而表達出來。更明確地說，就視覺輔助用具和問題而言，注釋家在選擇範例時，通常用盡可能特定的向度——或者說比較不「一般的」（less "generic"）向度。作爲第一個結論，我們可以說，在問題和視覺輔助用具上，我們看到了對於概括性的相同的表達模式。

　　再者，就用處而言，視覺輔助用具可以用來說明一個形狀，或是用來建立一道證明。除此之外，關於視覺輔助用具，我們可以用文獻證明，數學從事者試圖尋求基本的圖或棊。在此，我們從上面提到的、對於第一種意義的概括性的表達，轉移到對於第二種意義的概括性的興趣。

　　就我所知，對於兩種不同的視覺輔助用具（圖和棊），尋求的形式也有所不同。

　　讓我們回到圖1，從圖開始討論。除了注意到它的特定的向度之外，

我們看到它非常複雜精細，其作用不可能只是爲了證明相當於「畢氏定理」的演算法之正確性。事實上，我們可以藉由說明下述事實來解釋它的特殊形狀：這個圖的設計用意是在涵蓋盡可能廣泛的範圍，也就是說，它應該成爲盡可能多的演算法的基礎(Chemla 2005b)。基於這個理由，外圍的正方形是必要的：它讓讀者能夠理解許多演算法的正確性，例如出現在問題9.11之後的「術」——此演算法根據斜邊長度和另外兩邊之間的差距，求得三角形另外兩邊的長度。同樣的推論也適用於其他兩個圖——在趙爽和劉徽的注釋中，這兩個圖與圖1被歸類在一起。因此，這又是另一個展現概括性價值的例子。

接下來討論到棊，我們還記得上文所引述的劉徽之語：「此章有塹堵、陽馬，皆合而成立方，蓋說筭者乃立棊三品，以效高深之積。」(Chemla and Guo 2004: 422-423)劉徽提到他的前輩，認爲他們說明演算法正確的方式，是具有兩個特徵。

一方面，他們試圖以最少數量的棊來「複製」（「效」）所有被考慮的立體(solids)的形狀。正如我們在一道證明——證明求取棱錐體積的演算法爲正確——中看到的，同樣的傳統似乎持續著，並加入了一種新的棊：「鱉臑」。我認爲這種對於棊的研究與概括性的價值有關：它探究在立體的領域之內，最少數量的立體所具有的功效能夠擴展到什麼程度。

另一方面，根據劉徽的說法，他的前輩將相同的棊組合在一起，以詮釋任何演算法、並證明其正確性。這種做法可以解釋問題5.10中的尺寸爲何需要在注釋中被改變。藉由這種方式，此演算法可以同時從幾何和量(magnitudes)的角度來詮釋(Chemla 1991)。即使該證明的所有運算並非都是概括的，但仍有足夠的概括性，可以讓這個演算法的證明具有充分的概括性。顯然地，爲了棱錐而提出的第二個證明，運用了新的方式組合各種棊，以便讓此證明成爲全然概括的。

總之,對於盡可能廣泛概括性的尋求,在平面上和空間上以不同的形式呈現,即使如此,在這兩種情況中,研究取向似乎是由同樣的動機所驅動。

證明與文本類型

為了了解上文所討論到的好幾種實作,我們必須提到證明的實作:數、問題和視覺輔助用具都與證明的推演密切相關。這引領我們在這一節更詳細地檢視中國古代的證明實作。

正如我們已看見的,這些由注釋家明確闡述的證明,旨在確立演算法的正確性。此外,如同棱錐的例子清楚顯示的,注釋家努力以概括的方式來證明演算法的正確性。

事實上,我們可以從注釋家提出證明的方式,辨認出基本的方法模式。我們已經看過其中兩種。一方面,觀察對於問題與視覺輔助用具的實作,使我們意識到如何決定運算或次演算法的「意」顯得是證明過程中的一種關鍵部分。另一方面,檢視對於數的實作,則使我們想起另一項由注釋家的證明所使用的基本操作:這些證明以(作為一連串運算的)演算法為依據,在這些演算法上進行有效的轉化,將它們轉化成其他同樣有效的演算法(Chemla 1997/1998)。在這兩種情況下,注釋家所處理的都是一組組的運算本身,也就是上文所討論的、演算法的第一個面向。

讓我們在此稍微更詳細地討論一個基本目的──在我看來,這個目的激發並驅動了注釋所呈現的證明實作──這個目的便是確認最具概括性的運算,藉以減少演算法的表面多樣性。這讓我們再度看到古代數學操作者對於概括性的重視。為了說明這種尋求的過程,我將詮釋上文概述的證明(證明計算棱錐體積的演算法之正確性)。如果我們考慮圖9(或圖10)中呈現的「塹堵」,為了總結論證,我們看到需要對這個形體作幾何上的轉化。這種轉化將此形體變成圖11的模樣──在圖中,各部分

為了能夠清楚展現而被分開放置，但它們其實應該被視為構成了唯一的長方體。其轉化方式如下：在立體上方的兩塊，各自被移往右方兩塊之中的一塊(其形狀相同)。首先，在上方，「陽馬」和「鱉臑」的組合被移往前方的半長方體(它也組合了同樣的兩塊「陽馬」和「鱉臑」)。其次，前上方的「塹堵」被移往右後方的「塹堵」[68]。這樣的轉化使得論證得以完成。

有趣的是，藉由這麼做，這個發揮了功效的形體轉化，與遠較具概括性的轉化方式相較，顯得成為一種特例；後者在立體的架構之內，被呈現於第五章第一個問題之後的注釋中。

在第五章裡，第一個被討論的立體是梯形棱柱(trapezoid prism)，其形狀如圖12。

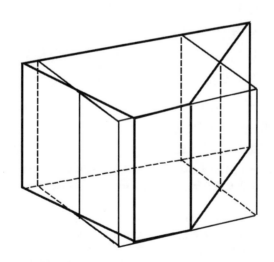

圖12　梯形棱柱，以及為了證明相關演算法而作的轉化

68　李繼閔，《東方數學典籍》，頁298-303，以及Chemla, "Résonances entre démonstration et procédure," 都同意以這種方式理解整體轉化的性質。在某種程度上，它們同意以不同於現存大多數校勘本的方式來闡釋注釋文本的原意。

　　為了證明計算其體積的演算法為正確，注釋家描述了它轉化為長方體的過程，如圖12所示[69]。然而，劉徽並未以具體的語詞來描述這種轉化，也沒有明確提到問題所討論的幾何情形，而是用一個概括性的陳述來稱呼這種轉化：「以盈補虛」。這個陳述掌握了轉化的形式，指出同樣的操作手法其實適用於好幾種不同的狀況，即使在每個狀況中，它所呈現的具體樣貌都不相同。而且，在大多數的狀況中（其演算法都是以同樣的轉化為基礎），注釋皆以同樣的表述方式提到這種轉化[70]。

　　對於計算「塹堵」體積的演算法，注釋提出兩種方式來解釋此術的正確性。第一個方式很容易了解，它指出「塹堵」其實只是半個長方體，因為兩個相同的「塹堵」可組成一個長方體。然而，還有不容易為人了解的第二個論證。我認為它稱「塹堵」為梯形棱柱的一個特例。因此，與「塹堵」有關的演算法，只是棱柱之演算法的一種應用。從幾何的觀點來看，它可以被看成如圖13所示。

　　證實棱錐演算法為正確的這道證明，也符合此架構，只不過被移動的一塊必須從中間被切開，而所得的兩塊在被移動前先經過交換。由此看來，「以盈補虛」的操作似乎在這裡也相當有效，並且成為所有（處理立體所需的）轉化的基礎原則。

69　(Chemla and Guo 2004: 412-413.) 兩個平面以這樣的方式切割立體，使得切下的部分能夠填滿出現在立體與平面之間的空間，因而將體積重塑成一個平行六面體。

70　首先強調這種轉化之重要性的著作，是吳文俊的〈出入相補原理〉，收錄於吳文俊所編，《九章算術與劉徽》。在Chemla, "Résonances entre démonstration et procédure"這篇論文中，我討論到「陽馬」的案例如何被處理，以強調它也依賴這個一般性的操作。在下面這篇論文中，我說明了這個基本操作在漢代數學領域之內與外的一些用法：Karine Chemla, "Croisements entre pensée du changement dans le *Yijing* et pratiques mathématiques en Chine ancienne," in Jacques Gernet and Marc Kalinowski (eds.), *En suivant la voie royale, Mélanges en l'honneur de L. Vandermeersch* (Paris: Presses de l'Ecole Française d'Extrême-Orient, 1997b).

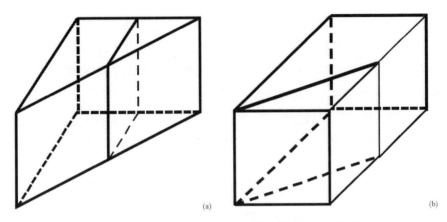

圖13　(a)與(b)：塹堵及其為了證明而作的轉化

　　上述的例子顯示，透過證明，注釋家試圖在各種不同的演算法中辨認概括而根本的轉化方式。這類的操作不僅是概括的，也以抽象的語詞被理解。

　　在注解「合分」(分數相加)之術後，劉徽陳述：「乘以散之，約以聚之，齊同以通之，此其算之綱紀乎？」(Chemla, Guo 2004: 158-159)我們無法在此詳細解說這組運算(李繼閔 1982a, 郭書春 1984a, Chemla 1991, 1992a, 2003b)。但指出下述事實便已足夠：注釋家所得到的這個結論，正是我認為數學從事者透過證明而尋求的一組基本運算。劉徽藉由證明好幾道演算法的正確性來得到這個結論，其證明方式凸顯它們其實都是這些概括運算的示例。上文討論過注釋家為何要將問題1.19變成關於馬、人和金的問題；事實上，這種變更的重點正顯示「乘分」(分數相乘)之術也是這些概括運算的另一種呈現。對於如此得到的洞識，注釋家指出它使人們能夠「從更廣泛的角度了解」(「廣論」)該演算法。

　　在這方面，有兩個事實應該被強調：

　　首先，對於概括而根本的運算所代表的演算法意義，注釋家似乎特

別用一個專門語詞來稱呼它：「義」[71]。這正是「義」這個字在數學領域內、涉及這部經書時所具有的意義。它確認這類基本運算是他們注釋的主要對象，從而指出根本的目標：將證明活動與對於經書撰寫注解的活動（即證明所開展的脈絡）連結在一起。

其次，我們可以找到證據，顯示從劉徽的時代到至少13世紀，注釋家撰寫注釋的動機，似乎是爲了要尋求相同種類的概括運算（Chemla 2003b）。

這些觀察顯示下述兩者之間的密切關聯：出現在注釋之中的、對於證明的描述，以及「對於（在我們的材料中被辨認出的）各種文本類型加以關注」的這個議題。我們的原始資料絕非種類相近的書寫，不能被視爲彼此同等的文本；相反地，它們以特定的方式被解讀、編輯或書寫，端視它們所屬的文類而定。我們需要考慮這個向度，不只是把它們當成證據來使用，同時也要從更根本的角度、以更理性的方式詮釋它們。這篇論文的架構並不允許我們深入探討這個議題的細節。在此，我只概述經文或注釋——這些是唯一能提供證據、讓我們探究這個議題的文本——所特有的一些特徵，藉以說明此議題的重要性[72]。一方面，我們所能夠觀察到的讀者，也就是這些注釋家，似乎相信作爲一部經書，《九章算術》透過各種演算法（「術」），指出了基本的運算。這樣的信念促使他們發展出一種特殊的解讀模式。這項觀察清楚地顯示，如果我們要了解《九章算術》對於古代讀者（他們在本文所探討的這種數學文化中運作）的重要性，那麼將這部著作解讀爲一種現代文本是不夠的。另一方面，而

---

71 參見 *Glossary*, pp. 1022-1023.
72 只有依據注釋所提供的證據，我們才能探討它們如何理解並看待一部經書（相對於其他的文本），以及注釋因此應該採取哪一種形式呈現。下面這篇論文對於這個議題有更詳盡的討論：Chemla, "Classic and commentary: An outlook based on mathematical sources."

且也與這點相關的是，在他們的注解中，注釋家認為可以透過自己所提出的這種證明，挖掘出這些基本運算。在解讀其證明時，若未將它們連結到促使注釋家發展出這些證明的特定類型注釋，將會讓我們忽略其撰述動機的重要性。

知識論價值

到目前為止，我們檢視了各種實作——有些是根據文本要素，有些是根據不同於書寫紙頁的證據記錄。這些實作看起來都與我們在自己參與的文化中所習慣的實作不同。

在描述這些中國數學材料所見證的各種實作時，我們經常遇到知識論上的選擇，像是對於概括性的重視。散見於上文的各種觀察已經說明，即使是知識論價值，正如所有的知識論文化的另外要素，也一定會展現出不同的實作，至於是什麼樣的實作，端視這些價值在哪種文化中被強調。這些實作也必須被肯認和描述，才能讓我們在探討現存資料時獲得最豐富的成果，並能夠理解其他較物質性的實作。在我看來，對於這些向度的考慮，正是「知識論文化」這個概念獨特之處，也是它在我所討論的案例中具有重大意義的原因。

在回來討論這個概念之前，為了簡潔之故，我將把焦點集中在唯一一種知識論價值上，也就是概括性。我將總結前文關於這個價值的討論，以說明我們的材料如何也證實了對於此價值的一種特別的實作。

在數學從事者對於演算法的探究中，概括性是一種具有指導地位的價值。從注釋家數學從事者將某些「術」確認或界定為「都術」（普遍萬用的演算法）的用心，便可以推斷出這一點。正如上文所強調的，「今有」之術（注釋家稱它為「都術」）的出現，似乎是藉由將若干演算法抽象化而得；而這些演算法則成為「今有」之術的示例。藉由比較《算數書》和《九章算術》中的演算法，便可以理解這個抽象化的過程。這樣的過

程透露了數學操作者想要推導出更概括的演算法的用心。

再者，對於概括性的強調，也顯示在《九章算術》的演算法所特有的性質中。相對於其他數學傳統中的文獻所描述的演算法，《九章算術》的「術」展現了複雜的結構性質（例如將一種演算法嵌入另一種演算法，以及分枝與環狀的結構），我們在前文已討論過。由於這些性質（它們在各種情境中呈現不同的樣貌），演算法才能夠涵蓋數量頗多的案例。根據注釋家留下的證據，可以看出他們也從某些「術」所採取的形式、或經文給予它們的名稱中，解讀這種對於概括性的關注。

除此之外，《九章算術》各章的組織也顯示作者對於演算法之概括性的關注，因為最具概括性的演算法（其他演算法以各種方式從它們衍生）通常被置於各章之首。這顯示經文如何以特殊的方式被組織，以便透過其結構表達對於演算法之概括性的論述。

從不同的觀點來看，演算法在計算表面上的對應形式，也就是說，在固定位置上執行的計算（在計算中，數值透過被決定的運算順序而演變），也似乎經過特殊設計，以便讓操作者尋求最具概括性、也是最根本的計算要素。換句話說，在計算工具上進行的計算實作，也反映出數學從事者對於概括性價值的興趣。

再從另一個角度來看，當我們描述關於視覺輔助用具的實作時，曾經指出：「概括性是推動數學工作的一項主要價值」這個假說，有助於解釋這些用具所展現的好幾種特徵。

一方面，視覺輔助用具通常都有相當特定的向度，但它們被詮釋成具有範例的作用，因為用它們來執行的運算是概括性的。這是我們所稱的、第一種意義的概括性。我們看到，《九章算術》中的問題也展現出這種特徵，而且，這些問題的擴展也是依據出現在它們之後的演算法來決定。此外，無論就視覺輔助用具或問題而言，最特殊的案例被選擇來代表概括性的情況。

　　另一方面，就立體和圖而言，數學從事者顯然努力要確認最基本的用具——就某種意義來說，它們（根據我們的分析）是那些功效能夠延伸到最遠的用具[73]。這涉及我們所稱的、第二種意義的概括性。我曾指出，在立體的領域內，與這種類型的概括性有關的是基本的棊；而這些棊很可能是在《算數書》與《九章算術》的時代之間發展出來的。有兩個理由支持這項假說：首先，《算數書》中並未探討「陽馬」棱錐這種立體。其次，雖然《九章算術》的經文在討論「陽馬」棱錐後，便立即處理「鼈臑」四面體的問題，但似乎只有在劉徽的注釋中，「鼈臑」四面體才屬於整套棊的一部分。至於圖，我認爲像圖1這樣的圖，出現在《周髀》的時代和第3世紀注釋寫成的時代之間。

　　在運算和演算法上，我們也看到這種類型的概括性。如同我曾經提出的，當數學從事者證明這些演算法的正確性時，不只藉此可以理解其所能擴展的範圍而已；這些證明也是數學從事者所採取的手段，藉以凸顯作爲其基礎的、更具概括性的運算和演算法。

　　在上述所有情況中，證明似乎是被用來探究概括性的主要工具。此外，即使數學從事者提出了一種涵蓋範圍廣闊的演算法、圖或棊，也似乎並未就此終止其研究。提高概括性的這個目標，促使數學從事者繼續努力探討這些要素。

　　現在，我們可以扼要地重述本文的論證。在一開始，就我們所關注的文化，我列出了好幾項構成此文化的要素。在第二部分，在描述關於這些要素的證據之後，我說明每一種要素都涉及了實作，我們可以還原這些實作的原貌，而且在每一種情況下，這些實作都與現今的實作不同。正確地說，有一種要素我們沒有討論到，即使就整體而言，它理當

73　在下面這篇論文中，我說明在視覺輔助用具中，色彩如何被用來表示不同情況
　　中的普遍特徵：Chemla, "De la signification mathématique de marqueurs de
　　couleurs dans le commentaire de Liu Hui."

被列入考慮：那是在古代中國參與數學活動的機構、社群和個人種類。這個忽略是刻意的，因為我認為我們所擁有的、關於早期帝制中國的證據，並不足以讓我們充分地探討這個向度。然而，值得指出的是，幾百年來指導數學實作及其穩定性的規範，顯然反映了社群、機構，以及在某種程度上被確立的傳播形式。

從前面對於實作的描述，可以做出什麼結論？為什麼我認為在掌握上述的情況時，「知識論文化」這個概念具有重大意義？

前文已說明，我所指出的關於各種要素的實作，全都是獨特的；除此之外，前面的描述也呈顯出另一項關鍵的事實：這些實作連結要素的方式也非常獨特，或者，至少不同於我們自然會想像的方式。「知識論文化」這個概念就在這裡顯得重要。為了強調這點，讓我扼要地重述一些關聯。

三、結論：操作的結合與知識論文化

首先，我們看到，構成概括的陳述、並表達某個問題所代表的問題類型的，既不是一個問題，也不是出現在問題之後的演算法，而是兩者的結合。這個結論——可以從觀察出現在問題6.18之後的注釋推得——可能指出一個問題所屬的範疇（「類」），是如何依據出現在它之後的演算法來決定的。再者，這樣的決定可能是透過對於演算法的分析而達成，而此分析則是經由證明（類似於出現在注釋之中的證明）而完成的。結果，不只是問題和演算法之間的關係，而且問題和演算法所形成的組合與證明之間的關係，以及經文與注釋之間的關係，都不同於我們可能在未經深思之下所預期的情況。

其次，我們看到，問題絕不只是等待被解決的陳述而已，它們在證明中扮演關鍵的角色，因為它們所描述的情況提供了一個脈絡，在此脈

絡中，證明的運算可以被詮釋。這個結論有助於解釋爲何注釋家要將
《九章算術》中的一個問題更改成在我們看來完全相同的問題。誠如我
們所見，這兩個問題之間的差異，在於新問題容許注釋家發展出對於某
個演算法——「乘分」之術(1.19-1/21)——的第二種證明。我們可以就
這個結論再補充一點：證明是新問題所以產生的根源。同樣地，若非透
過對於文獻的深入分析，我們將不會預測到在問題和證明之間存在著
這樣的連結，因爲在當代數學實作中，人們通常不會認爲這兩項要素以
這種方式彼此關聯。然而，當我們描述古代數學從事者對於問題和證明
的實作時，便揭露了這個出人意料的關係。

　　無論是計算棱錐體積的演算法，或是分數相乘的演算法，其第二種
證明使讀者了解，注釋家所指出的、在其他好幾種演算法中發揮作用的
基本運算，如何也是被注解的演算法的基礎。這讓我們看到第三種出乎
意料的關聯：就它們在古代中國被提出的方式而言，這些構成注釋主題
的證明，是數學從事者所採取的一種手段，藉以追求更高的概括性和找
出最基本的運算，能夠讓盡可能多的演算法共用。從另一個角度來看，
這個結論顯示注釋家如何藉由證明演算法的正確，在經文中尋求概括
性。前文檢視過的好幾項要素，再度於此呈現出一種預料之外的關係模
式。

　　更廣泛地說，這些在證明與演算法之間建立起來的關聯，就其在古
代中國的實作方式而言，似乎是多方面的。有些演算法被描述的方式，
令其正確性的理由顯得清楚易見。證明通常會運用演算法。此外，證明
也對於演算法進行分析。一方面，它們探索演算法的效能範圍。另一方
面，如同我剛剛重述的，這些證明被提出的方式，凸顯了在演算法內發
揮作用的概括性運算。這些新的運算導致對於舊演算法的新描述，或是
導致其他演算法的提出。同樣地，對於證明與演算法的特殊實作，在兩
者之間建立了出人意料的橋樑。

　　回到視覺輔助用具，我們看到數學從事者似乎是透過一個具有演算法性質的研究計畫（以證明為其基礎），來決定基本的圖和棊。回想上文對於計算表面的描述，我們曾說明此表面被使用的方式，如何將它變成一個位址，讓數學從事者在此確認演算法之間的關聯。由此發展出對於最具概括性之「術」的研究，而產生更有力且具統合作用的演算法。

　　總之，上述種種事實顯示，這些要素，以及在此基礎上發展出的實作，遠非彼此獨立，而是互相交纏在一起的。我之所以建議在此使用「文化」這個詞，便是為了要稱呼這種交織的狀況。在我看來，「文化」所指的便是以那種方式形成的、有組織的活動模式。此外，我們必須把它當成一個整體來理解，因為無論就它的哪一項構成要素而言，若不將此要素與其他要素的關係納入考慮，便不可能充分地了解此要素。依據前面的分析，似乎可以得到很清楚的結論：如果我們的目的在於以理性的方式詮釋原始資料，那麼一個必要的前提便是描述與這些資料之製造與使用相關的專業文化。

　　既然我已提出我建議賦予「文化」這個詞的具體意義，有一個問題自然會出現：為什麼我認為特別採取凱勒的建議、並在此談「知識論文化」，是恰當的做法？凱勒在這個概念上強調的重點是，為了掌握某種局部文化的具體性質，只關注物質性的實作（material practices）是不夠的。幾乎同樣重要而必須納入考慮的是，從事者（practitioners）所偏好的理論或解釋的種類──她統稱它們為驅動從事者的「知識的需求」（epistemic needs）。這些需求因團體而異，而且它們說明了被產生出來的知識體之間的基本歧異，那是其他因素所無法解釋的。此外，它們確實影響了較物質性的實作。這個向度也因其根本的重要性而被納入上文所提出的說明中；我主張將知識論價值視為最能描述這些需求的影響的要素。

　　正如上文提出的分析所示，知識論價值──特別是我所說明的、概

括性的價值——在我描述的文化中扮演了關鍵的角色。一方面，這些價值也以本文探討的文化所特有的方式被詮釋與實作。另一方面，它們決定了其他構成要素之實作的方向；基於這個理由，將它們納入考慮有助於了解哪些因素影響了特定的實作。在我看來，要解釋數學從事者對於新形式的演算法的尋求、證明的實作，以及對於計算表面或視覺輔助用具的使用，就必須提到滲入這些事實、並驅動它們運作的概括性價值。從概括性價值所提供的觀點來考慮這些事實，可以彰顯出存在於各種實作之間的連貫性——否則這種連貫性將隱而不顯。基於這些主要的理由，我認為「知識論文化」的概念能夠提供重要的新線索，幫助我們探究科學文化，而科學活動便是在這些文化的脈絡中實行的。

對於這些文化的描述引發了好幾個關於通史的一般性問題。第一個問題相當直接：這些文化是如何形成的？更具體地說，我們所考慮的所有要素——視覺輔助用具、文本類型、計算模式、知識論價值等等——幾乎都不是數學所特有的，而可以被用在其他的社會領域。數學從事者如何從其他專業文化借用這些要素？他們如何轉化他們所借來的東西？為了發展他們自己的活動，他們塑造出什麼樣的新實作？探討這些問題將有助於我們了解數學活動如何嵌入中國古代其他活動的網脈中。

我想提出的第二個問題更為廣泛。在本文中，我們探討數學活動所特有的一種專業文化。在多大的範圍內，我們所提出的這個一般性概念——文化——可以被用來描述其他的專業文化？或者，它應該如何被改變，才能延伸到其他的領域？這些問題需要從更寬廣的觀點著眼，有待學者作更進一步的研究。

從文藝復興到新視野
——中國宋代的科技與《夢溪筆談》[*]

傅大為[**]

　　中國的「中世紀後期」，如果我們可以如此稱呼，也許可以以近320年的宋代中國（960-1278）來代表。過去歐洲的文藝復興人文主義者，因為喜愛古希臘的文化，所以把歐洲之前千餘年的歷史，稱之為「中世紀」（medieval），甚至，中世紀還代表著一個黑暗的時代，一個古希臘黃金

*　此論文是由原本作為《義大利科技史百科全書》（*Storia Della Scienza*）之中國科技史（2001）的「宋元部門」的總論部分擴大發展與轉化而來，請見：Fu Daiwie, 2001, "From Renaissance to New Visions —the Formation and Advancements of New Literati and Bureaucractic/Technocractic Cultures," an Italian Introduction to Song-Yuan Section (960-1368) of the China Volume, *Storia Della Scienza*, Vol. II, Sezione I, La Scienza in Cina, ch.23, pp. 276-281. sponsored by Enciclopedia Italiana and Académie internationale d'histoire des sciences. 當初在寫宋元總論時，得到 Karine Chemla, Georges Metailie, Francesca Bray, Yilong Huang 相當多的幫助與意見，特此致謝。在此文的中文版宣讀與修改過程中，首先要特別感謝林力娜教授（Karine Chemla）的精彩評論，其次，要感謝許多與會朋友的寶貴意見：祝平一、胡明輝、范發迪、馮時、張哲嘉等。其三，則要感謝兩位匿名評審者的寶貴意見。祝平一同時還幫忙對此論文仔細順了文字，也藉此一併感謝。

**　陽明大學科技與社會研究所。

時代被蒙蔽的遺憾時代，也就是古希臘的遺產被蠻族、被天主教、特別是被伊斯蘭文化所破壞與扭曲的時代，要等到文藝復興的人文主義者出現，才能復興古希臘的黃金文藝啊。雖然這種史觀，在最近這半個世紀以來，已經受到批評與修正：其實中世紀後期的歐洲，尤其是人文薈萃、科技發展。但是，如果我們仍暫時使用那個深入人心的「中世紀」比喻，再來看看宋代的中國、看看當時的科技醫療史，是否我們也可以這麼說：宋代是中國的中世紀後期，走在明清的近代世界之前，但它比歐洲的中世紀後期，更明顯的是人文薈萃、科技發展。甚至，它是否也代表著屬於中國漢文化自己的文藝復興？甚且，在復興之路上，還在中國的科技醫療史的發展上，走出更新、更有趣的視野出來？

這個中國中世紀後期的文藝復興，當然與北宋之前兩百多年的戰亂、分裂有關。這個文藝復興現象，也不止於科技醫療史的範圍而已，而有個更廣泛的社會文化基礎，已為許多史家所討論。本文所謂中國的文藝復興，大致有兩層意思。第一層，是從宋代的行動者的觀點來說。許多宋代的士大夫學者，其實多少是有意識的、並付諸行動的來復興古代的聖賢之道。第二層，從一個歷史學家的觀點來看，即使有些宋代的當事人並沒有清楚地意識到這一點，但在相當程度上，他們很類似於在從事文藝復興的工作。當然，任何一種類比[1]，總是有它的限度，在適當的時機，我也會特別提出中國與歐洲兩方面不同的面貌。以下，就先對這個文藝復興現象，以科技醫療史為經，進行討論。

---

1 關於中國文藝復興的類比，過去史學家似乎還蠻喜歡作的，例如梁啟超對於清代中國的呈現。不過，筆者這裡談的不是清代中國，也不去考慮與比較梁啟超的用法。同時，宋代中國的文藝復興，只是本文的第一個論點，之後筆者還要來討論可以超越文藝復興意義的宋代「新視野」。

一、一個宋代中國的文藝復興？

首先要提到，透過那宋代著名的科舉考試系統而形成的北宋新士人階級。它的出身，當然要遠低於唐代著名的門閥士族，但是作為北宋國家的新官僚集團，在幅員廣闊的中國治理人民，它會需要各種不同於唐代貴族的文化與象徵資本。簡言之，這個新士人階級需要在上有王公國戚、下有惡吏土豪的官僚系統裡面，以他們的行政能力和效率來建立與累積他們的聲望。所以，前朝所操作的知識、技術與醫療，或是各種史書典籍中所記載的相關文字，都被他們熱衷地閱讀、研究、與評估。同時，在官僚系統之外的社會階層中，這個新士人階級還以其他的鮮明形象來自我定位，例如是博學多聞的學者、或者是經史藝文音律書畫的鑑賞愛好者等。

特別是在企圖有別與唐代門閥士族的貴族遺風、有別於唐代佛教與民間宗教大行於中國的意義下，宋代士人往往更愛好遠古三代、乃至漢代的文化，透過新發展出來的「好古」(antiquarianism)知識技術如金石學、字源學、文字學、碑銘研究、甚至是當時已萌芽的「考據」技術等等，熱心的在戰亂遺跡中搜尋、挖掘、與研究那逐漸失落的古代文化。繼而，透過這些研究與學習，宋代士人在歷史上逐漸培養出一種有著「文藝復興」意識與操作技術的生活風格。

這種好古的知識與技術，可以說是北宋的士大夫行動者多少有意識發展出來的生活風格。首先我們可以看到好古的浪漫情懷：歐陽修在中國四處所大量蒐集的碑銘字帖而編輯的《集古錄》[2]；在早期粗糙印

2　這是歐陽修在《集古錄》的序言中豪氣干雲的說法：「上自周穆王以來，下更秦漢隋唐五代，外至四海九州名山大澤，窮崖絕谷、荒林破塚、神仙鬼物，詭怪所傳莫不皆有。」

刷術的氛圍下，雅好古書的士大夫所精心收集的古書古物，如趙明誠李清照夫婦的《金石錄》[3]；在北宋士大夫新興文化的激盪下，對於古代書畫的收集狂熱與交換買賣市場的活絡，而由米芾等寫出影響深遠的《書史》等。還有，對於古禮、古代禮器等金石的索求，認為執行古聖王的儀典，可以更增強宋代新興士大夫的正當性，並且後來成為政治改革的依據，例如王安石的《周官新義》等書[4]。但也是好古另一面，則是在於「判斷與考證」古物古書真偽的「疑古考據」的發展。根據Susan Cherniack對於北宋印刷術、古代知識傳遞的研究[5]，雖然北宋雕版印刷術大行，但是缺乏經驗的印刷術中各種細節問題叢生、國家大型印刷計畫所引起的各種校定錯誤，使得北宋士大夫，在古文運動、還有對古禮真偽的政治鬥爭[6]的雙重配合下，逐漸發展出一些新的「疑古考據」的技術，從文字書籍到書畫金石等領域，都有相當的發展。正是因為對於古代之道的認真與索求，使得好古的浪漫與疑古的批判，二者可以在北宋士大夫學者的身上同時呈現，相輔相成。也因為國家發行的雕版印刷錯謬隨處可見，使得一般士大夫或學生都可以一方面認真的尋求古聖先賢之道，另方面則是手握朱黃，隨讀古書隨校錯謬，以致「朱黃未曾去手」。二者合而觀之，這正是宋代士大夫集體合作認真傳遞古人之道的大文化事業[7]。

---

3 關於趙李夫婦對於古書的熱愛、還有對於印刷書校定的熱誠，請見 Lee, H.C. Thomas, "Books and Bookworms in Song China: Book collection and the Appreciation of Books," *Journal of Sung-Yuan Studies*, 25(1995): 193-218.

4 參考 Ina Asim, "Song's Antiquarianism," 在《義大利科技史百科全書》(*Storia Della Scienza*) 之中國科技史(2001)的「宋元部門」，總排序第32章第4節，pp. 372-380.

5 Susan Cherniack, "Book Culture and Textual Transmission in Sung China," *Harvard Journal of Asiatic Studies*, 54.1(June 1994): 5-125.

6 例如歐陽修對王安石《周官新義》政治策略的考據批判。

7 Susan Cherniack, ibid., pp. 101-2. 雖然今天一般認為宋代雕版印刷精美、宋本書

　　至於這個北宋新士人階級的後續發展與演變，在南宋或元初，除了過去的博學大儒或是專業官僚之外，也有其他新的社會角色與人物的出現。他們往往是源自那個新士人階級，但後來卻被排除於中央官僚系統之外，要麼是因為透過考試制度的階級向上流動速率，在南宋已經減緩很多，要麼則是一些士人自己選擇不進入外族的王朝(如金、元)官僚系統中貢獻所學。在這裡我們想到的，有如雄據一方的道教天師趙友欽[8]、作為學者與數學家的隱士李冶、在數學與會計上的大眾老師楊輝、四處遊方的數學家與教師朱世傑，還有著名的醫師與醫典作家陳言與龐安時等。我們之後會再回到這個「士人階級與國家」的關係問題上來。

　　除了技術官僚的研究、好古的知識與技術、新的士人生活風格外，當時的文藝復興現象[9]還呈現在一些更正統的中國科學史領域，例如數學、還有博物研究("whole-range of things"——博物志通常所涵蓋的範圍，就

(續)──────

　　往往是古書印刷的上品，但是宋代剛開始進行如此大型的印書計畫，在印刷術的各種細節中錯謬很多，國家欽定印刷也是常有錯漏，經典印刷不斷的一再修補修訂，國家威信很難維持，所以在熙寧年間朝廷終於停止壟斷經典的印行。宋代以後不少雕版印刷反而印刷不再精美，但這往往反而是商業化大量印刷，書籍價格低廉的結果。

8　關於趙友欽的研究，參考*TJPHS*第8期的趙友欽專輯(1996-7)，guest-edited by Alexei Volkov, *Taiwanese Journal for Philosophy and History of Science*, Vol. 8 (Taipei: 遠流出版), pp. 1-189. 其中 Volkov 討論道教與科學的關係，還有趙友欽的數學研究，Arai Shinji 討論趙友欽的天文學研究，傅大為則討論趙友欽的光學研究。

9　筆者這裡講的現象，是以筆者作為一個歷史學者的觀察為主。不過，以行動者的角度來看，魏晉以來的數學家，對於《周髀》、《九章算術》等經典，的確有種要恢復古代之道的情懷，繼而，在宋代，終於經典的全幅意義得以彰顯。林力娜教授對數學史的「經典與詮釋」問題，有很好的研究。然而，在博物學的領域中，是否也有個「行動者」的面向，對於古代經典，如《爾雅》、各種醫書經典之類，作好古的索求，就需要進一步的再作研究了。之後本文第四節中討論到宋代「五運六氣」理論的發展，與《傷寒論》、《素問》等的關係，也可以在這個脈絡去問問題。

今天的分類而言，涉及自然、社會、與歷史等領域）。就數學而言，古典時代中國的最高成就，漢代的《九章算術》，後世除了少數的註釋者之外，該書的有些部分已經無法理解，但是它全幅的意義，在宋代已經全部恢復。雖然這個數學的傳統在宋代逐漸被分成南北兩支，但是這兩條支流都分別在《九章算術》的架構下產生新的創發，一直到元代的朱世傑才綜合了那兩條支流，並激發出更高的成就。至於在博物研究上，除了前朝所有現存的博物文獻都被仔細的研究外，宋代博物研究的一個新發展是它綜合了古代的博物文獻與挖掘、及宋代當時的經驗研究。從沈括的《夢溪筆談》，到南宋的博學大儒如鄭樵的《通志》、甚至王應麟的《玉海》，我們都能夠看到這種博物、或說關於「萬物」的興趣與研究。

而成書兩百卷、通古周今的類書《玉海》，凡21門，裡面也包括了頗具「萬物」興趣的天文、地理、藝文、車服、器用、音樂、學校、宮室、食貨、兵捷、祥瑞等諸門。我們知道，《玉海》是王應麟為了要準備考那很難通過、強調博學與宏詞的「博學宏詞」科而編寫的。雖然此詞科的設立，與宋代朝廷需要撰寫各種詔表制誥的功能有關，但是南宋包括王應麟、呂祖謙、真德秀、留元剛等大儒，共只33人通過的博學宏詞科，是否對宋代關於「萬物」的興趣與經驗研究，也起了推波助瀾的作用，筆者認為仍有相當可能性[10]。進而，我們看到既強調博學、也具準備科考用途的南宋「類書」編纂的流行，一些儒者進行博古通今，涵蓋萬事萬物的百科全書式的編纂書寫，這在南宋已經大興、強調抽象哲學與倫理思考的儒家「道學」環境下，他們仍然展現出一股強勁的「博

---

10 從唐代開始，「博學宏詞」一科就頗負盛名，在博學方面，我們從艱苦準備報考此科的李商隱所寫的〈與陶進士書〉，就可窺知一二。而宋代博學宏詞科在「博學」方面的盛名，到了清初黃宗羲時代，印象還十分鮮明，可見他所寫的〈謝陳介眉代辭博學鴻儒書〉。

學」潮流[11]。

我們現在來看《夢溪筆談》這個經典的例子。

雖然它過去常被視爲宋代科技史的首要經典，但不從「科學進步」，而從文藝復興的角度來看沈括如何處理古代與宋代的知識比較，則是很有趣。首先，雖然宋代士人對唐代士人的知識常採取批判的態度[12]，但《筆談》中對唐代的工匠技術，仍然頗爲稱讚，例如對於唐高宗時所造的「大駕玉輅」(n337[13])技術，根本就不是宋代造輅技術所能望其項背的，所以「其穩利堅久，歷世不能窺其法」。另外，唐代的肺石(n328)、唐代劉晏「即日知價」之術(n192)、唐開元大衍曆法(n116)等等，沈括也都稱讚非常，並刻意與唐僧一行比算「棋局都數」誰快(n304)。其實，《筆談》中的整個「器用」門，沈括對各種古代的技術物(如古透光鏡、古照物鏡、各種古劍古刀、各種出土古弩機等)，從戰國、漢代、六朝到唐，都常稱讚有加，而且因其奧妙之法於今已經遺失，無法複製，而深深表示婉惜。甚至，在談六朝的玉臂釵(n334)時，他還有

11　參考Hoyt Cleveland Tillman(漢名田浩), "Encyclopedias, Polymaths, and Tao-Hsueh Cnfucians: Preliminary Reflections with Special Reference to Chang Ju-yu," *Journal of Sung-Yuan Studies*, 22(1990-2): 89-108. Tillman關於博學宏詞科的討論，特別見頁104-5。另外，類書編纂的流行，也和南宋印刷術更爲流行、並逐漸改變了宋代士人的讀書文化有密切關係。

12　例如我在 "A Contextual and Taxonomic Study on the 'Divine Marvels' and 'Strange Occurrences' in *Mensi Bitan*," *Chinese Science*, vol. 11(1993-4), pp. 14-24, 曾討論過沈括對《酉陽雜俎》作者段成式的苛刻批判，但也有許多暗中的挪用(詳後)。不過沈括偶然也十分重視一些唐代士人的南方遊記，例如劉恂的《嶺表異錄》。

13　這些數字代表著胡道靜所編《夢溪筆談校證》條目的標準數字編號。沈括這種態度，可以說是在科技史上的一種文藝復興的態度，而當時幾個有記載到此事的其他宋代士大夫，反而缺乏這種態度。例如龐元英的《文昌雜錄》卷3與卷6、葉夢得的《石林燕語》卷5，都把這個唐代的舊輅說成是有嫉妒新輅的神性，破壞了新輅，所以皇帝只好沿用舊輅。同時，蔡條的《鐵圍山叢談》卷2更乾脆說，舊輅其實皇帝坐起來很苦，好不容易建了新輅，嫉妒而又有神性的舊輅就讓房屋倒蹋，壓碎新輅。

個一般性的說法，來解釋爲何「古物至巧」，並反駁當時流行的進步觀：
「前古民醇、工作率多鹵拙」，他說(n334)：

> 古物至巧，正由民醇故也。民醇則百工不苟。後世風俗雖侈，
> 而工之致力不及古人，故物多不精。

沈括這種對古代各種知識技術傳統的尊敬與學習態度，結合了他對宋
朝當代百工天文地理占卜醫藥等知識技術的經驗觀察，恰恰呈現了前
面所說的宋代文藝復興潮流下博物研究的新觀點。這個研究的態度，除
了《筆談》的器用門外，在象數門、技藝門、官政門等等，也都很清楚
gpd
呈現。我過去也大致討論過[14]，並以一種好古又多元的認識論角度來詮
釋他這種知識的態度。例如，雖然沈括自己對曆法星象、五運六氣(n134)
等天地之學頗爲自負，但對於古代的其他各種天地之術，他也都虛心學
習[15]，如果還有不清楚的其他技術，他也常覺得對方大有來頭，必須小
心研究，絕不會輕易的把一些古代奇術斥之爲欺誕，更沒有近代的「迷
信」觀念：如他對《洪範》五行術、古卜者的繇辭術、揲蓍之法、八卦
的過揲之數、各種《易》法(納甲納音)與易象之學、各種六壬學的細節
等等。

　　所以，文藝復興，在許多宋代士人的心中，是個很真實的歷史意
識。宋代士人通常有個共同的信念，就是過去中國的確存在著一整套

14　參考傅大爲(2002)，〈宋代筆記裡的知識世界：以《夢溪筆談》爲例〉，郭文
　　華譯，《法國漢學》(北京：中華書局)，第六輯，頁269-289。此文的最後，筆
　　者也討論了沈括在378條裡，如何去看待一把非常特殊的劍，並評論「蓋自古
　　有此一類，非常鐵能爲也」。

15　從《筆談》裡複雜的象數門，到《補筆談》裡卷2的象數門，沈括這個研究與
　　學習，是很清楚的。

的知識與經典文獻，但是後來卻逐漸凋零與失散。它需要宋代士人去復興它，因爲，這正是任何一個新的開始所必須的基礎。這也正是當時士人的社會行動，當時固然有企圖復興儒家真正的經典與儀式，但也有一些企圖復興數學與醫學古代經典的運動。因爲戰亂而造成儒家經典的遺失與詮釋混亂，故需要恢復它們的原意；同樣的，數學經典也在唐代失散、而且士人已無法理解，鮑澣之在南宋版的《九章算術》後記裡也表達相似的意思。同樣的思慮，可能也表現在醫學經典還有博物經典的恢復上面。這個恢復「經典」的涵意，不只是要恢復失落的漢代文化，漢代的《九章算術》，其實只是在漢代編纂而成，其中真正原始的思想，則直接來自遠古聖人本身。

　　不過，如果我們繼續追溯一下文藝復興的意義，那麼還有些其他面向，也是對宋代士大夫可以提問的地方。例如，西方文藝復興的人文學者，認爲中世紀歐洲的黑暗，有一部分是因爲伊斯蘭學者的故意扭曲、選擇性翻譯古希臘文化的結果，而人文學者的部分工作，就是在「去伊斯蘭化」、用以恢復古希臘的原貌。那麼，宋代的士大夫，有沒有做類似的事情呢[16]？如果筆者就沈括《夢溪筆談》的例子來說，倒是有其部分的類似性。從六朝志怪到唐代筆記所盛行的「鬼故事」、或各種奇談怪論、幽眇不經之說，其實受到印度佛教文化的影響很深。而無論就知識的廣博、或是奇談怪論的引人入勝，唐代筆記中大概很難超過段成式的《酉陽雜俎》。但是，前面提過，沈括對段成式的批判，相當嚴厲。不過，這一點都不表示《夢溪》沒有傳承自《酉陽》的一些論點與智慧，相反的，沈括以一種特別的「轉換」方式，挪用了《酉陽》相當多條目中的論點。根據我的閱讀、對比與統計，大約將近有40條！沈括的標準轉換方式是：把《酉陽》原條文所蘊含的道理「去神秘化」，然後把原

16　筆者感謝林力娜教授對本文提出這個深刻的問題。

條文所屬的類別範疇中抽離出來，同時也許添加更多一點的經驗內涵，並重新把抽離與轉化後的條文論點，安置在《筆談》某一個更世俗化、經驗化的類別範疇裡，這是個「再融入」新的分類脈絡的過程。我過去曾通稱沈括這種轉換的努力是一種「除魅化」（disenchantment）的轉換[17]。

例如，《酉陽雜俎》的「廣知」門，是一門天南地北、佛道百家綜合採集而成的知識雜錄，例如「凡人不可北向理髮、脫衣、及唾、大小便」，「道士郭采真言，人影數至九，成式常試之，至六七而已，外亂莫能辨，郭言漸益炬則可別……」之類。裡面一條提到《隱訣》說有一大組道教的方術，總稱之為「太清外術」，例如「水脈不可斷、井水沸不可飲、酒漿無影者不可飲」、「自縊死繩主癲狂」等等四五十條，其中，有這麼一術：

> 凡塚井間氣，秋下中之殺人，先以雞毛投之，毛直下，無毒，
> 迴旋而下，不可犯，當以醋數斗澆之，方可入矣。

比起其他的外術，這其實是一條蠻有趣的民間道教智慧，藏身在關於「井」、「塚」這類神秘地穴的題材裡。熟悉《酉陽》的沈括，知道這一條背後的道理，沈括所做的，就是對這個道理的呼應，並對它作了一個脈絡的轉換，將它重新安置在《夢溪筆談》的「權智」門，一個描述官吏常民在面對實際或急切問題時的急智或權宜處理之道，在224條沈括如此記錄：

---

17 「除魅」當然是借用韋伯的概念。關於筆者對《夢溪》與《酉陽》的比較研究，請參照 "A Contextual and Taxonomic Study on the 'Divine Marvels' and 'Strange Occurrences' in *Mengxi Bitan*", pp.14-24. 特別是那將近40條的轉換與挪用，請見筆者前引文的頁19-22。

陵州鹽井，深五百餘尺，皆石也。上下甚寬廣，獨中間稍狹，謂之杖鼓腰。舊自井底用柏木為榦，上出井口，自木榦垂絙而下，方能至水。井側設大車絞之。歲久，井榦摧敗，屢欲新之，而井中陰氣襲人，入者輒死，無緣措手。惟候有雨入井，則陰氣隨雨而下，稍可施工，雨晴復止。後有人以一木盤，滿中貯水，盤底為小竅，灑水一如雨點，設於井上，謂之雨盤，令水下終日不絕，如此數月，井榦為之一新，而陵井之利復舊。

筆者當然不是說，沈括有某種抄襲的行為，而是這兩條條目背後的道理，是很類似的，它也可能在歷史上一直在民間流傳，從澆醋井中演化到井口雨盤。這個類似，更不是偶然，而是一種經過轉換的傳承關係，前面提過，兩本筆記之間，大約有40條都有如此的關係。

最後，除了文藝復興之外，宋代的士人，在這個基礎之上，對萬物、朝廷國家、天地人草木蟲魚鳥獸等，也發展出他們的新看法。以下，我們將提出三點「新視野」，來說明宋代士人如何超越宋代的文藝復興，而更上一層樓。第一，士人開始愈來愈以各種的「理」（事理、物理、原理、數字之理、還有微、妙之理）來理解萬事萬物。第二，士人愈來愈集中在世俗化的、經驗性的事物上。是常人可觸及的事物、是與實際的問題相關，而不是唐代貴族所常愛好的那些事物：奧秘、鬼神、要經過帶領與學習才能有的經驗等等。第三，雖然士人階級仍然活在一個「對應宇宙觀」（correlative cosmology）的世界中，天地人與萬事萬物，往往彼此有著潛藏的對應關係，例如陰陽五行的對應，但是這個對應的網絡，卻是個鬆動、多元活絡的網絡，而不似漢代對應宇宙那樣的封閉強固。

二、以分別的「理」為原型、為主導的解釋與理解

　　也許是因爲宋朝官僚系統的各種行政要求，士人似乎愈來愈以「理」來解釋與理解各種事物。無論是邏輯上的、常識上的、因果關係上的、或是技術官僚性的理由，它們常常用來幫助解決各種日常的實際問題、或用來理解他們因爲好古之激情而碰到的有趣議題。而且，所訴諸的這些理由，往往是一些原則，它們所能解釋的，不只是在一特定時空中的單一事件，而是所有類似情境下的現象。透過這種涵蓋廣泛的知識，而且在技術官僚中可以很容易彼此分享，因而可以提高士人階級在處理技術官僚事物的能力、也可以提升他們在社會上的文化地位。到了南宋，新儒家大力的推崇「理」這個概念與操作的原則，特別是它在普遍性與形而上的意義。但同時，「理」作爲它北宋原來的、實際操作上的、具體的技術「原則」，在許多個別領域中的特殊原則(複數的理)，在南宋仍然有很強的傳統，例如在南宋極爲博學的「類書」寫作上、百科全書式的問學觀點中，實際具體的理，一直是個重點。甚至，北宋所傳承下來的百科全書式的理，與南宋朱熹後來所發展出來的重視倫理、形而上的理，彼此還形成了競爭的張力[18]。總之，這個強調個別領域中有分別的理的傳統，實際上分化在很多的社會實踐領域中，例如技術官僚、儒醫、數學家、造曆者、還有那一整個與士人階級互通消息的百工階級。即使是新儒家，這雖然不是他們主要的關心所在，也常強調個別領域中有分別的理。

　　關於「理」的關切與操作，不是先有形而上之理的討論與研究，然後才影響到一般士人階級開始討論分別的理。實際情形可能剛好相反[19]。

18　請參考 Hoyt Cleveland Tillman, "Encyclopedias, Polymaths, and Tao-Hsueh Cnfucians."

19　林力娜教授提到，從她對中國數學史中魏晉時代的劉徽、到唐代的李淳風等的研究，的確關於「理」字的使用，在宋代之前的一些科技文本中就開始了，大約到了北宋則更是大量的出現。

以北宋沈括的《夢溪筆談》爲例，它很少提到北宋新儒家及其哲學觀點，反而在該筆記17門的個別領域中，沈括常訴諸理、或以求理的方式來提問，來建構17門中每一門複雜、多重而複數的「理」。沈括自己[20]當然不是一般意義下的新儒家，到了南宋新儒家的大師朱熹的《語錄》裡，很明顯的，《夢溪筆談》17門中那些複雜、多重而複數的「理」，就成爲朱熹進行綜合與歸納的對象[21]。但是，因爲這些多重而複數的理，彼此極爲不同而異質，可能常常無法綜合，又因爲彼此無法疊加，所以也不易進行歸納。

　　現在舉三條例子說明沈括在不同脈絡、或不同分類下所呈現多重而複數的理。第一條，沈括討論非人情所測的佛家至理；第二條，沈括以精詳的邏輯分析神奇的「前知」之理；第三條，沈括談到一般自然山川經驗法則上的推論之理：

> 內侍李舜舉家曾爲暴雷所震。其堂之西室，雷火自窗間出，赫然出簷，人以爲堂屋已焚，皆出避之，及雷止，其舍宛然，牆壁窗紙皆黔。有一木格，其中雜貯諸器，其漆器銀釦者，銀悉鎔流在地，漆器曾不焦灼。有一寶刀，極堅鋼，就刀室中鎔爲

---

20 雖然沈括曾寫了篇小文〈孟子解〉，後來收在《沈氏三先生文集》中。

21 朱熹所說的天理、太極等之類的普遍之理，與一般萬物中的個別之理，彼此如何連結？朱熹用程頤著名的觀點「理一而分殊」來處理，但似乎沒有正視到個別之理彼此的不同可以大到甚麼地步。但是，根據金永植的研究，朱熹所謂的萬物的個別之理，比較不是指該物所服從的某些定律，而是指該物的存在原則、或本體的原則，又像是一個該物的「定義」（椅子之理，就是它有四條腿，人可以坐上去），而作爲普遍之理的天理，也不是一個可以解釋所有事物的最後理論。如此，如果只是在存在原則上說，萬事萬物個別的存在原則，是可以匯流而成爲天地萬物的一個大存在原則，似乎就保證可以說得通，但如此一來，真正說出來的又非常之少，幾乎是套套邏輯？請參考Yung Sik Kim (2000), *The Natural Philosophy of Chu Hsi*, ch. 2 & ch. 12.

汁，而室亦儼然。人必謂火當先焚草木，然後流金
石。今乃金石皆鑠，而草木無一熸者，非人情所測也。佛書言「龍火得水
而熾，人火得水而滅」，此理信然。人但知人境中事耳，人境
之外，事有何限，欲以區區世智情識，窮測至理，不其難哉！
（神奇門，347條）

人有前知者，數十百千年事皆能言之，夢寐亦或有之，以此知
萬事無不前定。予以謂不然，事非前定。方其知時，即是今日。
中閒年歲，亦與此同時，元非先後。此理宛然，熟觀之可諭。
或曰：「苟能前知，事有不利者，可遷避之。」亦不然也。苟
可遷避，則前知之時，已見所避之事；若不見所避之事，即非
前知。（神奇門，350條）

予奉使河北，遵太行而北，山崖之間，往往銜螺蚌殼及石子如
鳥卵者，橫亙石壁如帶。此乃昔之海濱，今東距海已近千里。
所謂大陸者，皆濁泥所湮耳。堯殛鯀于羽山，舊說在東海中，
今乃在平陸。凡大河、漳水、滹□、涿水、桑乾之類，悉是濁
流。今關、（陝）〔陜〕以西，水行地中，不減百餘尺，其泥歲
東流，皆為大陸之土，此理必然。（雜誌門，430條）

　　類似的例子還很多。但我們如何對此三者進行綜合與歸納呢？從
宋元科技史的角度來看，那些原始所追求的技術性的理，與北宋理學家
所提出形而上的理，可說是同時在歷史中浮現，但彼此沒有明顯的因果
關係。從北宋的理學家兼道士的邵雍、博學大儒的技術官僚沈括、天縱
奇才的士人蘇軾、到後來的數學家隱士李冶、道教的天師趙友欽，這個
複雜多元「理」的概念及其操作，一直是他們在各個領域研究中所追求

的目標之一。當然，士人對於理的追求，可能也受到新儒家的影響與推波助瀾，特別是在後來所強調的「格物」觀點之中。可能的情況是，在宋元之際所盛行的博物研究中，格物的想法是有些影響力[22]。當時流行的專書中，許多是關於花卉與植物的，它們的出版，與收集和搶購奇花異草的熱潮，可說同時發展。我們甚至可以說，從這個時代對格物的興趣，發展到了後來明代的許多博物專書，它們熱衷於討論一整個領域的蟲、石、草、庭園、以及許多的奇異之物，以為人們閒暇之餘的獵奇消費。

三、除魅、世俗化與日常經驗性的興趣

宋代士人似乎愈來愈集中在世俗化的、經驗性的事物上。是常人日常可觸及的事物、是與實際的問題相關，而不是唐代貴族所常愛好的那些事物：奧秘、鬼神、長生、或要經過開竅入門與帶領才能有的經驗等等。雖然宋代民間宗教仍然盛行，但在科舉士人的新階級中，大概就不是如此。雖然有少數的士人如洪邁仍然大談鬼神，但是《夷堅志》的31個序言，充滿了道歉與自責、訴諸自己的年紀心境還有鄰人的慫恿等來解釋、並且和自己出名的歷史考證《容齋五筆》嚴格區別[23]。在這裡我們談的，當然不是那些近代歐洲才有的現象，如有系統的把實驗與理論

22　關於這個看法，筆者主要的參考來源是梅泰理（2002）（法, Georges METAILIE），〈論宋代本草與博物學著作中的理學『格物』觀〉（李國強譯），《法國漢學》（北京：中華書局），第六輯，頁290-311。不過該中文譯文的原文標題，只是 "Les choses de la nature," 並沒有如中文標題一樣強調理學的影響力。事實上，該文的內文，也不易看出理學對博物學的影響力有多強。

23　參考Fu Daiwie (1993-4), *Chinese Science*, Vol. 11, pp. 8-10, 16-19. 筆者認為，宋代士人階級在筆記中比較少談的，是受唐代佛教、道教、各種民間宗教影響下的鬼神，至於漢代或之前正統儒者所談的天地鬼神，倒是在好古的潮流中，常常提及。

衔接起來、如典範(paradigm)或自主性的科學社群的建構等等。但是在相當程度上，宋代士人的世俗經驗世界經歷了一個質變，而與唐代的貴族菁英的世界很不同。

特別是在下面所說的兩個新趨勢之下，宋代士人階級會需要集中在更「經驗性」的事物，意即那些可以很容易被常民所碰觸或使用的事物：第一，雕版印刷的盛行、還有筆記形式的文本風行，使得一般常民讀者可以更容易而舒適的閱讀[24]，造成常民知識水平與提問的能力提升；第二，官僚體系本身的要求、還有技術官僚的問題意識與競爭意識[25]，形塑了一個士族官僚式的獎勵系統(merit system)、並對日常經驗性的重視。所以，從博學大儒如沈括、蘇頌、鄭樵、王應麟，治國能人如范仲淹、歐陽修、王安石，財政技術官僚張方平，到道教天師與科技奇人趙友欽、布衣藝者畢昇、建築巨匠俞皓、造曆奇人衛朴等等，所有這些人，都與唐代集奧秘、長生、煉丹等意象於一身的士族門閥主流印象，相去甚遠。所有這些人，都是宋代以來才幹高明的士人、或技藝超凡的工匠，他們都是宋代以降一個有敵情意識的中央官僚系統所不可或缺的人才。下面引一段沈括對衛朴的描述(《夢溪》技藝門，308條)：

> 淮南人衛朴，精於曆術，一行之流也。春秋日蝕三十六，諸曆通驗，密者不過得二十六、七，唯一行得二十九，朴乃得三十五，唯莊公十八年一蝕，今古算皆不入蝕法，疑前史誤耳。自夏仲康五年癸巳歲至熙寧六年癸丑，凡三千二百一年，書傳所

---

24 參考 Fu Daiwie (2007), "The Flourishing of *Biji* or Pen-Notes Texts and its Relations to History of Knowledge in Song China (960-1279)," in the special issue "What did it mean to write an Encyclopedia in China?" pp. 103-130, Hors Serie, *Extrême-Orient, Extrême-Occident* (2007, Presses Universitaires de Vincennes).

25 參考郭正宗、藍克利(法, Christian LAMOUROUX)(2002)，〈宋代國家社會與『實學』〉(林惠娥譯)，《法國漢學》，第六輯，頁203-223。

載日食，凡四百七十五。眾曆考驗，雖各有得失，而朴所得為
多。朴能不用算推古今日月蝕，但口誦乘除，不差一算。凡大
曆悉是算數，令人就耳一讀，即能暗誦；傍通曆則縱橫誦之。
嘗令人寫曆書，寫訖令附耳讀之，有差一算者，讀至其處，則
曰：「此誤某字。」其精如此。大乘除皆不下照位，運籌如飛，
人眼不能逐。人有故移其一算者，朴自上至下手循一遍，至移
算處，則撥正而去。熙寧中撰奉元曆，以無候簿，未能盡其術，
自言得六七而已，然已密於他曆。

當然，盛唐帝國，不可能沒有許多能人異士、巨匠鴻儒[26]。前面第
一節也提到，沈括自己就對唐代的一些工匠技術、還有官政曆算的能
人，頗為推崇。但是如果特別就宋代大量的科舉士人與唐代不少的世襲
世家來比較，宋代技術官僚有較高的技術與才幹、有較廣博的實際經驗
性知識，似乎可以成立。甚至，從中央轉移到地方事物，如果我們看看
宋代關於「州縣」治理技術之討論，從《州縣提綱》、《作邑自箴》到
許多士人筆記中記載自己作地方官的經驗與討論，也可以看到宋代地方
治理技術的發展、深化與細緻化[27]。

對於這個「經驗性」的趨勢，展現在本草、醫療與博物史上的情形，
筆者再多舉點例子。在宋代本草的著作裡，寇宗奭在他的《本草衍義》
裡宣稱，他對於編纂愈來愈大本的本草沒有興趣，反而對之前的本草書
中的錯誤、遺漏之處有興趣。他要以自己的觀察作基礎，解決過去本草

26　一位審閱者特別提到隋末的大匠宇文愷、劉龍，唐的閻立本、一行、李淳風、
　　財政高手陸贄等人。當然唐宋兩朝技術官僚的比較，需要更有系統更仔細的來
　　進行。
27　請參考 Fu Daiwie(2006), "World Knowledge and Administrative Techniques—
　　Literati's *biji* experience in some Song *biji*," in International Symposium on the Song
　　State and Science(Hangzhou, China).

經典之間的矛盾。寇的做法,與唐代或唐前的本草工作(在宋元之後才確定算是醫學的領域)有很大的區別,因為後者的主要關切,往往是在長生不老,而不是治病。有時,這個區別被呈現成一個從煉丹術到醫學治病的轉變,它也蠻符合這裡所強調的士人關懷重點:愈來愈集中在日常生活的實際存在層次。另外,不少宋代士人在研究「牡丹」的接枝種植問題,如《洛陽牡丹記》、《洛陽花木記》等;為了選擇更奇豔的植物變種,許多人走到洛陽四周的山上去尋求有趣的品種來種植與接枝[28]。一般而言,我們可以把所有這種聚焦於一類之物及其系譜的博物著作看成「譜」或「錄」,它可以是石、竹之「譜」,或是硯、畫、書類之「史」[29],或是更一般的著作如《集古錄》。從這個角度來看,如果我們檢查清代《四庫全書》的譜錄類,宋代的著作最多,也就不足為奇了。

四、作為一鬆動而多元概念網絡的對應宇宙論

當我們談到宋代的經驗研究,它當然不意味一個只重視感官經驗、或只強調機械化的世界觀,如17世紀歐洲所風行的機械論哲學那樣。宋代的官僚士人是活在、也工作在一個對應宇宙論的世界中,而且活得蠻愉快的。我說「對應宇宙論」(correlative cosmology)的意思,是指一種操作趨勢,把許多宇宙論的、普遍性的原則,像五行原則(含五種元素:金木水火土)、五方原則(也含五種元素:東西南北中)、陰陽原則、十天干原則、十二地支原則、八卦原則等等,有系統地彼此對應起來,亦即把不同原則中的不同元素依照順序一一對應串連起來,然後從這個對應與

---

28 這些例子,都請參考前面註腳提過的梅泰理(2002),「論宋代本草與博物學著作中的理學『格物』觀」,李國強譯,《法國漢學》,第六輯,頁290-311。

29 同樣可以參考Fu Daiwie (2007), "The Flourishing of *Biji* or Pen-Notes Texts and its Relations to History of Knowledge in Song China (960-1279)."

串連的特殊組合及其變化中，得出解決許多人事物問題的暗示或方案。因為每一種宇宙論原則都含有一組定量的元素或能力，那麼在好幾個宇宙論原則之間，如果要有一整個系統性的對應、並窮盡所有對應的可能性，那麼這個系統，無論是理論上或操作上，就會十分的複雜。例如，就五行原則與十二地支原則的對應而言，本來就有好多種對應法，往往很難理解為何是如此而不是其他種對應，而在什麼時空脈絡中要使用什麼對應的法則，也都很難確定。一些學者認為，漢代的對應宇宙論，就是如此一個封閉而複雜的系統。當然，在漢代影響力極大的對應宇宙論，並不是在中國歷史上唯一的宇宙論，而且可能也未必是與中國科技史發展互動最豐富的宇宙論。其他類型的宇宙論，對中國的「天地之體」思維[30]、數學、文字、煉丹術等等，也都曾發揮過影響力。

　　過去學者常認為道教與科學的關係非常淡薄，但是近來透過對宋末元初道教天師趙友欽的研究，特別是他在《革象新書》中關於數學、天文、光學等非凡的研究成果[31]，使我們看到趙友欽有意地把科技融入道教、佛教的宇宙論中（他寫了《仙佛同源》一書）。琅元(Volkov)曾在台北故宮發現了一張明版《仙佛同源》封面的圖片〈緣督子趙真人〉，充分顯示佛道的宇宙與科技的互融。趙真人身後道觀簷下，右左兩邊分別寫道「緣督用黑漆球於簷下映日」，「以革象誨人」，而簷下正懸在趙真人頭上的，就是那黑漆球，用以說明月亮反射太陽光的不同角度，呈現了月亮的盈虧現象（圖1）。

30　例如漢代有著名的渾天、蓋天、周髀等宇宙系統，曾對漢代以來的「天地之體」（cosmography）、天文、曆法、數學、測量等學術，產生許多的互動影響，可以參考傅大為，〈論《周髀》研究傳統之歷史發展與轉折〉，《清華學報》，新18.1(1988): 1-41。

31　關於趙友欽的最新研究，參考趙友欽專輯，guest-edited by Alexei Volkov, *Taiwanese Journal for Philosophy and History of Science*, Vol. 8(1996-7), pp. 1-189 (Taipei: 遠流出版社).

圖1 《仙佛同源》書影

　　不過，本文目前的重點，倒是集中在這個漢代以來的對應宇宙論傳
統。筆者認爲，宋代博學士人所操作的對應宇宙論，較之漢代那緊密而

不透風的對應宇宙論，要鬆動很多。漢代的對應宇宙論，向來就被過去的科學史家所鄙夷，把它看成是一種「知性的緊箍咒」，認為它一定曾對自由的經驗研究產生過極大的阻礙[32]。但是，中國科學史在宋代一個很有趣的發展，就是傳統對應宇宙論的「結構」，在宋代開始鬆動、鬆懈下來，從原來的緊箍咒，轉為一種多元的概念網絡。它可以作為經驗研究中的研究假設，或提供研究思考上的建議方向，但是它也能夠被很輕易的排開、存而不論，而不致造成任何不必要的阻礙。有時候，不同的宇宙論原則、還有一些相關的對應組合，可以成為某些領域中經驗研究可能的「理」，但它們絕不會成為一種先驗或必然的理，有如漢代宇宙論給人的印象那樣。

以《夢溪筆談》為例，裡面有許多對五行、天干地支如何對應的研究，但是它們並沒有阻礙了沈括進行許多實質的經驗研究。對沈括而言，宇宙論原則的各種對應的「計算」（computations）之術，只是他許多解決問題、施展占卜的「術」中間的一種而已：例如他計算酒瓶總數的隙積術、曆法計算中的圜法之術、預知天候的五運六氣之術、甚至在技藝中如彈棋的長斜術、四人共圍棋的鬥馬術、西戎占卜時的羊卜術等等。純粹看當時的機緣與脈絡，沈括會自由的挑選一些術來解決當時面對的問題。同樣的，號稱極具經驗性的寇宗奭，也會適時的引用五行理論來解釋本草研究中所碰到的難題，例如他在解釋磁針指南可能有偏東的現象時，就「適時」地引用了五行的解釋。事實上，與本草相關的

---

32 究竟對應宇宙論是怎麼具體的阻礙的自由思維呢？通常倒沒有很深入的討論或舉例說明。對於過去科學史家的主流判斷，請參考 Henderson, John（1984），*The Development and Decline of Chinese Cosmology*（Columbia University Press）。大約同時，A.C.Graham 倒是對對應宇宙論（及其與科學的關係）有頗為同情與正面的看法，請參考他的 *Yin-Yang and the Nature of Correlative Thinking*. The Institute of East Asian Philosopher, Occasional Paper and Monograph Series, 6（Singapore: Institute of East Asian Philosophies, 1986）。

醫學研究，雖然常使用對應宇宙論的語言詞彙，但是卻在宋元時代頗有
進展與突破。

另一個著名的宋元時代的例子，就是醫家所發展的五運六氣的理
論。它發源於唐代，到宋代透過邵雍之後大爲發展。它的一個重要關注
是時疫，強調時疫肇因於四時環境偏離了天地運行的規則韻律。如果恰
當地理解，這個偏離可以回復或校正。在中國醫學史的發展上，這意味
著《傷寒論》的興起、時疫惡鬼說的式微。又因爲著重在處理疾病的外
在環境因素，這個理論修正、甚至取代了古典醫學對於某些病理現象強
調五臟內在原因的解釋。總之，從北宋到金元，許多士人或醫師都曾發
展過這個理論[33]：從邵雍、沈括、到著名的金元四大家：劉完素、張從
正、李杲、朱震亨。我們甚至可以考慮說，一個基於五運六氣的新對應
宇宙論，在這個發展過程中也逐漸成形。

其次，筆者再從沈括《夢溪筆談》的象數門裡，以詳例說明沈括如
何在對應宇宙論的脈絡裡，連結[34]精密的天文星象觀測、皇帝的政治宇
宙論、還有道教對人體的醫療詮釋這三者。我們知道，沈括在《夢溪筆
談》127條曾記載他曾對北極星空，做了極精密而繁複的觀察與紀錄，
以定位出真正不動的北極位置，判定它離當時所謂的北極星(應是天樞
星)其實已經有三度之遙[35]。這在宋代是很重要的觀察，但結果也令人不

33　參考王琦、王樹芬、周銘心、閻艷麗，《運氣學說的研究與考察》(北京：知
　　識出版社，1989)。

34　在我「夢溪筆談的世界」的大眾網站裡，曾以「極星與環中：沈括的象數世界」
　　為題，對這個有趣的連結寫了一個大眾版的小故事，請參考：http://stsweb.
　　ym.edu.tw/mengxi/

35　連續三個月，每晚都作觀察記錄，並畫出約兩百多張星圖來描繪北天中北極星
　　的運動。筆者這裡強調的是沈括的耐心觀察與觀測儀器的改進努力。但是根據
　　今天的估計，沈括的三度之結論，是錯的。根據李志超在《天人古義》(河南
　　教育，1995，頁204-5)裡的說法，是沈括讀錯了儀器、混淆了圓周角與圓心角，
　　所以結果大了一倍，認為極星距極三度有餘，沈括反而批評祖晅的數字(一度

安：真正不動的北極位置上，空無一星。其影響所及不只天文學上，也延伸到政治宇宙論和道教的人體觀。在象數門的同一卷中（卷7），第136條，當沈括在談方家以六氣配六神時，他有如下的精彩討論：

> 君之道無所不在，不可以方言也。環衛居人之中央，而中虛者也。虛者，妙萬物之地也。在天文，星辰皆居四傍而中虛，八卦分布八方而中虛，不虛不足以妙萬物。其在於人，句陳之配，則脾也。句陳如環，環之中則所謂黃庭也。

顯然，沈括似乎從他的天文觀測，做了一個本體論的推論：中虛（centrality in the nothingness），並將之推衍到帝王的政治本體論的領域。我們知道，在漢代，也許除了《周髀》下卷特別談到「北極璿璣四游」[36] 之外，一般都認為北極星是天上唯一不動之星，其他諸星則日夜環繞它一周，於是北極星在政治上被認為是與皇帝對應的點。當後來祖暅精確地發現極星並不在天極不動之處[37]，還有虞喜也發現到春秋分點緩慢移動（precesssion of the equinoxes）的驚人歲差現象時，傳統皇帝的政治中心，就失去了它在星空上與北極星的對應。所以，重新詮釋政治權威為「中

（續）—————————————————

有餘）「未審」，其實祖暅的數據比較精確。王錦光、聞人軍在《沈括研究》（浙江人民，1985，頁91）中也指出沈括這個錯誤，但他們是直接使用當時最接近的極星圖而來評論的（天樞，當時距極1.52度）。

36 我要感謝馮時教授特別向我提到《周髀》的這些著名文字。沈括在127條也說「漢以前皆以北辰居天中，故謂之極星」，漢時的北辰，一般認為是「帝星」。有趣的是，沈括是否知道漢時《周髀》下卷已經有「北極璿璣四游」的說法？高平子先生在1923年於《震旦學院理科雜誌》第五期就曾寫過〈周髀北極璿璣考〉，並推算當時的觀測仍有相當改進的空間。

37 魏晉時的祖暅就已經發現，沈括在127條說祖氏：「以璣衡考驗天極不動處，乃在極星之末猶一度有餘」。祖暅與沈括當時看到的極星，一般說是天樞星，與漢代的帝星不一樣。天樞是鹿豹座4639號星，從祖暅到唐宋時代大約距極1.52度。

虛」的做法就出現了。值得注意的是,《周髀》的「四游」說,與這裡的「中虛」,並不一樣。我們甚至懷疑,在蓋天的宇宙觀裡,帝星的四游,不見得只是對一個空虛的北極在繞圈子,而是帝星游在四極的小範圍裡面,猶如帝王遊御花園一般[38],並沒有「中虛」的意涵。所以,從「虛」一字,我們就開始理解政治權力為「君之道無所不在,不可以方言也」,而只有從這個再詮釋方能拾回,原本失落的那介於天上人間最尊貴的對應。一旦這個新的對應可以成立,那麼它所連結的,就不只是天文與帝王,還連結到八卦分布八方而中虛,以及人體的句陳(脾)與環中(黃庭)的關係。

總之,對這個帝王式的連結與對應,沈括顯然感到很新鮮而深奧,繼而積極地去找其他相關的對應與類比關係。在同一卷的119條中,當沈括在討論象數中重要的「六壬術」時,開始思考傳統對「十二神將」的詮釋(十二神將配對五行、十二地支,見圖2)。結果,他認為其實只該有十一位神將。因為,最尊貴的「貴人」居中,左右各有五位神將隨侍。十二個中最後一個名字叫「天空」,位居貴人的正對面。因為沈括肯定「中虛」的概念,因而認定「天空」不是第十二位神將的名字。貴人所面對的應該是空無一物,不應有任何事物與第一神將「貴人」對立,所以「天空」就是天中空無一物的意思,所以只有十一位神將。最後,在天空的政治討論之後,沈括回到天文學的「證據」,以支持他「十一

38　根據《周髀》下卷,四游至四極,冬至量三次,夏至夜半量一次(南游所極),但何必等到半年後夏至夜半才再量?如果只是繞圈子,量東西兩次就可以了。同時,在《周髀》上卷討論不斷繞圈子的太陽的七衡圖裡,只寫到太陽在七衡之間的「南北游」,與北極璿璣的「東西南北游」頗不一樣。最後,四極距北極天中的距離一樣,是四次度量的結果,而不是蓋天理論上的自然結果。但太陽的南北游,卻不需要再量太陽的東西游。這些都顯示,北極的帝星,並不很清楚的在繞圈子,而是出遊。這個出遊,似乎有點像中國象棋的將帥,只能在小四方格子裡面走動。

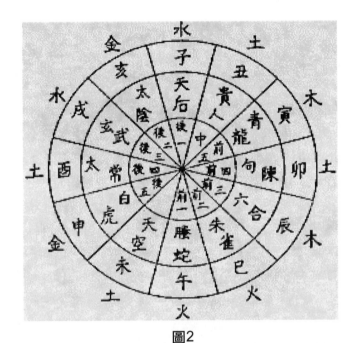

圖2

梅原郁譯註《夢溪筆談》（平凡社、東洋文庫344），第一冊，頁167。

神將」的詮釋，所以在119條沈括再寫道：

> 唯貴人對相無物，如日之在天，月對則虧，五星對則逆行避之，
> 莫敢當其對。

在這裡，天文現象與中虛、天空等想法，很有趣的再次連結。月對則虧，應指月蝕，五星對則逆行避之，也是很有趣的觀察：五星逆行，似乎不再只是純粹的天文現象而已了。但沈括這個說法，大致上只有外行星的逆行才的確如此（木、土、火三星），內行星如金、水二星，則應該沒有如此的現象。

五、餘緒

宋代科技發展的新視野，自不限於本文所論的三個面向而已。例如，宋代雕版印刷術的大行，雖然過去有錢存訓先生等對它有深入的研究，但是從Susan Cherniack的論文出現後，印刷術的技術史，已經跳躍到與書的歷史、閱讀的歷史、士大夫的文化史等等議題關聯起來。雕版印刷術的大行，雖然觸發了筆記、類書等文本的大興，但這些文本也是一種特別的文類，就知識史、科技史的角度來說，這些特別的文類也促進了一些特別類型的知識、科技的發展[39]：博物型的、百科全書式的、條目式的、還有各種有賴於四處採集與歸納的學門(如金石、書畫、語言、民俗、人種、動植物、地質、地理、礦物等等)。另外，關於宋代典型男女分工的「男耕女織」形式，涉及到國家的稅法、還有女性進行養蠶絲織的各種相關技術，當然也十分重要[40]。最後，宋代國家在全國性的醫療治理(medical governance)、在醫藥知識的生產、還有藥局系統的建立等等方面，也有非常的驚人的發展[41]。一個國家要負擔如此大的責任，元代雖承續了下來，但是到了明清，卻已經不再。一直要到民國時期的國民政府，以近代國家的姿態來負責人口的健康，才能夠相比。這些有趣的問題，都非常值得再探討。

最後，重新綜理本文的架構。本文始於論證，特別從科技、知識、

---

39 關於這類的相關議題，請參考Fu Daiwie（2007），"The Flourishing of *Biji* or Pen-Notes Texts and its Relations to History of Knowledge in Song China (960-1279)."

40 請參考Francesca Bray（1997），*Technology and Gender: fabrics of power in late imperial China.*

41 請參考 TJ Hinrichs, "Social Aspects of Medical Production," 在《義大利科技史百科全書》之中國科技史（2001）的「宋元部門」，總排序第35章第2節，pp. 410-420.

技藝的角度來說，宋代中國可以說是中國中世紀晚期的文藝復興。其次，在這個文藝復興的基礎上，本文論證宋代所開出三方面的新視野：一，在知識與技藝的理解與開創上，愈來愈以「分別的理」為原型、為主導；二，宋代士人在知識與技藝的興趣上，愈來愈傾向於除魅、世俗化與日常經驗性的興趣；三，知識與技藝的世界，仍然是對應宇宙論的世界，但卻是一鬆動而多元的概念網絡。也許可以這麼說，這三方面的視野，對比於唐代甚至漢代，固然可說是新，但對人類文明的近代世界而言，卻有似曾相似之感。是否我們可以據此而言，宋代中國，一方面固然是中世紀中國的晚期，但另一方面，卻也遙遙指向了近代中國的萌芽？這個過去曾頗有爭議的議題[42]，本文最後，也只能點到為止。

42　例如一位評審者提到，日本的京都學派，視宋代為近世社會的開端。

宋元時期蠶桑技術的發展與社會變遷

毛傳慧[*]

　　技術史的研究除了少數幾個領域有幸能藉著出土文物或現存的用具、原料進行分析研究，最主要還是依靠文獻史料的研讀探討。近幾十年來一些關於技術典籍的陸續出現與相關研究的進行，提供了有關傳統技術研究的寶貴資料。然而，這些技術典籍的記載是否真實的反映了當時所使用的技術？有多少是文人盲目抄襲前人的文字，又有多少是作者自己的親身體驗呢？除了有關傳統技術的訊息外，我們是否能夠透過這些典籍對當時的社會狀況作進一步的了解？而技術的發展又與社會組織、制度有何相互影響的關係？本文將藉著宋元時期蠶桑文獻（後簡稱「蠶書」）的研究，對上述幾個問題進行深入的分析探討，並參照其他文獻史料以及現代史學家的研究成果，對宋元蠶桑史料的內容與著作的背景作系統性的分析研究，以了解這些文獻資料出現的背景，同時對宋元時期蠶桑技術的發展，及其與當時社會的相互影響作進一步的深

　[*]　本文作者現任國立清華大學歷史所助理教授，在此感謝兩位評論人的建議。

入探討。

中國傳統社會中所謂的「蠶桑」包括栽桑、養蠶與繅絲等過程。其中「繅絲」的目的在將養蠶結的繭子抽取成絲，以現代的分工概念屬於手工業的範圍；但因蠶結成繭變成蛹後，如不經過特殊方式處理，幾天後便羽化成蛾，並分泌出一種酸性物質將繭端的絲質溶化以便其從小孔鑽出。這時的繭子不但受到染污，而且無法抽成一條持續的長絲，通常僅能作爲填充衣被的絲綿，其商業價值便大幅度地降低了。在中國的傳統蠶桑業中，因缺乏理想的殺繭技術，且無專門收繭繅絲的作坊，繅絲的工作一般在養蠶的農家就地進行。早期有關蠶桑技術的文獻均列入「農家類」，或收錄於涵蓋農業技術的典籍中，如《氾勝之書》、《齊民要術》[1]等。既然蠶桑業屬於農業的範圍，其生產直接受到地理環境與季節的影響和限制，而其技術的發展也與農業技術(水利灌溉、施肥、農具等)的發展息息相關。本文僅針對栽桑養蠶的技術予以探討，對於涉及其他農業技術範圍則不多加贅述。

北宋的秦觀《蠶書》是我們現在所能見到最早以蠶桑爲名的專著。在此之前，《舊唐書》和《新唐書》的〈藝文志〉雖錄有一卷已佚的《蠶經》，但均有目無書；《宋史》另載有一卷《淮南王養蠶經》和五代孫光憲的《蠶書》，但原書無存，僅於元朝的《農桑輯要》和王禎《農書》中可見到抄錄的片段。現存宋元時期有蠶書有六：

❖秦觀《蠶書》(1082-1084)1卷；
❖樓璹《耕織圖》(1131)45幅，其中〈織圖〉占24幅；
❖陳旉《農書》(1149)3卷。卷下專論蠶桑，卷上涉及施肥、植

---

1 賈思勰的《齊民要術》是東魏武定年間(543-550)所作有關華北技術的農書，卷5有一篇關於種植桑柘的技術介紹，並附有養蠶法，但其篇幅在整部論述農村生活的各項農業生產與加工技術中，只占非常小的比率。

樹等技術；

❖《農桑輯要》（序1273）7卷，卷3和卷4分述栽桑及養蠶技術；

❖王禎《農書》（1313）36卷，其中3卷另兩篇專門敘述有關蠶桑絲織的傳統與技術，約占全部篇幅十二分之一強；

❖魯明善《農桑衣食撮要》（1314）2卷，計174個條目，其中17條與栽桑養蠶有關。

　　宋朝印刷術的進步對宋元蠶書能夠流傳至今應有極大的貢獻，然而現今所見的文獻，大多不是宋元時期的版本。除了現存於上海圖書館一部1339年的《農桑輯要》元代重刊本以外，其他的典籍均為後世傳鈔重刻而得以流傳至今。我們不禁要提出這樣的疑問：促使後世文人、朝廷或地方官員多次傳鈔重刻這些文獻的動機，究竟出於這些史籍內容的技術價值，或與當時政治、經濟和社會的特殊背景有關？而這些蠶書的出版與流傳，是否真的推動了當時蠶桑技術的進步？我們是否可因這些蠶書的流傳，而下結論認為宋元時期的蠶桑技術即已到達高峰，明清時期則停滯不前，一直到19世紀末由日本及歐洲傳入新的蠶桑技術才有所轉變呢？本文將透過原始文獻以及現代學者的論著，針對上列問題進行探討。

一、有關宋元蠶書及蠶桑業的研究

　　20世紀下半葉初期，多位中日著名的農史學家均曾投入中國農業遺產的蒐集和研究，並完成了數部重要的農學書錄。這些書錄將中國歷代農書按出現先後，針對編著者的背景、文獻內容以及現存的各個版本進行考證，並為相關的研究論著作整體的介紹，為中國傳統農桑植物畜牧等生產技術的研究提供了珍貴的入門參考資料。其中較重要的當數

王毓瑚的《中國農學書錄》(北京：農業出版社，1964；中華書局，校訂本，2006)以及天野元之助的《中国古農書考》(東京：龍溪書舍，1975；彭世獎、林廣信譯本，北京：農業出版社，1992)。而南京農學院中國農業遺產研究室編著的《中國農業史(初稿)》(科學出版社，1984年再版；初版：1959)則以歷代農書為主，參考其他文獻與考古和實地調查資料，對中國農學思想與農業技術的發展進行研究，將歷代農桑技術的演進勾勒出一個大概的雛型，同時也為宋元蠶桑技術的發展背景提供了粗略的介紹。在一些探討中國農業史的專著中，亦有關於蠶桑文獻的介紹，例如：白馥蘭(Francesca Bray)在其《中國農史》[2] (李學勇譯，臺北：台灣商務印書館，1994，頁88-96, 105-107)中，即粗步介紹了幾部宋元時期有關蠶桑的文獻。此外，魯奇在其《中國古代農業經濟思想——元代農書研究》(北京：中國技術科學出版社，1992)中，藉著對元朝三部農書的編著背景與發行過程的深入探討，對蒙古人統治時期的經濟思想進行深入的研究分析。

　　另有多位農學及紡織史學者針對單一特定的文獻進行系統性的研究，除了將現存的各個版本進行比對、注釋以外，還進行考證及傳統技術復原的工作。石聲漢的《農桑輯要校注》(北京：農業出版社，1982；臺北：明文書局，1984)及繆啓愉的《元刻農桑輯要校釋》(北京：農業出版社，1988)均對這部元朝官頒書的編著背景、該書所輯錄而現已失傳的相關著述之撰寫時代，以及《農桑輯要》的刊刻版本數量等，進行非常詳密的考證與史料的蒐集，並對該書中所載的技術作了復原的工作以及深入的探討。繆啓愉的《東魯王氏農書譯註》(上海：古籍出版社，1994)及天野元之助的〈元の王禎農書の研究〉(《宋元時代の科學技術史》，京都大學，1967)對王禎的生平、著述內容及其對中國農業發展的貢獻，

　　2　該譯本將作者名音譯為布瑞。

均作了專門性的分析研究；後者更偏重於王禎《農書》中有關農業技術的探討。至於樓璹《耕織圖》及其流傳的研究更是不勝枚舉：最早的有德國學者Otto Franke題名爲 *K'eng tschi t'u, Akerbau und Seidengewinnung in China*（Hamburg: L. Friederischen et C, 1913）的專著，法國學者伯希和亦於同年在《東亞論文集》中爲文呼應[3]，對樓璹《耕織圖》的流傳作了詳細的考證，同時發表了元程棨《耕織圖》摹本的石刻拓片。有關樓璹《耕織圖》的流傳與技術研究的論述，散見於許多學術性期刊及有關中國蠶桑絲織技術的專著，如《農業考古》、《中國農史》和《絲綢史研究》等。《絲綢史研究》爲附屬於原浙江絲綢工學院（現浙江理工大學）的「中國絲綢史研究室」所發行的有關傳統蠶桑絲織技術發展調查及絲綢生產與社會關係之學術期刊（已停刊），其中刊登了不少有價值的學術論文。

　　1980-1990年代初是絲綢史研究的鼎盛時期，許多相關的重要論述都出版於這段期間，其中不少是20世紀中期因政治動亂而被延誤發表的研究成果。朱新予主編的《中國絲綢史（通論）》（北京：紡織工業出版社，1992）結合了文獻史料與出土文物，並考量每個朝代的歷史背景，對絲綢生產的每個環節均作了詳細的說明，勾勒出蠶桑絲織技術發展的梗概。趙豐主編的《中國絲綢通史》（蘇州大學出版社，2005）承其大概，並加入了許多新近的研究論述與出土文物，以及相當豐富的圖片資料，是有關絲綢史研究入門的理想參考書。德國學者 Dieter Kuhn 根據豐富的中西文獻史料、文物出土報告及研究論述的分析探討，在其出版於李約瑟《中國科學與文明》叢書的專著（*Textile technology : spinning and reeling*, in Joseph Needham, *Science and civilisation in China*, vol. 5, Cambridge University

---

3　Paul Pelliot, "À propos du *Keng Tche T'ou*," in *Mémoire concernant l'Asie Orientale*（*Inde, Asie centrale, Extrême-Orient*）（Paris: Ernest Leroux（éditeur）, 1913）, t.1er, pp. 65-122+ planches.

Press, 1988)中，對中國各種傳統纖維(絲、麻、棉、毛等)的生產製作工藝作了全面的介紹，是西文著述中有關中國傳統紡織原料工藝研究的入門書。但其中某些蠶絲生產技術的斷代、中國蠶桑對西方技術的影響，以及中國生絲生產技術的復原(如「全絞絲」、「冷盆」，詳下文)等方面的推論辯證[4]，仍有待更深入的系統分析與探討。

宋元時期是許多史學家公認的中國歷史的轉折時期；除了經濟重心由黃河流域轉移至長江三角洲以外，許多政治、經濟制度在此時期均有重大的革新，爲現代政治與社會制度奠定基礎。蠶桑絲織業在當時的政治、經濟與外交中占有相當重要的地位，成爲研究宋元經濟社會歷史中不可或缺的一環。斯波義信在其《宋代商業史研究》闢有專節討論絲綢手工業生產的集中化、商品化與分工等問題；漆俠在其《宋代經濟史》中亦對絲綢手工業及其他紡織手工業的專業化有所探討；Angela Yu-Yun Sheng 題名爲 "Textile use, technology, and change in rural textile production in Song China（960-1279）" 的博士論文則側重於北宋與南宋間農村紡織手工業生產結構演變的分析與探討。蠶桑絲織業重心的南移亦是學者們研究討論的重點：大部分的學者認爲北宋時江南地區的絲綢生產已可與黃河流域相抗衡，並於南宋時完全取代北方而成爲蠶桑絲綢生產的重心[5]；極少數的幾位學者認爲此時北方的絲織業在質和量上仍占領

---

4 義大利學者 Claudio Zanier 在其專著中曾針對 Kuhn 的幾個觀點及研究方法提出質疑，如「蛾眉杖」對義大利直立式繰車絲鞘形成的貢獻等。但 Zanier 本人並無法直接使用中文文獻，而且他在反證中利用現代西班牙手工繰絲業者的觀點，似乎亦有失謹慎。見 Claudio Zanier, *Where the Roads met, East and West in the Silk Production Processes (17th to 19th Century)*(Kyoto：Italian School of East Asian Studies Occasional Papers), pp. 45-49.

5 持由此看法的有：史念海，《中國歷史人口地理和歷史經濟地理》（臺北：臺灣學生書局，1991），頁190-204；朱新予，《中國絲綢史（通論）》（北京：紡織工業出版社，1992），頁207；黃世瑞，《農業考古》，1985.2：324-331；1987.2：326-335等。

先地位[6]。

由上述簡略的介紹可看出大部分的學術論文均集中於宋代蠶桑絲織的研究，而有關遼金元等北方遊牧民族治理時期下的絲織業發展之研究則屈指可數。遼金元等朝相關文獻史料的缺乏固然是原因之一，但「北夷」不識躬耕，而對農桑多有破壞的先入為主的印象，亦可能為要素之一。幾位金元史學家對金元時期農桑發展提供了新的觀點，但仍有待更進一步資料的蒐集與更細緻而系統的研究[7]。由於出土文物的欠缺以及蠶桑實物(桑種、蠶種、繭、絲等)的保存受外在條件的限制，有關宋元絲織品的研究多著重於裝飾紋樣、織染技術等，有關絲質的分析在數量上和內容上均不足以提供全面而有系統的論述依據，宋元時期蠶桑生產技術的研究主要仍有賴於對蠶桑文獻史料的研讀分析。但由於語文隨著社會變遷而產生的演變，再加上文獻中對某些關鍵環節缺乏明確的解釋，或根本略而不提，現代學者常有利用晚期的文獻或技術來解釋理解這些早期資料的內容，甚至據此進行產量的分析的現象[8]，而予人中國蠶桑技術在唐宋時期即已到達高峰，而後世只是因循舊制故步自封，甚至今不如昔的印象。

本文將參考相關的文獻和最近的學術論文，先對宋元時期各部蠶書

---

6 如李卿，〈論宋代華北平原的蠶桑絲織業〉，《廈門大學學報》，2002.1：80-87。
   在該論文中，作者列出了大陸學者有關蠶桑重心南移的學術論文。

7 張博泉，《金代經濟史略》(遼寧：人民出版社，1981，頁10-26)中對有金一代
   蠶桑生產有非常簡略的敘述。李幹(《元代社會經濟史稿》，湖北人民出版社，
   1985)和韓儒林(《元朝史》，北京人民出版社，1986)均對元代的農桑發展有
   正面的評價。

8 如趙豐在「假設唐代各地絲綢生產力水平基本相仿」的前提下，利用唐代史料
   詩詞筆記，參照北魏賈思勰《齊民要術》、南宋陳旉《農書》等文獻及現代科
   學試驗測定建立「轉換公式」對唐代的蠶桑生產率進行分析研究(《唐代絲綢
   與絲綢之路》，陝西：三秦出版社，1992，頁13-24)。但蠶桑生產屬於農業手
   工業的範疇，除了技術條件外，還受到天候、地質等自然因素與社會政治等人
   為因素的影響，其產量或用桑成繭的比率其實相當不穩定。

的編寫出版背景，及其作者的動機與著述方式略作介紹，再針對其描述
的技術內容予以比較分析或進行復原的工作，藉此闡明宋元時期蠶桑
技術的發展與社會演變的關係，並對宋元蠶書所記載的知識技術是否
為當時的「先進」技術，及其是否對當時的蠶桑生產技術有所影響，是
否廣泛地應用於當時的實際生產操作等問題進行探討。

　　有關宋元蠶書作者、內容以及版本的流傳等等問題的研究非常豐
富，本文不再贅述，僅略述這些著作的時代背景，而將重點放在一些引
起爭論未決的疑點，如：《蠶書》及《農桑輯要》的作者及著作年代等
等。

二、宋元時期的蠶桑絲綢發展

　　大約從新石器晚期開始，黃河流域和長江流域的許多地區已經分
別開始利用繭絲，並開始嘗試家蠶的馴養[9]。經過長時期的摸索，蠶桑
技術在黃河中下游流域地區得到較快速的發展，而在全國占有首要地
位[10]。漢末以來，北方陷入長期的動盪不安，連年戰亂導致農田水利失
修，造成中國歷史上首次人口大批南徙，而淮河以南的地區則持續在安
定的環境中穩定發展。唐朝末期以來頻繁的天災人禍，再次造成大規模
的人口南遷，經濟重心南移的腳步亦隨之加快。隨著北人南來的，除了
豐厚的資本以及消費市場的擴大外，還有北方的蠶種、桑種、工匠與蠶

9　李賓泓在其〈我國蠶桑絲織業探源〉（《地理研究》，1989.2：28-34）一文中，
　利用傳說、文獻分析、考古發掘和植被與氣候變遷之關係，對中國各地的蠶桑
　起源做出綜合性的整合分析。

10　20世紀初在仰韶文化遺址發現的蠶形飾與半個蠶繭開始，陸陸續續在山西、四
　川、浙江、河南、江蘇等省多個考古遺址出土甲骨、絲綢殘片、碑刻等文物。
　考古挖掘報告多發表於《文物》、《考古》、《考古學報》、《文物與考古》
　等期刊，或結集出版。

桑絲織技術。

西元960年趙匡胤立宋、滅北漢後，結束了五代十國分裂的局面；澶淵之盟決定了與遼畫河爲界的局勢。宋太宗淳化元年(990)李繼遷受遼封夏王，同時亦受宋封爵，但時降時叛，宋夏戰爭時起。繼遷子改變政策，宋每年輸夏銀絹茶，維持了約30年的和平。1038年其孫元昊正式稱帝，國號大夏，再次對宋動兵，於1044年議和，宋每年賜予巨額銀絹茶，換取了二十多年的安寧。

宋自建都汴京(開封)以來即積極充實廩庫以維持冗重的軍費和龐大的官僚體系，及每年爲了維持邊境安寧而輸出的爲數不貲的議和銀絹。宋室所採取種種增加國庫收入的因應措施中，鼓勵農桑即爲要項之一。北宋真宗景德三年(1006)二月，朝廷命地方官以「勸農使」入銜，自古以來帝后主持先農、先蠶儀式以及不定期派遣勸農官、頒印農書等勸農制度至此成爲定制[11]。靖康變後，大量人口擁入淮河以南地區，使得屯墾、增加土地面積及發展農業、手工業生產以保障人民衣食需要和皇室朝廷龐大的開銷更形迫切。勸農制度的厲行，使得南宋地方官員留下爲數甚多的勸農文。除卻南宋末年一部分爲人詬病的虛文，其中不乏如朱熹一般實心任事的地方官，以簡明的文字詳述精耕細作的農業操作方法與蠶桑技術，以期將較進步的技術推廣到他們的轄區。農業技術在宋代無疑地獲得迅速的發展，其成果並受到現代中外農史學者的肯定，白馥蘭甚至認爲「南方農業發展最盛時期始於宋代」[12]。此現象似可歸因於有宋一代活潑的學術風氣——特別是理學的發展，對科學與技術的

11　詳見包偉民、吳錚強，〈形式的背後：兩宋勸農制度的歷史分析〉(《浙江大學學報》，2004.1：38-45)。該文對勸農制度的起源、內容、沿革、功用及弊端有系統的討論，其中尚提供了一些南宋地方官員利用勸農文傳播江南先進技術的實例。

12　布瑞，《中國農史》，頁793-794。

發展有正面的刺激與影響[13]。此外，宋人在面臨北方和西方強鄰環伺，以及南宋人口倍增而耕地不足的生存壓力下[14]，迫切需要積極發展科學技術以自保，並保障人民的生活所需之特殊歷史背景，以及與西北邊境頻繁的交易和繁榮的海外貿易刺激下，而形成的知識技術交流，促使宋代在許多科學技術領域的發展上達到高峰[15]。一些紡織史的學者根據文獻與出土文物的分析研究認為蠶桑絲織技術在宋朝已臻於完善，為明清的發展奠定了基礎[16]。紡織技術突破性的進步與發展，加上政治、經濟、社會與人口等各方面的有利因素，私人的絲織作坊與商業，特別是南宋時期的江南地區有了蓬勃的發展，不僅生絲生產與絲綢染織分離，甚至栽桑養蠶也有了內部分工的現象[17]。

　　至於中國的北方則先後受到遼金元的統治，改朝換代間，不免受到戰火摧殘。916年耶律阿保機稱帝，國號契丹；947年遼太宗滅後晉，改國號遼，故又稱大遼國，是北方遊牧民族漢化最深的一支。疆土主要包括今內蒙古及遼寧省西部一帶，蠶桑本不發達，917年李存勖部將盧文進稱降後，「數引契丹攻掠幽薊之間，擄其人民，教契丹以織紝工作無

13　李約瑟(Joseph Needham)認為：「宋代確係中國科學最絢爛的時期」(見李約瑟著，陳立夫主譯《中國之科學與文明》(三)臺北：臺灣商務印書館，1980，修訂三版，頁232)，此與理學之發達，富批判精神之人文主義之盛行，有密不可分的關聯。

14　南宋偏安後總戶數超過漢、唐盛世全國戶數，而土地面積僅占其疆土之半，雖經積極墾荒闢地，仍有嚴重耕地不足的現象，尤其江南地區地狹人稠的現象更為明顯。詳見梁庚堯，《南宋的農村經濟》(臺北：聯經出版事業公司，1985)，特別是第二章〈南宋農村的土地分配與租佃制度〉。

15　葉鴻灑在其《北宋科技發展之研究》(臺北：銀禾文化事業有限公司，1991)中，深入分析探討了促使北宋科學技術發展的背景與條件。

16　朱新予，《中國絲綢史》，頁207；Dieter Kuhn, *Textile Technology: Spinning and Reeling*, pp. 384-404.

17　加藤繁，《中國經濟史考證》(中譯本，臺北：華世出版社，1976)，頁207。

不備」[18]。936年石敬塘割燕雲十六州後,更因之獲得大量的蠶桑絲織工匠;遼世宗時更將以絲織聞名的河北定州的俘虜安置於灤河流域,自此弘政縣(今遼寧義縣境內)與白川州(今遼寧朝陽境內)即以絲織聞名[19]。高級絲織品的織造必須倚賴質優而價錢合理的原料,推論其時當地的蠶桑生產必維持相當的規模與技術水準,方足以滿足絲織生產對生絲在質與量上的要求。完顏阿骨打繼承女真部落盟主後不久,起兵叛遼獲勝,於1115年稱帝,國號大金;1125年滅遼後,1127年又敗北宋,而形成與南宋對立的局面。北方的農業生產在金人南下前即已呈現衰退的趨勢,伐宋期間及滅宋初期,北方的農田水利及蠶桑生產耕遭受到嚴重的破壞。金熙宗即位後,開始一連串的農業改革,並大量使用漢臣,以期恢復並發展北方的農業。世宗、章宗並採取低賦稅,鼓勵農桑等措施,而達到金朝的「小康」時期。學者一般認為金代的蠶桑生產雖有保留,但規模較小[20]。然從金宋貿易中金「將北絹低價易銀」的現象[21],以及《農桑輯要》所引用的估計為金末元初著述的《務本新書》和《士農必用》之內容看來,蠶桑技術在此時期又獲得了相當的進步與發展(詳下文頁326-349),而在產量和品質上均有所提升。

　　1129年窩闊台被推舉為蒙古大汗後,接受耶律楚材的建議,開始了一連串改革措施,注重農桑發展而恢復北方的農業經濟,並於1234年滅金。忽必烈即位後,更廣泛聽取漢儒的意見,採取一系列的勸農措施,其中包括司農司的設立[22],《農桑輯要》的編撰頒印,以及推廣監督農

18　《新五代史》,卷48,〈盧文進傳〉。
19　趙豐,《中國絲綢通史》,頁262。
20　朱新予,《中國絲綢史》,頁202-207。
21　《宋會要‧食貨‧互市》。加藤繁在其《中國經濟史考證》中的〈宋代和金國的貿易〉和〈宋金貿易中的茶、錢和絹〉兩章有較深入的分析介紹。
22　元世祖即位翌年即設立「勸農司」,1262年並命姚樞為「大司農」。1270年設立「司農司」,同年改為「大司農司」,1277年廢除後,1283年恢復,並改名

桑發展的農村「社」制的設立與施行[23]。北方的農業生產不但因此而得
以迅速復甦，蒙元更得以在短短數十年內籌集多次伐宋所需的龐大軍
費，而於1279年統一中國。除了鼓勵蠶桑以外，元朝還試圖將南方的棉
花和苧麻引進河南、陝西等地[24]。棉布雖然不如麻布的堅固耐久，但其
保暖性則遠優於麻布，尤其南宋間從海南引進江南較優良的棉種與軋
棉、彈花等技術後，產量與品質均大大提高，棉布的價格得以大幅度降
低[25]。元朝統一中國後，在東南五省設立木棉提舉司，將棉產品納入稅
收項目中[26]，可見當時棉業已發展到相當的程度。北宋初從海路引進的
「珍貨」，終於成為平民化的織物。棉業的經濟效益於是超過植麻績麻
的利益，而直接與麻、葛等織品競爭「平民」消費市場，同時取代部分
品質較低下的絲織品，作為一般百姓和士兵的禦寒衣被。歷代以絲綿和
紬(質料較次的絲織品)作為軍人冬衣或平民禦寒被服的絲綢產品，漸漸
由棉織品所取代，於是蠶桑業得以由以往透過官府稅收而強制實行的
「全民生產」轉向商品手工業的專業化生產發展。

三、宋元蠶書的背後

(續)

　　為「農政院」。其後在體制、名稱上多有更動，詳見《元史‧百官三》和〈食
　　貨一‧農桑〉。

23　元仿金制，推選社長以鼓勵蠶桑，但與金代不同的是社長並不擔任行政事務，
　　詳見楊訥，〈元代農村社制研究〉，南京大學歷史系元史研究室，《元史論集》，
　　(南京：人民出版社，1984)，頁227-254。

24　《農桑輯要》，卷2，〈論苧麻木棉〉。

25　漢時中國西北地區已有棉花的種植，但屬棉纖較短的大陸棉，不適於棉紡，多
　　用以填充禦寒衣被。有關棉業在中國的傳播與發展，見《中國農學史》(下)，
　　頁32-33；趙岡、陳鍾毅，《中國農業經濟史》(臺北：幼獅文化事業公司，1989)，
　　頁1-50。

26　《元史》，卷15，〈世祖十二〉；卷93，〈食貨一〉。

　　宋元蠶桑文獻的作者背景與文獻內容和型式都有很大的不同：宋代的三部作品除《耕織圖》是唯一由政府官員為了倡導農桑，改良當地技術而作外，其他兩部則為未第士人及躬耕隱士根據自己的觀察或經驗撰寫而成的；而且作者多為生活於江浙地區的文人，反映了宋朝私人農書撰寫的風氣。元代蠶書的作者則均為中央或地方官吏，且全部為祖籍或生長於山東、河北等北方地區的文人；其著作的方式著重於蠶桑文獻的節選引錄與註解。除了當時南北方技術水準的不同，以及自然環境的歧異而導致內容的差異，其著述方式也反映了南北學術風格的不同，以及宋朝和元朝之間農桑政策、學術思潮、社會風氣和有關動植物知識等等的差異。

　　依宋元時期現存六部蠶書成書的時間，可分為北宋晚期、南宋初、元初與元朝晚期等四個階段，其內容多描述黃河流域及長江下游地區的技術。除秦觀《蠶書》專論蠶繅技術外，其他文獻均將蠶桑與稻作或其他農業生產技術相並論。其中《蠶書》僅涉及養蠶和繅絲技術，而且特別針對繅車的結構作了詳盡的介紹，然而卻隻字未提栽桑與製蠶種的技術；樓璹的《耕織圖》描繪了自養蠶繅絲一直到織染成衣的整個過程，然而卻省略了栽桑的部分。陳旉和魯明善則對繅絲技術略而不提，但陳旉對用鹽殺繭的原料和步驟有詳盡的敘述。

　　這些著作的體裁各具特色，其中有幾部還成為後代農書的典範：

❖秦觀《蠶書》是作者觀察蠶繅技術心得的敘述，其中包含了現存中國文獻中最早有關家蠶生長及繅絲方法與繅車製作的描述；

❖樓璹希望藉圖像傳導蠶繅絲織技術，以改善其轄區的農桑技術，於是將養蠶繅織的整個過程以繪畫的形式表達，並配上詩文解說而完成其《耕織圖》。因其鼓勵蠶桑的宣傳意味濃厚而

獲得帝王及文人的喜愛，不但爲後世描摹模仿，且流傳海外，
而形成特殊的《耕織圖》文化[27]；

❖ 陳旉《農書》是「現存最早的專談南方農業技術與經營的農
書」[28]，爲作者實際經驗的總結，其中包含了不少作者獨創的
蠶桑技術；

❖《農桑輯要》爲目前所知最早的官頒書，節選當時尚存的農桑
著作，分條編目加注而得。其書名將蠶桑生產提升到與狹義的
農業生產等重的地位，內容多爲王禎《農書》所引用，並屢爲
後世作者直接或間接引述；

❖ 王禎《農書》中的〈農器圖譜〉是現存最早附有插圖介紹農具
的農書，作者在書中對南北技術的對照比較，亦爲該書的特點；

❖《農桑衣食撮要》又稱《農桑撮要》是一本月令體裁的農書，
也是唯一一部維吾爾族人著作的農書。

(一)北宋晚期

關於《蠶書》的作者，長期以來有兩派不同的說法：認爲是高郵（今
江蘇高郵縣）秦觀作品的一派，主要根據南宋陳振孫《直齋書錄解題》[29]
和王應麟《困學紀聞》[30]的記載；而認爲是秦觀之子秦湛著作的， 則

27　有關《耕織圖》的研究很早就引起西方學者的注意，見德國學者 Otto Franke,
K'eng tschi t'u, Akerbau und Seidengewinnung in China (Hamburg: L. Friederischen
et C, 1913), VI+1+194 p. + CII pl. 和法國學者 Paul Pelliot, "À propos du *Keng Tche
T'ou*," in Senart, Barth, Chavannes, Henri Cordier (sous la direction de), *Mémoire
concernant l'Asie Orientale (Inde, Asie centrale, Extrême-Orient)*, pp. 65-122 +
planches. 20世紀中期以來，許多日本、中國及西方學者，陸陸續續出版了豐富
的相關研究論文，在此不一一贅敘。

28　《中國農學史》（下），頁37。

29　《直齋書錄解題》，卷10，〈農家類〉。

30　王應麟，《困學紀聞》，卷20。

係根據《宋史‧藝文志》及《四庫全書總目》的說法。我們認爲該書作者是秦觀最主要根據下列幾點：1)乾道癸巳(1173)高郵軍學刻的秦觀《淮海集》中，即已收錄了《蠶書》一文；2)《蠶書》的序文與秦觀《逆旅集》的序同樣都以「予閑居」起句。由此觀之，《蠶書》應是秦觀進入仕途前的作品。1082年，秦觀第二次北上赴京應試，返鄉途中曾繞道黃河濟水間[31]。這次旅行，無疑提供作者實地觀察當時蠶桑最發達地區之一的兗地(今山東西部、河南北部地區)的蠶繅技術。抵家後，秦觀與其擅長養蠶的妻子徐文美討論，然後爲文。

至於《蠶書》所描述的是南方或是北方的技術，亦是現代學者意見分歧的部分。秦觀在其序言中只提到：「予所書，有與吳中蠶家不同者，皆得兗人」，但文中並未指明哪些是蘇州地區的技術，而哪些又是山東西部、河南北部地區的技術。從秦觀所描述的養育期長達四十多天的一化性四眠蠶看來[32]，很可能爲蘇中品種。雖然6世紀中賈思勰已提及四眠蠶的餵養[33]，但元代的《農桑輯要》(卷4)主要引述一化性三眠蠶的飼育法，雖轉引了《桑蠶直說》對四眠蠶的介紹，卻認爲「此蠶別是一種，與養春蠶同」，可見三眠蠶的飼育在北方非常普遍。南宋陳旉《農書》雖然描述的是三眠蠶的養育法，但很可能是河北地區的蠶桑技術(詳下文)；而樓璹《耕織圖》描繪的仍是四眠蠶的飼育。根據元末王禎的觀

31　《蠶書‧序》；徐培均，《淮海集箋注》(上海古籍出版社，1994，序，秦觀年譜，附錄一)；周義敢、程自信、周雷，《秦觀集編年校注》(北京：人民出版社，2001)，序及頁529，764，910。

32　所謂的化性指蠶在一年內重新繁殖的世代數：一化性即同一年內僅有一個世代(蠶卵孵化成蠶，經過幾次入眠後結繭成蛹，再羽化成蛾，交配產卵)；其蠶卵在孵化前通常需要經過低溫(近0°C)處理。二化性和多化性即指一年內可產生兩個或多個世代的蠶種，其蠶卵不須經過低溫處理。而幼蠶在結繭前須經過幾次不吃不動的階段，即所謂的「眠」；須三次眠起才成熟結繭的稱為「三眠蠶」，四次則為「四眠蠶」。

33　賈思勰，《齊民要術》，卷5。

察：「北蠶多是三眠，南蠶俱是四眠」[34]，可推知四眠蠶在太湖流域地區已相當普遍，應為江南地區慣常餵養的品種。至於《蠶書》所描述的繰絲技術又與《農桑輯要》引述《士農必用》的「熱釜」相彷，按王禎的說法：「南州誇冷盆……，北俗尚熱釜……」，應為北方的技術。值得注意的是秦觀描述的是以三個繭緒繰絲的方法，較《農桑輯要》所引述的「約十五絲以上」的繰絲法所成之絲顯然細了許多。

秦觀《蠶書》中對蠶種孵化過程中顏色的變化及所需的時間，與家蠶每一齡之間成長所須時間、飼葉方法與所須空間均作了量化的描述，一方面反映出作者對自然現象的好奇與仔細觀察的精神，另一方面顯現作者希望對育蠶空間作一理性安排的意圖。前者與北宋以來學術思想的新發展所湧現的「鳥獸草木之學」專著的風潮互相呼應；而量化的描述顯然是為了順應愈來愈趨於大規模養蠶以提高產量的生產形態，方便蠶室管理之需要[35]。秦觀對蠶繰技術的關心，除了作者自身生活所需，也反映文人受了儒家經世濟民思想的薰陶，以改善人民農業技術、滿足其衣食所需為己任；再加上宋朝勸農制度地方官以「勸農使」入銜的刺激，促使希望進入仕途的文人，必須更注重本身對農桑技術的掌握，而產生的具體實現。

(二)南宋初期

南宋的兩本蠶書均完成於宋室南遷的初期。宋室南遷後，一方面積極墾荒增加耕地面積，一方面嘗試改良農桑技術、提高產量，同時加強對外貿易，以增加國庫歲收，同時解決龐大人口衣食的基本需要。

1133年左右，浙江鄞縣人樓璹(字壽玉，1090-1162)出任杭州附近的

---

34 王禎，《農書》，卷6。

35 羅桂環，〈宋代的「鳥獸草木之學」〉，《自然科學史研究》，20.2(2001)：151-162。

於潛縣令時，為了讓轄區百姓較容易接受新的農桑技術，提高蠶桑生產的質量與品質，特將養蠶繅絲織染成服的過程繪成24幅《織圖》，連同21幅描繪稻作的《耕圖》配上《耕織圖詩》，完成了《耕織圖》。此舉正符合朝廷積極鼓勵農桑的政策，而受到高宗的注意，特詔其攜手稿入宮面見，後敕令宮廷畫院待詔臨摹，陳列後宮，以表示朝廷對農桑生產的重視及其鼓勵蠶桑的積極態度[36]。1210年，樓璹的侄孫輩樓洪、樓鑰等將其大伯父的《耕織圖》予以石刻重印。由於《耕織圖》的題材忠實地演繹了中國傳統的重農思想，為有心提倡農桑的當政者提供了一份理想的宣傳藍圖，而多為後世畫家描摹複製，現存最早的樓璹《耕織圖》即為元程棨的摹本。《耕織圖》的宋宗魯刊本(1462)還流傳到日本，成為狩野永納(1631-1697)本的底本，對當地的農桑技術及繪畫風格均有相當的影響。清初康熙時，欽天監的宮廷畫師焦秉貞（活動期間1689-1726）奉詔，根據宮中藏本，利用西洋透視法完成了46幅農桑各半的《耕織圖》。於1696年康熙新題耕織圖詩後付梓，當時即由耶穌會士傳至歐洲各國。焦秉貞的《耕織圖》成為清朝多次摹畫的底本，但清初時蠶桑生產已局限於長江下游三角洲、四川盆地和山東的少數地區，雖原籍山東的焦秉貞亦不熟悉蠶桑生產操作，以致圖中所描繪的技術與用具多所舛錯，與實際操作程序諸多不符，其藝術價值和清皇室用以鼓勵蠶桑的宣導作用凌駕其技術傳播的作用。

南宋的另一部蠶桑著作——陳旉《農書》的作者生平不詳，但據陳旉在自序中署名為「西山隱居全真子」看來，可能是靖康之變從北方避難到南方的河北人[37]。陳旉對《齊民要術》、《四時纂要》等北方農書有「迂疏不適用」的批評，可能即因江南地區地勢低平、河流廣布、濕

---

36 黑龍江省博物館藏的《蠶織圖》，有南宋高宗吳皇后的小字注，據考證為當時的作品。

37 李長年，〈陳旉及其《農書》〉，《農史研究》，1989.8：69。

度較高,與黃河流域地區的自然環境大相逕庭,不適於北方亢冷乾燥的農業技術而發。或許就因為南北土質氣候的不同,迫使一些像陳旉一般關心農桑,致力於技術改良以提高產量的讀書人,利用黃河流域地區傳統農業操作所累積的經驗親身試驗,以尋求適合江南地區特殊自然條件的農桑經營管理方法。陳旉《農書》中提供了許多利用廚餘及人畜排泄物製造肥糞的方法,為改良土質增闢了豐富的肥源,為江南精耕細作的農耕方式奠定了良好的基礎。在栽桑養蠶方面,作者在北方農業的基礎上,做了許多嘗試:例如,他提出將三株桑苗的根頭併作一株,以期培育出強壯的幼苗的方法[38],隱然受到《氾勝之書》「區種瓠法」的啓發。陳旉描述的一些養蠶法亦未見於較早或同時期文獻記載,如特闢小室以便加溫催青[39]、葉室的設置、及用硃砂細末溶於溫水浴蠶種的方法等等,可見作者勇於嘗試的實驗精神。而另闢密室加溫的方法很可能與北宋以來藝花者利用「溫室」催花的盛行有關。

　　1149年陳旉完成其《農書》後,曾攜稿拜見當時的真州知州劉興祖,並獲得其支持刊印。數年後陳旉鑒於刊行版本有過多的錯誤,又據其家藏手稿重新修改,並期待有幸能將手稿送進宮,以蒙獲當朝皇帝垂青下詔刊刻頒行,但此期望似乎並未達成。1214年,當時的浙江餘姚知縣安徽新安人汪綱,曾將家中所藏的陳旉《農書》附上其所撰的〈姚江勸農文〉後刊行。同年,汪綱轉任高沙(今湖南洞口縣東南),將新得的秦觀《蠶書》與陳旉《農書》一併雕版重刊。可惜這些宋朝的版本均未流傳下來,目前所見的最早版本為清刊本或抄本。

(三)元朝初期

38　陳旉,《農書》,卷下,〈種桑之法篇第一〉。
39　蠶季來臨前刺激蠶種孵化一連串措施。

　　有關《農桑輯要》的著作年代及作者，仍是許多史學家討論未決的疑點，主要是因為1273年王磐在序中聲稱該書是在大司農司成立五六年後才著手編纂的。根據《元史》記載大司農司創立於至元七年(1270)，到成書的時間僅短短三年，與序中所言不符。此外，史載1286年暢師文上所纂《農桑輯要》，較王磐的序又晚了十幾年。且至目前為止，學者們只蒐集到有關1286年奉詔頒發《農桑輯要》以及之後幾次重刊的一些史料(詳下文頁319)，而未見提及1273年刊刻版本的其他相關文獻。因此許多學者因此認為是《元史》編輯匆促未及審校而導致的錯誤[40]。

　　但若以修辭的角度來看王磐的序言：「聖天子臨御天下，欲使斯民生業富樂而永無飢寒之憂，詔立大司農司，不治他事，而專以勸課農桑為務。」其中的「大司農司」極可能指的是忽必烈登基稱帝次年(1261)所成立的「勸農司」。根據《元史》記載，該司成立後的第二年，元世祖任命姚樞為大司農，1270年設立司農司，同年旋又改名大司農司[41]。王磐寫序時可以該機構當時的名稱稱之。此外，1269年忽必烈曾「詔諸路勸課農桑，命中書省採農桑事，列為條目，仍令提刑按察司與州縣官相風土之所宜，講究可否，別頒行之」[42]。由此可見，蒐集農書的工作在大司農司成立前，即已實施了一段時間，而實際參與文獻蒐集和實地訪查的官吏，除了直屬於「司農司」的官員外，還有其他中書省和御史臺的各級官員之配合。估計《農桑輯要》編輯的準備工作，很可能在1267年前後即已著手進行。1286年暢師文所纂的《農桑輯要》很可能是滅宋後根據1273年版本重新校訂，或增添有關江南農業技術的修訂本。但值

40　見石聲漢，《農桑輯要校注》(臺北：明文書局，1984)，頁2。

41　大司農司於1277被裁撤，其職權由按察司兼管，四年後又改立農政院，之後又歷經多次體制、名稱等等形制的變動。見《元史》的〈百官三〉及〈食貨一‧農桑〉。

42　《元史》，卷6，〈世祖三〉。

得注意的是：現存1239年重刊的《農桑輯要》中雖節錄了南宋陳元靚《歲時廣記》的內容[43]，卻未摘錄秦觀《蠶書》、樓璹《耕織圖》與陳旉《農書》等南宋蠶桑著作。此因一時未得上述著作，或因這些著作的內容未獲得北方編輯者的認同，還是另有原因，則有待更進一步的深入探討。

　　《農桑輯要》的編輯格式與《齊民要術》非常近似，均將所摘錄的農書內容以較大字樣編寫，其下加上小字的注，但注中也可能有引文；這些引文很可能是一些成書時間與《農桑輯要》較近的著作或手稿。《農桑輯要》較《齊民要術》更爲嚴謹的是前者將資料出處的書名清楚地用黑底白字加框標明(圖1)，且按原書出現的年代先後排列。這樣的編排，對現代學者而言，非但便於技術演變發展的研究，而且也有助於對書中一些大量引用而現已失傳之文獻年代的考證，如《務本新書》和《士農必用》等。這兩本描寫華北地區蠶桑技術的著作，根據書中提及的一些歷史事件推斷，應出現於金朝中晚期或元初，爲研究北方遊牧民族統治下的黃河流域及以北地區的蠶桑發展，提供了非常珍貴的資料[44]。此外，《農桑輯要》的

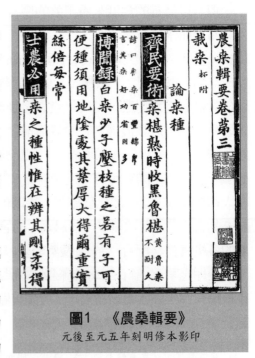

圖1　《農桑輯要》
元後至元五年刻明修本影印

43　陳元靚(活動時期約1225-1264)，《歲時廣記》，卷4，〈浴連〉。

44　石聲漢認為《務本新書》的成書時間應為金世宗大定十八年(1178)之後幾年，而《士農必用》大致為元太祖鐵木真末年和太宗窩闊台時代，詳細考證見其《農

編者首次將蒐集的文獻資料編目分類，並試圖在注中分析技術運用的原理，現代學者可從中窺見古代中國文人對植物學、昆蟲學基本的認識與其理解的邏輯。

根據王磐1273年所作序言，元司農司官員編纂《農桑輯要》的目的是爲了提供各地區勤身從事的「田野之人」有效的播殖蠶繅技術。根據至元五年(1339)〈中書省致江浙行省印造《農桑輯要》咨文〉，從至元二十三年(1286)開始奉旨陸續刊發了八千五百部的《農桑輯要》，延祐元年(1314)江浙行省重新開雕，印造農書一千五百本以補足萬部之數[45]。至治二年(1322)重印了一千五百部；天曆二年(1329)又行印造三千部，至元五年因庫存將罄，又下旨重印[46]。朝廷多次大量刊印的《農桑輯要》主要頒發給朝臣及各地州牧與勸農使。一些積極配合政府農桑政策的地方官，收到朝廷頒發的《農桑輯要》後，在其轄區或全文翻刻或部分刻印，以期達到技術傳播的目的。另有積極響應朝廷農桑政策的地方官，如王禎和魯明善等(見下文)，並不以翻印《農桑輯要》爲滿足，而以該書爲基礎，參照其他農書及個人的觀察體認，編寫出適合他們所屬轄區需要的農書。可見其技術的推廣主要靠各道廉訪司、勸農官與諸路牧守的宣導監督，配合各地社長的督導而得[47]。元代早期農桑政策能徹底執行的原因，除了地方官的盡心從事，最主要可能還有賴於鄉村社制的嚴格執行與配合的結果。

(續)————————————————

桑輯要校注》，頁76-77，109。

45 該咨文見於現存唯一的一部元版《農桑輯要》(1329)，其影本收入繆啟愉《元刻農桑輯要校釋》(北京：農業出版社，1988)，以及2005年北京圖書館根據上海圖書館藏元後至元五年刻明修本影印原書版。

46 蘇天爵，《元文類》，卷36，〈《農桑輯要》蔡文淵序〉。

47 1270年，司農司成立的同一年，張文謙(約1216-1283)受命為大司農卿，即草擬〈農桑之制十四條〉，並由世祖下詔施行。其中規定「縣邑所屬村疃，凡五十家立一社，擇高年曉農事者一人為之長，……社長專以教勸農桑為務」(《元史》，卷93，〈食貨一‧農桑〉)。

（四）元朝晚期

　　王禎是山東東平人，曾於13世紀末至14世紀初在現今的安徽、江西等地擔任過縣官。在其任內即致力於勸課農桑，並繪圖教導當地農民如何製作使用稱手而有效率的農具。1304年戴表元(1244-1310)出任信州教授(今江西廣豐)時，曾收到出任永豐令的王禎寄給他的《農書》手稿，但當時只有〈農桑通訣〉和〈農器圖譜〉兩部分[48]。1313年，在加入了〈百穀譜〉後，王禎才完成其37卷，370條目的《農書》。王禎《農書》的特點之一在引述秦觀《蠶書》與陳旉《農書》等有關江南農桑技術的著述，補充了《農桑輯要》僅涉及華北農桑技術之不足；此外，他利用簡潔的文字歸納整理出一系列農桑生產技術，有別於前者百科全書式的選輯方式。王禎還針對黃河流域和長江下游地區所使用的農桑技術及用具的優缺點進行比較說明，希望能截長補短，藉此達成南北間的技術交流，提高各地的農桑技術。透過王禎的觀察，我們得以約略得知南宋江南地區蠶桑技術的發展，如：蠶網的使用和蠶簇的形製，但仍需與其他的史料文獻相互參照比較，以建立較全面客觀的看法。王禎在其〈農器圖譜〉中，試圖以插圖解說農桑用具的製作方法，爲《農書》的另一大特色，但部分圖中所示農繰用具與文字敘述有很多歧異或不合理的地方，亦爲現代學者爭議較多的部分。然現存王禎《農書》均爲明版，在缺乏元版文獻的佐證下，目前尚無法爲這些插圖是否出自王禎的手稿作定讞。

　　《農桑輯要》和王禎《農書》的蠶桑內容曾廣泛爲徐光啓所引用[49]。部分內容於18世紀時爲耶穌會士殷弘緒(François-Xavier Dentrecolles,

---

48　戴表元，《剡源文集》，卷7，〈王伯善農書序〉。

49　徐光啟，《農政全書》，卷31-34，其中插圖與現存王禎《農書》同。

1664-1741)翻譯成法文，收錄於杜赫德(Du Halde, 1674-1743)的《大中華帝國誌》而流傳於法國及歐洲[50]，18世紀下半葉至19世紀上半葉間，對法國蠶桑業的發展及現代蠶學的形成影響至深[51]。由此可以肯定《農桑輯要》所載的內容確實具有提高生產、改良技術的實用價值。

　　幾乎與王禎《農書》同時成書的《農桑衣食撮要》，又稱《農桑撮要》，是一本月令體裁的農書，其作者魯明善為高昌(今新疆吐魯番以東)人。根據其幕僚導江(今四川灌縣)張桌在序中所稱：該書是魯明善1314年出任壽郡(今安徽境內)監察時，和他的同僚們一起「訪諸耆艾，考種藝斂藏之節，集歲時伏臘之需，以事繫月，編類成帙，繁簡得中，名為《撮要》」[52]，而後付梓成書的。其內容分為上、下兩卷，按月將農家理應從事的各類耕桑活動，和所需技術以及農家日常生活中的各項製作細節，如食品加工、農具及房舍的修護製造等等，用簡明的文字陳述。其中有關育蠶的部分大抵從《農桑輯要》中節錄出來，而栽桑部分多用生動簡潔的文字解說操作的程序與方法，則多出自《齊民要術》。

50　Du Halde, *Description géographique, historique, chronologique, politique, et physique de la Chine et de la Tartarie chinoise enrichie des cartes générales et particulières de ces pays, de la Carte générale et des Cartes particulières du Tibet et de la Corée* (la Haye: chez Henri Scheurleer, 1736〔2ᵉ éd., 1ᵉʳᵉ éd. en 1735〕), t. II. pp. 246-267.

51　詳見 Mau Chuan-Hui, "Les techniques séricicoles chinoises dans le développement de la sériciculture française de la fin du XVIIIᵉ au début du XIXᵉ siècle," Coquery and al. (eds.), *Artisans, industrie. Nouvelles révolutions du Moyen Âge à nos jours* (*Cahiers d'Histoire et de Philosophie des Sciences*, n 52〔Lyon: ENS-Éditions / Société française d'Histoire des Sciences et Techniques〕), pp. 409-420.

52　張桌序見1330年版《農桑衣食撮要》，引自天野元之助，《中国古農書考》(彭世獎、林廣信譯本，北京：農業出版社，1992)，頁135；及《中國技術典籍通彙‧農業卷》，卷1，頁767。

四、促使蠶桑技術發展的因素

　　從以上有關幾部宋元蠶書的簡述中可以發現：蠶桑業的發展與政府的農桑政策有非常密切的關係。然除了絲絹、絲綿爲課稅不可或缺的要項之外，絲綢以及蠶桑生產的衍生物所帶來的經濟效益，亦吸引人民樂於從事蠶桑生產，如：桑椹、桑寄生、蠶沙、蠶蛹、桑皮、桑葉等，或可爲藥用，或在荒年可以止飢；或可肥田，或充爲造紙原料。因蠶桑生產屬農業範圍，桑樹栽培的發展與糧食作物生產技術和土地分配等因素息息相關，而其技術發展也收益於農業技術(水利、曆法、農具、土地開墾、土壤改良等)的進步。根據《氾勝之書》和《齊民要術》的記載，古人特別強調桑樹施肥，用於桑樹的肥糞明顯較其他作物來得頻繁，可見當時對桑樹栽培的重視。

　　透過宋元蠶書的研究，除了可進行有關栽桑養蠶以及繅絲技術發展的研究以外，尚可從作者們對動植物的觀察及其對一些自然現象的理解分析，來探討當時文人對我們現在所謂的「生物學」的態度。這些認識與觀點，其實與蠶桑技術的發展有密不可分的關係。本文將配合當時社會的變遷，透過幾個實例探討技術的發展與選擇的條件和背景。

(一)「鳥獸草木之學」的發展與應用

　　宋元蠶書中所反映的有關「鳥獸草木之學」的知識，最主要表現在秦觀《蠶書》對家蠶由蠶卵到成蛾的變化過程之描寫，以及《農桑輯要》在編目上，和該書編注者試圖對一些現象和技術的使用所提出的「理論」分析，反映了文人企圖將實際操作經驗轉化爲文字，並試圖提出理論解釋，將之歸納爲系統的實踐原則之嘗試。

　　由秦觀對催青後卵色的改變，以及家蠶成長過程中身體形色與成

長量化的描寫，可看出作者對家蠶生長的仔細觀察。

　　而《農桑輯要》卷3〈栽桑〉簡潔的編目分類和明晰的邏輯以及注中的推理分析，顯示桑樹栽培技術在元初的中國北方已達成熟的階段。然而卷4〈養蠶〉的分類卻稍顯龐雜凌亂，這固然是因爲育蠶過程與技術的複雜，但由此亦可窺見育蠶技術在13世紀中期時，仍較栽桑技術的發展稍微落後。不可否認的是，雖然卷4中蒐集的一些育蠶方法，以現代的觀點看來並非很科學，但整體而言，該書中歸納的一些原則，已掌握了理想養蠶技術的要點。

圖2　樓璹《耕織圖》（程棨摹本）採桑

　　《農桑輯要》卷3〈栽桑‧論桑種〉一節，將桑樹分爲荊桑與魯桑兩大系，並對其性狀與特質加以分析比較，從而奠定了桑樹栽培技術的發展基礎與桑園經營管理的原則[53]。該書注者認爲：荊桑一系的桑種較爲堅實耐久，適合培養爲樹桑——即喬木桑（圖2）；而魯桑一系雖然條葉盛茂，但較不堅實、樹齡較短，可栽培爲地桑（樹幹短小或貼近地面的

53　賈思勰《齊民要術》中雖有荊桑、魯桑之稱，但未有清楚的分類與樹種特性的分析。

矮桑)，並可採用壓條法，藉無性繁殖的方式不斷地繁衍下去。同時也
體認到可利用荊桑接魯桑條，以改良桑樹的性狀，截長補短，從而獲得
樹齡長而又葉片豐碩繁茂的桑株。

事實上，利用嫁接的方法改善果樹品質的操作方式在中國的果樹
栽培已有相當長的歷史。賈思勰在《齊民要術》中已理解到「青皮」(即
形成層)對樹木的重要性，並提醒嫁接時「勿令傷青皮，青皮傷即死」[54]。
《農桑輯要》的作注者在卷3〈接換〉中，尚以人體骨肉類比來解釋嫁
接的原理：

> 果之一生者，質小而味惡。既一接之，則質碩大而味美。桑亦
> 如是，故換接之功不容不知也。且木之生氣，冬則藏於骨肉之
> 際，春則行於肌肉之間，生氣既行，津液隨之。亦如人之生脈，
> 夜沉晝浮，而氣血從之。皮膚之內，堅骨之外，青而潤者，木
> 之肌肉也。今乘發生之時，即其氣液之動，移精美之條笋，以
> 合其鄙惡之幹質，使之功相附麗，二氣交通，通則變，變則化，
> 向之所謂鄙惡者，而潛消於冥冥之中。

從這段說明可看出該書注者對「青皮」的作用已有了更深入的認
識，雖然所用的字彙與現代不同，也沒有現代植物學的解剖概念，但隱
隱中已意識到形成層以內的部分組織──肌肉──具有讓樹木液態物
質流通的功用，藉著砧木與插條「肌肉」間的接觸，可完成兩者間津液
交換的作用，而達到改善砧木原有特性的目的。

有關家蠶觀察的記載很早，《荀子‧第十六賦篇‧蠶賦》裡就有三
眠蠶簡略的敘述。秦觀《蠶書》中的描繪則更為仔細，將蠶卵孵化期間

54　《齊民要術》，卷4，〈插梨第三十七〉。

內的顏色變化、出蟻時間以及各個生長階段所需的條件,簡略地勾勒出家蠶一生的大概。而《農桑輯要》中彙集的描述就更詳細了:不僅對家蠶的習性變化作了非常微妙的觀察,還根據各個生長階段對光線、溫度、空間以及給葉量和給葉大小的不同需要,以及蠶體性態和體色變化,作出「十體」、「三光」、「八宜」、「三稀」和「五廣」的十字口訣[55],以達到方便蠶家記憶以及技術的傳播。其中引用了《農桑要旨》對蠶種孵化過程顏色與外觀的變化,作出了較秦觀更為細密的描述,同時還指出無法孵化的蠶卵之特徵:

> 《要旨》云:清明後,種初變紅和肥滿;再變尖圓微低,如春柳色。再變,蟻周旋其中,如遠山色,此必收之種也。若頂平、焦乾及蒼黃、赤色,便不可養,此不收之種也。

有關昆蟲知識的發展,除了表現在家蠶習性的觀察和了解以及育蠶方法的經驗累積,更反映於對桑樹害蟲的仔細觀察——尤其是「天水牛」一生型態變化與習性入微的描寫:

> 《農桑要旨》云:……又有蠹根食皮而飛者,名曰「天水牛」。於盛夏時生,皆沿樹身匝地生子,其子形類蛆,吮樹膏脂,到秋冬漸大,蠹食樹心,大如蠐螬。至三四月間,化成樹蛹,卻變天水牛。

宋元蠶書中所記載有關桑樹、昆蟲的認識,均由長期蠶桑生產的操作與經驗的累積而來。秦觀對蠶體變化的量化描述,顯現了北宋文人

55　《農桑輯要》,卷4,〈蠶事襍錄〉。

「格物」的精神與理性分析，同時也反映了文人對家蠶大量飼育管理經營的重視；這些理念在《農桑輯要》中獲得了發展與延續。《農桑輯要》的編注者試圖對當時流傳的一些蠶書所描述的現象與技術操作的原理作深一層的理解，並嘗試提出合理的解釋，這種態度其實已具有現代科學的雛形。由此也反映出第10世紀下半葉至13世紀末南宋滅亡的這段期間，學術思潮非但並未受到疆界的限制，反而有互相交流影響的趨勢。可惜宋元蠶書中對桑樹與昆蟲的細密觀察分析與試圖尋求歸納理解的精神，已很難在之後的蠶桑書籍中見到[56]。直到清末引進西方與日本的蠶學為止，明清的蠶書一般多局限於農村副業經濟管理與蠶桑技術的描述，張履祥(1611-1674)《補農書》即為最具特色的代表作。

（二）桑樹栽培

宋元蠶書中桑樹栽培技術最重要的進步在於桑樹高度的矮化、樹植密度的增高，以及利用嫁接改良桑樹品質。這些技術的發展非但提高了桑葉的單位面積產量，同時簡化了採葉的過程，有利於桑樹的集中栽培，對桑樹栽培與桑園的經營方式均有相當大的影響。

根據出土考古文物資料與歷史文獻顯示，「樹桑」在傳統中國蠶桑業中占有主導地位。賈思勰雖然在其描寫華北農業技術的《齊民要術》中已提及「地桑」一詞，但文中仍只著重於喬木桑栽培方法的敘述描寫。從元程棨臨摹樓璹的《耕織圖》看來，南宋初期杭州附近地區種植的主要還是樹桑(圖2)；而與樓璹幾乎同時期的陳旉，雖然在其《農書》中提到了一種低矮的「海桑」，但其栽種似乎尚不甚普遍，所以陳旉在其書中描述的，仍僅限於喬木桑的栽培技術。同時還特別強調在移栽幼

56　《豳風廣義》(1741序)的作者楊屾在編撰該著作時，曾在其家鄉講學的書院進
　　行試驗，並訪查附近的桑種是罕見的特例。

桑的時候，須用木條和荊棘圍繞保護，以防止牛羊的觸碰，可見樹身有一定的高度，且樹株之間保持相當的距離。

由於喬木桑樹身較高，為予其適當的生長空間，行株之間必須保持相當的距離。因此為了有效的利用土地，桑樹通常與其他作物混種。西漢《氾勝之書》提及在培育桑苗時桑黍套種的方法，《齊民要術》則提倡在桑間種植綠豆和小豆等固氮植物，以增加田間產量，同時藉此美化土質。高大喬木桑的種植，除了受到技術的限制外，其實也與唐中期以前的土地分配（永業田）與稅制（租庸調法）的施行有相應的關係。敘述金末元初北方蠶桑技術的《務本新書》和《士農必用》提供了利用麻蔭遮蔽桑苗的種植法，但從唐代的一些文學作品所反映的田園景致推測估計，桑麻套種的生產形式出現的時期可能要更早。南宋初陳旉建議在桑樹下種植南方特有的苧麻，很可能即受到北方農業傳統的啟發；他認為這種耕種方式可讓桑樹在農人為苧麻施肥的時候，因為兩種植物植根深度不同，而連帶獲得肥分受益。而《農桑輯要》中所羅列適合與桑樹混種的作物就更多了：如：蕪菁、綠豆、黑豆、芝麻、瓜、芋頭等，該書編者認為這些植物有助於桑樹的繁茂，同時認為小米消耗太多的水分，而高粱有礙桑苗的成長，故均不鼓勵將之與桑樹合種。除了可增加田間收成的考慮以外，該書編者鼓勵桑間套種的原因，主要希望藉此可達到鬆土、或經常清除桑間雜草而減少蟲害的目的。

宋元蠶書中也反映了當時修剪桑枝技術的發展過程：從選擇適當的季節進行桑枝修剪以避免造成對桑株的損害，到刺激發葉、並將桑樹修整成方便採葉的樹型等，均有詳細的敘述與解釋。賈思勰指出：修剪的理想季節依次為農曆十二月、元月和二月，並原則性地建議桑樹繁密的農家應加強剪除枝條，而桑樹稀疏的只要輕修即可。該作者特別強調春天採葉餵蠶時，必須幾個人一起用「長梯高杌」採摘以節省時間，同時提醒採桑者注意將採葉時攀拉下的枝條恢復原位，以免妨礙桑樹的

生長。12世紀中江南的陳旉提供了更明確的方法：他建議在「來年正月間斫剔去枯攦細枝，雖大條之長者，亦斫去其牟」，還提出了利用桑樹在「漿液未行，不犯霜雪寒雨」的時候修剪桑株的原則[57]。此外還強調追肥使用的重要性，提出修剪桑之後應立即於樹根下「開根糞」[58]。陳旉的《農書》雖未被《農桑輯要》所引用，但似乎受到元朝末年一些關心蠶桑士人的注意：魯明善在其《農桑衣食撮要》中的部分有關植桑的敘述，雖未指明出處，但就內容看來與陳旉的技術描述非常近似，如魯明善亦建議農家於農曆正月間修桑時「削去枯枝與低小亂枝條，根旁開掘用糞土培壅」。王禎的《農書》也在多處節錄引用了陳旉的著作。

有關修剪桑枝技術介紹最清楚完整的，還是13世紀下半葉初編輯的《農桑輯要》。其編者整合了當時尚存的一些北方蠶書，而總結出將樹高一公尺牟至二公尺餘之桑樹樹梢割除，以維持理想高度，並讓樹枝向外伸展的修桑方法；同時建議將下垂、併生的枝條及冗枝一併剪除，以維持桑枝的疏密合度，既方便採葉修樹的工作，又有利桑樹發葉生長。原籍山東而長年在南方擔任地方官的王禎，在觀察中國南北各地的栽桑技術後，主張將南方的桑鉤及採桑的方式引進北方，而將北方對桑條多加砍伐的理念介紹到南方，以促使南北方的技術交流，而達到技術改良的目的[59]。

至於嫁接技術在桑樹栽培上的運用，則首見於陳旉《農書》的記載。事實上，該技術使用於果樹及花木品質的改良上，為時已久，然從各文獻中不同的稱呼判斷，在南宋初的江南地區似乎尚處於發展的階段。陳旉對「接縛」方法的解說仍相當簡略，僅建議選取好桑直上枝條「如接果子樣接之」。利用「接換」——即嫁接法——改良果樹品質的「理論」

---

57 陳旉，《農書》，卷下，〈種桑之法篇第一〉。
58 提供植物根部發展所需養分的肥糞。
59 王禎，《農書》，卷23，〈農器圖譜十七·桑鉤〉。

抒發，則首見於《農桑輯要》（見本文頁324）。此書蒐集了黃河流域及以
北地區的技術，對「接換」的實際操作有非常豐富詳盡的敘述說明，書
中介紹了「插接」（與今冠接技術同）、「劈接」、「靨接」（類似今芽接
技術）、「批接」或「搭接」等法，幾乎涵蓋所有現代應用的嫁接法；
其解說從接條的選取、運輸到「接頭」的保護方法，都有非常仔細的分
析說明。王禎《農書》中列舉的六種「接博」法，除砧木的高度不同與
名稱有些差異外，基本上和《農桑輯要》所摘錄的技術相同。從陳旉《農
書》裡過於簡略的敘述推斷，南宋初期桑樹嫁接在江南地區的運用應
該還不是很普遍，至少相關的知識與概念還不十分普及；作者聲稱只
有安吉（今湖州地區）的居民會使用嫁接的技術。安吉低平的地勢以及
經常性的水患留下肥沃的淤泥，是栽桑理想的天然肥料，促使當地居
民全力投入蠶桑絲織的發展，而成為專業蠶鄉。目前有關南宋江南地區
嫁接技術發展的文獻尚缺，但根據一些地方志與文獻記載，江南地區已
出現了許多不同品種的桑樹，如青桑、白桑、黃藤桑、拳桑、大小紅梅、
過海桑、浙桑、臨安青等[60]。由此推測，該地區的桑樹栽培技術應該也
有相當的發展與成就。

　　「地桑」的栽培主要利用魯桑條葉茂盛的特性，將樹幹附地截去，
或只留非常短的主幹，讓樹身高度明顯地降低以方便採葉養蠶的工作，
對蠶桑業大規模集中生產的發展有正面的影響。《齊民要術》雖提及地
桑的栽培方法，但在《農桑輯要》轉載的金末元初的《務本新書》和《士
農必用》這兩本佚書中，才可見到詳細的操作方式之介紹。從《農桑輯
要》的注中可見：地桑在栽種後三年即可達到盛產[61]，明顯縮短桑株幼
苗的培養期，使蠶戶得以提早採桑餵蠶，而獲節省人力、地力之利。然

60　詳見斯波義信，《宋代商業史研究》（東京：風間書房，1968），頁287。
61　《農桑輯要》，卷3，〈地桑〉。

地桑雖有「人力倍省」的好處，但《農桑輯要》的編注者似乎仍對樹桑有所偏好，認為用這種桑葉所養的蠶吐出的絲比較堅韌，可以用來織高品質的紗羅；而用魯桑葉養出來的蠶絲則不夠堅韌。於是提議利用魯桑樹葉早發的特性，以其葉飼餵小蠶，可以提早養蠶的季節；再以樹桑葉餵養大蠶，藉此獲得強韌好絲[62]。

　　用魯桑葉餵蠶所生產的生絲品質或許不符當時對絲綢種類的喜好與製作標準的要求，但《農桑輯要》的編者鼓勵樹桑的理由很值得我們深入探討，其更重要的原因是否與栽培魯桑需較大量的水分及肥糞有關？對北方乾燥少雨的氣候環境而言，桑樹的栽種可能因此影響其他糧食作物的生產。元統一中國以後，頒發《農桑輯要》（1286），並在江南設立大司農司和營田司，獎勵墾殖，從事水利建設，為南北方蠶桑技術的交流提供了理想的環境。利用嫁接方法獲得兼具荊桑強韌和魯桑葉茂優點的桑樹，再加上江南地區低平多雨的自然環境，與大量使用肥糞淤壤改善土質精耕細作的農耕方式，提供了地桑栽培的良好環境，為湖州地區的桑樹栽培奠下良好的基礎；經過嫁接技術的普及、選種技術的進步以及農業的發展，於19世紀上半葉培育出以該地為名的優良桑種「湖桑」[63]。而魯桑在江南一帶的發展，提供密集大規模養蠶的可能性，同時改變了生絲的品質，使絲質較為柔軟纖細。而這些演變的發生及過程與育蠶技術和繰絲技術的改良（詳頁331-341及頁347-349），以及絲綢品質時尚的改變和海外市場的拓展，均有密不可分的關係。

（三）育蠶

　　從文獻記載看來，中國古代的蠶種非常繁多，賈思勰在《齊民要術》

62　《農桑輯要》，卷3，〈論桑種〉、〈地桑〉。
63　「湖桑」一詞首見於包世臣，《齊民四術》，卷第一下，農一下〈蠶桑〉。

中即羅列了分屬於「三臥一生蠶」(一化性的三眠蠶)和「四臥再生蠶」(二化性的四眠蠶)等十多種不同的種類,此外還有永嘉(今浙江溫州)的「八蠶」及其他多化性蠶的飼養。但因爲受到桑樹培養技術的限制,二化性蠶——即文獻中所謂的「原蠶」——的飼育一般不受執政者和大多數蠶書作者的鼓勵;他們認爲過度地採葉養蠶對桑樹的生長會有所妨礙,而且夏蠶所結的繭繅成的絲質亦不甚佳、不耐作衣服[64]。現存的宋元蠶書一般僅介紹一化性蠶的飼育法,《農桑輯要》雖然也介紹夏秋蠶的養法,但亦不鼓勵多養,僅充作蠶種保留之用。除了上述的原因,估計還因爲夏天潮濕高溫多蚊蟲,蠶兒容易得病飼蠶不易,所得利潤有限之故。

養蠶技術的發展與對家蠶生長變化的觀察和了解有密切的關聯。經過長期家蠶馴養的經驗累積,6世紀中葉以前華北地區的人民對家蠶的習性與飼育條件似乎已具備了初步的了解。我們可從賈思勰在其《齊民要術》中所提出的有關種繭的選擇(取簇中間部分的繭製種)、蠶室的預備(泥補縫隙、以火加溫)、蠶室溫度均勻的要求與蠶室光線的控制(四面開窗、厚紙糊窗、給葉時捲窗簾)等育蠶法得到印證[65]。而宋元時期有關蠶桑技術發展的最大成就,應是將這些體認具體化,並發展出一套系統而詳盡的育蠶技術與蠶室管理方法,藉著蠶室光線、溫度和桑葉餵養等的控制調整,務使同一室蠶寶寶的生長速度盡可能達到協調一致,以方便除沙、換箔、給葉等工作,而以最少的人力進行大規模的家蠶飼育,同時縮短家蠶養育時間,減少蠶兒受病的機率,而達到提高產量和品質的目的。

秦觀《蠶書》雖然只簡短地描述了一化性四眠五齡蠶的生長過程,且對育蠶技術的敘述非常有限,但對育蠶過程量化的敘述,如:不同蠶

---

64 陳旉,《農書》,卷3。
65 賈思勰,《齊民要術‧種桑柘第四十五‧養蠶附》。

齡的給葉大小與次數；家蠶從蠶卵到將結繭時所占面積的比例變化（一平方尺的蠶卵可發展為十六平方丈的老蠶），充分反映了宋元時人尋求理性經營以擴大育蠶規模，增加生絲生產的強烈慾望。透過陳旉《農書》和《農桑輯要》所蒐集的北方養蠶技術的一些育蠶技術與原則性的共識，如：蠶種保存的通風條件、一化性蠶種的低溫處理、同一蠶室家蠶生長速度一致的控制要求、桑葉品質與給桑法對蠶體的影響、蠶室加溫及其溫溼度與光線調整的準則、勤除蠶沙以及提供家蠶適度空間的重要性，還有預防蠶病發生等等，可推斷有些技術或理念，極可能在北宋或更早以前即已發展出，而且很可能在當時即已相當普及了。

　　有關同一蠶室家蠶發展速度一致的控制方法，南宋陳旉認為必須從製種著手：首先得選擇同時羽化出繭的蛾進行交配產卵，以控制產卵時間的齊整；為確定蠶種的品質，特別鼓勵蠶戶自行製種。作者亦注意到蠶種的保存攸關蠶卵的健康，而主張將蠶連紙懸掛在室內通風的地方，以取代浙江地區將蠶種收在篋中的習俗（圖3）。因為當地潮濕多雨、驟冷驟熱的氣候，傳統的收藏法很容易導致蠶卵在未孵化前因濕熱而受損，進而為日後的成蠶種下病因。他舉例解釋這個現象：「譬如胎兒在胎中受病，出胎便病，難以治也。」元官頒書《農桑輯要》中所彙集的相關技術操作更為詳實，有趣的是《務本新書》的作者同樣以「胎教」作為製種的理論依據，認為「其母病，則子病」。為了獲得良好的蠶種，這位北方作者還提出了一系列製種及蠶種保存的方法，建議從種繭的選擇與保存開始，注意將挑選出的良繭一個個單層平鋪於通風涼爽的房間內，以避免蠶繭因堆擠產生溼熱而受到損害，連帶影響種蛾的品質。同時還提出只要是「拳翅、禿眉、焦腳、焦尾、熏黃、赤肚、無毛、黑紋、黑身、黑頭」、太早或太晚出繭的蛾，都揀出不用，只留取完好肥壯的蛾的建議。此外，還提議將一些不是均勻平鋪在蠶連紙上，而形成環狀成堆的卵棄置不用。這些操作方式的確保證了蠶種的品質，使得

中國十幾世紀的蠶桑業免於受到嚴重蠶病的危害。蠶種的收藏就更爲講究了：除了一連串的浴種程序以「辟諸惡」[66] 外，更強調將蠶連安置於沒有煙燻的地方，以免受到溼熱的影響而受病，甚至導致無法孵化的結果。《農桑輯要》的注者提及當時的農家很少有無煙房舍，建議將一村數十家的蠶連集中起來，由社長收放於無煙的地方。這個注腳有兩點值得注意的地方：首先是當時北方大部分農家的住屋應該都不是非常寬敞，而且沒有煙突可將炊煙送到屋外，在屋內燒火做飯的油煙很容易竄到互通的屋室。其次是社長在蠶桑生產中所扮演的重要角色，除了「教勸農桑」外，還具有協助社內居民達到理想育蠶條件的任務[67]。

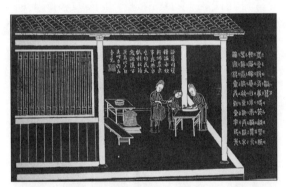

圖3　樓璹《耕織圖》（程棨摹本）浴蠶

　　雖然《尚書・大傳》中有「天子諸侯，必有公桑蠶室」的記載，但一般百姓育蠶通常就平時起居的屋舍進行，而於蠶季快開始前著手進行一系列的準備工作，以迎接短期的「嬌客」。「蠶室」的安排整理與住屋條件於是有了非常密切的關係；透過蠶室的描寫也可反映當時的居住

66　《農桑輯要》，卷4，〈浴蠶〉。
67　詳見楊訥，〈元代農村社制研究〉。

條件，或對居室環境的安排與管理方法。6世紀中期北方蠶室的要求還
相當簡單，根據《齊民要術》的記載：「屋欲四面開窗，紙糊厚爲籬，
屋內四角著火」。房子四面開窗爲的是通風，當時的窗櫺並無現代的玻
璃，糊上厚厚的紙可以擋風，也可以減低屋內的亮度，但估計當時紙的
價格應仍相當昂貴，有多少蠶戶能提供這樣的條件，仍有待進一步探
討。宋代留下的幾部文獻並沒有留下太多關於蠶室條件的描寫。陳旉只
提議開闢一間專門用來孵化蠶蟻，明亮不透風的小室，以方便孵化過程
中加溫的需要；還有可儲存三天用葉的「葉室」，但卻未對蠶室的安排
多加著墨。倒是《耕織圖》中有幾幅描繪杭州地區育蠶場景的圖像（圖
4），但是否忠於當時的民居，則有待進一步與較多的史料文獻進行比較
對照。然而我們仍可注意到繪者特意強調具備高大窗戶的蠶室，窗上還
有窗檐、門廊和簾幃的安置，以防止太陽直射或驟雨打進蠶室。這樣的
安排除了方便通風、採光，同時也有利於保持室內溫度的恆定。

圖4　樓璹《耕織圖》（程棨摹本）二眠

　　《農桑輯要》摘錄北方蠶書的記載，對蠶室的方位與蠶室的設置有
非常詳細的描述。這些北方的作者認爲南北向的房舍是最理想的養蠶空
間，而最忌諱坐東朝西的房舍，因爲西曬的陽光或西風均非「長養之

氣」[68]。他們還特別注意蠶屋所處位置四週的空曠，以免日照不足或通風不良，強調蠶室除了頂要高，還要寬敞通風，並在四面牆上開大窗戶。他們還建議在檁條與額枋之間開小照窗以增加蠶室的亮度，同時在屋腳加開通風口，並在所有的窗口都糊上厚紙，最後在進出的門和窗口掛上雙層的草薦或竹簾。這些措施的目的在配合家蠶發展的需要，方便蠶室條件（溫度、溼度、光線等）的調節，與對家蠶生長的認識和蠶桑技術的進步有著密切的關係。雖然這些材料多是鄉間常見的植物，所需費用無幾，但蠶室本身的建築——也就是蠶家的居住空間，則得視其經濟能力而定了。王禎在蠶室的設置方面原則上並無創見，只是鑒於當時的房屋都是茅屋瓦房，建議蠶戶們在所有木質建材上加塗一層泥，以防火災的蔓延[69]。

從樓璹《耕織圖》程棨摹本所反映蠶室的條件和《農桑輯要》所引述的文獻記載可以發現，北宋時期，中國南北地區已各自擁有關於家蠶生長所需環境，和蠶室必須具備基本條件的共識：寬敞通風，利用門窗、通風口和簷廊簾幃的設置，以利蠶室光線溫濕度的調節。

生火加溫養蠶的方法在中國的蠶桑業似乎行之已久，至遲在6世紀中期的《齊民要術》就已經有所記載。南宋陳旉《農書》中所描述用以加溫的是可以移動的火盆，作者還將火盆送入蠶房的理想時機作了明確的指示：他認為必須在給完桑葉，蠶兒全部攀緣葉上以後，才能將不冒煙的火盆送進蠶室。該作者解釋：「若蠶饑而進火，即傷火；若纔鋪葉，蠶猶在葉下，未能循援葉上而進火，即下為糞薶所蒸，上為葉蔽，有熱蒸之患。」北方蠶書的作者一般建議在蠶室內安置可生熟火的裝置：金末元初的《務本新書》建議在牆上架設可置放熟火的小龕；《士

---

68 《農桑輯要》，卷4，〈蠶室〉。
69 王禎，《農書》，卷22，〈蠶室〉。

農必用》則主張在蠶室中間的地上挖建大小比例合宜的火坑，以便在蠶季來臨前架薪悶燒牛糞，以煙燻蠶屋，一方面得以將蠶室暖過，並趨除濕氣，而提供適合幼蠶生長所需的溫暖環境；一方面藉此將牆縫間的害蟲逼出，減低育蠶期間可能的危害。利用蠶室加溫的育蠶法，主要是爲了讓蠶寶寶在理想的時間完成生長期，及早上簇結繭，以節約蠶葉的消耗、增加出絲量。根據文獻記載，家蠶飼育期的長短正好與出絲量成反比，《農桑輯要》的注中有如下總結：蠶「二十五日老，一箔可得絲二十五兩；二十八日老，得絲二十兩。若月餘或四十日老，一箔只得絲十餘兩」。

我們注意到從《齊民要術》開始，現存所有記述北方養蠶技術的蠶書，都提供了如何用火加溫養蠶的方法。避難南遷的陳旉，也鼓勵用火加溫養蠶的方法，然而另外兩位宋時江南地區的作者卻未多加強調。秦觀雖然提出了「居蠶欲溫，居繭欲涼」的原則，但未提及用火加溫的方法；南宋樓璹在《耕織圖》中雖然描繪上簇時利用火盆(圖5)，以加速作繭，但幾幅有關養蠶過程的圖像中卻未見火盆的出現。南宋初莊季裕在評論南方的絲細弱不如北方時，卻作了如下的結論：「南人養蠶，室中以熾火逼之，欲其早老而省食。」[70] 然而用火加溫的育蠶法是否在宋元時期的中國或江南地區普遍推行，仍有待進一步的考證。如參考1859年義大利蠶學家卡斯帖拉尼(Castellani)在湖州附近作的蠶桑調查報告，該地從蠶蟻孵化到上簇完全不用人工加溫，而在自然條件下完成爲期26天左右的四眠蠶之養育[71] 卡氏在其報告中提及當地的蠶戶並不反對利用蠶室加溫育蠶的方法，僅一再強調一旦開始用火育蠶，則必須自始至終維持恆定的溫度，否則反而對蠶有害無益。而現代製種用的種

70 莊季裕，《雞肋編》(序1133)，卷上。

71 J. B. Castellani, *De l'éducation des vers à soie en Chine* (Paris: Amoyot libr.-éd., 1861), pp. 59-62.

繭，其實也出自於不加溫的蠶室。我們可以推斷宋元時期在山東、浙江等蠶桑技術較優越的地區，部分技術卓越的蠶戶已發展或培育出在不需蠶室加溫的條件下，能夠在理想的時間內完成育蠶結繭的技術和蠶種。

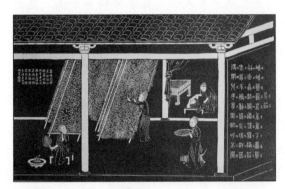

圖5　樓璹《耕織圖》（程棨摹本）炙箔

有關蠶室條件控制的原則及實際操作方法的詳細解說，最早見於《農桑輯要》的摘錄與註解。蠶室條件的調節主要利用窗簾幃箔的開閉以控制光線明暗，生火或開閉窗戶以調節室內的溫度；盛暑時還在窗門口置放盛滿涼水的水缸，並時常換水，以減緩暑氣。育蠶的工作一向都由具有經驗的婦女主持，名為「蠶母」。因當時並無溫度計及濕度計，負責育蠶的「蠶母」須著不加襯裡的單衣，以身體對溫濕度的感受來調節蠶室的條件。配合養蠶季節氣候的變化，一些蠶書的作者發展出一套蠶室管理的理論與方法如下：

《務本新書》：春蠶時分，一晝夜之間，比類言之，大概亦分四時。朝暮天氣頗類春秋：正晝如夏，深夜如冬。既是寒暄不一，雖有熟火，各合斟量多寡，不宜一體。自蛾初生，相次兩眠，蠶屋內正要溫暖，蠶母須著單衣，以身體較，若自身覺寒，

其蠶必寒，便添熟火；若自身覺熱，其蠶亦熱，約量去火。一
眠之後，但天氣晴朗，巳午未之間，暫捲起門上薦簾以通風日。
免致大眠起後，飼罷三頓投食，剪開窗紙時，陡見風日，乍則
必驚，後多生病。古人云：貧家悟得養子法。蓋是多在露地，
慣見風日故，蠶亦如此。(《農桑輯要》卷4)

蠶母除了必須夠敏銳地感受蠶室溫溼度的變化，還須勤視蠶寶寶
生長的情形。根據蠶體色澤的變化決定飼蠶的葉量和次數，進行蠶室溫
度光線的調節以及分箔除沙的工作。由於蠶兒的飼育不易，蠶母必須付
予如對初生嬰兒般的細微照顧；她們被要求保持平靜專注的心情與態
度，審慎注意蠶體的發展與變化，並配合蠶寶寶生長的需要來控制調節
蠶室的溫溼度，以提供理想的育蠶環境，避免蠶病的發生。一些蠶書的
作者於是將育兒的理論套用在養蠶上(見頁332)；「育蠶」不但意指對
蠶寶寶的悉心呵護，同時也藉此培育女子貞靜的美德，而成為女子教育
的一部分。

除沙[72] 的工作以及調整蠶箔大小數目以提供蠶兒生長適度的空
間，亦是決定育蠶成功的要素之一。宋朝的作者雖然強調隨著蠶寶寶的
生長給予適度發展空間，還有勤除蠶沙的重要性，但均未提及實際操作
的方法；元官頒書《農桑輯要》則引述金末元初北方的幾部蠶書，提供
詳細明確的操作方法以及空間的比率。《務本新書》的作者強調「擡蠶[73]
須要眾手疾擡……布蠶須要手輕，不得從高摻下。如或高摻，其蠶身遞
相撞擊，因而蠶多不旺，已後簇內懶老翁，赤蛹是也」；《士農必用》

---

72 即蠶沙，指蠶排泄的糞便。實際上，除沙過程中清除的除了蠶沙外，還有未吃
完的桑葉殘梗碎屑。

73 將蠶從原來的蠶箔分到較寬敞的蠶箔上，以便除沙，並給予成長快速的蠶寶寶
較大的生長空間。

建議「擡〔二眠〕停眠：分如小錢微大，布滿六箔」。這些北方蠶書的作者描述的都是利用蠶眠期間，將幼蠶連同桑葉，或將大蠶直接用手捉到其他蠶箔，以進行分箔的手續。這種分箔法需要較多的人手，爲了爭取時間，匆促間，蠶兒容易受到擠壓撞擊，甚至墜落而受傷。

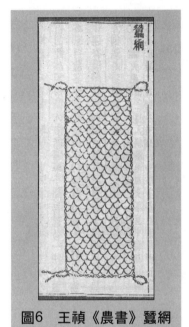

圖6　王禎《農書》蠶網

　　14世紀初期，王禎鼓勵北方蠶戶效法南方使用「蠶網」擡蠶（圖6），並詳述操作過程：「至蠶可替時，先布網於上，然後灑桑。蠶聞葉香，皆穿網眼上食。候蠶上齊時，共手提網，移置別槃。」[74]據王禎解釋，蠶網的製作近似魚網，推論是南宋期間江南近海地區受當地漁具啓發而成的。蠶兒在蛻皮前，其足部會分泌細絲讓自己穩固地附著在桑葉上，以防止眠時墜落。如因襲傳統擡蠶的方式，利用蠶入眠的時候分箔，必須將蠶體自其附著的桑葉或蠶箔上拉開，很容易造成蠶兒受傷。蠶網的利用反映了蠶桑業者對家蠶生理更深入的觀察與認識，對蠶業發展具有相當重要的意義。然而有關蠶體生理與擡蠶操作原理的說明，要等到西方蠶學引進中國後，才有機會在一些蠶書中讀到，如20世紀初楊鞏《中外農學合編》解釋：「將眠之狀……口吐絲於葉上，俗謂之沸絲，眠時不可驚動。」[75]

　　蠶到了將吐絲結繭的時候，口腔兩側的絲囊會分泌出包圍著絲膠

74　王禎，《農書》，卷22，〈蠶室〉。
75　楊鞏，《中外農學合編》（光緒三十四年刻本），卷11，〈蠶類飼育・頭眠〉。

的絲素；絲膠遇到空氣後會凝結而將兩股絲緒黏結成一條細絲。蠶本身
其實並不會吐絲，而是將絲緒的一頭黏附在支架上，利用牽引的作用成
絲結繭。作繭之前，蠶會先分泌出一些紛亂的絲緒以固定將形成的繭
子，而後其頭部作∞字型的來回運動成繭，將自己保護起來，在裡面轉
化成蛹，然後羽化成蛾，破繭而出。蠶簇的作用即在提供蠶寶寶理想的
附著空間。宋元蠶書中有關蠶簇用詞的統一性，顯示有關這部分的知識
技術在黃河流域與長江流域間的流通；然所記載技術的多元性，卻又透
露了這方面技術在各地的不同發展，以及其制仍未臻完善，而必須尋求
更理想的製簇方法之需要。

　　秦觀《蠶書》中的蠶簇，似乎沿習《齊民要術》所述在室內蠶箔上
散布柴薪布蠶的方法。賈思勰在注中另外介紹了將大蓬蒿懸於樑上為
簇，下以炭火微暖以加速結繭的方法。不同的是，秦觀將長約二尺的禾
稈折曲取代柴薪，置於箔中製簇，且未言及用火加溫。樓璹和陳旉所介
紹的製簇法可視為前述方法的沿用與演繹：《耕織圖》中描繪的蠶簇，
是利用長短合宜的茅草約集成束，置於箔上而成的；蠶將老時，將其勻
布於簇上，然後將簇箔斜傾，於下生火加溫。陳旉對製簇的方法有更詳
細的說明：

　　　　簇箔宜以杉木解枋，長六尺闊三尺，以箭竹作馬眼楄插茅，疎
　　　　密得中，復以無葉竹篠縱橫搭之。又簇背鋪以蘆箔，而以篾透
　　　　背面縛之，即蠶可駐足，無跌墜之患。且其中深穩稠密，旋放
　　　　蠶其上，初略欹斜，以竢其冀盡，微以熟灰火溫之，待入網漸
　　　　漸加火，不宜中輟。稍冷即游絲亦止，繰之即斷絕，多煮爛作
　　　　絮，不能一絮抽盡矣。

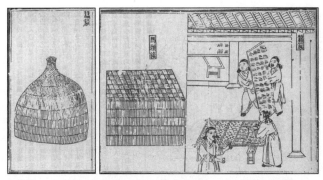

圖7　王禎《農書》中的「團簇」和「馬頭簇」

　　這個被許多學者認爲是「方格簇」前身的製簇法，可提供蠶兒溫暖乾燥而又通風的理想結繭環境，且可避免蠶兒因過於緊密而形成雙宮繭[76]，或減低蠶繭爲排泄物染污的發生率。文中陳旉還注意到結繭時的溫度與繰絲難易度及成絲品質的關係。但使用此法必須將蠶逐一放到簇上，需要相當可觀的人力、物力。而北方因氣候乾燥少雨，且養蠶的數量較龐大，《農桑輯要》所引述的絕大部分都是規模較大的室外簇之使用，依其形製可分爲圓簇或稱團簇，和馬頭簇(圖7)兩種。雖然這些北方作者強調簇內乾暖通風的重要性，並提供防雨露的苫葦等措施，但如王禎所言：北簇雖較南簇容量大，但弊病頗多。他分析道：「蒿薪積疊，不無覆壓之害；風雨侵浥，亦有翻倒之虞。復外內寒燠之不勻，或高下稀密之易所，以致簇病內生，繭少皆由此故。」他建議在院中空地建長廊，中間挖長坑生火，兩旁架設類似秦觀所描述的箔簇，外圍箔幃保護。然而這個建議似乎並未被蠶戶採納，宋應星的《天工開物》以及19世紀末洋海關關員的考察報告顯示(圖8)[77]，江南地區的蠶簇是在《耕

76　雙宮繭指同一繭中有兩個或多個蠶蛹的繭。

77　*China, Imperial Maritime Customs, II. Special Series: N 3, Silk*(Shanghai: Statistical Departement of the Inspectorate General, 1881), 163 pp.

織圖》

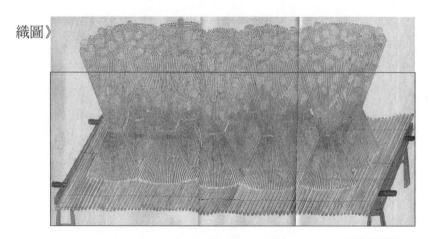

圖8　蠶簇 in *Silk*

(四)蠶繭處理與繰絲技術

　　蠶上簇以後五六天左右即可採繭，下了簇之後，立即進行剝繭，將繭子外的亂緒清除，以減低可能因此產生濕熱而壞損繭子的可能性；同時將蠶繭依品質分類，以繰成不同品質的生絲。但因下簇後的繭子如不及早處理，蠶蛹羽化成蛾便會分泌一種酸性物質破繭而出，此時的繭子便不能繰成潔淨的好絲，多日的辛勤便付諸流水。除了將蠶繭攤放在較涼爽通風的地方以延緩出蛾時間外，在人手不足、繰絲不及的情況下，必須尋求有效的方式殺蛹，以便獲得較充裕的時間將繭繰成細絲。

　　蠶繭處理與繰絲技術的發展似乎同是蠶桑業生產的一個瓶頸。6世紀上半葉時，賈思勰已在其《齊民要術》中對蠶繭不同的處理方式與絲質的關係作了評論，他認為「用碳易練而絲朌，日曝死者，雖白而薄脆」。用炭烘繭的方式並不見載於現存的其他蠶書，很可能是受限於木炭的取得或其他因素。日曬處理雖然對絲質有嚴重損害，而且不能有效地殺蛹，幾乎所有蠶書作者均不鼓勵其法之使用，但從數部蠶書的三申五令

看來,直到15世紀時,很可能仍有許多蠶戶繼續沿用此法。用鹽醃繭殺蛹的方法是幾位南宋和元代蠶書作者認爲最穩當的方法。陳旉在其《農書》中對「鹽浥」的操作程序有非常詳細的介紹,還提議在繅鹽浥處理過的繭子時,如能頻頻換水,並將繅成的絲立刻用火烘乾,即可製得色澤鮮艷明亮的生絲。事實上,從蠶鹽法的設立看來,以鹽醃繭的方法在五代時應當即已普遍使用[78]。但是「鹽浥」法或稱「窖繭」法除了需要消耗大量的鹽之外,還需要爲數頗多的大甕以及寬敞的空地以便埋甕(圖9),對大部分的蠶戶而言,當是非常沉重的經濟負擔。稍晚的《農桑輯要》還引述了《韓氏直說》的「蒸餾繭法」,認爲此法爲當時最好的殺蛹方式,但當時「人多不會」。估計「蒸餾繭法」很可能是在北宋滅亡後在北方發展起來的技術。然而「蒸餾繭法」只適合處理紋理較粗的堅硬好繭,再輔以「冷盆」繅絲,則可生產上好細絲。蒸繭的方法需要的鹽量較「鹽浥」(每十斤繭須二兩鹽)相對少了許多,但需要燒水的柴薪,以及平舖晾繭的空間。然而比較起來,蒸繭法較鹽浥法相對還是經濟許多。王禎在其《農書》中所引述《蠶書》的「南方淹繭法」應是陳旉《農書》的鹽浥法。根據王禎所述,當時知道使用蒸繭法的人並不多,不知是引述《農桑輯要》注中評論的緣故,或真實反映了當時的現象[79]?但從王禎引用文獻的幾個例子看來,其編寫態度比不上《農桑輯要》編者的嚴謹,因此在引用王禎對南北方蠶桑技術的評述時,仍應抱持謹慎的態度。

蠶絲既然是由具有黏性的絲膠包裹絲素而成的,繅絲操作的原理即利用絲膠可在熱水中部分溶解,得以挑出絲頭而將整條絲抽出,並利用殘存的絲膠在乾燥後可幫助絲緒再度粘合爲一的特性,將一定數量的繭

78　郭正忠,《宋代鹽業經濟史》(秦皇島:人民出版社,1990),頁568-578。

79　王禎,《農書》,卷22,〈繭甕〉、〈繭籠〉。

子在熱水中浸泡，借助筷子或絲帚尋出絲頭，然後進行繰絲的工作。

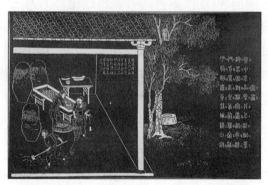

圖9　樓璹《耕織圖》（程棨摹本）窖繭

　　秦觀的《蠶書》是現存最早一部描寫繰車製作與繰絲程序的中文文獻。然而繰車的出現相信要較此略早，唐朝的詩文中即有一些影射繰車特有「響緒」的描寫。《蠶書・化治》所描述的繰車已具備了絲車所應具備的主要部分：(1)盛熱水煮繭的「鼎」或釜；(2)有助於將數個繭絲集約成一條絲線的「錢眼」；(3)可讓絲線藉以形成絲鞘，並藉此擠出部分水分，加強纖維之間抱合的「繰星」或響緒；(4)將繰好的生絲平均送到絲車上的「添梯」或送絲桿；以及(5)捲繞繰好生絲的「絲車」或絲軸（圖10）。添梯左右方向來回運動的動力是藉由環繩連結絲車的運轉傳動的，其目的在將繰好的生絲均勻平布於絲車上，以提供生絲較長的乾燥時間來預防生絲黏結成片。秦觀的繰車可同時繰三條生絲，且每根生絲僅由三個繭組成，較其他蠶書的記載明顯纖細許多。《蠶書》中記載的繰絲過程及水溫的要求如下：

　　　常令煮繭之鼎湯如蟹眼，必以箸其緒附于先引，謂之餵頭。毋
　　過三絲，過則絲麤，不及則脆。其審舉之，凡絲自鼎道錢眼升

于繰星，星應車動以過添梯，乃至于車。

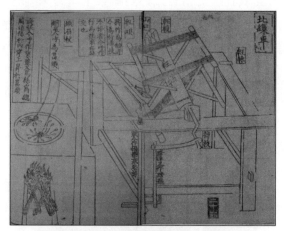

圖10　王禎《農書》北繰車
其中並未圖示出「鎖星」

　　秦觀所描述的繰絲法中，已注意到煮繭的水溫問題，並建議將煮繭的水溫控制在沸點以下（常令煮繭之鼎湯如蟹眼），藉此可免絲繭因長時間浸泡於沸水而流失過多的絲膠，影響繭絲間的良好抱合，以致繰出的生絲散亂且失去光澤。然而作者並未解釋絲鞘形成的方法，應是秦觀未曾親自操作或不熟悉該繰絲法的緣故。由此觀之，此形製當爲作者在兗地所觀察到的北方技術。北方的繰車與繰絲技術開始傳入江南地區大約即在此時期前後。

　　元程棨的《耕織圖》摹本所描繪的繰車（圖11）與秦觀《蠶書》的描寫非常相似，但從畫面上看來，一次僅繰一根生絲，且不見錢眼及藉以形成絲鞘的響緒，但繪者將轉動絲軸的手搖桿交代得很清楚。這部繰車由兩個人配合操作，繰絲婦女身後站立的小女孩應是負責添繭、生火和搖動絲軸的助手。現存描繪繰車的圖像中，有關絲鞘部分均有模糊帶過

的共同點，一方面可能因為這部分的形成並無定制，且生絲纖細不易描
繪的緣故；另方面或許因為繪者雖然對蠶桑生產有深刻的認識，但因本
人不從事這方面的親身操作而疏於了解。但我們也不排除當時的繰絲
過程尚無絲鞘之利用，或者程棨在描摹時忽略了這一部分，但此可能性
應該較小。

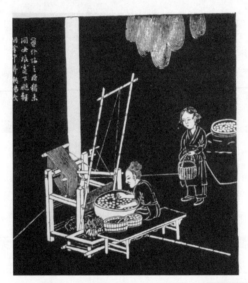

圖11　樓璹《耕織圖》（程棨摹本）中的繰車

《農桑輯要》中有關繰絲技術的文字敘述非常詳細確實。其中引述
了《士農必用》的要領，認為品質好的生絲必須符合「細圓勻緊」，不
帶接頭、疙瘩或扁平、鬆散等要求。該書還提供了可容兩人同時對繰的
「熱釜」，以及可生產品質較前者為優的「全繳」細絲與「雙繳絲」的
「冷盆」之繰車形製與操作方法，可見至少在金末元初北方的文人已掌
握提高生絲品質與產量之繰絲技術的原則。其中「熱釜」的加熱方法與
秦觀繰車一樣，均將煮繭的盆直接置於火上加熱，但《農桑輯要》中未

見對此種繅車形製進一步的描述，很可能即因此種繅絲法在當時已普遍使用的關係；該書對「冷盆」繅車的製作與操作過程倒提供了非常詳細的描述與說明，一方面固然可能因為該法是當時剛發展出的新技術，知道的人還不是很多；另一方面更可能是因為該法得以大幅度提高生絲品質，值得大力推廣。

望文生義，「冷盆」很容易讓人誤解為用冷水繅絲；實際上「冷盆」用以浸繭抽絲的仍是熱水，但溫度較尋緒的水溫低。這個繅絲程序反映了繅絲技術突破性的進步：首先是將需要較高水溫的尋緒和較低溫的抽絲過程分離，以避免繭絲在過熱的水中浸泡過久而流失太多的絲膠，進而影響絲緒的抱合，而使抽出的生絲鬆散且失去韌性。其次是煮繭用具的改良：作者強調用以尋緒的必須是小鍋，而抽絲用的「串盆」則是用黏土將盆底到盆口整個加厚的大盆，藉此以提高水溫的恆定性。用以生火加溫的是個有煙囪的竈：前面添柴部分較為低矮，上頭置放小鍋以直接生火燒煮繭尋緒的水，後頭接通一個環狀的氣室，藉著漫過的火焰和通往後頭煙囪帶熱氣的煙，來保持「串盆」內抽絲所需穩定而不過高的水溫；利用煙囪將柴煙送出室，可免黑煙將繅好的生絲燻髒。此外是採用腳踏板取代手搖桿轉動絲軸，繅絲者得以空出雙手專注於尋緒、絲鞘形成，以及添緒等過程，以保持生絲粗細的衡定與勻整。添緒的方法已經非常先進：繅絲人將添加新繭的清絲以指尖送入錢眼下其他繭緒的中間，使之自然將新添的絲頭帶上而看不見接頭。

然而根據王禎的記載，元朝晚期南方多半使用可繅細絲的「冷盆」，而北方則多用可繅多緒圓絲的「熱釜」[80]。這可能與北方養蠶規模較南方龐大，收穫繭量亦相對較為可觀需要繅絲效率較高的絲車之故，同時

80　然而王禎《農書》的北繅車又具有冷盆特有的蛾眉杖(圖10)，雖然只有文字解釋而無相應的圖形描繪。

也可能與北方使用荊桑育蠶,所得絲繭所含絲膠較多,較不易溶於熱水有密切關係。如果「冷盆」真是在北宋滅亡後的北方發展出的技術,那麼自元朝滅南宋到14世紀初短短二三十年間,新法即普遍爲江南地區蠶戶所接受,這樣快速的技術推廣似乎令人不可思議。很可能該法在北宋滅亡前即在江南的某些地區有所應用,只是未見諸於文字罷了。而冷盆在長江下游流域的推行,應當與魯桑的推廣有密切關聯。利用魯桑給葉早而且豐富的特性,正適合蠶桑業高度集中發展的需求;而魯桑餵養的家蠶所吐的生絲,所含絲膠較少,利用冷盆尋緒繅絲分離的程序即可順利地抽取良好的生絲,可減少絲繭在熱釜繅絲法中,必須較長時間地浸泡於高溫水中,可能喪失過多的絲膠而使得繅出的生絲鬆散而不強韌的現象。

有關絲鞘形成的部分,由於文獻資料與文物的缺乏,目前尚未有定論。明末徐光啓撰寫《農政全書》時即聲稱未見《士農必用》所敘述可繅圓緊無接頭的「全繳絲」之使用,更遑論繅製「全繳絲」所需的「蛾眉杖」,而懷疑是著書之人「只抄寫節略舊文」的結果。德國的Kuhn教授引用宋應星《天工開物》的圖像,試圖復原《士農必用》所描述的「全繳絲」的繅製[81]。根據《士農必用》的解說,利用蛾眉杖繅全絞絲的過程如下:「將絲老翁上清絲約十五絲之上總爲一處,穿過錢眼,繳過薥頭,蛾眉杖上兩繳,杖子下兩繳,掛于軠上」。《農桑輯要》的編者在注中說明道:「如蛾眉杖上只兩繳,名雙繳絲。」Kuhn教授借用《天工開物》的圖像爲「蛾眉杖」提出了一個非常可能的假設,但其所復原的絲鞘,在上下兩個鑸星間的繳合數過多,讓應該靈活運轉、靠繅出的絲隨著絲車的牽引迅速前移而帶動的迴轉運動完全被鎖定住了。繅絲的進行端賴絲軸的靈活運轉動以帶動鑸星,利用絲車的牽動,將絲緒

81　Kuhn, p. 375, Fig. 228.

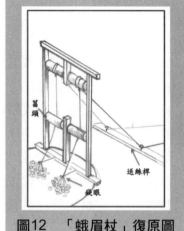

圖12　「蛾眉杖」復原圖

從繭中抽出而完成繰絲的過程，如果鎖星不能靈活運轉，則繰絲的工作完全無法進行。現根據《士農必用》的解釋將此過程復原如下(圖12)：絲緒穿過錢眼後，先在下方的「葍頭」繞過一圈，然後在上方的「蛾眉杖」上繳兩繳，之後在「蛾眉杖」下在絲緒自身繳兩繳，再通過送絲桿捲上絲軸。如此，繰成的絲在經過幾次繳合後，絲緒間可獲得較理想的抱合而形成圓緊的生絲，並脫乾一部分水分，可避免與絲軸上的絲黏結成片，再加上與絲窩中添加新緒之法的結合運用，便可形成圓緊而無接頭的「全繳絲」。但因傳統木製繰車整個牽動結構的活動尚非十分完善，絲鞘太長會增加繰絲進行的阻力，往往導致絲緒頻斷的現象，而影響繰絲的進行速度。為了尋求有效率的繰絲方法，同時保持生絲一定的品質，於是在「冷盆」的基礎上，退而求其次採取折衷的方法簡化絲鞘的形成，以提高生絲的產量。

五、結論

　　宋元時期在中國蠶桑史上是個歷史的轉折時期，除了蠶桑絲織中心由黃河下游流域轉移到江南地區的過程在此時期終於底定，絲綢也漸漸失去其貨幣價值而成為賦有較高經濟價值的商品。導致這種變化的因素，除了土地分配制度的改變以及賦稅內容的調整，放寬了百姓以糧食作物和蠶桑為主的經濟活動，也使得生產程序有了更細部的分工，當然纖維原料(主要為生絲和棉)生產技術的高度發展，亦為促使這些演變發生的另一重要因素；而這些變化又反過來對城鎮的發展、發展鄉村

景觀和農村生活的條件和方式造成相當的影響。

　　蠶桑生產技術的進步與技術的推廣與宋元時期中央和地方官員的政策有密切的關係：勸農政策與制度的施行在某種程度上喚起士人對蠶桑生產過程與技術的注意與了解；而政策與制度推行的過程中往往借助蠶桑文獻的編寫、刊刻或重新刊印來完成，多多少少鼓勵了文人將相關知識訴諸文字，同時也有助於經驗的累積與知識的傳承。從上文探討分析的幾部宋元文獻看來，其內容並無法涵蓋所有當時使用的技術，且許多技術是長時期累積的操作經驗。從內容而言，所記載的知識或技術均獲得撰寫者的肯定，亦即其發明的時間均較文獻記載的時期要來得早，才有足夠的時間判斷其成效。從撰寫的方式來看，宋朝的文獻多為士人觀察比較的心得（如秦觀）或親身實驗的經歷（如陳旉），多為作者自己的創作；而元朝的幾部文獻則建立於蒐集編纂既有的蠶桑著述，加上編撰者的看法或論點而成，反映了當時北方的學術風氣。雖然《農桑輯要》主要引述前人相關著作的敘述說明，有孔子「述而不作」之意，但透過摘選、分類與作注等過程，編注者藉此明確地發抒其觀點，而完成真正的著作。值得注意的是：蠶桑生產在中國經過長時期的馴養，到了宋元時期技術已到達相當成熟的階段，但各個地區因天候、地理環境以及人文條件的影響，發展各有不同。而此時雖然已有了分工或專業化生產的趨勢，但相對於明清時期仍較為普遍，宋元幾部文獻的作者即便不親身操作，對於桑樹種植、尤其是家蠶的餵養均有從小耳濡目染的觀察學習，甚而至各個地區參觀比較的機會，因此對栽桑和家蠶生活習性都有相當的掌握。而透過宋元的六部蠶書，亦可看出此時期的文人對許多自然現象的好奇，以及嘗試分析了解其原理的企圖，已經符合了觀察、假設與實驗證明的科學精神的前兩部分。從文獻所列舉的栽桑養蠶法也可看出宋元時期蠶桑業者勇於嘗試的精神，並借用其他生產領域的工具以改良其使用的器具（如：蠶網的運用），以發展提升其生

產技術的傾向。

　　從「全繅絲」因繅車其他部位設置的未盡完善，雖然繅出品質非常優良的生絲，然而卻不足以快速將規模日益擴大的蠶桑生產的蠶繭在短時間內處理完畢，以滿足繁盛的國內外市場之所需，而很快地被遺忘，但江南地區一些生產優質生絲的蠶桑業者，擷取該繅絲法對溫度控制的掌握和絲鞘形成對絲質提高的優點，並予以簡化，以提高繅絲速度，而發展出像南潯地區能夠大量生產優質生絲的繅絲技術。由此可見，生產程序的選擇並不僅僅依賴技術本身的優越性，而必須滿足市場對質和量的需求。當然，宋元時期蠶桑原料(絲繭)品質因餵養家蠶桑葉品質的改變而產生變化，以及絲綢手工業專業化導致的生絲與絲綢織造的分離，也影響生絲業者在對待成品及其對處理過程之技術的選擇。宋元時期雖已掌握了一些栽桑養蠶的重要原則，然明清時期絲綢手工業專業分工更全面和海外生絲市場繁榮的前題下，在技術上又有了更細緻的發展與變化，其詳細內容將於其他論文中分析探討。

數學與明代社會：1368-1607[*]

洪萬生[**]

予以草茅末學，留心算術，蓋亦有年，歷訪《九章》全書，久之未見。一日幸獲寫本，其目二百四十有六，內方田、粟米、衰分，不過乘除互換，人皆易曉。若少廣之截多益少，開平方圓，商功之修築堆積，均輸之遠近勞費，其法頗雜。至於盈朒、方程、勾股，問題深隱，法理難明，古註混淆，布算簡略，初學無所發明，由是通其術者鮮矣。

——吳敬〈九章算法比類大全序〉（1450）

[*] 本文初稿提交「科技與中國社會工作坊」（2006年9月7-8日，南港：中央研究院歷史語言研究所）發表。後來，將其中有關吳敬的研究部分（連同吳敬算書之傳承宋元算書之表列原附錄I）獨立出去，與黃清揚共同撰成〈從吳敬算書看明代《算學啟蒙》之流傳〉，刊於《中華科技史學會會刊》10（2006）：70-88。不過，為了讀者方便閱讀本文，筆者仍然保留相關內容的實質部分，敬請明鑑。

[**] 國立臺灣師範大學數學系。

一、前言

1613年，當徐光啓爲利瑪竇、李之藻譯編《同文算指》寫序時，指出明代數學的衰敗原因有二：

> 其一爲名理之儒，土苴天下之實事；其一爲妖妄之術，謬言數有神理，能知來藏往，靡所不效，卒於神者無一效，而實者亡一存[1]。

此一定「性」，至今仍廣爲傳頌[2]！徐光啓的立論基礎，當在於西算的「明」之特性。所謂「明」（確定性），正如他在〈刻幾何原本雜議〉所說：

> 此書有四不必：不必疑，不必揣，不必試，不必改。有四不可得：欲脫之不可得，欲駁之不可得，欲減之不可得，欲前後更置之不可得。有三至三能：似至晦，實至明，故能以其明明他物之至晦；似至繁，實至簡，故能以其簡簡他物之至繁；似至難，實至易，故能以其易易他物之至難。易生於簡，簡生於明，綜其妙在明而已！

1　徐光啟，〈刻同文算指序〉，郭書春主編，《中國科學技術典籍通彙・數學卷》（四）（鄭州：河南教育出版社，1993），頁7-8。
2　引述本段評論，馬若安（Jean-Claude Martzloff）也指出：「藉著進步與沒落來看待數學史，不僅是現代概念，而且也是『中國（式）的』。」（the perception of the history of mathematics in terms of progress and decline is not only a modern idea, but also *Chinese*.）引 Martzloff, Jean-Claude, *A History of Chinese Mathematics* (Berlin / Heidelburg / New York: Springer-Verlag, 1997), p. 19.

　　而這，當然呼應了他所理解的《幾何原本》之邏輯結構特色，從而據以深刻地批判中國傳統數學[3]。

　　綜觀有明一代，數學之發展相對於宋元時期而言，儘管陷入停滯狀態，然而，其問題意識與實際操作(practice)卻忠實反映商業之發展，在中算史上可以說是前所未有，譬如有關利息問題是明代算書的特色，而這當然與商業發展息息相關。不過，宋元算學並非缺乏實用性格[4]，而是說我們很難從中析出當時社會經濟的獨特性[5]。無論如何，明代數學絕對不只是所謂的官僚用途而已。這是早期明代數學史論述所未計及。譬如，在李約瑟(Joseph Needham)的《中國之科學與文明》(*Science and Civilisation in China*)中譯本第四冊中[6]，有關明朝數學的評價如下：

　　　　宋朝有許多真正大數學家，不論是平民或小官吏，一起打破傳
　　　　統的官僚任務，各向更為廣闊的天地邁進。知識的好奇心，現

3　譬如在〈刻同文算指序〉中，他就曾經指出：「雖失十經，如棄敝屣矣！」此
　　處所謂十經，是指漢唐之間的十部算書，現在通稱為「算經十書」。

4　有關秦九韶《數書九章》如何反映南宋社會經濟，參考李迪，〈《數書九章》
　　與南宋經濟〉，吳文俊主編，《秦九韶與《數書九章》》(北京：北京師範大
　　學出版社，1987)，頁454-466。或Libbrecht, Ulrich, *Chinese Mathematics in the
　　Thirteenth Century* (Mineola, New York: Dover Publications, INC, 1973/2005), pp.
　　416-474.

5　羅麗馨研究16、17世紀中國手工業生產與商業的關係時，從程大位的《(直指)
　　算法統宗》中，找到合夥投資、利益分配與資金借貸等有關計算例題。參考羅
　　麗馨，《十六、十七世紀手工業的生產發展》(臺北：稻禾出版社，1997)，頁
　　112-113。此外，她也參考本算書例題與《潛書》之記載，推測明中期一般婦
　　女織綢的速度。參考羅麗馨，〈明代紡織手工業中婦女勞動力之探討〉，《興
　　大歷史學報》9(1999)：21-43。

6　李約瑟，《中國之科學與文明》第四冊(修訂一版)(臺北：臺灣商務印書館，
　　1975)，頁286。Joseph Needham的*Science and Civilisation in China*, volume 3包
　　括了數學、天文、氣象等，臺灣商務印書館出版的中譯本，將數學部分單獨列
　　為第四冊。又，本冊之合作者為數學史家王鈴博士。

在能夠獲得豐富的滿足了。但是這種浪潮，並沒有繼續多久。
熟練於祖沖之「綴術」各種抄本的儒學家，在明朝官僚的反動
下，捲土重來，掌握了政權，而數學又被局限在各偏狹衙門的
後房了。當東來的傳教士看到了這種情景時，竟無一人能把中
國數學的過去光榮，告訴他們[7]。

　　儘管這一段引文有一些片段難以索解[8]，不過，李約瑟相當鮮明地
對比宋金元與明代的數學成就，從而歸結說明朝數學退縮、保守與反動
（reactionary），至於始作甬者，可能指吳敬的《九章算法比類大全》。
本書著述回歸九章體例，應該坐實了「數學又被局限在各偏狹衙門的後
房」之「指控」吧！

　　儘管如此，有關吳敬的《九章算法比類大全》（初版1450年），史家
錢寶琮倒是注意到兩個特點，第一點就知識分類來談：「吳敬似乎沒有
看見過原本《九章算術》，他從楊輝《詳解九章算法》摘錄了許多問題，
間接地引用了《九章算術》，並且把他收羅的應用問題按照『九章』的
名義分類。」第二點，則觸及數學與社會之關係：「明朝的商業較宋元
時期有更進一步的發展，反映在吳敬的《九章算法比類大全》裡，就有

7　李約瑟，《中國之科學與文明》第四冊（修訂一版），頁286。

8　譬如掌握祖沖之「綴術」的各種儒學家意指為何？從上下文就很難理解。請參
　考原文 "The Confucian scholars who had practised calligraphy on all the last copies
　of Tsu Chhung-Chih's *Chui Shu* swept back into power in the nationalist reaction of
　the Ming, and mathematics was again confined to the back rooms of provincial
　yamens." Joseph Needham, *Science and Civilsation in China*, vol. III. (Cambridge:
　Cambridge University Press, 1959), pp. 153-154. 其實，李約瑟可能針對宋元算學
　範疇掙脫「九章」的格局而發。此外，如果他批評吳敬等明代算家回歸九章體
　例，則他一定注意到南宋楊輝針對九章算法所做的重新分類。另一方面，明代
　數學家中也有很多小官吏與平民，譬如，具有代表性的王文素與程大位，甚至
　是商人子弟。

不少與商業資本有關的應用問題。」[9]

顯然，李約瑟的上述評論恰好與徐光啟相反，除非所謂的官僚用途無關實用。還有，李約瑟也未觸及明代數學的另一特色，那就是徐光啟所批評的「謬言數有神理」，這顯然針對吳敬以降的算書，動輒宣揚河圖、洛書爲數學之起源，同時，譬如唐順之的〈六分論〉與顧應祥的〈方圓論說〉，也喜好將理氣之說融入數學概念之中[10]。

再有，明代數學成就雖然沒有特出之處，不過，「句股術」之成爲熱門研究主題，卻是始自明代。明末清初梅文鼎會通中西算學時，所提出的「幾何即句股」，多少也呼應了這個時髦的議題。只是其原因究竟，仍然沒有獲得應有的注意[11]。其實，有關明代數學史之研究，如果我們深入主要算書之具體內容，掌握它的初步輪廓，並據以釐清相關知識之演化，那麼，我們或許就比較容易追隨「明人的角度」，去考察明代數學的脈絡意義了。

過去近十年來，筆者有幸帶領通訊團隊成員[12]，針對明代主要算書，進行有系統的文本研究，目前此一計畫已經初步完成[13]。筆者將在

---

9 引錢寶琮，〈中國數學史〉，收入《李儼、錢寶琮科學史全集》第五卷（瀋陽：遼寧教育出版社，1998），頁150。

10 顧應祥曾拜王陽明爲師，熟悉宋明理學當然不在話下。不過，唐順之亦好此道，這就可能是當時儒士之時髦了。事實上，〈方圓論說〉也曾被程大位所引用。

11 黃清揚針對此一主題，提出他的初步研究成果。參考黃清揚，〈中國1368-1806年間勾股術發展之研究〉（臺北：國立臺灣師範大學數學研究所碩士論文，2002）。另外，王連發也針對顧應祥的《勾股算術》，提出初步的研究成果。參考王連發，〈勾股算學家——顧應祥及其著作研究〉（臺北：國立臺灣師範大學數學研究所碩士論文，2002）。

12 「通訊團隊」出自英文的 "Tongxun Group"，是道本周（Joseph Dauben）教授對於以編印、出版《HPM通訊》（http://www.math.ntnu.edu.tw/~horng）的編輯部成員之暱稱。目前，本團隊部分成員有關漢簡《算數書》之研究成果，已出版《數之起源》一書。參考洪萬生、林倉億、蘇惠玉、蘇俊鴻，《數之起源：中國數學史開章《算數書》》（臺北：臺灣商務印書館，2006）。

13 這些研究生幾乎都以研讀某部算書，並整理其心得而成為碩士論文。從1997年

這一基礎上，結合有關明代數學史、社會經濟史以及文化史之研究，說明數學與明代社會經濟發展之互動關係。由於中國傳統數學在明代商業發展的烘托之下，出現了前所未有的風貌，因此，在本文中，我們將以具體實例如利息與牙人問題，反映這些歷史現象。另一方面，由於儒、賈身分界線的模糊，當他們通過算書撰寫，以記錄他們曾經參與的數學知識活動時，也足以指向數學知識地位的改變。這種變化雖然微妙而不易掌握，但卻是數學社會史（social history of mathematics）的極佳個案，值得我們深入探索，並提示成為中算史研究的範例。

本文將著重以明代主要數學家著述的出版，「從明人的角度」[14]，描述明代數學的軌跡與其特色。明代數學典範作品，當數吳敬的《九章算法比類大全》無疑，因此，我們在下文中，將專列一節（第四節）來加以討論。其次，我們對於是否應該按時間因素，將王文素、顧應祥與周述學並列一節來討論，則不無猶豫。這是因為王文素與程大位都出身商人家庭，著述關懷與算書體例看來遙相呼應，儘管兩書主要都可追溯到吳敬的《九章算法比類大全》。因此，我們將王文素與程大位並列第六

（續）————
開始，已經有七位研究生以明代算學為主題，而獲得碩士學位。他（她）們的論文依序如下：1. 許雪珍，〈明代算書《算學寶鑑》內容分析〉（臺北：國立臺灣師範大學數學系碩士論文，1997）；2.黃清揚，〈中國1368-1806年間勾股術的勾股術發展之研究〉（臺北：國立臺灣師範大學數學系碩士論文，2002）；3. 王連發，〈勾股算學家——明顧應祥及其著作研究〉（臺北：國立臺灣師範大學數學系教學碩士論文，2002）；4.陳威男，〈明代算書《算法統宗》內容分析〉（臺北：國立臺灣師範大學數學系教學碩士論文，2002）；5.陳敏皓，〈李之藻《同文算指》之研究〉（臺北：國立臺灣師範大學數學系教學碩士論文，2002）；6. 楊瓊茹，〈明代曆算學家周述學及其算學研究〉（臺北：國立臺灣師範大學數學系碩士論文，2003）；7.徐梅芳，〈顧應祥《測圓海鏡分類釋術》之分析〉（臺北：國立臺灣師範大學數學系教學碩士，論文，2005）。
14 這是卜正民的進路：「通過將自己置身於與四個世紀前的歷史人物的對話中，我嘗試著從明人的角度去寫這部歷史，讓張濤當我歷史之旅的嚮導。」卜正民（Timothy Brook），《縱樂的困惑》（Confusions of Pleasure）（臺北：聯經出版公司，2004），頁9。

節討論。至於第五節則專門針對顧應祥與周述學。另外，朱載堉(1536-
1611)儘管年代稍後，但是，他的貢獻主要在於應用數學來研究音律學，
在九章之外另立一幟，與顧應祥、周述學的進路多少一致，本應將這些
人物並列一節討論，不過，限於時間與篇幅，我們只有割愛朱載堉的相
關論述[15]。至於1607年，則是《幾何原本》出版年，從那之後，中國數
學就走向不可逆轉的現代化之途徑了。於是，從1607年到1644年明清鼎
革，在中國數學史論述中通常都納入明末清初時期的一部分[16]，因此，
我們將它列為一個單一時期，也應該極為合理才是。不過，在本文中我
們也暫不論述。

　　另一方面，儘管根據史家李儼統計，明代算書總共有七十多種[17]，
尚有傳本者之中，篇幅較短或內容雷同者[18]，我們一概略而不論。還有，
有關珠算方法，筆者也不打算引述數學史家廣泛而深入之研究成果，蓋

15　郭世榮認為14到17世紀算書大體可以分為四類(其中有重複歸類如《算法統
　　宗》)：(1)實用算書如《丁巨算法》、《算法全能集》、《透簾算草》、《通
　　源算法》、《詳明算法》，以及《錦囊啟源》。(2)依傳統「九章」體例編成，
　　如《九章算法比類大全》、《古今通證算學寶鑑》、《算法統宗》，以及失傳
　　的《九章通明算法》。(3)有關珠算盤的著作，如《盤珠算法》、《數學通軌》、
　　《一鴻算法》、《算法統宗》、《算法纂要》，及《算法指南》等書。(4)專
　　門講述某類數學問題，如《弧矢算術》、《勾股算術》、《算學新說》，及《神
　　道大編曆宗算會》等書。參考郭世榮，〈明代數學與天文學的失傳問題〉，《法
　　國漢學》叢書編輯委員會編，《法國漢學》第六輯(科技史專號)(北京：中華
　　書局，2002)，頁320-335。這個分類方式與本文大致雷同，唯一差異者，乃是
　　本文利用一節，單獨論述《九章算法比類大全》一書。另外，有關朱載堉的算
　　學與音律之研究，可參考李兆華，《中國數學史》(臺北：文津出版社，1995)，
　　頁204-212。
16　譬如錢寶琮，〈中國數學史〉，頁261-279。
17　李儼，〈唐宋元明數學教育制度〉，收入李儼，《中算史論叢》第四集(北京：
　　科學出版社，1955)，頁238-280。
18　譬如徐心魯的《盤珠算法》(1573)，柯尚遷的《數學通軌》(1578)，及余楷的
　　《一鴻算法》(1584)等書，它們都涉及乘除速算與珠算之關係，參考李兆華，
　　《中國數學史》，頁202-204。

無從附麗故也[19]。不過,所有這些在討論明代的數學、商業與社會文化時(第八節),當然不會失去應有的關照。還有,第七節將專論與明代商業活動有關的利息與牙人之相關問題。最後,本文既然論及明代社會,那麼,有關算學與教育制度之關係,也必須作一點起碼的交代,筆者將在第三節加以簡述。至於本文第二節,則打算大致回顧明代數學史的相關文獻,以方便初學者按圖索驥。

二、文獻回顧

在本節中,筆者將僅僅回顧關明代數學史的研究論點。由於這些在一般中算的通史論述中極為常見,因此,即使筆者打算重新刻畫明代數學風格,綜理這些前賢的論述,還是非常值得與必要。

相對於宋、元中國數學的高峰發展,明朝的古典數學急遽衰落,史家梅榮照曾整理具體事證如下[20]:

(1)在宋、元時期得到廣泛應用的增乘開方法(高次一元代數方程的數值解法),在明代已經無人知曉。

(2)宋、元數學家創立的天元術,明代數學家根本不理解。

(3)四元術(高次多元方程組解法)在明代數學著作中已不復存在。

(4)宋代秦九韶的「大衍求一術」已經將一次同餘式組的解法一般化,明代數學家無從繼承。

---

19 比較值得注意的,應該是華印椿修訂李儼之說,而認定吳敬《九章算法比類大全》一書「乘除用珠算,開方用籌算,當是由籌算演變為珠算的過渡方式。」(頁70)準此而論,成熟的珠算應該是1450年之後的事了。參考華印椿,《中國珠算史稿》(北京:中國財政經濟出版社,1987)。

20 參考梅榮照,〈明清數學概論〉,梅榮照主編,《明清數學史論文集》(南京:江蘇教育出版社,1990),頁1-20。

(5)明代數學家程大位說明「徑一周三」與「方五斜七」是「勢之不得已也」[21]，無法繼承劉徽精密逼近的進路。

(6)唐、宋時期算家已經廣泛運用現代小數的方法，但明代卻以增加小數名稱的單位來表徵。

　　至於可以歸咎的原因，則是在一方面，「中國封建社會此時已進入沒落的後期，代表新的生產關係的資本主義萌芽被封建勢力窒息，缺乏促進數學發展的新的機制」[22]，另一方面，則由於「明代盛行陸王心學，搞八股取士，興文字獄，思想禁錮嚴重，知識分子的才智或被引向代聖賢立言的死胡同，或沉溺於聲色，對與實際聯繫並不太緊密的理論數學和較高深的數學缺乏興趣」[23]，再加上「自宋元開始的象數神秘主義在明代氾濫，也妨礙了人們探求真正的數理」[24]，於是，明代「古典的」數學開始沒落，而且一旦沒落，便難以復興[25]。

　　上述有關社會、經濟、學術、思想等「負面」因素，乃至於宋元數學與實際需要脫節之說法，普遍存在於其他中算史家的論述，沒有必要進一步引述[26]。另一方面，由於明中葉珠算普及是一個「新興的」歷史

21　所謂「徑一周三」，是指當一個圓之直徑長為1時，圓周長為3，亦即圓周率 π 之近似值為3。另，所謂「方五斜七」，是指當一個正方形的邊長為5時，它的對角線為7，以及 $\sqrt{2}$ 的近似值為7/5。針對這兩個無理數，魏晉數學家劉徽都曾提出科學性的逼近方法。

22　引見郭書春，〈敘〉，收入郭書春主編，《中國科學技術典籍通彙·數學卷》(一)(鄭州：河南教育出版社，1993)，頁1-26。

23　同上。

24　同上。

25　參考同上。

26　李儼、杜石然曾注意到宋元天元術「在當時生產實踐中應用的實在很少見」，儘管元代沙克什的《河防通議》(1321)中有一些「天元術」的應用例，但卻只用到二次方程。再者，這兩位史家也認為「李治(冶)《測圓海鏡》和《益古演段》等著作中的問題，大多數都是預先已知答案的一些人為『編造』出來的題

現象，因此，一定有一些「正面的」社會經濟面向，可以幫助我們解釋其成因。於是，普及珠算的主要功臣程大位之《算法統宗》（1592），幾乎成為明代數學史的唯一顯學。從所謂的歷史唯物主義觀點來看，「珠算盤不是某個天才數學家的個人創作，而是勞動人民在生產實踐中不斷革新的成果。從唐中葉以後，社會經濟穩步前進，實用算術成為人民大眾必須掌握的知識，從而乘除算法逐漸簡化。」[27] 於是，速算口訣也逐漸成熟，最終由於算籌操作不便，而由珠算盤取而代之。這種對於勞動人民或庶民大眾創作的謳歌，也獲得李約瑟的積極回響，他認為早在宋朝，就已經「有許多真正大數學家，不論是平民或小官吏，一起打破傳統的官僚任務，各向更為廣闊的天地邁進。知識的好奇心，現在能夠獲得豐富的滿足了」[28]。誠然，宋元算學家李冶著《益古演段》、朱世傑著《算學啓蒙》，以及楊輝有關日用算法的著作[29]，都是基於普及而作，只是，算學著述的這種關懷，到了明中葉之後，已經慢慢轉向商業化與世俗化了。而這，當然是本文打算深入探索的重點之一。

然則，除了明代數學文本的歷史見證之外，還有其他的佐證文獻嗎？誠然，明代類書、筆記或小說提供了相當豐富的史料，幫助我們理解明中葉之後士、商合流的趨勢。不過，明代庶民的計算能力如何，聯繫到蒙童的算數教育，則是更根本且必須優先處理的問題。幸而筆者在修訂本文時，重讀了日本史家本田精一有關宋元明的兒童算數教育之研究[30]。該文雖然是數學教育制度史方面的論文，然而，本田精一結合

（續）————————————

目。」參考李儼、杜石然，《中國古代數學簡史》（香港：商務印書館，1976），頁205-206。

27　錢寶琮，〈中國數學史〉，頁151。

28　李約瑟，《中國之科學與文明》第四冊（修訂一版），頁10。

29　有關楊輝著作之研究，可參考王文玟，〈楊輝算書探微：一個HPM的觀點〉（臺北：國立臺灣師範大學數學研究所碩士論文，2002）。

30　本田精一，〈宋元明代における兒童算數教育〉，九州大學文學部東洋史研

了大眾文化（popular culture）之研究進路，為我們呈現了數學知識世俗化的豐富樣態，實在是難得一見的貢獻。

　　既然說到日本史家的中算史研究，則武田楠雄當然必須提及。他在1950年代發表的一系列有關明代數學與社會之關係的論文[31]，的確相當具有開創性。他以程大位《算法統宗》編纂內容為中心，詳細討論明代算書的系譜及其差異性，兼論宋元天元術失傳的原因。作者先以《永樂大典》所收各種算書為焦點，指出其中宋代部分僅收楊輝著作，而不及李冶、朱世傑等人著作。由於楊輝未知天元術，因此，這對明代算書形成重大影響，譬如天元術失傳就是一個不幸的後果。其次，武田楠雄又以《詳明算法》（1371）為例，認定明初即已出現新的大眾數學，這是因為《詳明算法》乃是《永樂大典》所收諸算書中數學程度最低者，所以，它顯然見證了庶民大眾的日用需要。由《詳明算法》到《指明算法》（1439）的一系相承，形成了明代民眾數學的兩大系統之一，而另一系統則是《算法統宗》。另一方面，武田楠雄還指出萬曆年間（1573-1619）算書的最大特色為商業算術，而最鮮明的特徵，則是《算法統宗》和《指明算法》的「差分」計算。《指明算法》所見合資經營的計算，尤其充分顯現當時在長江下游地區極為興盛的商業交易與金融活動。這種現象乃是萬曆年間之特色，而明代中葉則尚未得見。

　　總之，筆者書寫本文所根據的二手文獻，除了數學史家的相關研究

（續）─────────────────
　　　會編，《東洋史論集》22（1994）：37-72。感謝許進發君提供此一論文之複印本。
31　參考武田楠雄，〈明代における算書形式の變遷─明代數學の特質序說─〉，
　　　《科學史研究》26（1953.7）：13-19；武田楠雄，〈明代數學の特質Ⅰ─算法統
　　　宗成立の過程─〉，《科學史研究》28（1954.4）：1-12；武田楠雄，〈明代數
　　　學の特質Ⅱ─算法統宗成立の過程─〉，《科學史研究》29（1954.5）：8-18；
　　　武田楠雄，〈同文算指の成立〉，《科學史研究》30（1954.7）：7-14；武田楠
　　　雄，〈天元術喪失の諸相─明代數學の特質Ⅲ─〉，《科學史研究》34（1955.
　　　4-6）：12-22。感謝許進發君協助搜尋與解讀。

成果之外，主要依賴的，還有思想史、文化史以及社會經濟史的論述，其中筆者參考卜正民、余英時與本田精一等史家的精闢見解，尤其獲益良多，或值得註記在此，供後學者借鑒。

三、明初教育制度與《永樂大典》之算學

明代洪武年間，對於學校教育與科舉取士，都曾論及數學之學習。比如洪武二年(1369)，「詔天下府州縣立學。……於是設學官，令生員專治一經，以禮、樂、射、御、書、數，設分教。」洪武三年「開鄉試，……中式者後十日，復以五事試之，曰：騎、射、書、算、律。……算：通於九法。」洪武二十五年(1392)，又規範生員「每日務要學算法，必由乘、因、加、歸、減，精通九章之數。」[32] 儘管如此，明初國子監數學教育，不外粗習算術四則。這種可有可無的教學內容，或許導致宣德元年(1429)官學不再開授算學。此後，雖然屢有重設之議，但是，始終不受重視[33]。在這種情況下，算學知識如何在明代流傳與保存，前述與教育或考試制度顯然功能不彰，因此，民間私習得以保存數學知識[34]，顯然是主要的社會機制了。

相對於民間，官方保存的算學知識，主要可以從被編入《永樂大典》的內容略窺一二。按本套書是明成祖於永樂元年(1403)命解縉主編，

32　轉引自李儼，〈唐宋元明數學教育制度〉(李儼，《中算史論叢》第四集)，收入《李儼、錢寶琮科學史文集》第八卷(瀋陽：遼寧教育版社，1998)，頁223-266。

33　參考同上。

34　官方系統是否利用「以吏為師」的機制，我們不得而知。參考郭世榮，〈明代數學與天文學的失傳問題〉，頁320-335。另外，有關醫學方面，史家梁其姿認為「明代的醫生訓練基本上與政府無關。本質上習醫管道有三：師徒相授，家族內傳，及自學。」引梁其姿，〈明代社會中的醫藥〉，《法國漢學》第六輯(科技史專號)，頁345-361。

「凡書契以來，經史子集百家，至於天文、地志、陰陽、醫卜、僧道、技藝之言，備輯爲一書，毋厭浩繁。」[35] 後來所進書尚未多備，因此，明成祖下令將解縉等所纂錄版重修，於永樂五年完成。整套書總共有2萬2877卷，凡例、目錄60卷。全套書按韵目分列單字，按單字依次輯入與此字相聯繫的各種文史。按倖存文本來看，算學書集中在算字下，從一萬六千三百三十卷到一萬六千三百六十四卷，共35卷。歷經明清鼎革、保存未善及八國聯軍戰火，算學卷僅存第一萬六千三百四十三卷，第一萬六千三百四十四卷，以及第一萬六千三百六十一卷，算法三十二，斤稱[36]。

儘管如此，我們根據這35卷算書的目錄，以及斷簡殘篇中倖存的資料，大概可以推知編者的纂錄，頗受楊輝《詳解九章算法》之影響。譬如說，這些目錄依序爲：起原、乘法、因法、除法、歸法、加法與減法、九章總錄、方田(3卷)、粟米、衰分(2卷)、異乘同除、少廣(4卷)、商功(2卷)、委粟、均輸(3卷)、盈不足、勾股(3卷)、音義、九章纂類、端疋、斤稱、雜法(3卷)。其中，這些分類的標準，不無前述楊輝算書「九章纂類」之影子。事實上，《永樂大典》所據以纂錄的算書，就包括了：

- 《算經十書》中的《周髀算經》、《九章算術》、《海島算經》、《孫子算經》、《五曹算經》、《夏侯陽算經》，及《五經算術》；
- 宋元主要算書如秦九韶《數書九章》、李冶《益古演段》、楊

---

35 轉引自李儼，〈明代算學書志〉，收入李儼，《中算史論叢》第二集(北京：科學出版社，1955)，頁473-493。

36 參考同上。有關《永樂大典》殘存算法，可參考郭書春主編，《中國科學技術典籍通彙‧數學卷》(一)，頁1401-1427。或靖玉樹編勘，《中國歷代算學集成》(濟南：山東人民出版社，1994)，頁1639-1696。

輝《詳解九章算法》附纂類、《日用算法》,及《楊輝算法》;
- 實用算書如《透簾算草》、《丁巨算法》、《錦囊啓蒙》、《算法全能集》、《詳明算法》、及《通原算法》[37]。

在上述三類算書中,漢唐之間的《算經十書》缺少了《緝古算經》及《數術記遺》,不知何故?又,宋元算書中更重要的《測圓海鏡》(李冶撰)、以及朱世傑的《算學啓蒙》與《四元玉鑑》都不見蹤影,其原因我們也無從得知。試想如果吳敬有機會參考《算學啓蒙》,還有,顧應祥也可以依據《測圓海鏡》提出他的「分類釋術」,那麼,何以《永樂大典》無法蒐羅得到?

另一方面,比較特別的內容,應該是所謂的「雜法」。程大位曾注意到《永樂大典》的編纂者之一的劉仕隆:「夫難題昉於永樂四年,臨江劉仕隆公,偕內閣諸君,預修大典,退公之暇,編成雜法,附於《九章通明》之後。」[38] 不管《算法統宗》之「雜法」是否源自《永樂大典》,這個分類範疇倒是蠻特別的,值得我們注意。

四、吳敬的《九章算法比類大全》

從元初到明初,目前還有傳本的中國算書,有賈亨的《算法全能集》,安止齋、何平子的《詳明算法》,《丁巨算法》(1355),《透簾細草》,《錦囊啓源》,以及嚴恭的《通原算法》(1373)。這些有關實用算術的書籍,見證了錢寶琮所謂的十進小數概念的發展、位值制數

---

37 參考李儼,《中國數學大綱》下冊(北京:科學出版社,1958),頁295-298。這些書除了最後一本,亦即《通原算法》為明代算家嚴恭於1372年所著之外,其餘都是前代算書。

38 引自梅榮照、李兆華,《算法統宗校釋》(臺北:九章出版社,1992),頁799。

碼的產生、歸除歌訣逐漸完備、比算籌更便利的珠算盤發明之史實[39]。錢寶琮還進一步指出：「具有代表性意義的吳敬《九章算法比類大全》于1450年出版，在數字計算方面總結了宋元算術的成就。」[40]

然則宋元其他方面的算學知識，究竟有沒有通過吳敬算書保留下來呢？根據我們團隊成員黃清揚與王文珮的考察，楊輝《詳解九章算法》與朱世傑《算學啓蒙》對於吳敬頗有影響。前一史實，史家早已注意，然而，後一關聯，直到最近才獲得應有的注意[41]。黃清揚在仔細爬梳、比較之後，確認吳敬的《九章算法比類大全》收錄了《算學啓蒙》的16個算題，其中題目、答案完全一樣，但術文部分則有所不同。因此，《算學啓蒙》是否完全失傳，目前恐怕還不能定論[42]。另一方面，吳敬始終未曾提及其他的金元算學著作，如楊輝的其他著作、朱世傑的《四元玉鑑》，以及李冶的《益古演段》與《測圓海鏡》，至於其原因究竟，我們無從得知。

有關吳敬在他的《九章算法比類大全》中所引用的宋元算書[43]，請參考黃清揚、洪萬生合撰的〈從吳敬算書看明代《算學啓蒙》的流傳〉

---

39 錢寶琮，〈中國數學史〉，頁132。

40 同上。

41 除了黃清揚的研究成果（參考黃清揚、洪萬生，〈從吳敬算書看明代《算學啓蒙》的流傳〉，《中華科技史學會會刊》10〔2006〕：70-88），承蒙韓琦教授示知：張九春也獲得了幾乎一致的研究成果。參考張九春，〈《九章算法比類大全》的資料來源及其影響〉（北京：中國科學院自然科學史研究所碩士論文，2001）。

42 朱世傑的《算學啟蒙》在1299年出版之後，隨即在中國失傳。目前傳本是1839年傳回中國的朝鮮刻本。參考李儼、杜石然，《中國古代數學簡史》，頁270；洪萬生，〈中日韓數學文化交流的歷史問題〉，王玉豐主編，《科技、醫療與社會研討會論文集》（高雄：高雄科學工藝博物館，2002），頁61-70。

43 本文所參考的《九章算法比類大全》之版本，為郭書春主編，《中國科學技術典籍通彙・數學卷》（二）（鄭州：河南教育出版社，1993），頁5-333；以及靖玉樹編勘，《中國歷代算學集成》，頁1699-2036。

(2006)之附錄 I [44]。現在，我們簡要介紹吳敬的算學生涯。

吳敬，字信民，號主一，明代杭州府仁和縣人，「天資穎達，而博通乎筹數」，是當時錢塘一帶遠近聞名的數學家。他的生平所見史料甚少，亦不見載於《明史》等主要史書[45]，因此，我們只能從《九章算法比類大全》一書中之片斷資料，拼湊他的的生平。據本書1488年刊本項麒序文：

> 杭郡仁和之邑，有良士吳氏號主一翁者，天資穎達而博通乎筹數，凡吾浙藩田疇之饒衍、糧稅之滋多，與夫戶口之浩繁，載諸版籍之間者，皆于翁手是資，則無遺而無爽焉。一時藩臬重臣皆禮遇而信托之者，有由然矣[46]。

可見，他曾爲一些浙江地方官僚掌管會計工作，譬如有關「田疇之饒衍」、「糧稅之滋多」與「戶口之浩繁」，他顯然相當熟悉[47]。由於他的能力出色，深得藩臬重臣的禮遇與信任。後來，他花了十年時間完成了這本書[48]。

---

44 請注意本節內容與下文內容雷同：黃清揚、洪萬生，〈從吳敬算書看明代《算學啟蒙》的流傳〉，《中華科技史學會會刊》10(2006)：70-88。

45 因此，〔清〕阮元《疇人傳》(1799)中不見著錄。在明中葉數學家中，該書倒是收錄了唐順之、顧應祥、周述學，及朱載堉之傳記。

46 引自項麒，〈《九章算法比類大全》序〉，吳敬，《九章算法比類大全》，收入靖玉樹編勘，《中國歷代算學集成》，頁1701-1702。

47 至於其工作應該是幕客之屬，他的肖像之衣帽(參見圖1)意義何在，倒是值得深入討論。

48 該書吳敬自序稱：「積功十年，終克脫稿，而年老目昏。」可見，他或許在退休後才開始撰稿。

吳敬的工作內容，相當忠實地
反映了明代前期社會經濟之發展。
明初，動亂之後社會經濟逐漸復
甦。其次，移民屯田墾荒政策，則
解決了勞動力問題，人口與土地的
比例漸趨平衡，帶動了經濟發展。
再者，黃冊與魚鱗冊的推動，也使
得賦役制度更加完善，進而國家財
政收入，有了大幅的增加。到了仁、
宣二朝(1425-1435)君臣相得，與民休
息，給當時的社會帶來了一定的昇
平景象，商業、交通和城市，也欣
欣向榮[49]。由於吳敬足以勝任田疇、
糧稅及戶口等相關工作之測算，無
怪乎受到地方政府的禮遇了[50]。

圖1　吳敬肖像
取自吳敬《九章算法比類
大全》(1488/1994)

或許因為如此，吳敬及其子孫
才有機會邀請聶大年為景泰元年
(1450)版、項麒為弘治元年(1488)版寫序、張寧撰寫贊詞，以及孫曛書
寫「吳先生肖像贊」。底下，依序簡要介紹這四位學者的行止。

聶大年，字壽卿，臨川人。博學，善詩與古文，書法尤善。宣德末
年，薦授仁和訓導。後分教常州，遷仁和教諭[51]。景泰六年薦入翰林，

49　參考楊國楨、陳支平著，《明史新編》(臺北：昭明出版社，1999)，頁91-164。

50　不過，就他所受器重之史實，也證明明初官方之數學教育，不足以培養堪用的
　　數學技術官僚。

51　有關明代教官之研究，參考吳智和，《明代的儒學教官》(臺北：臺灣學生書
　　局，1991)。

未幾得疾卒。他爲吳敬書撰序時曾指出：

> 算學自大撓以來，古今凡六十六家，而十書今已無傳。惟九章
> 之法僅存，而能通其說者亦少矣！錢唐吳君信民精於算學者，
> 病算法無成書，乃取九章十書與諸家之說，分類註釋，會粹成
> 編，而名曰大全[52]。

項麒，仁和人，景泰七年由舉人授南京吏部司務，歷升刑部郎中。後來，以病致仕，家居三十年[53]。他爲吳敬書1488年版撰序時，特別交代了本版之編校印行經過。又，他與吳敬「同邑」，應該是受吳敬子孫之託而撰序。

張寧，字靖之，號方洲，海鹽人。明景泰五年(1454)進士，授禮部給事中，後擢都給事中，出爲汀州知府。致仕歸，家居三十年，屢薦不應召。他爲吳敬撰寫的「贊」詞如下：

> 言行好古，鄉黨樂成，因數察理，其心孔明[54]。

其中「好古」之贊，究竟是指吳敬恢復九章之舉，還是流行用詞，則不得而知。

孫暲，字景章，海寧人。景泰壬申年，他以賢良方正薦授江西泰和縣丞。接著，擢博白縣知縣，再授濤州知府。最後，他以山東右參政致

---

52 引自吳敬，《九章算法比類大全》，收入靖玉樹編勘，《中國歷代算學集成》頁1699-1700。

53 參考〔清〕嵇曾筠、李衛等修，沈翼機、傅王露等纂，《浙江通志》(上海：上海古籍出版社，1991)，頁3289上(卷190人物(九)介節上)。

54 引自吳敬，《九章算法比類大全》，收入靖玉樹編勘，《中國歷代算學集成》，頁1703。

仕[55]。他爲吳敬肖像(參見圖1)所寫的贊詞如下：

> 其顏溫溫然，其行肅肅焉。無顯奕之念，有幽隱之賢。數窮乎
> 大衍，妙契乎先天。運一九于掌握，演千萬于心田。嘲弄風月，
> 嘯傲林泉，芝蘭挺秀，瓜瓞綿延，是宜茂膺繁祉，令終高年。
> 噫！形岑者惟能寫其外之巧，而亦莫能箋其中之玄也[56]。

其中「嘯傲林泉」之說，或許也是流行用詞。這種肖像及其贊語，在程大位算書中也出現，筆者將在本文第八節綜合論述。

由上述略傳可知，項麒等四人當是頗受敬重的士人[57]，吳敬得以邀請他們替自己寫序，或許與他們也有交情[58]。可惜的是，這些史料僅見於方志，內容有限，我們不易了解吳敬真正的交遊狀況了。

吳敬相當關心算學知識的流傳，不過，他的知識活動，也可能見證了明代前期算書之匱乏。他曾經歷訪九章等古算書，久未如願。後來，他總算如願：

> 予以草茅末學，留心算數，蓋亦有年，歷訪《九章》全書，久
> 之未見。一日偶獲寫本，其目二百四十有六，內方田、粟米、
> 衰分，不過乘除互換，人皆易曉。若少廣之截多益少，開平方
> 圓，商功之修築堆積，均輸之遠近勞費，其法頗雜。至於盈胐、

---

55 參考〔清〕嵇曾筠，李衛等修、沈翼機，傅王露等纂，《浙江通志》，頁3289
　　上(卷190〈人物九・介節上〉)。

56 引自吳敬，《九章算法比類大全》，收入靖玉樹編勘，《中國歷代算學集成》，
　　頁1703。

57 儘管轟大年一直擔任教官，政治地位不高，不過，他仍以詩文、書法為世人所
　　重。參考吳智和，《明代的儒學教官》。

58 當然也可能與「潤筆」有關，請參考本文第八節。

方程、勾股，問題深隱，法理難明，古法混淆，布算簡略，初
學無所發明，由是通其術者鮮矣[59]。

　　吳敬在世時，《九章算法比類大全》由王均刊刻，後「毀於隣烶，
十存其六」。吳敬長子怡庵命其季子吳訥重加校編，於弘治元年（1488）
印行。明代藏書家多藏有此書。

　　由上述吳敬自序來看，《九章算法比類大全》之撰述當有普及的關
懷。我們不妨簡略考察本書之體例。本書共分10卷。在卷一之前，又有
〈乘除開方起例〉1卷，他運用不少篇幅論及大數、小數、度量衡的單
位、乘除算法、整數四則運算和分數四則運算等問題，並給出120個應
用問題。緊接著，吳敬依名詞將籌學單元例如大數、小數、量等分門別
類，其體例大致如下：先在該名詞之下用小字註解，再用詩詞說明其算
法，最後，則引入幾個類題，其中詩詞的部分，多引自《詳明算法》。

　　至於《九章算法比類大全》第一至第九卷之內容，是按方田、粟米、
衰分、少廣、商功、均輸、盈朒、方程和勾股等九章分卷，各卷內容則
是對各該章應用問題的解法。全書共計解出1329個應用題，散布在「古
問」、「比類」及「詩詞」三類之中。所謂「古問」，是指《九章算術》
中的問題，其來源應是楊輝的《詳解九章算法》[60]；其次，「比類」是
指類似於「古問」的應用問題，有關「比類」一詞應該是來自楊輝的用

---

59 引自吳敬，《九章算法比類大全》，收入靖玉樹編勘，《中國歷代算學集成》，
　　頁1700-1701。

60 在〈乘除開方起例〉卷開始，吳敬先介紹「九章名數」：「按魏劉徽曰：九章
　　算經乃漢張蒼等刪補周公之遺書也。後周甄鸞作草，後唐李淳風重註、宋楊輝
　　詳解以為黃帝之書。」由此，我們可確定吳敬是參考楊輝的《詳解九章算法》
　　而完成本書。之後便是「習算之法」：「一要熟讀九數、二要誦歸除歌法、三
　　要知加減定位、四要知度量衡；五要知諸分母子、六要知長闊堆積；七要知盈
　　朒隱互、八要知正負行列、九要知勾股弦數；十要知開方各色。」這一單元之
　　順序，剛好與本書的10卷互相呼應。

法[61]，不過，它也收錄《海島算經》的題目；最後，「詩詞」則是利用詩詞歌謠的形式來提問的應用問題。

《九章算法比類大全》最後一卷(卷10)專論開方，可以算是吳敬之創舉。本卷包括開平方、開立方、開高次冪、開帶從平方和開帶從立方，這一卷的問題，大多是前面幾章中某些問題之逆命題。還有，本卷並未使用「詩詞」來布題。

在《九章算法比類大全》10卷中，最值得注意的，莫過於「卷九」。本卷一開始便給出了「勾股求弦法」、「勾弦求股法」以及「股弦求勾法」等三種基本「勾股算術」的法則。在這之後，則是「勾股弦圖」及「勾股生變十三名圖」、古問二十四問、比類二十九問，以及詞詩四十八問。我們將其內容大要列表如下：

表1　吳敬《九章算法比類大全》之單元、內容與來源

單　元	內　　　容	來　　　源
基本算法	勾股求弦法、勾股求股法、股弦求勾法	楊輝《詳解九章算法》(1261) 頁43-44
勾股弦圖		楊輝《詳解九章算法》頁44
勾股生變十三名圖		楊輝《詳解九章算法》頁45
古問	二十四問	楊輝《詳解九章算術》
比類	二十九問	朱世傑《算學啟蒙》，劉徽《海島算經》
詞詩	四十八問	

---

61 楊輝著有《田畝比類乘除捷法》，可以算是「比類」體例之先驅。他在該書自序中指出：「為田畝算法者，蓋萬物之體變段，終歸於田勢；諸題用術變析，皆歸於乘除。中山劉先生作《益古根源》序曰：『入則諸門，出則直田，蓋此義也。撰成直田演段百問，信知田體變化無窮，引用帶縱開方正負損益之法，前古之所未聞也。作術逾遠，罔究本源，非探賾索隱，而莫能知之。輝擇可作關鍵問題者，重為詳悉，著述劉君垂訓之意。」引自靖玉樹編勘，《中國歷代算學集成》，頁949。

從表1可知，吳敬在本卷設問之前的基本算法、勾股弦圖及勾股生變十三名圖，與楊輝《詳解九章算法》中的內容基本相同，數據照錄，至於圖形方面也大致相同。譬如，在《詳解九章算法》勾股章，僅第1-5、17、18共七題沒有圖解，其餘的題目都有附上「題圖」或「法圖」。而《九章算法比類大全》與前者的圖解情況完全相同，甚至補足了18題所缺的圖解（以及術文）。接著，「古問」所錄的二十四問，亦與《詳解九章算法》的問題相同，順序排列更與其後的「九章纂類」一致。如同書中其他各卷，吳敬在內容上並沒有引用《詳解九章算法》所引述的劉徽、李淳風的注，而是以賈憲細草爲藍本[62]，同時，他也改寫這些問題，主要呈現在各題及答案之後的「法曰」之中。

再有，在卷9之「比類」單元中，吳敬抄錄了若干數學問題，取自朱世傑《算學啓蒙》以及劉徽《海島算經》。在此，吳敬將《九章算術》第7、15、22、23題改編入比類題。前兩題簡化了《九章算術》原題的數據，便於計算與圖解的驗證；而後兩題則只變更了題目的情境，數據則未更動。另一方面，本「比類」部分第一、第二問即引用《算學啓蒙》卷下〈方程正負門〉八、九兩問。以第一問爲例：

> 今有直田，勾弦和取二分之一、股弦和取九分之二，共得五十四步；又勾弦和取六分之一，減股弦和三分之二，餘有四十二步。問勾、股、弦各幾何？

《九章算法比類大全》之「法曰」如下：

---

62 參考郭書春，〈九章算法比類大全提要〉，收入郭書春主編，《中國科學技術典籍通彙・數學卷》（二），頁1-3。

列分母[二分九分]相乘[得一十八]以乘共[五十四步得九百七十二步]，乃是[九個勾股和四個股弦和]。又列後分母

[三分六分]相乘[得一十八]以乘餘[四十二步得七百五十六步]，乃是[三個勾弦和減十二個股弦和]。如方程入之：

勾弦和三[為法]股弦和十二[得一百八]七百五十六[得六千八百四]

勾弦和九[為法]股弦和四[得一十二]九百七十二[得二千九百一十六]

乃并勾股弦和[得一百一十二]，以[三除得四十]為法。併乘共步[得九千七百二十]以[三除得二千二百四十]

為實，以法除實得股弦和[八十一步]。就以[十]乘得[九百七十二]，以減右下

七百五十六，餘[二百一十六]。以三除得勾弦和[七十二步]。却以股弦和[八十一]乘得

五千八百三十二，倍得[一萬一千六百六十四]為實，開平方法除得[一百八步]。即[勾股弦和]副置上

位，以減股弦和[八十一步]，即勾[七十二步]。又下位[一百八步]減勾弦和[七十二步]，

餘即股[三十六步]。又勾弦和[七十二步]減勾[二十七步]，即弦[四十五步]合問[63]。

這相當於下列算式：

$$\begin{cases} \dfrac{1}{2}(c+a)+\dfrac{2}{9}(c+b)=54 \\[2mm] -\dfrac{1}{6}(c+a)+\dfrac{2}{3}(c+b)=42 \end{cases}$$

$$\Rightarrow \begin{cases} 9(c+a)+4(c+b)=972 \\ -3(c+a)+12(c+b)=756 \end{cases}$$

$$\Rightarrow \begin{cases} 27(c+a)+12(c+b)=2916 \\ -27(c+a)+108(c+b)=6804 \end{cases}$$

$$\Rightarrow 120(c+b)=9720$$

63　引自吳敬，《九章算法比類大全》，收入郭書春主編，《中國科學技術典籍通彙‧數學卷》(二)，頁275-276。

$$\Rightarrow \begin{cases} c+b=81 \\ c+a=72 \end{cases}$$

之後，吳敬再應用 $a+b+c=\sqrt{2(c+a)(c+b)}$ 一式，求得勾、股、弦。

至於《算學啟蒙》這一問之解法則如下：

前分母十八乘共步得九百七十二^{乃是九箇勾弦和四箇股弦和}，又後分母乘餘數得七百五十六^{是三勾弦和減十二股弦和數}，如方程正負入之。^{依圖} 以右行三次異減同加左行，左中得股弦和四十箇、左下得三千二百四十步。上法下實而一，得股弦和八十一步。就以十二乘之得數，以減右下七百五十六，餘二百一十六。以三約之，得句弦和七十二步也。以股弦和乘而倍之，得一萬一千六百四為實^{乃弦和和幂也}、一為廉，平方開之得一百八步^{即弦和和}。副置上位，減股弦和即勾，下位減句弦和即股。又句弦和內減句，餘即弦。合問。

如利用現代數學符號「翻譯」上述方法，令 a、b、c 分別代表直角三角形中的句、股、弦，則有：

$$\begin{cases} \dfrac{1}{2}(c+a)+\dfrac{2}{9}(c+b)=54 \\ -\dfrac{1}{6}(c+a)+\dfrac{2}{3}(c+b)=42 \end{cases}$$

$$\Rightarrow \begin{cases} 9(c+a)+4(c+b)=972\ldots\ldots(1) \\ -3(c+a)+12(c+b)=756\ldots\ldots(2) \end{cases}$$

以(2)式乘3加(1)式，得

$$40(c+b) = 3240$$
$$\Rightarrow (c+b) = 81$$
$$\Rightarrow 12(c+b) - 756 = 216$$
$$\Rightarrow (c+a) = \frac{216}{3} = 72$$

最後，朱世傑利用 $a+b+c = \sqrt{2(c+a)(c+b)}$ 一式，算得句、股、弦三數。

　　對比來看，我們發現在刻本體例上，《九章算法比類大全》與《算學啓蒙》不大相同。在《算學啓蒙》中，朱世傑並未刻意用小字來書寫數字，而吳敬則在《九章算法比類大全》中，將數字的部分全使用小寫字體書寫。另外，在算法上，兩者的主要不同之處在於：首先，吳敬在「如方程入之」時，其聯立方程組中之係數與常數項都以數字表之，因此，蠻像是以筆算方式列方程；相對地，朱世傑則「如方程正負入之」，同時，利用籌算「依圖布籌」。其次，我們注意到在算式中的第三個步驟，在相消過程中，吳敬將欲消去的未知項$(c+a)$係數，化成相同之後再作運算，這與朱世傑連消三次（亦即《九章算術·方程章》的「直除」）不同。

　　另一方面，在同一類型的問題中，有別於朱世傑的「立天元一」解法[64]，吳敬的《九章算法比類大全》則完全付諸闕如。例如，《九章算法比類大全》卷9〈比類〉第二問：

---

[64] 「天元術」亦見朱世傑《算學啓蒙》卷下〈開方釋鎖門〉，本門34問中，除了第1-7問之外，其餘都運用了「天元術」。

今有直田，勾弦和取七分之四、股弦和取七分之六，二數相減，
餘二十二步；又勾弦和取三分之一，不及股弦和八分之五欠一
十四步，問勾、股、弦各幾何？

　　本問與《算學啟蒙》卷下〈方程正負門〉第九問幾乎一致，唯一的
差別，僅在於吳敬「引述」多補上一個「欠」字而已。有關解法，吳敬
除了「如方程正負入之」之外，其餘概與第一問相同。不過，正如同第
一問一樣，在方程術中，吳敬也無法表現「負項」，儘管他聲稱「如方
程正負入之」。顯然，籌算有關負數記號的便利，似乎完全不入他的法
眼。相對地，朱世傑針對本問之解法，則除了仍然「如方程正負入之」
之外，主要的不同，是在導得「勾弦和」（五十六步）與「股弦和」（六十
三步）之後，「立天元一為弦」，最後求得答案。

　　平心而論，朱世傑在本例中引進「天元術」，顯得有一點畫蛇添足，
因為 $a+b+c = \sqrt{2(c+a)(c+b)}$ 的掌握，才是解題的關鍵[65]。不過，吳
敬丟掉了籌算這一盆「洗澡水」，似乎連「嬰兒」（譬如「正負術」）也
一起丟掉了。無論如何，我們多少可以觀察得到宋元算學到明代算學之
間的過渡，在本例中，吳敬不須引述「天元術」，看起來相當合理，因
為在解法上可以迴避。儘管我們不能確定吳敬能否理解天元術或四元
術[66]，但是，《九章算法比類大全》已經沒有天元術或四元術的相關內
容了。由此看來，後來的顧應祥無從理解「天元術」，或許多少也可以
自圓其說了[67]。

65　其實，朱世傑未嘗說明此一公式從何得來，吳敬當然也不例外。

66　在張久春的碩士論文中，也提及吳敬引述朱世傑《四元玉鑑》中的題目，參考
　　張久春，〈《九章算法比類大全》的資料來源及其影響〉（北京：中國科學院
　　自然科學史研究所碩士論文，2001），頁31-32。

67　有關顧應祥，請參考本文第五節；或王連發，〈勾股算學家－顧應祥及其著作
　　研究〉（臺北：國立臺灣師範大學數學研究所碩士論文，2002）；徐梅芳，〈顧

　　無論如何，就「勾股互求」的問題而言，吳敬提出了四種新類型：「已知股弦積及股弦和」、「股弦積及股弦差」、「勾弦積及勾弦和」、「勾弦積及勾弦差」。對於這幾類問題，書中皆使用帶縱開方或減縱開方法來解題，如本卷「比類」中的第14問：

> 今有股弦相乘得六萬步，只云股弦相和四百九十步，問勾股弦各幾何？
> 答曰：勾七十步，股二百四十步，弦二百五十步。
> 法曰：置相乘為實，以和步為從方，開平方法除之得股長。減和步，餘得弦長。以置股弦各自乘。相減，餘以開平方法除之得勾闊，合問[68]。

　　另外，在本書卷10「各色開方」中，吳敬也處理了部分勾股問題，他所用算法不外乎帶縱開方法。而卷10也是吳敬書中相當有特色的部分，他將帶縱開方法區分為17種類型[69]，可見他對帶縱開方法的重視。然而，從算法內容來說，吳敬在勾股互求問題所用的算法，並未超越前人的成就。不過，他收錄了大量的勾股問題，其中還包括了不少用詩詞入題的應用題，有利於知識的普及，對於勾股術的傳承也有正面的意義。

　　在「詞詩」單元中，本書以詩詞的方式給出了48個問題。這48題中大部分內容，利用「古問」及「比類」中所用的公式即可解決。

（續）————————————
　　　應祥《測圓海鏡分類釋術》之分析〉（臺北：國立臺灣師範大學數學研究所碩
　　　士論文，2005）。
68　引吳敬，《九章算法比類大全》，收入郭書春主編，《中國科學技術典籍通彙‧
　　　數學卷》（二），頁277-278。
69　參見郭書春，〈九章算法比類大全提要〉，頁1-3；或徐梅芳，《顧應祥《測圓
　　　海鏡分類釋術》之分析》。

綜上所述,《九章算法比類大全》第九卷中的內容,基本上整理了前人的著述,包括了楊輝及朱世傑的著作,並有一些新的題型出現,但其算法實質上並未超出前人的數學知識。就體例而言,大都只是列出算法,算理的部分則未見提及。不過,這些當然都是現代史家的研究結果。有關後世數學家對於吳敬之評價,倒是可以引述以如下,以供讀者參考。梅文鼎在《勿庵曆算書目・九數存古十卷》中指出:「錢塘吳信民《九章比類》,西域伍爾章遵韜有其書,予從借讀焉。書可盈尺,在《(算法)統宗》之前,《(算法)統宗》不能及也。」[70] 不過,程大位卻在他的《算法統宗・算經源流考》條中,批評吳書「章類繁亂,差訛者亦多」。後來,李長茂在《算海說詳》中照抄此一批評,而黃鍾駿在《疇人傳四編》中,也指出:「其書繁而難記,差訛頗多。」[71]

五、顧應祥與周述學

顧應祥,字惟賢,號箬溪或箬溪道人,湖州長興人,生於明憲宗成化十九年(1483)。明孝宗弘治十八年(1505)登進士第,與嚴嵩、湛若水同年。武宗正德元年(1506),他奉旨擔任輶軒使者,參與編纂《明孝宗實錄》於南畿。明武宗正德三年編修完成,他改授饒州府推官。適值姚源洞盜匪作亂,樂平縣令汪和被抓去作了俘虜,當眾人無計可施時,顧應祥帶著一老卒、騎著一匹老馬,前往盜賊城堡招安,後汪和脫險,賊亦散去。自此之後,顧應祥聲名大起。武宗正德六年,他以臺諫徵召至京師,上因其年少,遂先補爲錦衣衛經歷。正德七年,王陽明(是年四十一歲)在京師擔任考功清吏司郎中。按《同志考》,是年穆孔暉、顧

應祥與一些志同道合之士，一同受業於王陽明。

　　武宗正德十二年，吏部推薦顧應祥爲大理卿，可是，他力辭不就，因改任廣東嶺東道僉事（正五品）。此時，王陽明擔任都察院左僉都御史、巡撫南、贛、汀、漳等處。顧應祥在王陽明的指揮之下，先後討平汀、漳山寇、海寇，郴、桂的賊寇，半年間打了三次勝仗。正德十四年，寧王宸濠叛亂，顧應祥又奉派擔任江西按察副使，負責巡察南昌地區，但是尚未到任，叛亂已平定，他隨即撫循瘡痍，招集流亡，盡全力做好善後事宜。

　　嘉靖五年，他升任陝西苑馬寺卿，掌管六監二十四苑之馬政。嘉靖六年四月，他升任山東布政使司左參政，隨即又升任按察使。嘉靖九年（1530）四月又升爲右布政使，十一月，再升爲都察院右副都御史巡撫雲南。嘉靖十二年（1533）正月，聞母楊淑人喪，未待朝廷派出職務代理人，即返家奔喪，等到知道按例需要等候代理人時，馬上回到雲南，並且上章自劾，遭革職返鄉。是年夏天四月，他在滇南巡撫行堂寫下了第一本數學著作，亦即《勾股算術》。

　　顧應祥遭罷職後返回故鄉，家居十五年。在這十五年間，他徜徉菰城、峴山之間，並與尚書蔣瑤、劉麟共組苕溪詩社，準備終老。

　　嘉靖二十七年（1548），由於都察院的薦舉，他再以都察院右副都御史巡撫雲南擔任原職。嘉靖庚戌（1550），他榮升刑部尚書。以法律條令繁雜，因此將其刪改解釋，命郎官吳維岳、陸穩定爲永例，撰寫了《律解疑辨》。這一年，他寫了《測圓海鏡分類釋術》。此時嚴嵩擔任首輔，朝中之人皆懼其權勢。他因與嚴嵩爲同年登進士第，故以耆舊自居，而導致嚴嵩不悅，才剛上任三個多月，就被調任南京刑部尚書。最後，他在癸丑年（1553）致仕，又十二年卒，年八十三。

　　顧應祥獨好讀書，未嘗無故一日不讀書。因此，九流百家皆識其首尾，而尤精於算學，相關著作有《測圓海鏡分類釋術》，《弧矢算術》

與《勾股算術》等書。其他的著作,還有在他高齡七十九時所編寫的《長興縣志》、在他去世前一年所著作的《惜陰錄》12卷等。其後代整理了他的詩詞書信,編爲《崇雅堂集》14卷。

有關明代數學的停滯,尤其是宋元先進算學知識如天元術的失傳,其最佳見證,應該是顧應祥如下之自白:

> 余自幼好習數學,晚得荊川唐太史所錄《測圓海鏡》一書,乃
> 元翰林學士欒城李公冶所著,雖專主於勾股求容圓容方一術,
> 然其中間如平方、立方、三乘方、帶從、減從、益廉、減廉、
> 正隅、負隅諸法,凡所謂以積求形者,皆盡之矣!但其每條下
> 細草俱徑立天元一,反覆合之而無下手之術,使後學之士,茫
> 然無門路可入[72]。

不過,這種無從理解李冶天元術的情況,應可歸咎於學術傳統的斷裂。在致唐順之函中,顧應祥自承:

> 賤子數學原無師承,只是鑽研冊子得之,中間多有不蹈舊格
> 者,反若簡便。至於立法之故必須指授者,往往未得於心[73]。

他又回憶:

---

72 顧應祥,〈測圓海鏡分類釋術序〉(1550),轉引自王連發,〈勾股算學家——顧應祥及其著作研究〉,頁107。

73 引顧應祥,〈復唐荊川內翰書〉,收入顧應祥,《崇雅堂文集》(東京:高橋情報,1990)卷13。王連發抄錄此文納入他的碩士論文之附錄一,參考王連發,〈勾股算學家——顧應祥及其著作研究〉,頁105-106。

自幼性好數學，然無師傳，每得諸家算書，輒中夜思索至於不寐，久之若神告之者，遂盡得其術[74]。

或許因爲他的無師自通，對於比較簡單便捷的「天元術」，他反而未得於心。究其原因，當然也可能是如他所說，「藝士著書，往往已秘其機爲奇」，「蓋止用成數而不言立算古籌法」[75]。誠然，從元朝末年到明朝數學知識的停滯與斷層，的確使得顧應祥對「天元術」的理解產生了問題。由他自己的見證：「前元以算取士，必有明於其術者，回授其旨，使吾輩生于其時、相與議論於一堂之上，恕亦未必多讓耳。」[76]可知到了明朝中葉16世紀時，中國數學家對前朝比較精深的數學知識之理解，已經有了很大的局限了。

另一方面，顧應祥也指出：

故其爲術也亦玄，非心細而靜者，不能造其極也，若造其極則天地之高深、日月之運行如指諸掌矣，儒者罕通此術，遂以九九小伎目之，謬矣[77]。

可見，他對於把數學視爲九九賤技，非常不以爲然。這或許可以佐證他體會數學的價值與意義之自信：

74　顧應祥，〈勾股算術自序〉，收入郭書春主編，《中國科學技術典籍通彙・數學卷》（二），頁975。

75　引顧應祥，〈復唐荊川內翰書〉。參考王連發，〈勾股算學家——顧應祥及其著作研究〉，頁105-106。

76　同上。

77　顧應祥，〈通論九章算法〉，收入顧應祥，《靜虛齋惜陰錄》（臺南縣：莊嚴出版社，1995）卷6。

外夷之人不為文義牽繞，故其用心精密如此，我中國之儒錯用
心於無益之虛文，而於數學知之者鮮，寧不可惜哉[78]。
諦觀《四元玉鑑》所載平圓、立圓用徽術、密術之法固為詳細，
然以愚觀之猶有未盡。初賤子之好算也，士夫聞之必問之曰：
能占驗乎？答曰：不能。又曰：知國家興廢乎，曰：不能。其
人莞爾曰：然則何為？不得已應之曰：將以造曆。其人愕然曰：
是固有用之學也！殊不知曆算亦不過數中一事耳[79]。

其次，我們考察陰陽思想對顧應祥的影響。首先，我們引述他童年
時期的一項啟蒙經驗：

顧應祥為童子時，常以小紙九片寫一、二、三、四、五、六、
七、八、九，擺列成圖縱橫皆成十五，及長始見洛書圖，與之
暗合，可見天地之數與人心相通[80]。

此外，他認為：

天地之所以神變化而生萬物者，陰陽而已。一陰一陽交互錯
綜，而變化無窮焉。聖人因其交互錯綜之不齊，而置為數術以
測之。於是乎天地之高深，日月之出入，鬼神之幽秘，皆可得
而知之矣[81]。

---

78 顧應祥，〈論回回曆〉，收入《靜虛齋惜陰錄》卷6。
79 顧應祥，〈復唐荊川內翰書〉。
80 顧應祥，〈讀易〉，收入顧應祥，《靜虛齋惜陰錄》卷4。
81 顧應祥，〈測圓海鏡分類釋術序〉。

也就是說，天地間萬事萬物的變化規律，都是從陰陽對立、相互依存、消長變化而形成的，而數術更是駕馭錯綜複雜、變化無窮的陰陽之根本。顯然，他將陰陽思想融入數學，並賦予其神奇的威力。此外，他還指出：

> 九數之術，其大要不過一開、闔而已。開者除也，闔者乘也；乘以併之，除以分之。或先乘而後除，或先除而後乘，雖千變萬化不同，其實皆乘除也[82]。

換句話說，數學中的乘、除運算，也變成了天地間陰陽二氣聚散分合的數量表達與體現。這種由陰陽觀念引伸出來的凡物必有對立物之假設，體現在宇宙論中是有天必有地；體現在數學運算中，則有乘必有除、有加必有減（即有正必有負），有多必有少，因此，事物數量上的變化，就可以與陰陽消長規律互相吻合了。

這種思維模式，或許曾影響了他對「勾股算術」的看法：「九數之中惟勾股一術最為玄妙，用以測高深望遠近，尤儒者所當知者。」事實上，在中國數學史上，他是第一位為「勾股」編寫專書的數學家。此外，他還企圖利用「勾股」去統整其他算學知識，譬如「弧矢者……而其法不出乎勾股開方之術。以矢求弦則以半徑為弦，半徑減矢為股，股弦各自乘，相減，餘為實；平方開之得勾，勾即半截弦也。」他的《弧矢算術》也仍然是以「勾股」為出發點。還有，他「又以其所立通勾邊股之屬，各以類分」，則是《測圓海鏡分類釋術》的題旨所在，其中我們可以知道它仍然與勾股有非常密切的關聯[83]。所以，顧應祥似乎把全部的

---

82 顧應祥，〈通論九章算法〉。
83 參考徐梅芳，〈顧應祥《測圓海鏡分類釋術》之分析〉。

注意力都擺在「勾股術」的研究。也可以說：他的數學思想是以「勾股算術」爲主軸來論述的。

這種以「勾股」爲主軸而企圖統整算學全體知識的進路，想必對徐光啓乃至梅文鼎之會通中西算學，帶來極深遠的影響。譬如前者之《勾股義》與後者以多部論述來闡揚「幾何即勾股」[84]，就是非常顯著的證據。

在以下的本節第二部分，我們將介紹可能與顧應祥「有關」的布衣周述學。所謂「有關」，是指顧應祥的好友唐順之曾就教於周述學，此外，相仿於顧應祥，周述學應該也有九章之外的「算會」（算學會通）之考量[85]。

周述學，字繼志，號雲淵子，浙江會稽人。生卒年不詳，根據他的著述與交友，我們可以推定他活躍在嘉靖年間。他曾南遊吳地，北抵燕境，四處訪察天官氏之術[86]，並且與唐順之（1507-1560）共同討論曆法[87]。原來，唐順之曾試圖解決中西曆法中立法度數不合的問題，可惜並未成功。爲此，周述學深入研究歷代史志，「正其訛舛，刪其繁蕪」，編撰成《神道大編曆宗通議》。同時，他也撰寫〈皇明大統萬年二曆通議〉，以會通明朝之《大統曆》與西域傳入之《回回曆》。由於他的研究成績、及非曆官之身分，使得他在《明史》中與唐順之等人並列[88]。

不過，《國朝獻徵錄》只將周述學的傳記，收錄在「欽天監」的「附」欄中，因此，他可能曾經是監內無官銜的基層技術人員。這或許可以解釋他在改進沙漏轉速方面，貢獻卓著[89]。

---

84 參考洪萬生，〈當梅文鼎遇上幾何原本〉，《科學月刊》37.7(2006.7)：504-508。
85 此處將「算會」作字面解釋，我們無法確知是否為周述學之本意。
86 參閱〈山陰雲淵子周子述學傳〉，收入《國朝獻徵錄》卷79。
87 參閱〈神道大編曆宗通義題辭〉。
88 張廷玉，《明史》卷31〈志第七·曆一〉。
89 參考李迪、白尚恕，〈中國十六世紀的天文學家周述學〉，收入李迪主編，《中

　　另一方面，在嘉靖年間，周述學獲得沈鍊的薦舉，這是因爲錦衣衛陸炳向沈鍊訪求人才。周述學被陸炳帶到京城，再轉薦給兵部尚書趙錦。當時趙錦正好擔任邊防事務，周述學預測說：「今歲主有邊兵，應在乾艮，艮在遼東，乾則宣、大二鎮，京師可無虞也。」[90]事後果然應驗。緊接著，總兵仇鸞也想延攬他，但是，周述學認爲仇鸞必打敗仗，就謝絕返鄉了。後來，周述學再被總督胡宗憲延攬幕中，以便協助沿海倭寇之平定：「述學亦不憚出入於狂濤毒矢之間，卒成海上之功。」[91]

　　至於數學方面，周述學除了著述《神道大編曆宗算會》(1558)之外，他「聞郭太史弧矢法……名曰《弧矢經》。時荊川唐太史博研古算，箬溪顧司馬精演例法，欲求弧矢不可得，述學竭其心思，增補弧矢。」[92]根據楊瓊茹的研究，周述學所撰補的內容，正是收入《神道大編曆宗算會》卷7，與《雲淵先生文選》中的〈弧矢論〉[93]。

　　總之，周述學是一位學識淵博的數學家。誠如黃宗羲對他的評價：

> 自曆以外，圖書、皇極、律呂、山經、水志、分野、算法、太
> 乙、壬遁、演禽、風角、鳥占、兵符、陣法、卦影、祿命、建
> 除、堪術、五運、六氣、海道、針經，莫不各有成書，發前人
> 所未發，凡千餘卷，總名曰：神道大編。蓋博而能精，上下千
> 餘年，唯述學一人而已[94]。

(續)

　　國科學技術史論文集》（呼和浩特：內蒙古教育出版社，1991），頁344-356。

90　黃宗羲，〈周雲淵先生傳〉，收入黃宗羲，《南雷文定》前集卷10，《四庫備
　　要》集部。

91　同上。

92　徐階，〈周述學傳〉，收入《浙江通志》卷197。

93　楊瓊茹，〈明代曆算學家周述學及其算學研究〉，頁70-82。

94　黃宗羲，〈周雲淵先生傳〉。

不過，周述學生前顯然沒有獲得應有的學術地位，譬如，黃宗羲也指出：「唐順之與之同學，其與人論曆，皆得之述學，而未嘗言其所得自也。」[95] 此外，「余讀嘉靖間諸老先生文集，鮮有及述學者，唯湯顯祖有與周雲淵長者書。」[96] 因此，黃宗羲認為當時

> 天下承平久矣，士人以科名祿位相高，多不說學。述學以布衣遊公卿間，宜其卜祝戲弄為所輕也。雖然，學如述學，固千年若旦暮，奚藉乎一日之知哉[97]？

顯然，徐光啟在1613年批判數學與「神理」之連結，而導致明代數學的衰敗，應該多少影響了明末清初士人對於周述學之評價了。

現在簡要介紹周述學《神道大編曆宗算會》的內容。本書共有15卷，卷名依次如下：入算、子母命分法、勾股、開方－平方、開方－立方、平圓－立圓－截方、弧矢經補(上)、弧矢經補(下)、分法－互分、分法－總分、分法－各分、積法－平積、積法－立積、積法－隙積－鎔積、歌訣。這種分類方式，的確是衝出了「九章」範疇，儘管《九章算法比類大全》對於本書的輯選影響最大[98]。譬如卷9-11「分法」所討論的內容固然是有關物品數量、價格與利息稅率等計算問題。這三卷的「分法」之重點分別如下：

> 卷9「互分」：各物之比例交換問題，主要是九章中的「粟米」類。

---

95 黃宗羲，〈周雲淵先生傳〉。

96 同上。

97 同上。

98 楊瓊茹根據本書卷14末的〈算會聖賢姓氏〉，逐一分析這些算家著作對於本書之影響。見楊瓊茹，〈明代曆算學家周述學及其算學研究〉，頁26-29。

卷10「總分」：盈不足術、物不知數、關稅稅率、借貸利息及形
　　　　　成快慢追趕問題。主要是九章中的「盈不足」類。
卷11「各分」：線性方程組問題。即九章中的「方程」類。

可見，周述學是將九章中分散為「粟米」、「差(衰)分」、「均輸」、
「盈不足」與「方程」各卷的問題，全部合併起來通盤考慮[99]。
　　有關《神道大編曆宗算會》之內容特色，我們還可以注意以下三點：
(一)本書是一本籌算書籍，周述學使用籌算布位說明乘、除、開方的運
算方法，在當時珠算已經相當風行的情況下，非常罕見。此外，他也為
籌算布位方式，留下了珍貴的歷史見證。(二)宋代沈括所提供的弧背公
式欠缺證明，但周述學在他的〈背弦差論〉中，則企圖加以證明。(三)
在《神道大編曆宗算會》卷5中，周述學洞察到三角形的算法可以視為
梯形面積計算之特例，因而將三角形歸類為同一種算法，可見他編撰本
書時，相當重視算理的面向[100]。

六、王文素與程大位

　　有關王文素的生平，我們僅能從《算學寶鑑》的兩篇序文略知一二。
王文素，字尚彬，明朝中葉出生，其一生歷經成化(1465-1487)、弘治
(1488-1505)、正德(1506-1521)、以及嘉靖(1522-1566)各朝。根據他自己
的〈集算詩〉：「身似飄蓬近六旬」[101]，我們可以推測他至少享年六十

99　根據楊瓊茹的研究，《雲淵先生文選》有一則〈差分論〉為《神道大編曆宗算
　　會》所缺，其中包括了衰分與均輸等問題。參考楊瓊茹，〈明代曆算學家周述
　　學及其算學研究〉，頁83。
100　同上，頁126-127。
101　《算學寶鑑》序文後之〈集算詩〉，手抄本將其歸為子本，頁5-7。

歲左右（約1465至1524以後）。他的祖先來自山西汾州（位於山西省西南部），但成化年間，跟隨他的父親王林經商於真定（位於河北省西南近山西邊界），此後即定居該地。

王文素自小聰穎好學，多方涉獵書史，諸子百家無所不曉，尤善於詩詞，卻未獲得任何科名。在他所閱讀的眾多書籍中，他特別喜好算學，這可能與他從商時，經常接觸到籌算和珠算的計算問題有關。他所閱讀的算書，大致有宋代楊輝，明代吳敬、夏源澤，以及金來朋等各家著述。〈集算詩〉第六稱：

> 暖衣飽食際雍熙，算數林中論是非；半間陋室尋妙理，靈臺一點悟玄機。
> 猶如月到天心處，活似風來水面時；料此一般清意味，世間能有幾人知。[102]

應該很可以自況他的心境。

由河北武邑縣庠生竇朝珍〈序〉（1513）和王文素〈自序〉（1524），我們可以略知本書成書之梗概。竇朝珍在序文中，直書王林名而不諱，可知王林爲一小賈。其中，他描述文素「自幼穎悟，涉獵書、史，諸子百家，無不知者，猶長于算法，留心通證，蓋有年矣。」我們可以猜測：王文素所學算法不外乎珠算、籌算、袖中錦之類。按明代汾州有許多人經商，萬曆三十四年（1606）知府趙喬年在〈風俗利弊說〉指出：「民率逐于末作。」又據明末清初太原傅山的〈汾二子傳〉強調：「汾俗繕樸橙，自縉紳以至諸生皆習計子錢，惜費用。」[103] 因此，王文素習算是

---

102 同上。

103 參考趙擎寰，〈明王文素《算學寶鑑》淺析〉，收入山西省珠算協會編，《王文素與《算學寶鑑》研究》（太原：山西人民出版社，2002），頁31-45。本論文

為經商作準備的，所學應以生活日用及商業上通用的珠算為主。

王文素對搜訪到的「諸家」著述的題術核算驗證，他發現：

> 辭失句者有之，問答不合者有之。歌訣包束不盡，定數不明，
> 舍本逐末，棄源攻流，乘機就巧，法理不通，學者莫可適從，
> 正猶迷人而指迷人也。又兼版簡模糊，謄書舛誤……以致算學
> 廢弛，所以，世人罕得精通，良可嘆也[104]。

於是，面對這種算學廢弛局面，他開始了撰寫工作，「歷將諸籍所載題、術，逐一□深探遠，細論研推，其當者述之，誤者改之，編為歌訣，注以俗解。」至正德八年成書十帙，計三十餘卷，書名《算學寶鑑》。本書之撰成，王文素自己頗有感觸：「市鬻諸家俗算篇，數差法拙字訛刊，魯魚豕亥三為二，馬馬乎乎十作千，滯處疏通繁處剪，亂時整理闕時添，而今歷歷皆更正，莫與尋常一樣看。」[105]

在他的〈序〉中，寶朝珍也提及同縣杜瑾(字良玉)與王文素的一段插曲。正德八年春，杜瑾因公出差，與王文素會於清河縣旅邸，而進行了一場數學競賽，「各伸所長，獨尚彬(文素)公超出人表。良玉喜曰：『誠吾輩之弗如也，所謂數算中之純粹而精者乎！』」這是中國數學史上僅有記載的一次數學競賽。按年代推測，這很可能是一場珠算競賽。

後來，杜瑾看到《算學寶鑑》稿本，深為嘆服，他認為南宋楊輝及當朝(明)杜文高、夏源澤，以及金來朋等人的著作「固謂善矣」，但「藏頭露尾，露尾藏頭」，後學難以領悟。而王書則通玄活變，且有詩歌講

(續)────────────
　　集承郭慶章君致贈，謹此致謝！
104 引王文素，〈自序〉。王文素，《算學寶鑑》，收入郭書春主編，《中國科學
　　技術典籍通彙·數學卷》(二)，頁338。
105 王文素，〈集算詩〉二，《算學寶鑑》，頁339。

義，因此，他願意捐資刻印，請寶朝珍作序記其經過。但不知何故，杜
瑾沒有履行諾言，以致該書未曾出版。

不過，王文素並沒有氣餒，繼續整理和充實《算學寶鑑》的內容。
又過了八年，終於在正德十六年(1521)完成了41卷，分訂為12冊，更名
為《新集通證古今算學寶鑑》。次年，即嘉靖元年(1522)，王文素前往饒
陽西城設館，教誨蒙童，又用詩詞命題三百餘問，作出解答，共12卷，
訂為3冊，續於其後。目前所傳手抄本有41卷(另有卷首為附圖與目錄)，分
為12冊。最後，王文素「欲刻于版，奈乏工資，不獲遂願，倘有賢公伏
義捐財，刻木廣傳，而與尚算君子共之，愚泯九泉之下，亦不忘也。」[106]
然而，這個心願終究沒有達成。

在《算學寶鑑》卷首一開始，即揭示河圖、洛書兩圖。他相信伏羲
根據「河圖」畫出八卦，因此，「自天下陰陽五行至於萬事萬物，無所
不該，而數之名始著。」而「洛書」則是大禹治水時所出現，大禹取法
它而作出《尚書‧洪範》篇，其內容為九大類治理天下的方法。至於有
關河圖、洛書之說明，王文素則綜合北魏關子明《易傳》、宋朝理學家
邵雍之說，以「天地生成數圖」為河圖，「九宮數圖」為洛書，這一觀
點也為朱熹所接受[107]。可見，王文素的數學思想應該受到程朱理學的影
響，至於他的方法論是否可以類似關聯，則還有待梳理。

在有關數學的應用方面，王文素的認識就比較實際了。他以為算學
「乃普天之下，公私之間不可一日而闕者也」，「天下錢糧憑是掌，世
間交易賴斯均」。即使是在古代，日常生活中，舉凡商業買賣、工程建
築、稅的抽取、借貸利息、均分徭役、日時推算等，都必須運用數學。
此外，作為一個數學研究者，王文素也極力提高數學的地位，如強調

---

106 引王文素，〈自序〉，《算學寶鑑》，頁338。
107 錢寶琮，〈中國數學史〉，頁138。

「六藝科中算數尊，三才萬物總經綸」，「古人知書不知算，精神減一半」等等，顯然他希望自己的社會地位，也能相應提高才是。

最後，我們介紹王文素有關數學學習的心得。王文素自己「留心算學，手不釋卷三十餘年」，對於學習數學過程中的甘苦，必然深有體會。在〈集算詩〉第五首中，他道出了最後的結論：

> 莫言算學理難明，旦夕磋磨可致通；廣聚細流成巨海，久封杯土積高陵；肯加百倍功夫滿，自曉千般法術精。

換言之，聚砂成塔，數學實力一點一滴累積，肯耐心有恆地學習，必能領略其中的奧妙。王文素的目的，是在鼓勵後人中有志學習者。這又顯示出王文素十分關心數學知識的普及。

總之，雖然《算學寶鑑》出現在中國數學發展低落時期，然而，它卻是一部相當出色的集大成之著作。其品質之高，是明末以前實用算術書中所未見。即便是《算法統宗》，也無法與之相比。而作者王文素，則顯然具有清晰的頭腦、縝密的邏輯思維能力，以及嚴謹的治學態度[108]。

《算學寶鑑》之撰成，不但是爲了整理古代各家數學著作，將其誤者改之、繁者刪之、缺者補之，還包含不少王文素自己的創新。譬如，他充分利用「術圖」解題，遠甚於其他算書；闡明「勾中容直」類問題的解法；建立「環田截積」求截周的公式；詳細說明多項式展開的方法。另一方面，王文素對於吳敬等人算書，提出很多訂正，譬如改正吳敬「欖核田」面積算法的謬誤；摒棄「方五斜七」或「直六斜七」入算的粗略算法；推廣以 $\pi = 22/7$ 計算的精密算法，批評以 $\pi = 3$ 計算時與

---

108 此處針對《算學寶鑑》之總結，主要參考許雪珍，〈明代算書《算學寶鑑》內容分析〉。

實際值差太多[109]；糾正吳敬「商功歌」和《詳明算法》「築堤歌」的錯誤等等。

此外，《算學寶鑑》還有許多難得的特色，例如：

(一)本書幾乎沒有不合理或錯誤的算法存在。據許雪珍的統計，本書僅有兩處明顯錯誤之處。就本書內容之龐大來說，僅出現如此少數之錯誤，實屬不易。

(二)王文素能以有效的論證、合理的根據，來分析他書解法的錯誤，使讀者心服口服。例如，在證明《詳明算法》、《指明算法》求「高廣不同堤」體積的錯誤時，即表現他這種相當有條理的處理數學問題之素養。

(三)給予每一個問題之解法時，王文素總是盡可能將每一步驟說明得清楚與詳細，力求使讀者明白。徹底除去其他算書藏頭露尾、露尾藏頭的作風。這一點由《算學寶鑑》中處處有「解曰」兩字即可明白。譬如在「勾股入方程」的問題中，王文素在歌訣中說：

> 方程勾股最難明，母子排行互換來；眾母連乘乘共數，另排各
> 數用方程。
> 求知勾股并和數，再另隨題用法行；此訣幽玄知者少，尤宜潛
> 玩始精通[110]。

這類題目與朱世傑在《算學啓蒙》卷下所給的題型相同，所不同的

---

109 有關王文素之面積研究，也請參考郭書春，〈從面積問題看《算學寶鑑》在中國傳統數學中的地位〉，《漢學研究》18.2(2000.12)：197-221；郭書春，〈《算學寶鑑》面積問題試析〉，收入山西省珠算協會編，《王文素與《算學寶鑑》研究》，頁53-64。

110 引自王文素，《算學寶鑑》，卷28，頁28a。

是在依圖布算的部分。朱世傑運用算籌，而王文素、吳敬則使用中文數碼。值得注意的是，王文素在針對方程的相消運算上，每一步驟都寫得很詳盡，唯恐有人不知其中的來龍去脈。究其原因，或許是如他歌訣中指出「方程勾股最難明」之故吧！

（四）針對同一問題提供多種解法。例如在「孫子問題」的解法上，除了列出《孫子算經》原書解法外，王文素還增加了「以多減少法」和「以少減多法」兩種。在「課分互換」問題的解法上，他則給出了一般解法、「互換法」、「仙人換影法」三種。

對比《算學寶鑑》與《算法統宗》（詳本節下半段），我們更可以看出《算學寶鑑》一書之優點所在。除了未能詳列珠算的基本運算步驟外，《算學寶鑑》幾乎處處勝過《算法統宗》。即使是珠算部分，《算學寶鑑》也列出許多珠算結合心算的快速算法，《算法統宗》則未納入。但是，這樣一本優秀著作，卻因為王文素無力出版，而未能流傳。無怪乎王文素垂老之際，深深感歎「無人成就恨嗟多」！

相較於王文素，同樣是商人出身的程大位，家道顯然殷實多了，因為程大位著作可以利用自家所開設印書舖，而出版發行。

程大位，字汝思，號賓渠，安徽休寧人，生於西元1533年。他幼年時，讀書極為廣博，

圖2　程大位肖像
取自程大位《算法纂要》李培業校釋本

他曾「爲儒業，既通，不復出試吏。而爲儒不廢，耽墳籍蝌蚪文字，而尤長于算數。」[111] 二十歲以後，他在長江中、下游地區經商，搜羅了很多古代與當代的數學書籍。最後，他在六十歲的那一年(1592)回到家鄉，完成《直指算法統宗》(一般簡稱《算法統宗》)17卷。他自序說：本書是「參會諸家之說，附以一得之愚，纂集成編。」事實上，本書595個數學題中的大部分，都是從傳本數學書所摘錄，但解題時必需的數字計算工作，都在珠算盤上演算，和運用籌算計算有所不同。因此，本書對於珠算的普及貢獻極大，這或許也是它一直暢銷的主要原因之一。西元1598年，程大位又對《算法統宗》「刪其繁蕪，揭其要領」，濃縮爲《算法纂要》4卷，與17卷本先後在屯溪刊行[112]。

《算法統宗》推薦序的風格與吳敬、王文素之算書不同[113]，爲程大位寫序者，除了吳繼授之外[114]，都是程氏家族的成員。當然，贊語還是邀請外人品題，譬如，吳宗儒爲程大位撰寫「賓渠程君小像贊」(參考圖4)：

> 顏古而臞，資敏而厚，髯也脩脩，神兮赳赳。書擅八分，算窮九九，跡隱市衢，心超林藪，爲率溪一代之偉人，系出晉新安太守元譚公後。

還有，汪少康則是爲「師生問難」題記(參考圖3)：

---

111 程巨源，〈算法統宗序〉，轉引郭世榮，《《算法統宗》導讀》(武漢：湖北教育出版社，2000)，頁31。

112 屯溪程大位故居現爲博物館，對面即程家在康熙年間起蓋的印書鋪。參考洪萬生，〈歷久彌新的珠算〉，收入洪萬生，《此零非彼0》(臺北：臺灣商務印書館，2006)，頁137-142。

113 這兩部算書的推薦序之撰寫者都有官銜。

114 吳繼授看來亦無官職，身分待查。

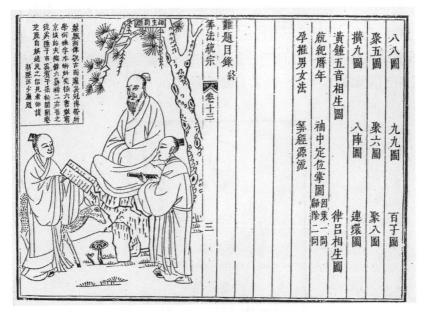

圖3　《算法統宗・難題目錄》
取自程大位《算法統宗》之梅榮照、李兆華校釋本

鬚髮而偉，貌古而臒；莪〔峨〕冠博帶，所學何殊？字本蝌蚪，
究極六書；數窮京垓，始夫錙銖。六藝精二，亦吾之徒；奚隱
於市，何賓于渠？松間開卷，芝鹿自娛；逸民之侶，見者仰諸[115]。

　　上述這兩張肖像最大的差異，在於前者帶了官帽，而後者則作逸民
裝扮。何以有此不同，需要進一步的研究。

　　另外，史家郭世榮倒是注意到「賓渠程君小像」的意義。他認為由
於本書問世後，「一時紙價騰貴，坊間市利，競相翻刻」，所以，程家

---

115 「峨冠博帶」為明代地方縉紳之泛稱。

為了制止盜印和滿足讀者的需求，不止一次重印或再版本書，還附上他自己的「小像」，作為正宗版的標誌。譬如，康熙五十五年刊本「率谿程氏賓渠小像」（圖4）上印有「近因翻刻，圖像字義訛舛，致誤後學。本宅特出家藏善本，逐一較勘，識者辨之。」[116]

圖4　率谿程氏賓渠小像
取自程大位《算法統宗》之梅榮照、李兆華校釋本

《算法統宗》卷1、卷2的主要內容是：數學名詞與詞彙的解釋，大數、小數和度量衡單位，珠算口訣，並舉例說明在珠算盤上的用法。卷3到卷12為應用問題解法的彙編。各卷以「九章」章名為標題，但粟米改稱「粟布」，盈不足改稱「盈朒」。在卷3「方田」裡，記錄了他自己創造的測量田地用的「丈量步車」。它用竹篾所編成，類似現在測量

116 梅榮照、李兆華，《算法統宗校釋》（臺北：九章出版社，1992），頁46。

用的皮尺[117]。另外，針對土地丈量的畝制標準被當地總書擅改，他提出了中國古代算書論述中相當罕見的批判：

> 愚按前賢，畝法率二百四十步為一畝。萬曆九年遵詔清丈敝邑，總書擅變畝法，田分四等，上則一百九十步，中則二百二十步，下則二百六十步，下下則三百步。地亦分四等，上則二百步，中則二百五十步，下則三百五十步，下下則五百步。在城基地有等正之名，一等正三十步，二等正四十步，三等正五十步，四等正六十步。與前賢二百四十步一畝大相謬戾。借曰：土田有肥磽，徵役有輕重，亦宜就土田高下，別米麥之多寡，不得輕變畝法。第總書開其弊竇，舉邑業已遵行，何容置喙？姑記之此，以見作聰明亂舊章之自云[118]。

在卷6、卷7中，程大位首先提出開平方、開立方的珠算方法。所有計算步驟與籌算相同。只要把開方術中的「方法」放在被開方數的右邊，所得方根放在被開方數的左邊，把原來的上、下陳列改為左右並列，就可以依術演算。卷13到卷16為「難題」彙編。所謂「難題」的解法都很簡單，不過，題目用詩歌形式表達，今日讀來比較隱晦罷了。卷17為「雜法」，是被程大位認為不能歸入前面幾卷的各種算法。請看程大位針對這一部分內容所寫的序：

> 夫難題昉於永樂四年，臨江劉仕隆公偕內閣諸君預修《（永樂）大典》。退公之暇，編成難法，附於《九章通明》之後。及錢

---

117 梅榮照、李兆華，《算法統宗校釋》，頁228-230。
118 程大位，〈畝法論〉，同上，頁286-287。

塘吳信民《九章比類》與諸家算法中，詩詞歌括口號，總集名
曰〈難題〉。難者難也，然似難而實非難，惟其詞語巧捏，使算
師一時迷惑莫知措手。不知難法皆不離九章，非九章之外，其難
題惟在乎立法。立法既明，則迎刃而破，又何難之有哉？今分列
九章立法明辯，附集雜法于統宗之後，俾好事者共覽云[119]。

最後附錄「算經源流」，程大位著錄了北宋元豐七年（1084）以來的
刻本數學書籍51種。其中只有15種現在還有傳本，餘均失傳。

正如《算學寶鑑》一樣，《算法統宗》首篇也「揭河圖洛書，見數
有本原」：

數何肇？其肇自圖書乎？伏羲得之以畫卦，大禹得之以序疇，
列聖得之以開物成務。凡天官、地員、律歷、兵賦，以及纖悉
秒忽，莫不有數，則莫不本于《易》、〈範〉，故今推明直指
算法，則揭河圖洛書于首，見數有本原云[120]。

此一論述，對後世產生極大之影響，特別由於本書之流傳久遠。還
有，卷3〈方圓論說〉結合陰陽與方圓，係抄自顧應祥，但並未指明[121]。
這類修辭對於像程大位這樣的商人而言，可能非常需要，或許如此可以
強化本書內容之說服力吧。

本書當然也有一些不足。譬如，在卷6〈少廣章〉中，已知球體積
求徑，重複了《九章算術》開立圓術的錯誤公式；又卷12〈勾股章〉已
知句股相乘積與句弦差求股，用解二次方程來湊到答數。儘管如此，《算

---

119 梅榮照、李兆華，《算法統宗校釋》，頁799。

120 同上，頁49。

121 同上，頁264-266；303-304。

法統宗》在明代末年還是一部相當完備、而且十分暢銷的應用算術書。無怪乎17世紀初年，李之藻編譯《同文算指》時，就摘錄了很多《算法統宗》的應用問題，來補充西洋算法的不足部分[122]。

《算法統宗》流傳的廣泛和久長，在中國數學史上的確相當罕見。康熙五十五年(1716)程大位的族孫程世綏翻刻了這部書，撰序說：「風行宇內，迄今蓋已百有數十餘年。海內握算持籌之士，莫不家藏一編，若業制舉者之于四子書、五經義，翕然奉以爲宗。」清初編《古今圖書集成》把《算法統宗》全部輯錄[123]。清代末年各地書坊出版的珠算術書，不是《算法統宗》的翻刻本，就是它的改編本，流通量之大無與倫比。

最後，我們特別提及《算法統宗》如何受吳敬算書之影響。事實上，《九章算法比類大全》是《算法統宗》最主要參考書，前者的體例和內容都被後者所採用。《九章算法比類大全》的全部重要內容，都可以在《算法統宗》裡找到[124]；而吳敬算書又可追溯到楊輝算書，因此，楊輝《詳解九章算法》通過吳敬等人的著作，無疑間接影響了《算法統宗》[125]。

七、利息與牙錢等商業問題

利息問題在中國算書中，首見於《筭數書》(186BC)：

---

122 參考武田楠雄，〈明代數學の特質Ⅰ－算法統宗成立の過程－〉，《科學史研究》28(1954.4)：1-12；武田楠雄，〈明代數學の特質Ⅱ－算法統宗成立の過程－〉，《科學史研究》29(1954.5)：8-18；武田楠雄，〈同文算指の成立〉，《科學史研究》30(1954.7)：7-14。

123 三十多年前，筆者第一次接觸《算法統宗》，就是經由這個版本。

124 郭世榮，〈論《算法統宗》的資料來源〉，收入李迪主編，《數學史研究文集》第四輯(呼和浩特：內蒙古師範大學出版社；臺北：九章出版社，1993)，頁165-170。

125 同上。

息錢　貸錢百，息月三。今貸六十錢，月未盈十六日歸，計息
幾何？得曰：廿五分錢廿四。術曰：計百錢一月，積錢數以為
法，直（置）貸錢以一月百息錢息乘之，有（又）以日數乘之為
實，實如法得一錢[126]。

《九章算術》卷3〈衰分〉最後一題：

今有貸人千錢，月息三十。今有貸人七百五十錢，九日歸之，
問息幾何[127]？

此外，《九章算術》卷7〈盈不足〉倒數第二題也是利息問題：

今有人持錢之蜀，利十三。初返，歸一萬四千；次返，歸一萬
三千；次返，歸一萬二千；次返，歸一萬一千；後返，歸一萬。
凡五返歸錢，本利俱盡。問本持錢及利各幾何[128]？
答曰：本三萬四六十八前三十七萬一千二百九十分錢之八萬四
千八百七十六。利二萬九千五百三十錢之二十八萬六千四百一
十七。

　　後面這兩題在明代算書一再出現。事實上，吳敬的《九章算法比類
大全》就有22題利息問題，其中15題歸入第3卷「衰分」，7題歸入第7
卷「盈不足」。其次，王文素的《算學寶鑑》有16題。周述學的《神道

126 參考洪萬生、林倉億、蘇惠玉、蘇俊鴻，《數之起源：中國數學史開章《算數
　　書》》，頁61。
127 引郭書春、劉鈍點校，《算經十書》（臺北：九章出版社，2001），頁115-116。
128 同上，頁169-170。

大編曆宗算會》有11題，至於程大位的《算法統宗》則只有4題。

除此之外，利息問題也大量出現在《永樂大典》之中。茲引述如下：

- 抄自《九章算經（術）》者，同上〈衰分〉題。
- 抄自《孫子算經》卷下：「今有貸與人絲五十七斤，限歲出息一十六斤。問斤息幾何？」
- 抄自《數書九章》卷18「推求典本」題：「問典庫今年二月二十九日，有人取解一號主家，聽得當事共計算本息一百六十貫八百三十二文，稱係前歲頭臘月半解去，月息利二分二釐。欲知原本幾何？」[129]
- 抄自《丁巨算法》：「今有人典鈔，不記本錢，每月息三分。今二十四個月二十一日，通該本息鈔五十四錠三十三兩三錢七分，問本息各幾何？」
- 抄自《通原算法》：「假如甲年十二月二十八日，典錢五十兩，月息三分。於丙年六月初八日取贖，問利息若干？」又，「今有人借他布三疋尺四十尺，約每月疋息三尺。今已七個月，取去布二疋，貼還錢三兩，問布疋尺價若干？」[130]

不過，《數書九章》還有其他利息問題如卷1「推庫額錢」題，卷12「累收庫本」題，及卷18「推求本息」題都未被收入。有鑑於此，李迪指出：「利息在宋代是多樣的，說明社會經濟狀況的複雜化。」[131]的

---

129 呂興煥（〈《數書九章》中某些問題的經濟角度淺析〉，《中國科技史料》23.3（2002）：203-208)對於本題之利息計算方式，提出了不同於李迪的看法。有關李迪的觀點，請參考李迪，〈《數書九章》與南宋經濟〉，吳文俊主編，秦九韶與《數書九章》〉，（北京：北京師範大學出版社，1987)，頁454-466。

130 引自靖玉樹編勘，《中國歷代算學集成》，頁1639-1696。

131 引李迪，〈《數書九章》與南宋經濟〉，頁454-466。

確，相較於先前的利息問題，秦九韶的確處理了更複雜的利息問題。只是，這些問題如果是庶民的日常商用問題，何以其他算家如楊輝不曾措意？這是很值得我們注意的歷史問題。

另一方面，在上述這些主要算書中，何以程大位《算法統宗》所收利息問題最少（只有4題）？這種現象似乎違背了本書之爲商用算術著作之特性。此外，徽商以典當業知名，何以本書未提供相關問題？這些原因究竟，都有待進一步的研究。

綜合上述所有利息問題，本質上都極爲類似，解法都離不開「九章」中的「衰分」與「盈不足」。此外，如《算學寶鑑》中的「遞支盈不足」類問題如：

> 典銀四兩，每年行利三錢，作三年不等還之。且云初年比第二年多還三錢，比第三年少還四錢，問三年各還幾何[132]？

王文素的提問方式，巧妙地迴避了複利的本利和計算問題[133]，因此，很難有進一步的創新。有關中算史上的利息問題之更新，似乎一直要等到清道光壬辰年間，羅洪賓以難題向丁取忠相詢時才出現。丁取忠後來撰寫了《粟布演草》，專門處理此一類問題：

> 假如有錢發商生息。祇知原本若干，每次收回若干，歷收若干次，而本利俱清，求每次一文之利，其法若何[134]？

---

132 王文素，《算學寶鑑》未本，收入郭書春主編，《中國科學技術典籍通彙‧數學卷》（二），頁19。參考許雪珍，〈明代算書《算學寶鑑》內容分析〉，頁100-102。

133 參考許雪珍，〈明代算書《算學寶鑑》內容分析〉，頁101-102。

134 參考丁取忠，左潛同述，《粟布演草》（長沙荷池精舍出版，1874）。另，有關丁取忠的算學圈，可參考洪萬生，〈古荷池精舍的算學新芽：丁取忠學圈與西方代數〉，《漢學研究》14.2(1996)：135-158。

不過，類似的問題在14世紀的義大利已經出現[135]，另一方面，17世紀日本關孝和在掌握中國天元術之後，曾以本利和計算為例，而演練天元術與正負開方術：

> 今有借金一千兩，只云每年三百兩，五年還迄本利一千五百兩。別今以此利每年三百兩，欲四年還迄，本利一千二百兩，問今借元金幾何[136]？

事實上，由於這一類問題涉及高次方程的列式，一旦缺乏像天元術這種「代數」方法，那麼，算學家遭遇時大概只有迴避一途了。

本節第二部分將討論牙人與牙錢等相關商業活動問題。按南宋秦九韶《數學九章》(1247)已有牙人(大宗買賣的職業介紹人)與牙錢(交付牙人的佣金)等相關問題，譬如該書卷12「推知糴數」題如下：

> 問和糴三百萬貫，求米石數。聞每石牙錢三十，糴場量米折支牙人所得，每石出牽錢八百，牙人量米四石六斗八合，折與牽頭，欲知米數、石價、牙錢、牙米、牽錢各幾何？

---

135 例題如 "A man loaned 100 *lire* to another and after three years he gives him 150 *lire* for the principal and interest at annual compound interest. I ask you at what rate was the *lira* loaned per month?" 至於解法則如下：令 x *denari* 為一個 *lira* 每個月的利息 (1 *lira* = 240 *denari*)。根據題意，可得下列三次方程式 $100(1+x/240)^3 = 150$ 或 $x^3 + 60x^2 + 1200x = 4000$。參考 R. Franci and L. Toti Rigatelli, "Fourteenth-century Italian algebra," in Cynthia Hay ed., *Mathematics from Manuscript to Print: 1300-1600* (Oxford: Clarendon Press, 1988), pp. 11-29. 另一方面，1478年在威尼斯問世的 *Treviso* 商業算術書，卻不包括這一類問題，顯然是因為本書是初學者入門用的，參考 Frank J. Swetz, *Capitalism & Arithmetic: The New Math of the 15th Century* (La Salle, Illinois: Open Court, 1989).

136 轉引自沈康身，〈增乘開方法源流〉，吳文俊主編，《秦九韶與《數書九章》》，頁398-427。

答曰：糴到米一十二萬石。石價二十五貫文。牙錢三千六百貫文，折米一百四十四石。牽錢一百一十五貫文[137]。

至於牙人組織成為牙行，則始自明代，可見明代商業活動規模更大。我們先從吳敬算書談起。

吳敬《九章算法比類大全》卷2〈粟米〉中的「詞詩」單元有牙人、牙錢問題如下：

十二肥豚小豕，將來賣與英賢，牙人定價不須言，每個轉添錢半，總銀二十一兩，九錢交足無偏，不知大小價根源，此法如何可見？

二絲九十三兩，七錢五分餘饒，篦絲一兩與英豪，價值二錢不少。時價細絲一兩，三錢足數明標。若知三事最為高，暗想其中蘊奧。

百瓠千梨萬棗，白銀賣與英豪，牙人估價兩平交，六兩二錢無耗。瓠貴梨兒一倍，料來不差分毫。梨多棗子倍之高，三物價各多少[138]？

吳敬之後，繼續討論牙人、牙錢問題的算學家，應該就是周述學。《神道大編曆宗算會》卷9「互分」題型所謂「換物求貼換」[139]，主要

---

137 參考李迪，〈《數書九章》與南宋經濟〉，頁454-466。所謂牙米，是將牙錢折合成米。而牽錢則是運輸費。

138 引吳敬，《九章算法比類大全》，收入靖玉樹編勘，《中國歷代算學集成》，頁1812-1813。

139 楊瓊茹注意到「牙」與「互分」題之關係：「古代期約易物稱為『互市』，唐代因書『互』似『牙』，故轉書為『牙』。農曆十二月十六日最後一次做牙祭則稱為『尾牙』。」參考楊瓊茹，〈明代曆算學家周述學及其算學研究〉，頁88-89。

是關於商業活動中商品買賣的佣金問題，如「米每石『牙錢』該六厘」、「絹一疋『牙人』剪六尺」、「買椒每斤『牙稅』納銀一分」，以及補貼金錢「『貼還』前五貫」等問題。請參考本卷第111題[140]：

> 糴米銀四兩八錢，每石牙錢該六厘。就量米二斗，貼回錢八厘，求米數并石價各幾？

第114題：

> 價率七錢七分，□參六斤，腳錢參分，總計牙稅二百兩，是六分中取二分，求原銀參價牙腳并參斤各幾？

第115題：

> 絹一疋牙人剪六尺，即將餘絹賣錢五貫二百八十文，疋長減於尺價七十，求疋長尺價各幾？

第116題：

> 豬肉每斤合稅二文，今割肉一十二兩，餘肉賣錢二百一十六文，求斤價、肉數幾何？

第117題如下：

---

140 周述學，《神道大編曆宗算會》，收入《續修四庫全書》子部天文算法類1043（上海：上海古籍出版社，1995），頁721-722。

金十二兩（總價），十分稅一，稅過二斤貼還錢五貫，求斤價幾
何？

從上述這些題目，我們可以大致理解牙錢、牙率與貼價，以及其相
關的商業活動之意義。儘管我們還無法在其他明代算書中找到類似題
目[141]，不過，中國歷史上正式將牙行規範納入全國性法典，並作為專章
專條，的確是明律首創[142]，可見牙行的活動一定非常熱絡，而發展到非
制訂律例管理不可了。

八、數學、商業與社會

史家余英時曾就明清商人「棄儒就賈」之後，在提升文化與知識水
平方面，特別注意到他們對於商用算術之重視。余英時指出：

> 當時的商人「直以九章當六籍」（〔汪道昆〕《太函集》卷七七
> 〈荊園記〉），這說明了商人對算術的重視。明末「商業書」中
> 便往往附有「算法摘要」一類東西。以備商人參考。《指名〔明？〕
> 算法》、《指名算法宗統》（按：似為程大位的《直指算法統宗》）
> 等商業算術書的大量出現尤其與商業發達有密切的關係。韋伯
> 特別看重近代西方的複式簿記(double book keeping)和算術在商
> 業上的應用，認為是「理性化的過程」的證據。中國雖無複式
> 簿記，但十六世紀的商業算術是足以和同時代的西方抗衡的[143]。

---

141 譬如，我們在王文素與程大位算書中，都找不到相關的題目。
142 參考黃彰健，《明代律例彙編》（臺北：中央研究院歷史語言研究所，1979）。
143 余英時，《中國近世宗教倫理與商人精神》（增訂版）（臺北：聯經出版事業公
　　司，2004），頁156-157。

　　旨哉斯言！不過，更值得注意的，莫過於商人出身的王文素（晉商）、程大位（徽商）分別爲商人所撰寫的《算學寶鑑》與《（直指）算法統宗》。他們兩人可以說是爲士、商合流在數學知識的傳承方面[144]，樹立了無可替代的典範！同時，這兩部算書也是大眾文化（popular culture）與算學知識結合的最佳例證，至於相關部分證據，則可以訴諸其中大量出現的歌訣。

　　儘管如此，「歌訣」內容最多的算書，則數吳敬的《九章算法比類大全》，它出現於景泰元年（1450），則顯然具有劃時代的意義。譬如，在該書中，吳敬就有5題以淘金作爲情境[145]。此外，〈均輸〉（卷6）「詩詞題」有下列兩題：

　　　　嘆豪家子弟心閑，樂邀迢逍遙，好養鵓鴿。只記得五個白兒九個麻褐，四日食三升九合。更有此鳳頭毛腳錦，皆相和二十八個。計數若多，饒你籌子嘍囉，問一年糧數目如何？
　　　　昨日街頭幹事畢，閑來稅局門前立。客持三百疋悮司，每疋必須稅二尺。收布一十五疋半，局中貼回錢六百。不知一疋賣幾何？只言每疋常四十[146]。

足以反映商業社會城市生活的樣態。還有，卷9〈勾股〉「詩詞題」：

　　　　平地秋千未起，板繩離地一尺，送行二步恰杆齊，五尺板高離

144 士、商如何合流正是余英時的〈士商互動與儒學轉向〉（《中國近世宗教倫理與商人精神》〔增訂版〕，頁175-248）之中心題旨，值得參考。
145 吳敬，《九章算法比類大全》（收入靖玉樹編勘，《中國歷代算學集成》），頁1922-1923有四題，頁1932有一題。
146 吳敬，《九章算法比類大全》，頁1927。

地。仕女佳人爭蹴，終朝語笑歡戲，良工高士請言知，借問索
長有幾[147]？

上述這些算題所反映浮華歡樂的城市社會情境，看來非常令傳統
儒者不安。1450年，除了正統皇帝被蒙古人俘虜之外，卜正民認為撰寫
《歙縣志》的張濤「更為關心的是另一個中心的消失：一個洪武皇帝賴
以重建明代社會的自給自足的農業經濟。土地作為經濟價值的基礎正
在轉弱，商業貿易的技巧和強烈的競爭意識證實比農業更具吸引力。由
於人民追尋商業貿易中的有利機會，洪武皇帝所渴望的在農村重建的機
械式團結逐漸減弱。」[148] 這種變化，也出現在潤筆費上面。在皇帝被
俘之後，邀請名流撰寫祭文之每篇潤筆費，也從二、三錢漲到五錢，甚
至一兩[149]。這一個徵兆，似乎預見了16世紀之後，詩文書畫正式取得文
化市場上商品的地位。因此，「潤筆發展至此已超出傳統的格局，而和
今天文學家、藝術家專業化的觀念很相近了。」[150]

余英時也發現：樹碑立傳的儒家文化，向來是由士大夫階層所獨
占，可是，16世紀之後，整個商人階層也開始爭取了[151]。然則知識的這
種商業化與世俗化[152]，又對算書帶來何等影響呢？

前引余英時論文中曾提及明代商業書中常附錄「算法摘要」[153]，大

---

147 同上，頁1984。
148 卜正民，《縱樂的困惑》，頁120。
149 參考同上。也參考余英時，《中國近世宗教倫理與商人精神》（增訂版），頁
　　191-196。
150 余英時，《中國近世宗教倫理與商人精神》，頁193-194。
151 同上，頁197-204。
152 參考陳寶良，《明代社會生活史》（北京：中國社會科學出版社，2004），頁
　　649-667。也參考卜正民，《縱樂的困惑》，頁169-204，221-230，285-323。
153 參考圖5、6。按《三台萬用正宗》與《萬書淵源》都附有「算法門」。參考坂
　　出祥伸、小川陽一編，《三台萬用正宗（二）》（東京：汲古書院，2000）；坂出

概也是商人「自足」世界的展現。不過，明代算書著述從吳敬到程大位，在商業算術的關懷方面，的確產生了相當大的變化[154]，儘管除了珠算方面，《算法統宗》內容無法與《九章算法比類大全》相提並論！

圖5 明代商業書中的六藝插圖
取自《三台萬用正宗》(二)

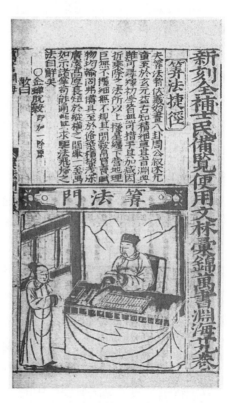

圖6 明代商業書中的「算法門」
取自《萬書淵海》(二)

(續)─────────

祥伸、小川陽一編，《萬書淵海(二)》(東京：汲古書院，2000)。

154 1573年，徐心魯「訂正」的《盤珠算法》問世，其中卷之一首除附圖之外，還在書衡上強調：「新刻訂正家傳秘訣盤珠算法士民利用」，可見，商人階層已經開始利用「士民利用」的修辭，搶占算書的市場了。參考郭書春主編，《中國科學技術典籍通彙‧數學卷》(二)，頁1143。

　　根據前文的論述，吳敬出身地方政府之幕客，著書目的在於解決有關田疇之饒衍、糧稅之滋多與戶口的浩繁等官僚用途。因此，他「偷渡」利息、牙錢，乃至於足以反映市民生活情態之問題，見證了一個商人階層逐漸興起的時代之即將來臨。從而，他的算書也成為後來商業算術編寫的主要依據。

　　這種情況到了王文素編寫《算學寶鑑》時，已經顯著改變了。王文素出身小商人家庭(父親王林是汾州人，後遷往河北真定)，及長跟著從商，大概賈業不成，只好轉行擔任訓蒙師。因此，他的算書特色，顯然是商人為自身階層所編寫的商業算術用書[155]。由於他缺乏財力，只有尋求任何可能管道，以便得以出版《算學寶鑑》。可惜，庠生寶朝珍(唯一為他寫序者)曾介紹同鄉杜瑾(身分不明)幫忙，而終究沒有結果。

　　這一段出版公案還有待探索與還原。不過，看起來王文素的商業人脈相當有限。這種情況在將近七十年(王文素自序《算學寶鑑》於1524年)之後，到了程大位時完全改觀！程大位年輕時隨著家族事業一起經商，到晚年則投向算學專門著述，而在1592年出版《算法統宗》。然則正如前述，該書與《算法纂要》十分暢銷，他和他的家人究竟運用了什麼「行銷策略」呢？在王文素的對比下，我們嘗試提供一些說明，而這當然涉及數學家的社會地位與數學知識的學術地位之互動關係了。

　　首先，程大位的家族財力，當然不是王文素可以望其項背。其次，《算法統宗》與《算法纂要》中的「賓渠小像」及其贊語[156]，應該是模

---

155 何以商業書中添列「算法指南」無法滿足商人呢？或者商人出版純商用算書，只是為了賺錢？如果是後者，那麼，算學知識當然就商業化了。Frank Swetz 注意到13世紀義大利商人已有專用的參考用書或手冊，即所謂的 *practica della mercatura*，其中當然包括一些商用算術知識，因此，出版商用算書之需求極微。參考Frank J. Swetz, *Capitalism & Arithmetic: The New Math of the 15*[th]* Century*, p. 288.

156 王文素算書中沒有小像，可能與其只以手抄本行世有關。

仿了吳敬的「吳先生肖像」及其贊語。這種策略可能涉及商人撰述算書
的正當性。不過，不同於吳敬，程大位總共有三幅小像傳世，其中《算
法統宗》有兩幅，其一是「賓渠小像」，另一幅是「師生問難」。《算
法統宗》之「賓渠小像」在《算法纂要》中又出現一次，只不過雖然都
戴「四方平定巾」，但樣式稍有不同。至於「師生問難」則未著帽巾，
但強調「逸民之侶」（按庶民服裝規範打扮），不知何故[157]？不過，程大
位精通書數二藝之說，則無二致！

　　再有，為程大位算書寫序者，如非出身程氏家族，便是都與程家同
樣屬於商人階層，而非如吳敬算書一樣，寫序者清一色都曾是官場中
人。程大位的這種作風可能是中算史首創，蓋商人階層中人為自己人推
薦，是絕無僅有的先例。設若商人階層購買《算法統宗》時，也需要考
量文化的可信賴性（cultural credibility），則這些序文的作者之社會地位顯
然就十分重要了。就本書之行銷策略來說，這些顯然都未構成問題。這
種情況，或可部分解釋余英時所謂的「商人『自足』世界的呈現」，只
不過現在的例證，是具有商人身分的算學家程大位。

　　話說回來，程大位究竟有沒有菁英文化階層認可的焦慮感呢？按理
來說，既然士、商已經合流，為《算法統宗》寫序者也都具備儒者之身
分，則程大位算學家之「正當性」應已確立才是。儘管如此，在《算法

157 卜正民曾分析《萬用正宗》（1599）的編寫與出版商人余象斗（自稱三台山人）在
　　該書中所提供的自畫像，指出：「余象斗並不滿足於通過將他的筆名『三台』
　　印在封面和每卷卷首，或是用自己的名字裝飾扉頁或末尾的版權頁的辦法，把
　　自己打扮成一副學者模樣；而且還將自己經過粉飾、理想化了的肖像插入書的
　　目錄後面。像中的他坐在庭園裡的書桌前，擺出一副讀書人的姿態。」引卜正
　　民，《縱樂的困惑》，頁289-291。相較之下，程大位的文化素養與資本似乎較
　　高，不過，進一步的研究仍然值得期待。另外，在徐心魯的《盤珠算法》首頁
　　中，我們可以發現一幅插畫（參見圖7），其中一個官員正在書寫，他的一位隨
　　從則抱著一個珠算盤隨伺在側，顯然，徐心魯意在強調該珠算書「士民利用」。
　　參考郭書春主編，《中國科學技術典籍通彙‧數學卷》（二），頁1143。

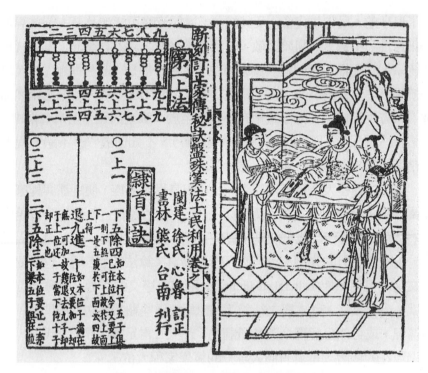

圖7　明代商人出版的珠算書首頁

取自徐心魯的《盤珠算法》

纂要》的序中，以「具茨山人」自居的吳繼授指出：「惜乎汝思之逸在
布衣，未獲一授其技，徒以損益積分托之乎空言也！」[158] 這一觀察仍
然值得我們注意，因為這種「懷才不遇」的感喟，在士商合流的情況下，
似乎沒有多大意義。當然，如果程大位等人對於他們自己的社會地位或
文化資本之自信心不足，那又另當別論了。換句話說，程大位可能擔心
他出版《算法統宗》或《算法纂要》被認為只是單純地以牟利為目的。

---

158 程大位，《算法纂要校釋》（合肥：安徽教育出版社，1986），頁11-13。

無論如何，如果我們再按之徐心魯的《盤珠算法》之首頁修辭——「新刻訂正家傳秘訣」，一定可以同意：程大位、徐心魯等人著作算書，賺錢應該是主要考量。而數學知識的這種「商業化」，則是前所未見的現象。

事實上，不同於吳敬與王文素有關河圖、洛書之處理方式，程大位論述河圖、洛書之成為數學之起源，顯然傳遞了一個極清楚的訊息，那就是：這是一種文化修辭。至於其目的，無非強調他已經掌握數學知識的起源，從而本書之撰述，自然有其值得尊敬的正當性了。這個猜測可以關聯到顧應祥結合(洛書的)天地之數與人心[159]，乃至於如何看待數學：

> 今夫世之論數者，俱視為末藝，故高明者不屑為之，而執泥者遂以為占驗之法。雖樂城公自序，亦以為九九賤技，殊不知君子之學，自性命道德之外皆藝也。與其徒費精神於占畢之間，又不若留情於此，不惟可以取樂，亦足以為養心之助焉。後之有同好者以余言然否耶[160]？

因此，如果程大位在意顧應祥所代表的文化菁英對他的算學撰述之評價，那麼，他在篇首大力宣揚河圖洛書為數之起源，以攀附士人，

---

159 參考顧應祥，〈讀易〉，收入《靜虛齋惜陰錄》卷4。

160 顧應祥，〈測圓海鏡分類釋術序〉。此外，這一觀點也得到唐順之的讚許：「竊以六藝之學　皆先王所以寓精神心術之妙，非特以實用而已。傳曰：其數可陳也，其義難知也。顧得其數而昧於其義，則九九之技小道泥於致遠，是曲藝之所以藝成而下也。即其數而窮其義，則參伍錯綜之用，可以變化而行鬼神，是儒者之所以游於藝也。游於藝，則藝也者，即所謂德成而上也。……伏惟明公之於數，蓋古所謂進乎技而入於道，以神遇而不以器求者也。到之□、阮咸之鍛，舉世莫有同者，不意天壤之間，乃有執事，又不意數百年之前，有樂城李先生也。」(唐順之，〈與顧箬溪〉)

自然就很容易理解了。

圖8　龍馬負圖
取自程大位《算法統宗》之梅榮照、李兆華校釋本

　　另一方面，程大位在《算法統宗》中，只編入極少數的4題利息題﹙相
對於本文論述的其他算書﹚，至於牙人相關問題則未曾出現。這一處理方
式，有可能意在回應時人對於徽商因典當業致富的批評。其實，這當然
也有可能由於中央政府一向優待晉商而歧視徽商[161]，因此，程大位在相

───────────

161 參考余英時，《中國近世宗教倫理與商人精神》﹙增訂版﹚，頁138-140。明人凌
　　濛初的《拍案驚奇》初刻卷15中，描寫衛朝奉「極刻剝」的典當業徽商，結果
　　被陳秀才罵他「徽狗」。可見，徽商在小說家心目中的地位似乎不高。參考凌

關算題上保持低調，大概也是想當然爾。

總之，從吳敬以降，明代數學的商業化與世俗化，在士商合流的程大位身上，成功地發展出一套具有學術「正當性」的商業數學，儘管該書內容遠比不上王文素與吳敬等人算書。

九、結論

根據陳敏晧的比對與統計，利瑪竇、李之藻譯編《同文算指》時，曾參考了《算法統宗》、《測量法義》與《勾股義》（後兩書都是1609年由徐光啟所撰），其中從《算法統宗》直接承襲的至少有22題之多[162]。此外，根據潘亦寧的研究，李之藻很可能也參照引用了周述學的《神道大編曆宗算會》[163]。徐光啟對這些事實當然知之甚詳，不過，他也注意到：

> 當世算術之書，大都古初之文十一，近代俗傳之言十八，其儒先所述作而不倍于古初者亦復十一而已。俗傳者余嘗戲目為閉關之術，多謬妄弗論。即所謂古初之文與其弗倍於古初者，亦僅僅具有其法，而不能言其立法之意[164]。

同時，由於西算如《幾何原本》與《同文算指》所論「象數之學，亦皆溯源承流，根附葉著，上窮九天，旁該萬事」[165]，因此，他才會認

（續）————————————
　　凌初，《拍案驚奇》（上）（臺北：臺灣古籍出版公司，2003），頁280。
162 陳敏晧，〈《同文算指》內容分析〉（臺北：國立臺灣師範大學數學研究所碩士論文，2002），頁122-125。
163 參考潘亦寧，〈中西數學會通的嘗試——以《同文算指》(1614)的編纂為例〉，《自然科學史研究》25.3：215-226。
164 徐光啟，〈刻同文算指序〉。
165 同上。

爲「雖失十經，如棄敝屣」，並且嚴厲批判「名理之儒」與「妖妄之術」。

　　徐光啓的「回眸」在西算的映照下，顯得「黑白」相當分明。然而，除了《算法統宗》之外，在本文所論算家之著作中，他大概只有機會閱讀《測圓海鏡分類釋術》[166]。因此，他回首所看到的明代算學一片空蕪，正如李約瑟所感嘆的，「當東來的傳教士看到了這種情景時，竟無一人能把中國數學的過去光榮，告訴他們。」不過，即使他有機會閱讀周述學的《神道大編曆宗算會》，恐怕他也無法像黃宗羲一樣，提出那麼「從容的」評論。另一方面，他大概也無從理解《同文算指》所主要根據的丁先生(Christopher Clavius)之*Epitome arithmeticae practicae*，曾大大地受惠於西歐的商用算術之發展[167]。同時，他對於《算法統宗》作爲士、商合流之產物的歷史意義，應該也無法體會。他對明代數學的總結，也因此顯得有一點過度依賴西算觀點。

　　這麼說來，如果我們順著徐光啓的眼光，去考察明代數學的意義，那麼，我們勢必難以理解吳敬在明代數學史上的重要性。就明代數學知識的傳承而言，吳敬的算書的確是一個典範(paradigm)，這一命題即使周述學與王文素算書有幸流傳，也仍然可以成立。事實上，我們可以從吳敬的《九章算法比類大全》，讀出他如何繼承宋元算學，這在《永樂大典·算學卷》束之高閣的情況下，顯得更爲重要。尤其是朱世傑的《算學啓蒙》，儘管被史家認爲它在1299年問世後即失傳，卻有部分內容仍然得以保存在《九章算法比類大全》之中，惟天元術相關的問題未被引述，則誠然是千古憾事！這或許也解釋了何以吳敬未曾引述李冶的《測圓海鏡》或《益古演段》。另一方面，吳敬對「勾股術」的興趣，也開

---

166 他在《勾股義》中曾引用顧應祥的這一部著作，參考Engelfriet, Peter, *Euclid in China: The Genesis of the First Chinese Translation of Euclid's Elements Books I-VI* (Leiden / Boston / Koln: Brill, 1998).

167 參考陳敏晧，〈《同文算指》內容分析〉。

啓了此後兩、三百年的勾股術研究之風潮[168]。不過，他對算學知識的商業化與世俗化所做的先驅工作，則塑造了明代數學風格，最終由程大位這一位徽商及其同僚出版《算法統宗》，而大勢底定。史家對於前者早有定論，儘管未涉及算家的社會地位及其知識活動之意義，至於後者，則是本文的論定，我們主要得力於史家有關士、商合流之研究成果。

儘管如此，程大位的案例卻無法「逆推」到王文素身上。顯然，由於王文素早年經商並不成功，所以，他始終無從掌握適當的社會資源以出版《算學寶鑑》，無怪乎庠生寶朝珍愛莫能助。

再就周述學而言，他的生涯類型比較接近吳敬，如兩人都僅止於擔任幕客。所不同的是，周述學的學識看來更加淵博，可惜，他的算學著作流傳卻極為有限，不能發揮應有的影響力，從而無助於明代中葉數學的發展。至於顧應祥，儘管他無法理解天元術而貽千古之譏，然而，他企圖利用他上層菁英的地位，以提升數學知識的學術位階，積極呼應集天元術之大成的李冶之見解。此外，他凸顯勾股術之研究，也應該是實踐了他自己的數學觀點。不過，周述學與顧應祥如何回應明中葉之後的士商互動關係，我們還無法處理。

總之，從吳敬初版《九章算法比類大全》的1450年，到程大位初版《算法統宗》的1592年，我們就明代數學及其脈絡之關係，總共「商量」了五位主要數學家。在這大約150年間，明代數學的發展主軸，絕對是數學知識的商業化與世俗化，其中特別伴隨著士、商合流的社會文化運動，堪稱是數學史上「在地數學」（mathematics in context）的最佳例證之一。至於程大位及其算書的廣受歡迎，則代表商賈階層在士人之外，也加入了算學研究或傳播的行列。這是中算史上的創舉，值得我們分殊處理。只是程大位之後，他的家鄉屯溪卻始終無法發展成為數學研究中

---

168 參考黃清揚，〈中國1368-1806年間勾股術發展之研究〉。

心，這究竟出自《算法統宗》的取材局限，還是商賈階層的性格使然，都有待進一步研究。

本節最後，請容許筆者引述明代小說有關庶民計算能力之文本，它出自馮夢龍（1574-1646）《醒世恒言》卷3〈賣油郎獨占花魁〉：

> 再說臨安城清波門裡，有個開油店的朱十老，三年前過繼一個小廝，也是汴京逃難來的，姓秦名重，母親早喪，父親秦良，十三歲上將他賣了，自己在上天竺去做香火。朱十老因年老無嗣，又新死了媽媽，把秦重做親子看成，改名朱重，在店中學做賣油生理。……一路上胡思亂想，自言自語。你道天地間有這等癡人，一個做小經紀的，本錢只有三兩，卻要把十兩銀子去嫖那名妓，可不是個春夢！自古道：有志者事竟成。被他千思萬想，想出一個計策來。他道：「從明日為始，逐日將本錢扣出，餘下的積趲上去。一日積得一分，一年也有三兩六錢之數。只消三年，這事便成了。若一日積得二分，只消得年半。若再多得些，一年也差不多了。」[169]

儘管崇禎年間庶民能否熟悉四則運算與相關推論，仍然難以確定，不過，至少小說的讀者已經被認為可以接受這種涉及數學計算的情節，足見初等數學知識或計算能力，已經成為庶民的基本素養。而這，或許就是明代數學商業化與世俗化的最佳見證了。

---

169 引文原出自本田精一，〈宋元明代における兒童算數教育〉，頁37-72。另引文也參考下列文獻修訂：馮夢龍編撰、廖吉郎校訂、繆天華校閱，《醒世恒言》（臺北：三民書局，1989），卷3，〈賣油郎獨占花魁〉，頁42，46-47。

誌謝

本文初稿在「科技與中國社會」工作坊發表時承蒙與會同仁指教，尤其是韓琦、林力娜(Karine Chemla)、傅大為與祝平一等提出極有價值的評論，謹此致謝。又，本文主要內容曾以"Mathematics in Ming Society: 1368-1600"為題，應邀在法國巴黎Rehseis(Recherches Epistemologiques et Historiques sur les Sciences Exates et les Institutions Scientifiques UMR 7596 CNRS - Universitie Paris 7) 發表演講(2006年10月17日)，又蒙林力娜與 Andrea Breard指教，獲益良多。Andrea Breard也已經開始研究明代數學商業化的相關問題，將來我們互相切磋的機會一定很多。

本文初稿撰寫時，得自國科會研究計畫 # 94-2522-S-003-011- 之部分贊助，謹此申謝。另外，黃清揚與王文珮為我澄清了吳敬的傳承關係，讓本文得以順利完成。他們的貢獻已經成為本文不可或缺的一部分，我要特別在此表達誠摯的謝意。還有，本文還得力於王連發、楊瓊茹、許雪珍、徐梅芳、黃清揚以及陳敏晧的碩士論文，儘管他們初出茅廬，然而，對於數學文本的分析，卻相當得心應手，而且也始終留意「在地的」(in context)解釋。不過，文責當然屬於我自己才是。

最後，本文定稿時，還參考了匿名審查者與祝平一的建議，十分感謝他們的費心指正。至於平一極力慫恿我點明本文之創見，由於敘事結構已定，實在不想再動刀斧。不過，在撰寫過程中，我倒是一直在回想二十幾年前，就讀科學史博士班時必修「中世紀科學史」之意義。就史論史，明代數學發展當然有其特殊意義，但是，如果我們可以在社會文化脈絡中，深入數學文本世界，「兼顧」知識的斷裂與傳承問題，那麼，應該就可以看到明代數學的一個嶄新風貌了。

占星術與中西文化交流*

張哲嘉**

　　占星術是一種生命力相當強韌的文化現象，在歷史上雖曾多次面臨威脅，卻也一再死灰復燃。在西方，占星術曾經遭到多次鎮壓，首先在西元1世紀，羅馬政府以妖言惑眾的罪名加以取締[1]；後來又因為與基督教教義有牴觸之嫌，自中世紀起教會亦採壓抑態度；到了近代，則因為違背理性等理由，遭到科學界人士的大力圍剿[2]。然而總是野火燒

---

* 本文是中央研究院「宗教與醫療主題計畫」項下子計畫「教理、醫理與命理──佛道兩教在其間有關疾病觀念的交集與矛盾」(2002-2004)之研究成果。計畫執行期間承蒙何丙郁、Richard Smith、Christopher Cullen、矢野道雄、生井智紹、室寺義仁、祝平一、李建民等先生之幫助，以及史語所《中國史新論》匿名審查人精闢的批評和建議，謹在此致上謝忱。

** 中央研究院近代史研究所副研究員。

1 中山茂，《占星術──その科学史上の位置》(東京：朝日新聞社，1993)，頁116。

2 Paul Feyerabend, *Science in a Free Society* (London: NLB, 1978), pp. 91-96; 中山茂，〈占星術撲滅宣言が招いた反発〉，收入科學朝日編，《科学史の事件簿》(東京：朝日新聞社，2000)，頁112。

不盡，春風吹又生，今日占星術在西方依然盛行，包括許多操持世界局勢的歐美領袖人物，亦對此深信不疑[3]。除此之外，甚至於席捲世界各個角落，如今日東亞各國的多種報章媒體，就不時提供各個星座運勢的預測訊息，其勢彷彿方興未艾。

然而占星術在亞洲各地的流行，並非追隨西方而後產生的新現象，而是出自原本即根深柢固的舊傳統。如今日的印度占星學家，依然沿襲數千年來的古老習慣，活躍於多種社會活動中，提供各式各樣的建言[4]。東亞社會中占星術所扮演的社會角色，也不遜色於印度。好比近年來紫微斗數在華人社會中流行，在1980年代即有電腦程式問世幫助排盤，可見盛行的程度[5]。這是有趣的社會現象。顯示今日人們對於占星術的依賴或興趣，絲毫不因科學的日益昌明而退燒；說不定由於多種媒體對社會的集體暗示，反而使其影響力較以往更有增無減。

從此可知，占星術是個世界性的歷史現象，也是了解人類文化不可忽視的面向之一。尤其是近年來科學史家的研究指出，中國推測個人命運的占星術，包括了古希臘以及古印度文化的因素，使得占星術的課題更饒富世界文化交流史的意味。

因此，本文將為個人命運占星術的中外交流問題，作一初步之整理與總結，故將不旁及其他的算命技術。在釐清個人命運占星術與其他星占方術之間的區別之後，本文將重點放在闡述歷代傳入域外占星術的三個階段，同時觀察明清時期中國本土占星者如何評價回應。此外，儘管中國境內漢人以外的族裔亦有施行占星術之事實，但為資料所限，無

3　Geoffrey Lloyd, "Divination: Traditions and Controversies, Chinese and Greek," *Extremi-orient, Extreme-occident* 21(1999): 1; Tamsyn Barton, *Ancient Astrology* (London & New York: Routledge, 1994), pp. 1-5.

4　矢野道雄，《インドの占星師たち》（東京：中公新書，1992），頁30。

5　何丙郁，〈「紫微斗數」與星占學的淵源〉，《歷史月刊》68(1993)：38。

法作歷史考察，故討論範圍將限定於漢族的占星活動[6]。

一、討論範圍的釐清：「天變占星術」與「宿命占星術」的 區別

　　相信許多讀者一想到天星與命運的關係，不免會想起《三國演義》中，一再記述天上星辰的殞落與名將死亡之間的驚人巧合。其中最讓人印象深刻的故事是，諸葛亮死前不久，為姜維遙指天上自己的本命將星黯淡無光、搖搖欲墜。雖然為了試圖延壽，曾經興辦祭星的儀式，卻在幾近成功的緊要關頭，遭魏延撞破而功虧一簣[7]。此雖屬小說家之言，但據星象占候諸葛亮之死、蜀軍敗退之事，卻有正史可為佐證。《晉書·天文志》中記載：

> 蜀後主建興十三年，諸葛亮率大眾伐魏，屯於渭南。有長星赤而芒角，自東北西南流，投亮營，三投再還，往大還小。占曰：「兩軍相當，有大流星來走軍上，及墜軍中者，皆破敗之徵也。」九月，亮卒於軍，焚營而退，群帥交怨，多相誅殘[8]。

　　從這段引文可以看出，《三國演義》所敘述的天象與個人命運的聯繫，確實是古代天文觀察者所關注的問題，然而從其上下文的脈絡觀之，天象的占候並非從諸葛亮個人的命運出發，而是放在魏蜀抗衡的天

6　在中國境內的許多少數民族，包括維吾爾族、藏族、以及彝族等，雖有施行特殊占星術的事實，但因並無足夠的歷史資料可供探究，故不在本文的討論之列。例如盧央著，《彝族星占學》（昆明：雲南人民出版社，1989）。

7　羅貫中，《三國演義》（北京：人民大學出版社，2000），頁955-958。

8　房玄齡等撰，楊家駱主編，《新校本晉書并附編六種》（臺北：鼎文出版社，1990），卷13，〈天文三·天流隕〉，頁396。

下大勢脈絡下來呈現。儘管敘述中星象的變化與個人的命運有所聯繫，但必須是一個能夠牽動世運的個人，其命運才有可能經由所觀察的天象覘知。

這類藉由天象的變異，占測國家大事、軍事勝負，以及帝王將相命運的星占方法，有好幾個古文明皆曾使用。古巴比倫人相信，上蒼的意志藉由天變而宣示，君主則根據所示的徵兆，向神官或占星師諮商，從而做出政治決策。因此，占星師躋身於最高政治顧問，這樣的互動關係，在西方一直延續到羅馬帝政時期[9]。

在中國也存在類似的思想，而且相承不絕，自上古綿延到清代。中國傳統的政治思想認為，皇帝乃受命於天，治理的得當與否，則由上天藉著星象垂示。解讀天象的知識自古被稱為「天文」之學，屬於國家最高機密，僅限於世襲的史官始能掌握，乃是一種專門為帝王所服務的學問。由於這是一種具有高度政治性的活動，因此朝廷一向有嚴禁私自學習天文的法令，以避免這種知識被野心家利用，製造政治動盪。

如《唐律疏議》就明文下令：「諸玄象器物、天文圖書、讖書、兵書、七曜曆、太一、雷公式，私家不得有，違者徒二年，私習天文者亦同。」[10] 1004年，宋真宗也下詔：「圖緯推步之書，舊章所禁，私習

9　中山茂(1993)，頁20，31。

10　長孫無忌等撰，《唐律疏議》（臺北：商務印書館，1966），卷9，頁17B。所謂的太一、雷公式，乃唐代占法中所謂「三式」中的雷公、太乙二式，另外的六壬式，則士庶可通用，太乙即律文所謂的太一，主要用以推測國運，能知「風雨水旱兵革饑饉之事」，今日能夠掌握者已少，但坊間尚不難找到相關書籍，如《太乙數統宗大全》（臺北：武陵書局影印，1989），頁3。至於雷公式則與用兵有關，有人認為可能是後來的奇門遁甲，雖然今日的奇門遁甲中有所謂的「雷公法」，見(傳)劉伯溫校訂，《奇門遁甲全書》（臺北：宏業書局影印，1980），卷25，頁1，但就唐代留下的的證據看，還不足以支持這樣的說法。見黃正建，《敦煌占卜文書與唐五代占卜研究》（北京：學苑出版社，2001），頁33，160。

尚多，其申禁之。自今民間應有天象器物，讖候禁書，并令首納所在焚毀。匿而不言者論以死，募告者賞錢十萬。星算伎術并送闕下。」[11]

　　然而這樣的禁令，主要只是基於國家安全的考量，假使是爲了推算個人命運而運用到觀測天文的技術，並不在禁止的範圍之列。如《大明律・術士妄言禍福》條：「凡陰陽術士，不許於大小文武官員之家，妄言禍福，違者杖一百。其依經推算星命卜課者，不在禁限。」[12]明代以前星命家在社會活動的記載也是史不絕書，歷代正史往往附有「方技」之類的列傳流傳其靈驗事蹟，皇家刊印的大型類書，如《古今圖書集成》也不曾忘記給予他們一席之地[13]。可見從官方的角度看，同樣是望斗推星，瞻察天下氣數與個人命運乃是兩種有所區別的活動。

　　今日科學史家在處理此類問題時，也同樣抱持這樣的態度。如中山茂就把其中預測天下國家大事者，稱爲「天變占星術」；而另外一種以預測個人命運爲主的，則稱爲「宿命占星術」[14]。另外江曉原也作了類似的區分，他在分析《史記・天官書》時，指出這些項目均與軍事或國家政事有關，因而稱之爲「軍國星占學」，而將另外一種占星術以「生辰星占學」之名區隔開來[15]。

　　這兩種占星術，在中國傳統社會所起的作用與範圍是不同的，各有各的重要性。前者有助於了解中國的政治思想與實際運作，爲研究古代政治史所不容忽略的面向，故能保留較爲詳盡的記錄，成爲研究古代天文的資料寶庫。也因此早有許多傑出的學者，投入「天變占星術」的研

11　李燾撰，《續資治通鑑長編》（北京：中華書局，1979），卷56，頁1226-1227。
12　《大明律直引》，卷4，頁11B，收入楊一凡編，《中國律學文獻》，第3輯（哈爾濱：黑龍江人民出版社，2006），第2冊，頁268。
13　本文下面所引用的《果老星宗》，即是使用《古今圖書集成・藝術典》內的版本。
14　中山茂（1993），頁19，89。
15　江曉原，《天學真原》（瀋陽：遼寧科技出版社，1995），頁216。

究，做出不少豐碩的成果[16]。相對而言，「宿命占星術」主要的課題是解釋妻財子祿等個人問題，就文化、社會史的研究而言，也有探究的價值。惟自古以來，術數之學本來就多少帶有神秘性，而社會上雖然對於祿命之術普遍抱持濃厚的興趣[17]，另一方面卻以小道視之，將操持其術之士歸諸九流之列，因此在占星書之外，所能找到的史料比較缺乏。因此本文將重點放在占星的典籍，先考論年代、背景均較為清楚的域外輸入占星書籍，再於此架構上，略論中國人對其反應與態度。

二、早期的中國「宿命占星術」

「命」是中國思想史、文化史的關鍵概念之一。即便不論涉及王朝興亡的「天命」等大問題，小者如個人，也多熟習《論語》中「死生有命，富貴在天」的思想，以為「不知命，不足以為君子」，因此以正確的方式認識命運，被認為是儒者必備的修養[18]。

儘管「命」在中國思想中是發展得這麼早又如此重要，然而有些學者卻主張，中國原先並無本土的宿命占星術。至於其理由，有的認為在朝廷禁習天文的環境下，中國缺乏個人占星術自行發生的條件[19]。有的則是因為西洋的個人宿命占星術，乃是在亞歷山大大帝(353-323BC)征服巴比倫後，當地的天變占星術傳統與希臘文化交融後方始出現，故推

---

16 參與《中國史新論》本分冊的幾位學者，如祝平一、張嘉鳳等，均為其中佼佼者，曾就此發表過研究成果。

17 有關傳統社會一般士大夫卜算預言之行為或思想，可參考廖咸惠，〈探休咎：宋代士大夫的命運觀與卜算行為〉，收入走向近代編輯小組編，《走向近代：國史發展與區域動向》(臺北：東華書局，2004)，頁1-44。

18 目前有關此一課題最主要的研究成果，見Christopher Lupke ed., *The Magnitude of Ming: Command, Allotment, and Fate in Chinese Culture* (Honolulu: Hawaii University Press, 1995).

19 江曉原(1995)，頁280。

論缺乏希臘宿命悲劇情懷的中國，難以孕育類似的想法，是以中國的宿命占星術，必然是來自異國，如印度或西域傳來的產物[20]。

　　然而，上古以卜筮、相術預言個人命運的記述並不罕見[21]，認爲可以占候天體推算個人祿命的想法，則至晚出現於西漢。如唐初呂才(606-665)作〈祿命篇〉，以西漢的司馬季主爲祿命學的早期代表人物[22]。《史記‧日者列傳》就記載：「司馬季主閑坐，弟子三四人侍，方辨天地之道，日月之運，陰陽吉凶之本。」他也被反對者以「高人祿命，以說人心；矯言禍福，以盡人財」加以譏評[23]。這些敘述，說明所推算者爲個人的命運，而憑藉的手段是考察日月等天體的運轉。之後到了《漢書‧藝文志》中的曆譜之學，「探知五星日月之會，凶阨之患，吉隆之喜，其術皆出焉。此聖人知命之術也」，儼然已獨立成專門的技術[24]。與傳說中的司馬季主相類，此技術不僅需要定出特定時間點，也需要掌握該時點日月與眾行星的運動變化與相對位置。這樣的性質，與後世流行於中國的占星術基本相同。

　　與此同時，不用掌握天文，而僅根據出生時間的算命術也在中國萌芽。雖然一般認爲以人出生年月日時算命的「四柱八柱」或「子平」術是到北宋才成立，但是也有人並不同意，如清代的考證學者劉毓崧(1818-1867)，就振振有辭地宣稱漢代已用八字，並且舉出一位三國時代女子何元壽的八字實例[25]。從其引述的文字描述，其卜算的依據似乎主

20　中山茂(1993)，頁138。

21　如祝平一，《漢代的相人術》(臺北：學生書局，1990)。

22　劉昫撰，楊家駱主編，《新校本舊唐書》(臺北：鼎文書局，1981)，卷79，〈呂才傳〉，總頁2721。

23　司馬遷等撰，楊家駱主編，《新校本史記三家注》(臺北：鼎文書局，1981)，卷167，〈日者列傳〉，總頁3216。

24　班固撰，楊家駱主編，《新校本漢書》(臺北：鼎文書局，1986)，卷30，〈藝文志〉，總頁1765。

25　劉毓崧，〈推算八字考〉，見氏著《通義堂文集》(臺北：藝文印書館，1971)，

要是出生時間的干支。戰國秦漢間方士以陰陽五行配合干支,所創造出來多種解釋人事的「神煞」,有可能此時已經進入以時間推命的技術。到了後世,神煞更廣泛活躍於子平術以及各種占星術,長久間一脈相承[26]。這些神煞由於能夠解答不少針對中國社會特有的問題,所以成為實際算命時難以割捨的工具,故不僅是本土發展出來的子平術,或是源自域外的占星術,都必須仰賴,才能滿足中國的顧客群[27]。這點我們在後面還會再進一步說明。

東漢王充(27-97?)以富批判精神著稱,然對命運之事亦深信不疑,他主張:「凡人遇偶及遭累害,皆由命也,有死生壽夭之命,亦有貴賤貧富之命。自王公逮庶人,聖賢及下愚,凡有首目之類,含血之屬,莫不有命。命當貧賤,雖富貴之,猶涉禍患矣。命當富貴,雖貧賤之,猶逢福善矣。」[28] 又說:「天施氣而眾星布精。天所施氣而眾星之氣在其中矣。人稟氣而生,含氣而長,得貴則貴,得賤則賤。貴或秩有高下,富或貲有多少,皆星位尊卑大小之所授也」[29],而且,「凡人受命,在父母施氣之時,已得吉凶矣。」[30] 這些話說明在東漢初年時的占星術,對任何人已是一體適用。

(續)────

頁429-434。

26 所謂神煞又稱神殺,乃是吉神與凶煞的合稱,《史記》中稱之「叢辰」,從名稱上看來,可能是借用星宿的名目,造出許多抽象的符號,以斷人事種種現象。如為人所熟知的與災禍有關的太歲,與婚姻有關的紅鸞乃依出生年支,與文藝才能有關的文昌乃依出生年干,可能帶來官非的天刑則是依據月支,與傳統帝王分封誥命有關的封誥則由生時來定。後來隨著佛教與道教的參與,神煞的數量越來越多,也擴展到依方位、乃至於人體位置而定,見陳永正,《中國星命辭典》(臺北:捷幼出版社,1994),頁149。

27 如前注所舉的封誥,而文昌則是在科舉制度鞏固後,成為預測科甲的重要指標。

28 王充撰,黃暉校釋,《論衡校釋》(長沙:商務出版社,1938),卷1,〈命祿〉,頁18-19。

29 同上,卷2,〈命義〉,頁45。

30 同上,頁47。

晉代的葛洪(284-363)亦深信此道,他在《抱朴子內篇‧塞難》中說:
「命之修短,實由所值,受氣結胎,各有星宿。天道無爲,任物自然,
無親無疏,無彼無此也。命屬生星,則其人必好仙道,……命屬死星,
則其人亦必不好仙道。」[31]同書〈辨問〉篇說得更爲細緻:

> 人之吉凶修短,於結胎受氣之日,皆上得列宿之精。其值聖宿
> 則聖,值賢宿則賢,值文宿則文,值武宿則武,值貴宿則貴,
> 值富宿則富,值賤宿則賤,值貧宿則貧,值壽宿則壽,值仙宿
> 則仙。又有神仙聖人之宿,有治世聖人之宿,有兼二聖之宿,
> 有貴而不富之宿,有富而不貴之宿,有兼貴富之宿,有先富後
> 貧之宿,有先貴後賤之宿,有兼貧賤之宿,有富貴不終之宿,
> 有忠孝之宿,有兇惡之宿‧如此不可具載,其較略如此‧為人
> 生本有定命[32]。

　　前述幾個例子,說明了在佛教席捲中國之前,早已存在可藉占星探
知宿命的思想。而且可能存在一種以上的占星法,如王充所提到的是
「時」,而葛洪則明確指出宿命取決於所值日星宿的性格,這與下面我
們要提到的外來占星術,並不盡然相類。另一項值得注意的差異是,無
論是王充或葛洪,所提到個人命運註定的契機,均決定於「結胎受氣」
的日期或時間,此與西洋占星術,係以出生時呼吸第一口氣的時間來決
定,顯然有明顯的差異[33]。從而可知,在中國原本曾自有本土的宿命占

31　葛洪原撰,王明校釋,《抱朴子內篇校釋》(臺北:里仁書局,1981),卷7,
　　〈塞難〉,頁124。
32　同上,卷12,〈辨問〉,頁205。
33　源自巴比倫、希臘的宿命占星術,係以胎兒出生當時的星辰組合作為推算命運
　　的基礎。其中說得最為清楚者,說是應該以嬰兒喘第一口氣來起算。見穆尼閣
　　撰,薛鳳祚譯,《天步真原》,卷中,〈人之初生〉,頁1371。今日印度占星

星術，只是後來不幸湮滅了而已。

三、佛教與西洋占星術的東傳及其本土化

（一）佛教與西洋占星術的東傳

今日的學者，大多同意占星術萌芽於西元前7世紀，現存最早的占星星盤，保存在西元前410年巴比倫的楔形文字泥板上。進入希臘化時代後，巴比倫星占學遂爲希臘文化所吸收。到了西元2世紀，在希臘化文化圈內埃及亞歷山卓（Alexandra）活躍的天文學家托勒密（Ptolemy, ca. 127-170）撰《天文學四書》（*Tetrabiblos*），建立起西洋星占學的主要經典，許多科學史家相信，世界各地的宿命占星術，均是從此源頭向四方傳布的結果[34]。前節所述的中國早期史料，或許可讓史家評估此說也有例外。然而可以肯定的是，至少自2世紀起，經由印度、伊斯蘭，乃至歐洲傳入、並影響中國的三波占星術傳統，的確莫不出自此一托勒密占星術。其中影響最大者，又首推出自印度的佛教占星術。這一支托勒密系統先傳入印度，加進了印度本身的星占學特色之後，再藉由佛教徒之手傳入中國、朝鮮與日本等地[35]。

西元2世紀中葉，西來的高僧安世高完成了現知最早的漢譯占星文獻，惜此書今已不存，僅殘餘片段的引文而已[36]。三國時代的竺律炎與支謙二人，共同翻譯《摩登伽經》，乃是現存最早宿命占星術的中文典籍。西晉的竺法護，翻譯了《舍頭諫太子二十八宿經》，把印度式的二十八宿觀念介紹至中土。這些經典，現在還保存在佛教《大正藏》裡面

（續）

術亦然，見矢野道雄（1992），扉頁。

34　中山茂（1993），頁99-105。

35　矢野道雄，《密教占星術》（東京：東京美術，1986），頁18。

36　矢野道雄，《星占いの文化交流史》（東京：勁草書房，2004），頁117-118。

的「密教部」之中[37]。

密教在唐代大舉傳入中國，而密教占星術的代表性典籍亦在此時成立，其書爲不空(Amoghavajra, 705-774)所傳的《文殊師利菩薩及諸仙所說吉凶時日善惡宿曜經》，一般通稱爲《宿曜經》。這部經典先在759年，由端州司馬史瑤翻譯成漢文，但因爲文義難解，所以五年後，再由不空的俗家弟子楊景風重譯爲今本[38]。

其他傳入的密教占星書，還有《都利聿斯經》、《七曜攘災訣》、《七曜二十八宿曆》等經典。此外，中國的龍象大德也不讓西來高僧專美於前，如一行(683-727)亦在占星術的歷史上大放異彩。一行在天文學的貢獻，早已受到科學史家的矚目，但他同時也精通占星學，在《大正藏》，歸諸他名下的占星著作有《宿曜儀軌》、《七曜星辰別行法》、《北斗七星護摩法》、《梵天火羅九曜》等四種[39]。除此之外，保存在高野山的江戶時代占星書抄本中，也有據說傳自一行的密法[40]。

上述各書的計算法大多頗爲單純。如《宿曜經》，僅是將人分爲二十七類，利用每個人出生時月亮所居的方位，來決定個人的性格與命運。而《梵天火羅九曜》則更爲簡單。這裡所謂的「九曜」，乃是日、月、火、水、木、金、土等「七政」，加上域外天文學之「羅睺」、「計都」這兩顆虛星所組成[41]。其中雖然九曜乃是天文學術語，但占星時無

37　《大正藏》(臺北：新文豐圖書公司影印，1975)，第21冊，第1300、1301種，頁399-419。

38　同上，第1299種，頁387。

39　同上，第1304、1309、1310、1311種，記述一行著述關係之頁數分別爲422，452，457，459。

40　感謝矢野道雄先生的引介，與高野山大學生井智紹校長、室寺義仁教授的援助，讓我得以拜觀高野山所珍藏的江戶時期占星文書抄本。

41　這兩者乃是印度傳說中引起日月蝕的魔物，前者爲魔物之頭，後者爲魔物之尾(一說爲彗星)，有蝕神頭、蝕神尾等別名。印度天文學須考慮計算此二虛星的運行規則，以便預測日月蝕。後來亦經由波斯人影響到西方的天文學，後面會

須計算星辰的運行。其推算方法，僅是將人的年齡從一歲起到一百歲前後，輪流配以九曜的管轄之下，依照星曜性質的吉凶善惡，推測人在特定的歲數時，將會遭逢到什麼樣的命運。

然而密教的占星經典中，也有些具備精密的天體運算，其中最具代表性者，乃是金俱吒所撰的《七曜攘災訣》，至今仍保存於日本[42]。標題似乎暗示此書旨在講述依星辰而趨吉避凶，然而本書最讓人重視的原因並不在此，而在計算行星位置的數學方法，因而保存了很多古代天文數據，從而被現代天文學史家視爲無比珍貴。這一派的占星術認爲，若不能準確計算星體的相對方位，即無法正確推知命運。本書雖稱「七曜」，卻兼及羅、計二星，而這兩顆虛星乃是在806年始進入政府頒行的曆法，因此可推知其約略年代[43]。

儘管《七曜攘災訣》的計算方法遠比《宿曜經》精密，但是一般仍將佛教，或者與佛教一起傳入東亞的各式占星術，以「宿曜」之名統稱。日本且發展出一套「宿曜道」，曾在平安時期(794-1190)的王朝貴族間流行了一段時間。現存最早的一份托勒密式星盤(Horoscope)，就是爲一位於1113年1月15日出生的日本貴族男子算命的記錄，以「宿曜運命勘錄」的名稱留存至今(圖1)[44]。

圖中這份「宿曜運命勘錄」的星盤，彷彿是一個十二等分的六層同心圓。除了中心部分空白外，最內一層乃是十二地支；其次是十二地支所對應的黃道十二宮；其次是包含羅、計在內等九曜所座落的位置；其次是二十八宿；最外面，則依次爲壽命、財庫、兄弟、田宅、男女、奴僕、夫妻、疾病、遷移、官祿、福德、禍害等人事十二宮。可以看到，

(續)────────────

提到的《天步真原‧人命部》則稱為天首、天尾。見矢野道雄(1986)，頁155-158。
42 矢野道雄(1986)，頁147；矢野道雄(2004)，頁138。
43 矢野道雄(1986)，頁164-165。
44 同上，頁169。

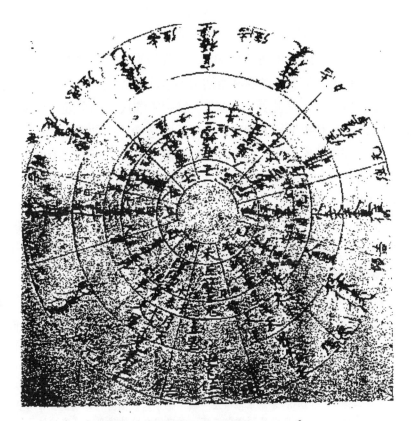

圖1　文永五年のホロスコープ

中山茂著，*A History of japanese Astronomy*

人事十二宮除了偶有文字出入，其各宮所統轄的人事面向與順序，均與其他托勒密系統的占星術相符，因此學者論斷佛教占星學乃源自西洋，應可視爲定論[45]。

　　占星術自唐代時，即已非佛教僧侶的獨得之秘。《敦煌寶藏》中的

45　矢野道雄(1986)，頁178。

《推九曜行年容厄法》，其推測吉凶的法則與《梵天火羅九曜》可說完全相同，唯一的差別乃在所敘述各個星曜的順序而已[46]。另外，學者們也早已注意到：唐貞元年間(785-805)，一個名叫李弼乾的術士將占星術的經典《都利聿斯經》，從西域康居國帶入中原，並在長安「推十一星行曆，知人貴賤」，從此聲名大噪[47]，受到中國民間的歡迎。科學史家多推測此一《都利聿斯經》的書名，可能即是前述托勒密所撰述之《四門經》的音譯[48]。總之，除了僧侶傳教的需要之外，西來的術士也以新式的占星方式為民眾算命，也在唐代中葉以後成為風潮，為中國文化注入了新的內涵。

所謂的「推十一星行曆」，說明了李弼乾的內容，比《七曜攘災訣》或《梵天火羅九曜》更為豐富。首先，這裡占算的天體，在九曜之上又增加了兩個。極有可能是後來的占星書籍中，與「羅睺」、「計都」並稱為「四餘」的「紫炁」與「月孛」[49]。另外，從「推」「行」二字看來，這套方法的規則，也不像前兩者那麼簡單，必須先「推算」天體的「行進」軌跡，才能據以預知命運。

---

46 高國藩認為，這與保存在敦煌《推十二時人命相屬法》(文物編碼伯3398)、《推九宮行年法》(伯3838)等簡單推命法一般，係中國民間自行發明的算命方式。但佛教密傳，似無自中國民間擷取之理，當以同自域外傳來之可能性較高。高國藩，〈論敦煌唐人九曜算命術〉，收入《第二屆國際唐代學術會議論文集》(臺北：文津出版社，1993)，頁775。

47 宋濂，〈祿命辯〉，《藝術典》卷629；第472冊，原頁57B，總頁6526。《四庫全書》的編者則稱之為李彌乾，見〈演禽通纂提要〉，《景印文淵閣四庫全書》(臺北：臺灣商務印書館影印，1983-1986)，子部809冊，頁237。

48 如矢野道雄(1986)，頁137。另外，佛教徒並非中古時期唯一傳入西方占星學的媒介。如有學者就認為，景教徒景淨所翻譯的《四門經》，也是出自托勒密的系統。見何丙郁(1993)，頁46。

49 月孛被視為造成月亮行進緩慢的阻礙之星，因此與羅、計般算是凶星。紫炁可能與成語「紫氣東來」故事中，關尹子辨識老子為聖人的景星有關，代表祥瑞，在大多場合被認為是吉星。羅、計、紫、孛被認為是火、土、木、水的餘氣，故稱四餘。

　　很可惜的，唐宋時期並未留下類似日本「宿曜運命勘錄」的完整算命星盤。然而中唐之後，文人名士述及星相者即不絕如縷，雖然我們無法從其描述還原古星盤模樣，但隻字片語亦皆還算與「宿曜運命勘錄」符合。如韓愈(768-824)就說自己的生辰之時「月宿南斗」，同時「牛奮其角，箕張其口」，其中的斗、角、箕三星，均爲二十八宿之一，這些要素都可以在星盤中找得到[50]。晚唐詩人杜牧(803-852)自撰墓誌銘時也提到自己的命盤，說：「余生于角星，昴畢于角，爲第八宮，曰病厄宮，亦曰八殺宮。土星在焉。」藉此來解釋自己的部分際遇，除了提到二十八宿，有關病厄宮的描述亦與托勒密的人事十二宮符合[51]。北宋蘇軾(1037-1101)亦頗好此道，曾感慨自己命造與韓愈均爲「磨羯入身命」，「平生多得謗譽，殆同病也。」[52] 此下一直到明初，「近世大儒，於祿命家無不嗜談而善道之」[53]。可見在明清以前，星命學即已融入了中國文化，並且成爲上流社會的風尚之一。

（二）佛教占星術的本土化——《果老星宗》

　　到了明清時期，中國的祿命術已經逐漸整合成「子平」、「五星」等兩大系統[54]。前者相傳乃是宋代徐子平所創，以中國傳統干支五行爲基礎，主要以人出生時之年月日時之干支等「四柱」或「八字」，推測個人的命運。而所謂的「五星」之法，則是脫胎自印度占星術，所憑據

50　韓愈，〈三星行〉，收入陳夢雷，《古今圖書集成・藝術典》（臺北：鼎文書局影印，1985），卷629；第472冊，原頁61A，總頁6533。

51　藪內清，《增補改訂中國の天文曆法》（京都：平凡社，1990），頁190。

52　陳夢雷，《古今圖書集成・藝術典》，卷630；第472冊，原頁61A，總頁6533。

53　宋濂，〈祿命辯〉，收入陳夢雷，《古今圖書集成・藝術典》，原頁57B，總頁6526。

54　穆尼閣撰，薛鳳祚譯，《天步真原・人命部》，卷上；收入劉永明主編，《增補四庫未收術數古籍大全》（揚州：江蘇古籍出版社，1997），第七集，《命相集成》，第4冊，總頁1357。

的就是前述的七政四餘，加上黃道十二宮、二十八宿等因素來推命。
「子平術」至今仍然盛行於華人社會以及日、韓等國。「五星術」則聲
勢已大不如昔，今日的流行程度遠遜於「紫微斗數」占星法。然而在明
清時期，情況與今日絕不相同，當時以「五星」法爲大宗，「紫微斗數」
除了明代中葉的《正統道藏》有收錄用此名稱的一本占星書籍外，於各
知名書目或諸家筆記，幾乎絲毫不見提及[55]。

　　根據《四庫全書總目》作者的看法，中國占星術的主流乃是「五星」
術，而當他提到「五星」術的譜系時，卻未述及密教的影響，而是以《星
命溯源》一書爲鼻祖，後世被認爲「五星」法的代表作《果老星宗》，
即係從此書擴編而成[56]。由於收錄了元末浙江占星名家鄭希誠的《通玄
玄妙經解》、《觀星要訣》等著作，可知「五星術」集大成的年代不早
於元末[57]。

　　〈星命溯源提要〉所提到的《果老星宗》，雖然《四庫》未收，其
流傳範圍與影響力似乎遠較《星命溯源》爲大。《古今圖書集成》將其
收入「藝術類星命部」，該版本計19卷。另外還流傳著一種10卷本的《果
老星宗》，其序言署名爲1593年由南京禮部尙書韓擢所作，而輯校者則
爲晚明浙江著名星命家陸位[58]。此書雖依託於唐玄宗時代的張果老，但

<hr>

55　見《正統道藏》（臺北：新文豐出版公司，1985），冊60。乾隆時跟隨朝鮮使節
　　團訪華的朴趾源曾經問起此術，可見民間必非完全沒沒無聞，只是沒有足夠的
　　書籍足以考證而已。見朴趾源，《熱河日記》（上海：上海書店出版社，1997），
　　頁78。

56　〈星命溯源提要〉，收入《四庫全書術數類叢書》（上海：上海古籍出版社，
　　1999），頁809-45至809-46。

57　陳夢雷，《古今圖書集成‧藝術典》，卷630；第472冊，原頁61A，總頁6533。
　　又見袁樹珊，《中國歷代卜人傳》（臺北：新文豐出版社重印，1998），頁379
　　引《光緒浙江通志》。

58　陸位所編纂的《星學綱目正傳》，乃是《明史‧藝文志》中少數列舉編者姓名
　　的星命書籍之一，具有較高的代表性。見張廷玉等撰，楊家駱主編，《新校本
　　明史》（臺北：鼎文書局，1980），卷98，頁2443。

是書中涉及張果的敘述卻荒誕不經。如卷4有一篇張果老與其門人的對談，以五星理論預言玄宗時君臣之命運。然而當中的年號卻是「嘉平」，又用明代地名「中都」，時間、地點都頗爲離譜，因此這個部分當係後人爲故弄玄虛而竄入。

然而《果老星宗》書中的內容並非全出自胡謅捏造，其中最受科學史家注目的部分，乃是卷末所附鄭希誠所留下的占星案例《鄭氏星案》，繪有完整的星盤約40個。李約瑟指出這些星盤係出自14世紀，若以今日天文學知識反推，可計算出這些星盤的日期者最早爲1312年，最晚者爲1376年，的確與鄭希誠的年代大致符合[59]。尤其是外形上，這些星盤與前述保存於日本「宿曜運命勘錄」所排出的古星盤有頗多接近之處，因而被天文史家引以說明中國占星術具有西方淵源[60]。

《果老星宗》的星盤，所呈現的外觀是蛛網狀的十二邊形。在中心的圓圈外，向外推出六層，等分爲十二份(圖2)。

中心部的圓圈寫著本命的所在，以二十八宿座標來表記，如圖中的「命室五度」，如是，循著室宿所在的方位右下角，就能找到在星盤中的「命宮」。

從內向外第一層所表現的是天空的十二個方位，以中國傳統的地支來表現。在此沒有出現今日占星術習見的牡羊、獅子等星座名目。這是因爲十二個黃道星座在天上的方位是大致固定的，在其他的天文術數文獻，遂會將地支與十二宮視爲等同互用。只要見到代表正南方的午，就能自動意解爲同值正南的獅子座。

59　李光浦，《鄭氏星案新詮》(臺北：武陵出版社，1998)，頁298-302。

60　藪內清，《增補改訂中國の天文曆法》(京都：平凡社，1990)，頁190；矢野道雄(1986)，頁45。《古今圖書集成》另外收錄的案例集《杜氏星案》，係以詩歌方式表現，也無從考證其星盤的時間，其價值無法與《鄭氏星案》相比。見拙作，〈鐵口直斷：中國星術學成立的質疑與證據〉，熊秉真主編，《讓證據說話——中國篇》(臺北：麥田出版社，2001)，頁274-277。

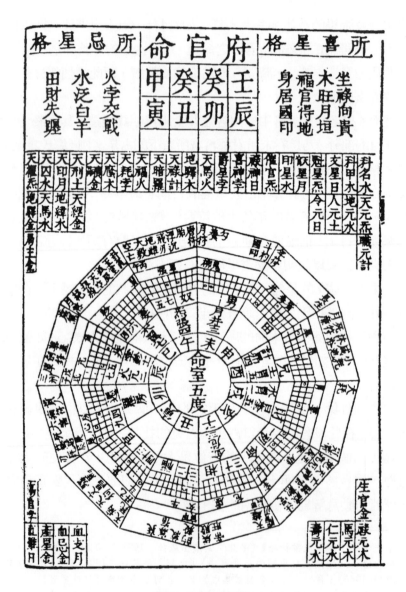

圖2　鄭氏星案

中国のホロスコープ図

　　第二層所記「七政」與「四餘」座落的位置與度數、第三層所配的「人事十二宮」與大限年齡，如本命盤中，命宮在亥，接下來就以逆時針方向，置入財帛、兄弟等人事宮位。第四層則爲二十八宿配置，又分爲內圈與外圈，外圈所記入者，乃是配置於該宮位下的二十八宿名稱，內圈又細劃爲十格三層，標記以圓圈，所指應該是二十八宿在星空的位置。在《鄭氏星案》40個星盤中，這些圓圈的位置是完全相同的，可見所表示的乃是固定的二十八宿位置，而非反映個人出生時的特定星辰配置。

　　此外，第五層所記的，乃是指行運進入新大限那年的干支。最外層所表記的，則是中國固有的神煞，這是宿曜傳統所沒有的。其中又分爲一組配置十二地支的胎、養、長生、沐浴、冠帶、帝旺、衰、病、死、庫、絕等「十二長生」；以及其他如「文昌」、「驛馬」等四十餘個神煞[61]。

　　《鄭氏星案》的星盤與「宿曜運命勘錄」在外形、內容均有不少共通的地方，如黃道十二宮、二十八宿、七曜四餘，以及命宮、財庫宮等人事十二宮，都可追溯其印度的淵源，因此學者們特別強調這些外國文化因素，是有道理的。然而，亦不容否認兩者間還是有所差異。尤其是五、六兩層的十二長生、文昌、驛馬等中國式星命學的神煞，這些神煞有部分需要依靠子平術中出生時間年、月、日、時的干支來決定，並不專屬於「五星術」使用，而爲其他各種算命術數，如「子平」或者「紫微斗數」的共同財產。也就是說，中國占星發展到了《果老星宗》，已經超越印度舊規，在融入的中國本土的術數內涵後，成爲一種自成一格的占星術。

　　《果老星宗》不僅大量摻入中國其他的術數，而且即使是仍然殘存

61　各盤的神煞總數並不完全一致，但均爲57或58個左右。神煞種類也頗固定。

的印度因素，在理解時也被進一步漢化。如五大行星在西洋占星術中，原本有各自的性格，但是在《果老星宗》中，卻被附會以中國式的五行，並且導入了五行之間的生剋概念，產生了中國式的占星解釋；不僅如此，其他的要素如羅、計等印度星辰，亦無一倖免，都被配以陰陽五行理論，以便用中國式的思維進行推理。

《果老星宗》中印度要素的漢化，最明顯之處可從其占病法則看得出來。「五星術」大師鄭希誠在其所撰寫的理論中，曾反覆強調占星之理與中國陰陽五行的思想完美呼應。如他認為水、火、木、金、土等五星，與五行、五臟之間彼此對應：「人稟二五之精血而生，亦猶天地之稟陰陽而生人民也。以五星定五常，以五臟而定五星，以求人之禍福疾病也。故天命與人命相關，非小數也。」[62] 在他所註解的〈疾厄主論〉中，也提出「此論俱與《八十一難經》意義相同。但日月木火土金水，與人之五臟相符合，主病症亦如是也」的論調[63]。儘管我們藉由今日科學史的知識，得以知道其外貌星盤原本系出域外，而且循此線索，細考《果老星宗》書中根據大小宇宙法則對應所建立的占病法則，則可發現其中有幾條，必須以《七曜攘災訣》中所載印度的天體－人體對照關係，始能解釋，多少說明「五星」術中仍殘存印度占星法則的痕跡[64]。但其所揭櫫的理論與法則，則似乎純然是中國文化的產物。

然而在星命學家眼中，仍然對「五星術」的異域淵源了然於心。如清初的天文兼星命學家薛鳳祚（1628-1680），曾經批評過「五星術」：

---

62 鄭希誠，〈談星奧論〉，《果老星宗》，收入陳夢雷，《古今圖書集成・藝術典》，卷575；第468冊，原頁50A，總頁6017。

63 〈疾厄主論〉，《古今圖書集成・藝術典》，卷576；第468冊，原頁54B，總頁6026。

64 詳見拙作Chang Che-chia, "Medicine and Astrology: Their Encounter on a cross-cultural Occasion," *EASTM* 24（2005）: 70-71.

譚命多家，除煩雜不歸正道者不論，近理者有子平、五星二種。
子平專言干支，其法傳於李虛中，近世精於其道者，譚理微中，
可以十得七八。至於五星，何茫然也！五星舊法，出自欽察，
而所傳之法甚略……顧寥寥也。他如天官文昌，兼以化曜諸
說，然驗與否，皆居其半。予於讀書之外，多曾講求，終不能
自信於心也[65]。

　　薛鳳祚對於「五星術」的占算法則，有過於簡略之譏，而後來在中
國所摻入的各種神煞，運用中國傳統的干支所推演出來的要素，也不能
寄與全部的信心，因此，中國對於更精密的技術，的確是有所需求的。

四、明清時期西洋占星術的東傳及其本土化

（一）伊斯蘭占星術的傳入

　　就在鄭希誠因漢化日深的印度占星術而名震一方的約略同時，新成
立的明帝國，卻才要開始著手進行一部伊斯蘭占星典籍的翻譯工作。這
個時候中國朝廷所需的天文服務，印度移民的影響力量早已退場，取而
代之的是來自伊斯蘭世界的天文專家。伊斯蘭天文學原本係承襲古希
臘，卻更青出於藍，作出中世紀世界首屈一指的精密曆法。元世祖於1271
年置回回司天台，後來升格爲回回司天監。在此部門工作的人員絕大多
數是伊斯蘭教徒出身，使用的仍然是西域舊法，著作和觀測記錄均以西
域文字書寫[66]。這些天文文獻中包含不少占星典籍，相傳元代秘府中藏

65　穆尼閣撰，薛鳳祚譯，《天步真原・人命部》，卷上，頁10；收入《命相集成》
　　第4冊，總頁1357-1358。
66　楊懷中、余振貴主編，《伊斯蘭與中國文化》（銀川：寧夏人民出版社，1996
　　一版二刷），頁182-183，260。

有《速瓦里・可瓦乞必星纂》、《麻塔合災福正義》、《阿堪決斷諸般災福》、《額合咯目・克瓦乞不》等書籍，不過均已失傳，內容無從得知[67]。

　　元亡明興，大都的文書檔案落入明政府之手，其中自然也包括回回司天監所藏兩百餘冊的阿拉伯文與波斯文天文著作。由於正確可靠的曆法乃立國之要政，明太祖對此精準天文學非常重視，甫開國就徵集元末回回司天監的主要人員為新朝廷供職。對於元廷留下的西域文天文書籍，明太祖相當感興趣，於1382年——也就是鄭希誠所留下年代最末星盤之後的六年——下詔選其重要者譯成漢文。翻譯方法是由回回天文學家口述，漢人儒臣筆受成文，被選任擔當翻譯者皆一時之選。其中如海達兒(Khidr)乃是元廷回回天文家的首領，另外他的主要輔佐馬沙亦黑(Mashayikh)與馬哈麻(Muhammad)乃是兄弟，同得御賜「回回大師」的尊號，他們都在後來制定《回回曆》時扮演重要角色[68]。筆受的吳伯宗、李翀都在翰林院供職，吳伯宗日後且擔任武英殿大學士。他們所翻譯的書籍中，除了此後有明一代沿用的《回回曆》，也包括了一部伊斯蘭占星書《天文書》[69]，這部《天文書》於1383年譯成，現代學者通稱為《明譯天文書》。

　　全書共分四個部分。第一類「總說題目」，闡述回回占星術的基本原理和排盤法則。回回占星術中，最重要的星辰乃是日月以及五大行星，此外，還有經由波斯習得的印度天文學羅睺、計都，也包括在內。至於解說這些星辰所用的理論，完全以希臘的熱、寒、潤、燥等四行為

---

67 邱樹森，《中國回族大詞典》，頁485，493。
68 有關這些天文學家的生平，考證較詳細者如楊懷中、余振貴主編，《伊斯蘭與中國文化》，頁191-197。
69 吳伯宗，〈譯天文書序〉，闊識牙耳(Kushyar ibn Labban)原著，《明譯天文書》(上海：商務印書館，1917)，頁2B。

主，在文字上絲毫沒有以中國陰陽五行加以附會。

上述天體所運行的空間，主要是以黃道十二宮來表示。黃道十二宮也各自有其性情與作用。九曜落入不同宮位時，隨著與宮位性情的配合程度，威力也有大小的差別。黃道十二宮除了本身所具備的性質外，其相對位置也影響星辰的力量。如星辰間相隔60、90、120、180度，彼此也會產生牽制或輔助的作用。這些術語，分別稱為六合、二弦、三合與相衝，在中國本土的各種術數，也有極為類似的想法。

回回占星術用以占斷人事間錯綜複雜的事務，主要是靠人事十二宮，以及與之相應的十二「箭」來掌握。人事十二宮的順序與意義，大致上與《果老星宗》完全相同。至於十二「箭」則似乎是伊斯蘭占星術所獨有的概念，於中國或西歐所活躍的占星術，並沒有類似的術語。各箭的所在，係根據人出生時刻天體的相互位置計算而得。

第二類「斷說世事吉凶」則是超出預測個人命運的範疇，對戰爭、天災、疾病、氣候等自然與社會重大事件加以占候；第三類「說人命運并流年」則是對個人命運，包括生老病死、福祿官運、家庭敵友等事項的預測；第四類「說一切選擇」分三門，教導如何擇日、以及各種不同的事情所宜忌的星象。此書是現存唯一古代回回占星書的漢譯本。研究回族文化的學者邱樹森就認為該書從一個側面反映了古代阿拉伯人的智慧，書中有關氣象星占、醫學星占等，都有一定的科學價值[70]。

這部著作乃是翻譯自阿拉伯文，內容反映了不少阿拉伯的風土民情。如「說一切選擇」中總共列出了55種人事活動中，工商業占7種、醫藥6種、戰爭遷徙12種，而農業僅占兩種，這個比例也比較符合阿拉伯的社會的情況[71]。

---

70 邱樹森，《中國回族大詞典》（南京：江蘇古籍出版社，1992），頁490。
71 陳鷹，〈《天文書》與回回占星術〉，《自然科學史研究》8.1（1989）：42。

　　儘管《明譯天文書》的內容自成一家，卻未見有占星師根據此書所授法則來預言禍福的記載。有關《明譯天文書》所造成的迴響的記錄並不多。相關的二手研究似乎只有李建民曾提示臺灣俗諺早產兒「七活八不活」的思想，與書中的說法巧合，因而推測此一民俗可能是來自《明譯天文書》中的伊斯蘭胚胎觀[72]。

　　這本書在翻譯完成後，是否曾在明代流傳於民間，今日尚無線索可循。然而，清代確有多種刊本行世，只是書名並不統一：如《涵芬樓秘笈》稱之爲《天文書四類》；1875年北京天華館單行的鉛印本則題名爲《天文寶書》[73]。另外北京圖書館還藏有標注爲馬哈麻翻譯，而題名爲《天文象宗西占》、《乾方秘書》的抄本；又美國國會圖書館藏有另一部標題爲《象宗書》的抄本，也被學者認爲是同一本書[74]。事實上，這部出自廟堂的典籍流傳民間至少已有三百年以上的歷史，如前述薛鳳祚在翻譯耶穌會傳教士穆尼閣(Nicolas Smogolenski, 1611-1656)的《天步真原・人命部》時，說過他曾閱讀過「洪武癸亥儒臣吳伯宗譯」的「西法天文」，可見最遲到了清初，此書即在坊間流通[75]。而嘉慶年間的倪榮桂，也曾引述該書，所以這本書在清代曾造成影響，是不成問題的。

(二)耶穌會教士所傳入的占星術

　　對於「五星法」不甚滿意的薛鳳祚，因爲想到占星乃是源自西域，曾經找了《明譯天文書》來看，看了以後，他覺得「文似稍備，而十二宮分度有參差不等者，乃獨祕之。予久求其說而不解。」這個謎團，一

72　李建民，〈《明譯天文書》的妊娠思想〉，《大陸雜誌》100.3(2000.3)：1-4。

73　藪內清，〈クーシャールの占星書〉，收入藪內清，《中國の天文曆法》(東京：平凡社，1969)，頁235。

74　楊懷中、余振貴主編，《伊斯蘭與中國文化》，頁195。

75　薛鳳祚，〈人命敘〉，穆尼閣撰，薛鳳祚譯，《天命真原》，收入《命相集成》，第4冊，總頁1358。

直等到他認識了穆尼閣，閑居講論後，才豁然開解。於是他就與穆尼閣合作，進行《天步真原》的漢譯工作。

明末的耶穌會教士，帶進了新式的西歐天文學，給中國帶來極大的衝擊。1583年，利瑪竇(Matthieu Ricci, 1552-1610)進入中國內地傳教，從而揭開了明清時期歐洲宗教、科學與中國文化互相激盪的序幕。利瑪竇以歐洲先進的西洋天文知識為傳教的工具，收效卓著，並為明清兩代的朝廷修纂新式曆法，頒布天下[76]。除了朝廷重視之外，民間對西方天文學感興趣者亦不乏見，薛鳳祚即其中具代表性的例子之一，他所翻譯的有《天學會通》、《天步真原》等書，後者系統地解說了西方的數學天文學，尤其以介紹對數法(logarithm)，最為後世所稱道。該書另外一項獨特卻極少為學者所提及者，為該書的「人命部」，內容為當時流行於西洋的宿命占星學。

西方的學者曾經懷疑《天步真原》乃是薛鳳祚的杜撰，同列譯者的穆尼閣只是假借依託而已。其理由是耶穌會士出身的穆尼閣，不該會傳播具有教會所駁斥之宿命占星術。然而近年學者已點明《天步真原》書中多處與托勒密《四書》的對應關係，此外，書中十五個星盤的拉丁文原版也被找到了，這些知識，並非不通拉丁文的薛鳳祚所能編造[77]。

《天步真原》中有關占星的部分，與《明譯天文書》相類，分為個人宿命、世運以及擇日等三種。其中與本文主題相關的「人命部」共分三卷，卷上講述歐洲星命學的基本內容，論命時以白羊、金牛以至寶瓶、雙魚等黃道十二宮所組成的命盤為基礎，其次序與中國既存者全同。其

76 王萍，《西方曆算學之輸入》（臺北：中央研究院近代史研究所，1980），頁6-9。黃一農，〈湯若望與清初西曆之正統化〉，收入吳嘉麗、葉鴻灑主編，《新編中國科技史》下冊（臺北：銀禾文化事業公司），頁465-490。

77 Nicolas Standaert, "European Astrology in Early Qing China: Xue Fengzuo's and Smogulecki's Translation of Cardano's Commentaries on Ptolemy's *Tetrabiblos*," in *Sino-Western Cultural Relations Journal* XXIII (2001): 50-79.

論星以日月五星等七曜為主，印度占星學的括羅膹、計都，在正文中與星盤裡，係以「天首」、「天尾」方式來表示，但並未賦予特殊預測個人命運的星占意義。

與《明譯天文書》相同，內文直譯當時歐洲占星學的內容，以古希臘人所創以「風、火、水、土」為主的「四行說」宇宙論來立言，不遷就中國的陰陽五行等術語。甚且，翻譯用語也多另外揀擇，如中國自古沿用至今的「遷移宮」，語意原已明晰，卻採用了意義無大差別的「移徙道路」。這個翻譯策略或有可能是有意擺脫中國占星術習用術語的影響[78]。卷中主要是以西洋新式算法教示計算星位排出命盤的步驟，卷下則是列出了教皇保祿三世(Paul III, 1468-1549)等15個歐洲人的命盤，以實例展示此術的解釋力量。

相對於《果老星宗》的星盤，《天步真原》顯得相當單純。前者以二十八宿的度數來表記位置；而後者則是完全不用二十八宿，僅以黃道十二宮的度數來表記。其次，西洋的星盤將命主人的出生時間詳記到以分鐘為單位，而且登錄了出生所在的「北極高」，也就是緯度。無論是分鐘或緯度的概念，都是《果老星宗》所不存在的。

在外觀上，此書的西歐星盤，是以一個長方形內接一個菱形，菱形之內又內接一個長方形，另外內外長方形的四個角之間，又有直線連接（圖3）。不過，其實這個圖形可以有另外一種看法：內外矩形四角之間的連接線，以及組成「菱形」外圍的線條，實際上是彼此搭配，將內外矩形之間，析分為十二個三角狀的十二宮，與今日常見的紫微斗數命盤乃是相同的格式。

78　穆尼閣撰，薛鳳祚譯，《天步真原‧人命部》，卷上，頁10；收入《命相集成》第4冊，總頁1370。

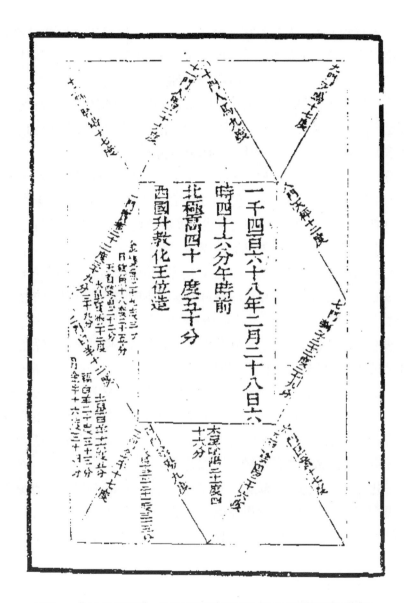

圖3　《天步眞源》卷下收錄的羅馬教皇保祿三世命盤

以圖為例，命主人的命宮被稱為「一門」，標記在左邊的「寶瓶二十二度三十九分」，此下的「二門」至「十二門」，宛若《果老星宗》的「二宮」至「十二宮」般，依照逆時針順序置入相應的十二個三角形內。除了人事十二宮的表記之外，十二宮中的內容僅有日月以及幾顆行星而已。但是事實上，《天步真原》所運用的天文數理知識，比起《果老星宗》複雜精密許多，也比《明譯天文書》更為優越。

翻譯者薛鳳祚一方面固然崇尚西學[79]，然而在闡釋這套由西法推算的星命術時，他的立論所本卻仍是陰陽五行。他在為該書翻譯後所作的〈敘〉中指出，「人原秉兩間之氣也，吸者天地之氣，亦即隨時五行推移之氣也，則人原生吉凶與其流運禍福，有所從受，概可睹矣。」儘管如此，至少在《天步真原》書中，他並未試圖將中國的概念強加入譯文，以西法附會中國的術數。在書的序言中他嫌棄中國的「五星」法占算的工具太少，但是，在翻譯了此書之後，他也並未特別去讚譽西法占測人事的法術有多麼豐富。他主要肯定新式西法比舊法優越之處，係在時間計算之精密。如傳統推命按照刻漏的時刻為單位，以一個時辰為一時，但西洋星命法則是依照午時圈之時，因此一個時辰又分為三十度。舊法不曾考慮到這麼細微的差別，因此不準；另外，南北極距地角的高度、亦即緯度，也是西法所計算而舊法所未曾言及。基於以上種種原因，薛鳳祚認為西法遠較中國舊法精密，因而應該信從[80]。

在此之外也讀過《明譯天文書》的他，似乎並未注意到《天步真原》與此書均有一部分係來自托勒密的《四書》，在翻譯時也不曾試圖將兩書中的術語予以統一。然而，從他在〈序言〉中將三種占星法放在一起

---

79 王萍(1980)，頁129。

80 穆尼閣撰，薛鳳祚譯，《天步真原‧人命部》，卷上，頁2-4；收入《命相集成》第4冊，總頁1358-1360。

等量齊觀，相互比較，足見他將三者視爲是同一種學問的不同流派[81]。

儘管《天步真原》的計算方法較先前已有進步，但占星學在明末清初傳入的歐洲學術之中，被認爲僅屬末流，教會史、天文學史或中外交流史的史家均很少提及此書，在清代上層社會所引起的迴響似乎也極有限，所以到了道光年間，遂有「今去國初僅百餘載，而諸家著述，均未及此書。豈以其爲星命家言，遂棄置不屑觀耶？」之嘆。然而，《天步真原‧人命部》之所以受到冷落，也與本身的缺點有關。清中葉學者錢熙祚(1620-1686)指出，該書並非如薛鳳祚所描述般十全十美，其缺點包括原本的繪圖草率，而且其中所用的算術也有不少錯誤，因此錢熙祚就此加以修正、校訂之後，在1839年重新出版，收在《守山閣叢書》內問世[82]。

(三)清代本土占星家對托勒密占星術的去取

耶穌會教士所帶來的歐洲天文學，對於中國帶來許多重大影響，其中有關天文曆法的部分，早已有諸多學者研究，殊不知，新的天文知識也對清代的命理界造成衝擊，此則尚少人加以矚目。

歐洲天文學對清代命理界所造成的影響，最大且最全面者，當屬節氣算法的改變。由於自清代起，朝廷根據西法修《時憲曆》，採用「恆氣」法來定節氣的分界，取代了明代《授時曆》所採用的「定氣」。其差異在於，「定氣」法係以「歲實三百六十五日二時七刻五分均分爲十二月，又分之爲二十四氣」，將一年的時間等除，各月份與節氣均分；而「恆氣」法則不然，每個月的日數互有參差，因此除了冬至的時刻兩者一致外，每個節氣的交換，常有一兩日先後之不同。因此推命行運，

81　特別提出這點的是Standaert(2001), p. 63.

82　穆尼閣撰，薛鳳祚譯，《天步真原‧人命部》，卷上，頁10；收入《命相集成》，第4冊，總頁1619。

亦不得不因之有異[83]。由於八字的月份，乃是以節氣的改易來決定，所以新舊曆法下所定出來的八字，若恰巧在月底月初，往往會有不同的月柱，因而出現整個格局的改變。清代的「子平」術者，雖然很少意識到耶穌會天文學對其理論的影響，實則在排八字時，所用的時間數據全是依據西洋新法。

至於「五星」方面，則雖然有穆尼閣的《天步真原》「流布天下多歷年所」[84]，但到了錢熙祚的時代，該書已遭到「棄置」，至少現存的清代星命家著作中，加以引述者似乎亦不多，且均集中於江南一隅，其中最重要的著者爲嘉慶年間的倪榮桂，他曾研習《明譯天文書》、《天步真原》，以及其他的耶穌會數理天文學，並且撰述了《西法命盤圖說》、《談天緒言》、《天文管窺》、《選擇當知》、《祿命要覽》等書，合成《中西星要》行世。

倪榮桂，無錫人，號「月培」。十六歲時取得秀才功名。生平尤嗜陰陽術數之學。凡天文、地理、奇門、六壬、星命、選擇諸術，靡不精通，更通曉西洋三角幾何之術，用以計算五星之法。他的西洋數學與星命學，係學自華鳴岡，華鳴岡則習自擔任過無錫地方官的韓錫胙，韓錫胙之學則來自楊學山。楊學山生於康熙、雍正之間，與數理大師梅文鼎（1633-1721）家交好，因得其學，著有《江南省西法命度立成表》一書[85]。

這份《江南省西法命度立成表》，乃是根據江南當地經緯度，供製作算命星盤用的數據表。倪榮桂的老師華鳴岡將此手授給他時，指出此表僅能用之於江南，其他省份無法援用；此外，此表乃是根據太陽黃緯

83　倪榮桂，《祿命要覽》，收入《中西星要》，頁235-236。

84　倪榮桂，〈西法命盤圖說自序〉，收入《中西星要》，頁22。

85　顧臬，〈序〉，收入倪榮桂〔月培〕，《中西星要》（臺北：翔大出版影印本，1995），總頁15-16。此本《中西星要》，與劉永明主編，《命相集成》中的倪月培著作，乃基於同一版本，惟書商為了主張其版權，於多處挖補文字，插入「翔大」二字，反破壞其價值。然而此本所收的〈序〉，則為劉書所未收。

來推算，定位太陽很準確，但是月亮以及其他星辰，又另有誤差。然而華鳴岡未能親自改善這兩個缺點，於是，倪榮桂另外尋訪了一位名叫吳虛齋的老師，從之獲得「江南匾渾天儀銅盤」，據說「得此盤，則諸星緯度一一可准」，而所根據的天文數理，則是「西洋利瑪竇所傳之《渾蓋通憲書》」。從這些知識與工具，倪榮桂學習得江南地區地球弧線的畫法。又根據經緯度的數據，製作了全國其他各省的命盤。以便讓算命師可以按圖索驥，依據各自特定的經緯度製作星盤[86]。

對於天體運行軌跡的精密運算，正是倪榮桂推崇西法的主要原因。他認為西法比古法優越的原因有二，一是命盤的可能性遠較中法為多，更符合實際的情況。他在1802年所出版的《西法命盤圖說・自序》中提到：

> 古法立命，以太陽躔宮，加本生時，輪至卯上安命……其法一時只有一命度，一日十二時，命盤祇有十二種之分。夫安命之法，視天輪旋轉，至東方出地平處為命度，天體至圓周圍三百六十度，天行至健，一時運行三十度，一度一種人，一日內，應有三百六十種人。……西法之精於古法，不已可知乎[87]？

如此一來，就可以減輕宿命論質疑者「天下同一時辰出生者這麼多，為什麼每個人的命運都各不相同？」的挑戰。若根據以往的算命法，全中國每一個時辰出生的人，都該有同一組八字，同一張命盤。但是假使改用西法，把更為細分的時間與地點考慮進去，那麼每一個時辰，至少有三十個不同的時度，以及十八個省份的因素需要區分，所得到的命

---

86 倪榮桂，〈自序〉，《西法命盤圖說》，收入《中西星要》，頁22-24。
87 倪榮桂，〈自序〉，《西洋命盤圖說》，收入《命相集成》，第2冊，總頁754-755。

盤精度，將會增加為原來的540倍！

　　二是考慮了地球弧度，在理論上更為周延。因為地球是圓的，所以在同一時刻，每個地方與星辰間的相對位置，就不可能相同：

> 又古法之立命也，南土與北地無殊，中華與外域不異，豈知太
> 陽由黃道而行，命度依黃道之出地平而立，而北極出地有高
> 卑，則地平弧線有曲直，北極高則弧線曲，……日出既隨地而
> 異，即安命亦隨地而異，今西洋安命法，隨在而盤各不同，西
> 法之精於古法，不更可知乎[88]？

　　此外，倪榮桂對於傳統的星盤座標，也根據西法做出了訂正。前述《果老星宗》的星盤，乃是黃道十二宮與二十八宿並用，而在標注命度以及十一曜的位置時，主要是根據二十八宿來定位。但是根據西洋天文學，隨著年歲的遷移，二十八宿等恆星，也會跟著改變位置，上古所測量箕宿所在，也由子宮移到了丑宮。所以他認為「宮有定而宿無定」，因此二十八宿不能拿來作為定位的標準[89]。在後面他所製作的命盤，也一反慣例，僅用黃道十二宮的度數來給星辰定位，這個做法，與穆尼閣的《天步真原》是一致的。然而，他也批評穆尼閣的推命之法「不無錯謬」，所以他所遵奉的，乃是西洋的天文數理，並非出自對於西洋占星術傳授者穆尼閣的個人崇拜[90]。

　　除了接受以西洋天文數理作為裁定準則外，他也吸收了若干中國占星所缺乏，而托勒密占星術特有的技術，如《明譯天文書》、《天步真原》中有關世運以及擇日的技術，也納入《中西星要》之中。所以他

88　倪榮桂，〈自序〉，《西洋命盤圖說》，收入《命相集成》，第2冊，總頁754-755。
89　倪榮桂，《談天緒言》，收入《中西星要》，頁67-68。
90　倪榮桂，〈自序〉，《西法命盤圖說》，收入《中西星要》，頁22。

說：「精熟是書者，能知天時晴雨，年歲豐凶，物價貴賤，不特爲推命擇日造葬所必須，亦經商所重，賴識者珍之。」[91]

儘管倪榮桂在時間計算的數理方面推崇西法不遺餘力，但是對於西法的人事占斷法則，則不盡愜意。如他就曾經批評西方的占星術，「其法甚繁，且多游移鶻突，倘用上法推算，或有不准〔準〕。」[92]

事實上，從《中西星要》許多地方可以看出，他並不主張棄華從西，而且其書足足有一半的篇幅，專門討論中國傳統的算命技術[93]。其中內容最豐富者，首數《祿命要覽》中的第3卷，解說當時流行於中國命理界，且根據子平術的基礎天干地支所決定的各種神煞，做了詳細的討論，部分也引述了其師華鳴岡的意見。對於部分神殺，採取批判的態度，如他在討論「天馬」、「地驛」、「天廄」時、即認爲天廄的存在毫無道理、因爲「馬既登廄、則似當有廄宮、不當另有廄星也。」所以，「應是術士妄捏，宜刪去。」[94] 除了神殺之外，他也對「五星」法中頗爲盛行的「天星化曜法」有意見，他認爲此法「按之以理，頗多難解，幾如地理家宗廟五行，顛倒而不可究詰，然試之恆驗。將毋古人之制作，非淺見所能窺測歟。」[95]

他尤其反對僅僅依賴占星知識來論命，主張中國傳統的經驗智慧，有其不容抹滅的價值。如他在《選擇當知》書中，引述了一位他所欣賞的占星家孫廷楠撰《渾天寶鑑》，但是孫廷楠所主張的「擇日不重干支，選時必資星象」[96]，又說「歷觀古書，並無年月日時之殺，吉凶剋忌之

91　倪榮桂，《祿命要覽》，卷首，收入《中西星要》，頁233。

92　同上，卷2，收入《中西星要》，頁262。

93　《祿命要覽》的卷3、卷4乃是〈神煞辨正〉與〈五星天官書〉的討論，專門辨正五星、子平所共用的「神煞」等知識。

94　倪榮桂，《祿命要覽》，收入《中西星要》，頁465。

95　同上，見《中西星要》，頁419。

96　倪榮桂，《選擇當知》，收入《中西星要》，頁190。

論，自徐試可先生開其端，而邪說橫行，充滿宇內」[97]。這樣重天星而黜干支的論調，倪榮桂無法同意，他駁斥：「外事以剛日，內事以柔日，其文見於禮經。庚午之日火勝金，其義見於《左傳》。干支之學，由來尚矣。我高宗純皇帝，欽定《協紀辨方書》，未嘗黜干支而不用。若只講天星，而以干支神殺爲不必避，必至貽誤不小。讀此篇者，但當取其談星之妙，勿效其醜詆干支之妄也。」[98]要之，「中法不及七政，西法不及干支，各有深意，不可偏廢。」[99]此語可以說明倪榮桂對於中西占星法折衷的態度。

五、結論

占星術是藉助於星象知識，推測人間事務變化、因果禍福的技術。然而古今中外的社會文化環境不同，同樣一套解釋體系，難以原封不動地搬動到另外一個社會而依舊適用。這個道理在中國的例子中，再三得到印證。

中古時期域外可能對中國本土星命學的定型產生過影響深遠的催化作用，這應是自西元2世紀濫觴，到了唐代大舉傳入的占星術[100]。此役的要角是來自印度或西域的佛教僧侶，也有中亞地區其他教徒以及民間術士加入。傳統學者與現代天文史家基於不同的理由認爲，「五星」術不管在占測元素的天文性質或是在星盤的形式，都具備印度「梵學」的特色。此外，於「五星」典籍中雜集之占病經驗秘訣，有些部分非中土醫學天人交感法則所能解釋，卻可在印度古學天體與人體對應關係找

---

97 倪榮桂，《選擇當知》，卷2，見《中西星要》，頁215。
98 同上，頁215-216。
99 同上，頁162。
100 江曉原(1995)，頁380-382。

到偶合，更暗示這套術數所蘊含的文化交流意義。然而其創造與發展的早期歷史，乃至於影響的過程，今日皆不得其詳。相較於東傳至日本的《宿曜經》占法，能以幾近原貌的形式保存至江戶時期，甚至於今日又有一些術者，重操「宿曜占法」的旗號，以古法吸引顧客。傳統中國的術者卻無法滿足於其原始形態，務求要加以改造，以符合中土漢人思想的天人感應關係，以《果老星宗》為例，一直到元末的鄭希誠，仍然在為其占病法則作理論上的修補，企圖闡明這基於印度天文學的星躔組合，也能與陰陽五行的人體彼此天人感應契合。

唐代以後，又有第二、三波域外占星術先後傳入。其二是元明時期經由回教徒之手所翻譯的天文書，其三是明末清初耶穌會教士所引介的歐洲占星術。儘管明代回回專家在天文領域居於主流，但在占星方面似乎影響極為有限。至於耶穌會教士所傳入的占星典籍，至今我們只知道《天步真原・人命部》一本。此書遭受占星家的批評，其中所載的360度角以及緯度的概念被認為是解決歷來星命法不準確問題的鎖鑰，被利用來企圖提升舊法的精密度。值得注意的是，原書中所藉以立基的「四素說」宇宙論可說完全被漠視，中國的占者甚至於不曾費工夫去改造回回、歐洲天文學的天人感應關係，僅僅採取他們所感興趣的數理部分，套用在既有的中國陰陽五行哲學基礎，以新瓶裝舊酒的手法，讓本土諸神煞直接在新形式的命盤上繼續使用。

我們雖然不得起古人於地下，質問他們如何評價那些域外占星術除了數理之外的部分，以及他們作此選擇的考慮與原因。不過有一個因素是很顯然的，占星術是為了解答人間生存的問題而存在，其解釋也必須符合所應用之社會的環境的假設，始能為人所接受運用。在中國傳統社會中，為絕大多數士大夫所關心的科名問題，外國傳入占星術所提供的解答集中，並無法提供令人滿足的答案，因此必須回歸到植根於中國社會的本土占法，才能夠獲得起碼的解答。同樣的，中國社會根深柢固

的兩性關係，使得傳統中國命理學不可或缺的「女命」部分才能提供令人信服的女性命運推斷，因此域外占星術，不是要被揚棄，不然就必須依照中國社會運作的理路來改造，才能夠於此土生存，勢必無法以當初的形貌，原封不動地套用於中國傳統社會。千餘年來中國傳入域外占星術的歷程，除了留下了東西文化交流的遺跡外，也爲後世的歷史學家，揭示了此一事實。

西方數學的傳入和乾嘉時期古算的復興
——以借根方的傳入和天元術研究的關係爲例

韓　琦[*]

　　宋元時期，傳統數學在增乘開方法、天元術、四元術、大衍求一術等方面取得了新的成就。可是到了明代，中算式微，一些數學家連天元術都無法理解[1]。明末清初，西方的幾何、三角知識傳入中國，但並沒有傳入代數學，除了《幾何原本》和筆算數學之外，影響都不大。直到康熙中葉之後，代數學才以「借根方」的形式傳入[2]，後來法國耶穌會士傅聖澤(J.-F. Foucquet, 1665-1741)又翻譯了《阿爾熱巴拉新法》，傳入

---

* 　中國科學院自然科學史研究所。

1　顧應祥《測圓海鏡分類釋術》，「每條下細草，雖徑立天元一，反復合之，而無下手之術，使後學之士茫然無門路可入。」

2　康熙御製《數理精蘊》下編卷31〈借根方比例〉，「借根方者，假借根數方數以求實數之法也。凡法必借根借方，加減乘除，令與未知之數比例齊等，而本數以出。……要之，此法設立虛數，依所問之比例乘除加減，務令根方之數，與真數相當適等，而所求之數以出，此亦借數之巧也。」借根方引入了含有未知數及其冪的等式，介紹了指數和多項式運算法則，而傳統數學只有多項式的乘法，而不用多項式的長除法，等式概念亦欠明確。

了符號代數。借根方的傳入及其與天元術的比較，成爲清代數學史上最為有趣的內容，引起了廣泛的討論。西方數學的輸入，爲清代士人重新審視傳統數學提供了工具，無疑爲乾嘉時期的復古運動起到了推波助瀾的作用。

在明清西方數學與傳統數學的融合中，以代數學最具代表性，其中借根方的傳入導致了乾嘉時期傳統數學(天元術)的復興。西方代數學的傳入及其在中國的傳播主要有以下兩方面的問題：

其一，代數學是如何傳入？誰參與了編譯工作？其來源如何？康熙時傳入的代數學主要有借根方算法和《阿爾熱巴拉新法》，前者有很多稿本流傳，後來被改編收入《御製數理精蘊》，對後世產生了深遠的影響。關於代數學的早期傳播，錢寶琮主編的《中國數學史》設有專章（第15章）討論《數理精蘊》，對借根方有簡要的介紹。筆者根據中西資料，認爲借根方是由比利時耶穌會士安多（Antoine Thomas, 1644-1709）所傳入[3]。借根方從1690年前後翻譯，到1722年成書，收入《數理精蘊·借根方比例》，大約經歷了三十餘年時間，其中屢經改編，所引底本已很難查考[4]。《阿爾熱巴拉新法》介紹西方的符號代數，只有稿本流傳，過去鮮爲人知，李儼、杜石然的《中國數學簡史》（中華書局，1963-1964）和錢寶琮主編的《中國數學史》最早提及此書內容[5]。美國學者魏若望

---

3 Han Qi, "Antoine Thomas, SJ, and his Mathematical Activities in China: A Preliminary Research through Chinese Sources," in *The History of the Relations Between the Low Countries and China in the Qing Era (1644-1911)*, ed. W. F. Vande Walle (Leuven: Leuven University Press, 2003), pp. 105-114. 此文係1995年夏比利時魯汶國際會議論文。

4 原北堂圖書館曾藏有不少西方代數學著作，這些著作是否被參考，尚待深入研究。參見H. Verhaeren, *Catalogue of the Pei-T'ang Library* (Peiping, 1949).

5 1929年，李儼先生在《清華學報》等刊物刊登「徵求中國算學書啟示」，廣泛徵集中算史資料，後來通過在歐洲訪學的王重民、向達先生的幫助，攝製了梵蒂岡教廷圖書館所藏的《阿爾熱巴拉新法》，現存中國科學院自然科學史研究

（John W. Witek）對此書的作者傅聖澤進行了深入研究[6]。法國學者詹嘉玲（Catherine Jami）發表了傅聖澤和《阿爾熱巴拉新法》研究，分析了此書在康熙時代的傳播，並對此書未能被康熙皇帝接受的原因進行了深入探討[7]。洪萬生在〈清初西方代數之輸入〉一文中，對《阿爾熱巴拉新法》也有所分析[8]。《阿爾熱巴拉新法》因未能刊刻，對清代數學家沒有產生任何影響。相反，借根方作爲《御製數理精蘊》的一部分，在18世紀下半葉乃至19世紀上半葉產生了深遠影響。

其二，代數學是如何傳播？對清代數學產生了什麼樣影響？與傳統數學是如何互動？筆者曾以《數理精蘊》爲例，討論了西方數學的傳播及其影響，對《數理精蘊》下編〈借根方比例〉的內容作了初步探索，並揭示了西學傳入和傳統數學的關係，指出借根方對宋元數學的復興起了重要作用，並進一步分析了借根方對李銳、焦循、汪萊、駱騰鳳、談泰、羅士琳等人的影響，以及他們對天元術和借根方認知的差異，還指出汪萊之所以能夠考慮到三次方程式正根個數的問題，受到了《數理精蘊》借根方的影響[9]。洪萬生有關梅瑴成《赤水遺珍》的論文，從數學教育史角度對梅瑴成有關天元術的觀點進行了新的探索[10]。鄭鳳凰對

（續）————————————

　　所圖書館。

6　John W. Witek, *Controversial ideas in China and in Europe: A biography of J.-F. Foucquet, S. J. (1665-1741)*（Roma, 1982）.

7　C. Jami, *Jean-François Foucquet et la modernisation de la science en Chine: la "Nouvelle Méthode d'Algèbre"*（Mémoire de maîtrise, Université de Paris VII, 1986）.

8　洪萬生，《孔子與數學》（臺北：明文書局，1991），頁107-114。

9　韓琦，〈康熙時代傳入的西方數學及其對中國數學的影響〉（中國科學院自然科學史研究所博士論文，1991）。部分內容收入董光璧主編，《中國近現代科學技術史》（第一篇，數學史部分）（長沙：湖南教育出版社，1997），頁87-127。關於汪萊的研究，參見洪萬生，《談天三友》（臺北：明文書局，1993）中的相關論文。

10　洪萬生，〈數學典籍的一個數學教學的讀法，以《赤水遺珍》為例〉，《中華科技史同好會會刊》，1.2（2000）：35-43。

乾嘉時期曆算研究背景進行了深入細緻的分析，對李銳的算學研究和
錢大昕的關係、李銳校注《測圓海鏡》、《益古演段》和四庫館臣及其
相關研究之關聯，都有新的闡釋[11]。陳鳳珠則以《藝遊錄》為例，詳細
分析了駱騰鳳對借根方和天元術的理解，與李銳看法的差異，與清代中
葉算學復興之關係[12]。林倉億則考慮借根方對清代數學家的影響，除李
銳、駱騰鳳之外，還對何夢瑤、張作楠、羅士琳、安清翹等人進行了分
析[13]，從而對清代借根方和天元術的關係有了更為完整的認識，文中指
出李銳對借根方、天元術看法改變的具體時間，頗有創見。

　　本文將在上述研究的基礎上，綜合中西文史料，以借根方為例，從
更廣泛的背景探討西方數學在中國的傳播歷程，與當時社會思潮的關
係，並著重分析梅瑴成「天元一即借根方解」的發現所導致的宋元數學
的復興，並通過這一歷史現象，對數學傳播的社會因素給予全面的闡述。

一、借根方與阿爾熱巴拉新法的傳入

　　說起借根方的傳入，首先應該提到比利時耶穌會士安多[14]。他在耶

11　鄭鳳凰，〈李銳對宋元算學的研究──從算書校注到算學研究〉（國立清華大
　　學碩士論文，1996）。

12　陳鳳珠，〈清代算學家駱騰鳳及其算學研究〉（國立臺灣師範大學碩士論文，
　　2001）。

13　林蒼億，〈中國清代1723-1820年間的借根方與天元術〉（國立臺灣師範大學碩
　　士論文，2002）。

14　有關安多的研究有 H. Bosmans, "L'oeuvre scientifique d'Antoine Thomas de
　　Namur, S.J. (1644-1709)," *Annales de la Société Scientifique de Bruxelles*. T.44
　　(1924), pp.169-208. Mme Yves de Thomaz de Bossierre, *Un Belge mandarin à la
　　cour de Chine aux XVIIe et XVIIIe siècles, Antoine Thomas 1644-1709* (Paris, 1977).
　　L. Pfister(費賴之), *Notices biographiques et bibliographiques* (Shanghai, 1932).
　　Joseph Dehergne(榮振華), *Répertoire des Jésuites de Chine de 1552 à 1800.*
　　(Rome: 1973, pp. 270-271)簡單介紹了安多的生平。關於安多和《借根方比例》

穌會學校受到了良好的科學訓練，在來中國之前，曾於1679年在葡萄牙的Coimbra耶穌會學院教授數學，利用閒暇寫成《數學綱要：由這門科學的不同論著組成，簡明、清晰地爲初學者和到中國傳教的候選人而作》（*Synopsis mathematica complectens varios tractatus quos hujus scientiae tyronibus et missionis Sinicae candidatis breviter et clare concinnavit P. Antonivs Thomas e Societate Iesv.* Duaci, 1685）[15]，介紹了算術、初等幾何、實用幾何、球體、球面三角，以及物理學、天文學等科學基礎知識。

1685年11月8日，安多應召到達北京，協助南懷仁（F. Verbiest, 1623-1688）在欽天監的工作。1688年，南懷仁去世，以洪若（J. de Fontaney, 1643-1710）爲首的法國「國王數學家」來華。從1689年起，安多在欽天監「治理曆法」，一直到1695年由閔明我（C. F. Grimaldi, 1638-1712）接替。此外，還與徐日昇（T. Pereira, 1645-1708）、白晉（J. Bouvet, 1656-1730）、張誠（J.-F. Gerbillon, 1654-1707）等人一起[16]，頻繁出入宮廷，作爲御前教師，向康熙介紹科學知識。1689-1691年間，白晉和張誠翻譯了法國耶穌會士巴蒂斯（Ignace Gaston Pardies, 1636-1673）的《幾何原本》（*Elemens de Geometrie*），作爲康熙的教科書[17]，他們不僅將該書譯成中文，還譯爲滿文，中文譯本後來收入康熙御製的《數理精蘊》。安多和徐日昇則翻譯了算術和代數學著作，即《算法纂要總綱》和《借根方算法》，前者是

（續）————————————

（載《數理精蘊》）的關係，參見Han Qi, "Antoine Thomas, SJ, and his Mathematical Activities in China: A Preliminary Research through Chinese Sources," pp.105-114.

15 原北堂圖書館藏有此書兩種，其中一種有耶穌會士蘇汎濟（Francesco Maria Spinola, 1654-1694）火漆紅印。另一種爲葡萄牙耶穌會士蘇霖（José Suarez, 1656-1736）所贈。見H. Verhaeren, *Catalogue of the Pei-T'ang Library*. 瑞典友人Björn Löwendahl藏有此書1729年重印本，說明當時此書仍有一定的需求。

16 白晉、張誠1688年2月7日到北京，第二年開始向康熙進講法國耶穌會士Pardies的幾何學著作，是爲《數理精蘊》本《幾何原本》的來源。

17 巴黎法國國家圖書館西文手稿部，Mss. fr.17240.

以安多的《數學綱要》為基礎編譯而成[18]，內容涉及「定位之法」、加減乘除的運算法則、比例運算、開平方、開立方和幾何學(體積計算)的知識；後者則是西方代數學的最早譯本，主要介紹了代數學的運算法則、方程的解法等內容。為方便傳授，他們還使用了數學儀器(如帕斯卡計算器、納皮爾算籌、比例規、假數尺等)和立體幾何模型，甚至還為康熙特別設計了數學學習桌。

歐洲和日本收藏有安多的大量書信，和安多一起作為宮廷教師的白晉、張誠的日記也保留至今[19]，是了解康熙時代宮廷數學不可多得的史料。根據1689-1691年間白晉的日記，安多曾到宮廷編寫中文的正弦、餘弦、正切和對數表[20]，還向康熙介紹算術、三角和代數方面的內容，提供了一個解三次方程根的方便的表。當時他的語言尚未過關，因此向康熙介紹幾何學時，由徐日昇充當翻譯。由於安多常常受命在宮廷介紹科學知識，為此康熙配備了兩名精通滿、漢文字的官員，為其服務。

借根方法是最早傳入中國的代數學著作，譯者是安多[21]。初稿似乎是在1694年10月至1695年12月這段時間編纂的，1700年，安多被請求編輯或完成這一手稿[22]。傅聖澤曾提到：「死于南京主教任上的羅歷山

---

18 韓琦、詹嘉玲，〈康熙時代西方數學在宮廷的傳播——以安多和《演算法纂要總綱》的編纂為例〉，《自然科學史研究》，22.2(2003)：145-155。

19 巴黎法國國立圖書館西文手稿部藏1689-1691年白晉日記手稿，藏書號Mss. fr.17240。藍莉(Isabelle Landry-Deron)曾對日記進行了整理，見*Les lecons de sciences occidentales de l'empereur de Chine Kangxi (1662-1722): Texte des Journaux des Pères Bouvet et Gerbillon* (Paris: EHESS, 1995). 參見《張誠日記》(載杜赫德《中華帝國全志》)(北京：商務印書館，1973)。

20 Mme Yves de Thomaz de Bossierre, *Un Belge mandarin à la cour de Chine aux XVIIe et XVIIIe siècles, Antoine Thomas 1644-1709*, p. 57. 北京故宮博物院保存有不少的對數、正弦、餘弦表，可能是當時的產物。

21 參見上引Han Qi, "Antoine Thomas, SJ, and his Mathematical Activities in China: A Preliminary Research through Chinese Sources."

22 參見韓琦、詹嘉玲，〈康熙時代西方數學在宮廷的傳播——以安多和《演算法

(Alessandro Ciceri, 1639-1703)神父和安多神父曾經給過他一本舊的代數書(皇上對此很滿意)。」[23] 這裡提到的「舊的代數書」,即指借根方而言。西文文獻提供了不少安多參與代數學著作翻譯的線索,但中文資料很少提到借根方翻譯的背景,即使在檔案中安多的名字也不常出現。至於哪些人和安多合作,仍然是一個謎。有幸的是,從一本1701年出版的西文著作中,得知有一位翰林院的「徐」老爺,協助了代數學著作的翻譯,這是目前所知道的唯一資訊。書中曾寫道:「在這些人中,徐老爺,皇家翰林院的成員之一,一位有非凡學識和智慧的人,為此之故,被皇帝選中,翻譯歐洲代數學成中文。」[24] 以上資料都證明,借根方的翻譯,大約在1700年之前已基本完成,徐老爺可能指徐元夢。

借根方翻譯成書之後,遲遲未能刊刻。此後,法國耶穌會士傅聖澤還向康熙介紹了新的代數學,即阿爾熱巴拉新法。傅氏在法國時,曾在La Fleche的耶穌會學校擔任數學教授[25]。1711年,受康熙之命,在白晉的推薦下,從江西來到北京,在宮廷研究《易經》[26]。不久又受杜德美(Pierre Jartoux, 1669-1720)之薦,向康熙傳授數學。之後,傅聖澤時常有

(續)————————————

　　纂要總綱》的編纂為例〉,頁145-155。

23　J.-F. Foucquet, "Relation exacte de ce qui s'est passé a Peking par raport a l'astronomie europeane depuis le mois de juin 1711 jusqu'au commencement de novembre 1716."(羅馬耶穌會檔案館藏書號ARSI, Jap. Sin. II 154, p.22) 參見魏若望(John W. Witek), "An Eighteenth-Century Frenchman at the Court of the K'ang-hsi Emperor" (PhD dissertation, Georgetown University, Washington, D.C., 1973), p. 513. 魏若望指出,羅歷山1692到1695年在北京。

24　*A Short Account of the Declaration, Given by the Chinese Emperor Kam Hi in the Year 1700* (London, 1703), p. 12. 此書之底本為*Breuis Relatio* (1701), p. 14.

25　John W. Witek, *Controversial ideas in China and in Europe: A biography of J.-F. Foucquet, S. J. (1665-1741).*

26　參見韓琦,〈再論白晉的《易經》研究——從梵蒂岡教廷圖書館所藏手稿分析其研究背景、目的及反響〉,榮新江、李孝聰主編,《中外關係史,新史料與新問題》(北京:科學出版社,2004),頁315-323。

機會和康熙在一起，討論數學、天文學。有一次康熙詢問了代數的問題，傅氏因此介紹了「符號代數」，稱為新法，以別於原來的「舊法」（指借根方）。討論結束時，康熙要傅氏以此為題作一說明，以呈御覽，這就是《阿爾熱巴拉新法》成書的起因。傅聖澤從1712年開始向康熙傳授阿爾熱巴拉新法，也就是符號代數。梵蒂岡教廷圖書館藏有相關檔案，提到了傅聖澤翻譯符號代數的細節：

> 字啟傳先生知。爾等所作的阿爾熱巴拉，聞得已經完了，乞立刻送來，以便平訂，明日封報，莫誤。二月初四日。和素、李國屏傳[27]。

十月十八日奉上諭：新阿爾熱巴拉，朕在熱河發來上諭，原著眾西洋人公同改正，為何只著傅聖澤一人自作？可傳與眾西洋人，著他們眾人公同算了，不過著傅聖澤說中國話罷了，務要速完。欽此。王道化傳紀先生知[28]。

> 啟傳、巴、杜先生知。二月二十五日，三王爺傳旨：去年哨鹿報上發回來的阿爾熱巴拉書在西洋人們處，所有的西洋字的阿爾熱巴拉書查明，一併速送三阿哥處，勿誤。欽此。帖到，可將報上發回來的阿爾熱巴拉書，並三堂眾位先生們所有的西洋字的阿爾熱巴拉書查明，即刻送武英殿來，莫誤。二月二十五日，和素、李國屏傳[29]。

---

27 梵蒂岡教廷圖書館 Borg. Cin. 439。
28 同上。
29 同上。

這裡提到的和素、李國屏和王道化，都是內務府的官員，負責和傳教士的接觸，事情大致發生在1712-1713年。這裡提到的新阿爾熱巴拉，也就是《阿爾熱巴拉新法》[30]，現有稿本傳世，保存在羅馬梵蒂岡教廷圖書館[31]。

《阿爾熱巴拉新法》，凡2卷，以問答形式解釋符號代數，卷1第1節主要解釋「阿爾熱巴拉新法與舊法之所以異」，以為「新法舊法，其規大約相同，所以異者，因舊法所用之記號乃數目字樣，新法所用之記號，乃可以通融之記號，如西洋即用二十二字母，在中華可以用天干地支二十二字以代之」，並說明採用符號的優點：

> 用通融記號之妙，難以枚舉，如於算之際，或加減乘除、平方立方等等記號，常常不變，令人一見原號，俱各了然。若用數目字，必隨處變換，一變之後，人即難知其原數，並原數所成之諸方，亦莫辨矣；若用通融記號，算之甚簡便，觀之，省心思目力，斯可以專心於此法，而無他歧之擾，可得所求之理矣；若用數目字成一法，所得之理，只可執定用於本數，若用通融記號，則總括諸數，無所不通。

傅氏在書之開頭解釋符號代數的優點是很有必要的。就當時此書的讀者來說，只有康熙及其皇子們。若康熙對符號代數的優點真正有所了解的話，依賴其獨尊的地位，他完全可以在編纂《數理精蘊》時收入此書。而從當時的情形來看，康熙對這一代數「新法」完全沒有理解。一道上諭這樣寫道：

30　代數（algebra）在康熙時代或音譯為「阿爾熱巴拉」、「阿爾朱巴爾」、「阿爾熱八達」。

31　梵蒂岡教廷圖書館藏書號為Borgia Cinese 319。

> 諭王道化：朕自起身以來，每日同阿哥等察阿爾（熱）巴拉新
> 法，最難明白，他說比舊法易，看來比舊法愈難，錯處亦甚多，
> 鶻突處也不少。前者朕偶爾傳於在京西洋人，開數表之根，寫
> 的極明白，爾將此上諭抄出，並此書發到京裡去，着西洋人共
> 同細察，將不通的文章一概刪去，還有言者甲乘甲，乙乘乙，
> 總無數目，即乘出來亦不知多少，看起來想是此人算法平平
> 爾，太少二字即是可笑也。特諭[32]。

傅聖澤曾把此上諭譯為法文，據法文譯文，開數表之根即是對數原理，故康熙對對數比較欣賞，而對符號代數卻不理解。連傅聖澤的數學才能，康熙也抱以懷疑的態度。這是第一部介紹符號代數學的著作，但由於康熙不能理解符號代數的真正價值，並認為傅聖澤「算法平平爾」，使得這部著作始終未能刊刻，廣為流傳[33]。傅聖澤介紹的「新法」只限於線性方程，他既沒有考慮康熙學習西學的中算背景，也沒有看到符號位置和位值制之間的關係，特別是它們的不同，這就造成了學習的主要困難[34]。康熙注重實用，沒有把握科學發展的趨勢，而自我陶醉於西方科學的表層，並任意評判符號代數，這都體現了他的短處。義大利傳教士馬國賢在回憶自己在清宮13年的生活時，對康熙的科學水準多有貶

---

32 中第一歷史檔案館編，《清中前期西洋天主教在華活動檔案史料》第一冊（北京：中華書局，2003），頁52。

33 C. Jami, *Jean-François Foucquet et la modernisation de la science en Chine: la "Nouvelle Méthode d'Algèbre"*.

34 C. Jami, "The conditions of transmission of European mathematics at the time of Kangxi: J. F. Foucquet's unsuccessful attempt to introduce symbolic algebra." 此文係1988年8月在美國San Diego舉辦的第五屆國際中國科學史討論會（5th ICHCS）的論文。中文譯文〈康熙時代歐洲數學傳播的情況〉，見臺灣《科學月刊》，21.2（1990年2月）：166-169，許進發譯。

意，他與康熙接觸較多，其判斷自有根據[35]。

　　從1690年前後翻譯借根方，到1722年收入《數理精蘊》，經歷了約30年的時間。1713年前後，蒙養齋算學館開館，曆算著作的編纂進入了相對集中的一段時間[36]。陳厚耀(1660-1722)是參與編纂的一位相當重要的數學家。陳厚耀康熙丙戌(1706)進士及第，曾任翰林院編修、國子監司業等職。1708-1709年間應召到暢春園、熱河觀見康熙，成爲他一生中最爲榮耀之事，他曾自撰《召對紀言》，生動記錄了與康熙有關算學的對話。陳厚耀最重要的活動是在蒙養齋參與曆算著作的編纂，從1711-1712前後重返北京，到1717年「下值」(1714年因母喪回家守制兩年多)，和何國宗、何國棟兄弟、梅瑴成、方苞等人共事約四年左右[37]，但他在《律曆淵源》編纂中擔任何種角色，已很難查考。在蒙養齋供職期間(1713)，他曾以中書舍人的身分參加在暢春園舉行的康熙六十大壽盛典，並寫詩祝賀。1716年升爲國子監司業，1718年充會試同考官，次年告疾回家，1722年卒於蘇州。

　　陳厚耀著有《勾股圖解》等書[38]，對春秋曆法有深入研究，有關春秋的論著均被收入《四庫全書》。他對算學有精深造詣，所著《算義探奧》，其中的「錯綜法義」首次對排列組合的各種類型進行了討論，發

35　M. Ripa, *Memoirs of Father Ripa during Thirteen Years' Residence at the Court of Peking* (London, 1853), p. 63.

36　參見韓琦，〈從《律曆淵源》的編纂看康熙時代的曆法改革〉，載吳嘉麗、周湘華主編，《世界華人科學史學術研討會論文集》(淡江大學歷史學系、化學系，2001)，頁187-195；及〈康熙時代的數學教育及其社會背景〉，《法國漢學》(八)(中華書局，2003)，頁434-448。

37　韓琦，〈陳厚耀《召對紀言》釋證〉，載《文史新瀾》(杭州：浙江古籍出版社，2003)，頁458-475。

38　李培業，〈《陳厚耀算書》研究〉，《數學史研究文集》第三輯(內蒙古大學出版社，1992)，頁72-77。

前人所未發，頗有創獲[39]，在中國數學史上占有重要地位。此外，從現存的著作比對中，可以清楚地發現，他不僅撰寫了幾何著作，還參與了借根方算法的編撰，但由於此書是集體作品，以「御製」名義，未能署名，其成就鮮為人知。阮元《疇人傳》為陳氏立傳，已在他去世七十餘年之後，竟然也隻字未提他的算學著作。

現存《借根方算法》共分上中下三卷[40]，主要介紹了代數學知識，在「定位法」中，說明：$a^m \cdot a^n = a^{m+n}$，$\dfrac{a^m}{a^n} = a^{m-n}$（m,n 為整數），在「加法」、「減法」、「乘法」、「除法」諸項，論述多項式的加減乘除法則，又引入了加號、減號、等號、移項的概念，這是新引入的數學知識。還給出了帶縱平方、帶縱立方等二次、三次方程的各種類型，這些內容後來被收入《數理精蘊》卷31至36，名為《借根方比例》。

在宋元數學著作重新發現之前，《數理精蘊》介紹的借根方，已確實讓清代文人感到它有許多優點。《數理精蘊》問世後，清代數學家大都樂於使用借根方的表達形式，如明安圖以借根方法和連比例率解釋了「杜氏九術」，董祐誠也以借根方演算，汪萊考查方程有幾正根之法，大致根據借根方的開帶縱平立方法，而參以己見，且所記概用借根方術語[41]。戴震在《四庫全書總目提要》中亦稱「歐羅巴之借根方，至為巧妙」。乾嘉時期數學家都比較推崇借根方，汪萊亦稱：「算家推見至隱

---

39 參見韓琦，〈《錯綜法義》提要〉，載《中國古代科技典籍通匯・數學卷》（鄭州：河南教育出版社，1993）。陳厚耀《算義探奧》稿本現藏北京中國科學院自然科學史研究所圖書館。

40 除《借根方算法》之外，現在還存有《借根方算法節要》，這些都是《數理精蘊・借根方比例》的基礎。關於從《借根方算法》到《數理精蘊・借根方比例》的編纂過程，將有另文討論。

41 錢寶琮，《錢寶琮科學史論文選集》（北京：科學出版社，1983），頁65，70，249-250。

莫善於借根方,本隱之顯實始於天元一,近時言借根者十得八九,習天
元者十無二三,數典忘祖,茲其一端。」可見,借根方在嘉慶年間前後,
遠比天元術影響之大[42]。汪萊早年也是從學習《數理精蘊》入手的,羅
士琳在「汪萊」傳論中稱:「孝嬰超異絕倫,凡他人所未能理其緒者,
孝嬰目一二過,即默識靜會,洞悉其本原,而貫達其條目,諸所著論,
皆不欲苟同於人,是誠算家之最。特矯枉過正,未免有時失之于偏,尤
于西學太深,雖極加駁斥,究未能出其範圍,觀其用真數根數,以多少
課和較,而泥于可知不可知,尚是墨守西法,其于正負開方之妙,終不
逮李尚之秀才銳之能通變也。」[43]

中國傳統數學沒有明確的等式、移項概念,宋元數學雖然運用了多
項式的乘法法則,但沒有涉及多項式長除法,而借根方則明確敍述了這
些基本概念和法則。最早運用借根方方法進行數學研究,並取得獨到成
就的首推明安圖。他在《割圓密率捷法》一書利用了《數理精蘊》的連
比例率及幾何關係對無窮級數進行運算,這包括無窮級數的加減乘除
和兩無窮級數的相乘,而且運算式也採用了「借根方比例」的方法,以
「多」、「少」表示「+」、「−」,他還熟練運用了借根方中的「定
位法」,即指數的運算法則。

二、梅瑴成與「天元一即借根方」說

1711年,康熙曾諭直隸巡撫趙弘燮曰:「夫算法之理,皆出自《易
經》。即西洋算法亦善,原系中國算法,彼稱為阿爾朱巴爾。阿爾朱巴
爾者,傳自東方之謂也。」[44] 所謂「東來法」是指代數學(algebra),曾

---

42 汪萊,《衡齋遺書》卷9〈張古愚《緝古算經細草》敍〉。
43 羅士琳,《疇人傳續編》(上海:商務印書館,1955),卷50,頁674。
44 王先謙,《東華錄》康熙八十七。關於西學中源說和康熙、白晉研究《易經》

音譯作「阿爾熱巴拉」、「阿爾朱巴爾」、「阿爾熱八達」。15世紀初，這門產生於阿拉伯的學科傳到了歐洲，此後代數學發展迅速[45]。至15世紀中葉，解二次方程的規則已爲大眾所熟知。代數學來自東方的阿拉伯這一事實，來華的耶穌會士應當有所了解，在向康熙講解代數學的過程中，他們有可能會講起這個故事。這一觀點後來在《御製數理精蘊》也有反映：「我朝定鼎以來，遠人慕化，至者漸多，有湯若望、南懷仁、安多、閔明我，相繼治理曆法，間明算學，而度數之理，漸加詳備。然詢其所自，皆云本中土所流傳。」從行文可看出，「東來法」已從代數學擴展到算學整門學科，顯然受到耶穌會士觀點的影響，也迎合了朝廷的需要。「東來法」與康熙年間流行的「西學中源」說一脈相承，由於康熙的提倡，及一批文人的宣傳，成爲影響有清一代天文曆算研究的重要言論。1690年前後，在〈御製三角形推算法論〉中，康熙說：「古人曆法流傳西土，彼土之人習而加精焉。」[46]這一觀點後來得到梅文鼎的發揮，稱「御製三角形論言西學實源中法，大哉王言，著撰家皆所未及」，「伏讀聖製三角形論，謂古人曆法流傳西土，彼土之人習而加精焉爾，天語煌煌，可息諸家聚訟。」[47]「東來法」的流行，是對「西學中源」說的進一步發揮。

（續）─────────────

  的關係，參見韓琦，〈白晉的《易經》研究和康熙時代的「西學中源」說〉，《漢學研究》，16.1(1998)：185-201。

45 J. F. Montucla, *Histoire des mathématiques*. T. 1(1802)，p. 536. 關於代數學一詞的解釋，參見洪萬生《孔子與數學》(臺北：明文書局，1991，頁55-58。

46 現存最早的〈御製三角形推算法論〉見於《滿漢七本頭》，中國科學院圖書館藏，爲滿漢合璧，因此文無單行本問世，以前未能引起學者注意，參見韓琦，〈君主和布衣之間，李光地在康熙時代的活動及其對科學的影響〉，《清華學報》(臺灣)，新26.4(1996年12月)：421-445。

47 梅文鼎，《績學堂詩鈔》卷4。關於康熙和梅文鼎「西學中源」觀點的差異，參見祝平一，〈伏讀聖裁，《曆學疑問補》與《三角形推算法論》〉，《新史學》，16.1(2005)：51-84。關於「西學中源」的相關文獻，參見韓琦，〈君主和布衣之間，李光地在康熙時代的活動及其對科學的影響〉，頁421-445。

　　清初西方傳入的數學(如對數、借根方等)大多是傳統數學所缺乏
的，爲保持大國的顏面，當康熙從傳教士口中得知「阿爾熱巴拉」即
「東來法」之意以後，《數理精蘊》的編者就在《周髀經解》中引用古
史記載設想了古法西傳的途徑。梅瑴成《赤水遺珍‧天元一即借根方解》
云：

> 後供奉內廷，蒙聖祖仁皇帝授以借根方法，且諭曰：西洋人名
> 此書爲阿爾熱八達，譯言東來法也。敬受而讀之，其法神妙，
> 誠算法之指南，而竊疑天元一之術頗與相似。復取《授時曆草》
> 觀之，乃渙如冰釋，殆名異而實同，非徒曰似之已也。夫元時
> 學士著書，台官治曆，莫非此物，不知何故遂失其傳，猶幸遠
> 人慕化，復得故物，東來之名，彼尚不能忘所自。(《梅氏叢
> 書輯要》卷61，附錄一，《赤水遺珍》，頁8-9)

　　梅瑴成並以借根方解釋「授時曆立天元一求矢術」、「《測圓海鏡》
立天元一法」、「《四元玉鑑》有弦與積求勾股」等宋元算書的問題，
最早用借根方解釋宋元數學的問題[48]。
　　梅瑴成的這一「發現」激起了乾嘉時期數學家研究天元術的興趣，
並爲「西學中源」說提供有力證據[49]。嘉慶三年(1798)，阮元爲重刻《測
圓海鏡細草》所作序中，稱「國朝梅文穆公，肄業蒙養齋，親受聖祖仁
皇帝指示算法，始習西人所譯借根方，即古立天元一之術流入彼中者，
於所著《赤水遺珍》中，論之甚悉。於是立天元術又得彰明。文穆之功，
斯爲巨矣！」(《測圓海鏡細草》序，頁1，《知不足齋叢書》本)

48　關於《赤水遺珍》的研究，參見洪萬生，〈數學典籍的一個數學教學的讀法，
　　以《赤水遺珍》爲例〉，頁35-43。
49　王萍，〈清初曆算家梅文鼎〉，《近代史研究所集刊》，2：323。

　　梅瑴成、阮元等人的觀點，在宋元數學著作重現之後，更得到重視，一些數學家由此比較了借根方與天元術的同異。而在此之前，當時的數學家則大多用借根方來解釋，如羅士琳《比例匯通》純粹借用西法來論述，連一些代數符號，也與《借根方比例》相同。

　　梅瑴成是清代著名數學家梅文鼎的孫子，康熙聽說他「算法頗好」，於1712年下旨徵召至京，進入蒙養齋，作爲彙編官，主持《數理精蘊》、《欽若曆書》（《曆象考成》）的編纂。由於李光地的引見，梅文鼎因精於算學在德州御舟中受到康熙召見（1705），被賜與御書「績學參微」，頗爲榮耀，但因年邁未能入宮廷效力，而梅瑴成則屢受清廷的恩澤，平步青雲，官運亨通，著有《操縵卮言》1卷、《赤水遺珍》1卷，附於《梅氏叢書輯要》之後。又有《增刪算法統宗》11卷、《兼濟堂曆算書刊謬》，對楊作枚多有批評，其言語之尖刻，有失儒者風度[50]。論數學成就，梅瑴成遠遠不能和乃祖相比，可是他對清代算學的發展所起的作用不可低估。他參與了《明史》曆志的撰寫，《大清國史天文志》也深受其影響，其言論無疑代表了朝廷的看法，成爲後世曆算言論的主流，從而影響了後世西學的傳播和對西方曆算的看法，從這個意義上說，其影響遠超乃祖。特別是他提倡「西學中源」說，指出「借根方」即天元術，其觀點也被四庫館臣採納。《測圓海鏡》提要稱：「歐羅巴人始以借根方進呈，聖祖仁皇帝授蒙養齋諸臣習之，梅瑴成乃悟即古立天元一法，於《赤水遺珍》中詳解之，且載西名阿爾熱巴拉（案原本作阿爾熱八達，謹據西洋借根方改正），即華言東來法，知即冶之遺書流入西域，又轉而還入中原也。」並指出梅瑴成所說「信而有徵」。阮元在《疇人傳》中「論曰：文穆藉徵君章明步算之後，能不墜其家聲，又得親受聖天子之指示，故

50　《兼濟堂曆算書刊謬》現有乾隆刊本傳世。楊作枚在梅文鼎書中加入自己的著
　　作，令梅瑴成十分不滿。

其學愈益精微，以借根方解立天元術，闡揚聖祖之言，使洞淵遺法，有明三百年來所不能知者，一旦復顯於世，其有功算學，爲甚鉅矣。」[51]焦循《天元一釋》談泰序云：「治經之士多不治算數，治算數者又不甚讀古書，以謂西法密於中法，後人勝於前人，此大惑也。天元一術顯於元代，終明之世無人能知。本朝梅文穆公知爲借根方法之所自出，可謂卓識冠時，而篇中步算仍用西人號式，於李學士遺書未能爲之闡明，古籍雖存，不絕若線矣。」（《天元一釋》序，頁1，《里堂學記》本，嘉慶四年雕菰樓刻本）梅瑴成對借根方與天元術的新看法，爲舊學（傳統學術）注入了新的活力，從而影響了乾嘉學者的曆算研究，對宋元數學的復興產生了重要影響。

梅瑴成擔任翰林院編修之職，身爲儒臣，又從事曆算工作，深得康熙的信任。乾隆年間還擔任左都御史之職，負責京城的事務，官位元顯赫。乾隆南巡，還在南京接見梅瑴成，並賦詩一首，並題匾額「承學堂」，君臣關係相當融洽[52]。梅瑴成亦曾言：「余小子自幼侍先徵君，南北東西未離函丈，稍能竊取餘緒。後赴召內庭，得讀中秘書，蒙聖主仁皇帝耳提面命，遂充蒙養齋《律曆淵源》總裁，故于此道略知途徑。曆事三朝，洊登憲府，屢蒙聖天子殷殷垂訓，謂家學不可失，宜傳子孫，欽遵不敢忘。」[53]

在宮廷供職期間，梅瑴成對傳教士的言行屢有耳聞，多有微詞，在《操縵卮言》中他曾寫道：「康熙五十四年，西洋人紀理安欲炫其能而

---

51 阮元，《疇人傳》，卷39，頁86，嘉慶阮氏琅嬛仙館刻本，嘉慶四年阮元序。李銳，〈測圓海鏡跋〉亦云：「梅文穆公《赤水遺珍·天元一即借根方解》，發三百年來算家之蒙，可謂有功矣！」

52 據《梅氏宗譜·瑴成公事略》，「致仕南歸，見舊村人多屋少，難以復居，乃卜遷江寧陋巷一椽，閉門寂守。高宗純皇帝南巡，恩賜承學堂匾額，並御製詩。」李儼抄藏。

53 梅瑴成，《增刪算法統宗·凡例》。

滅棄古法，復奏製象限儀，隨將台下所遺元明舊器作廢銅充用，僅存明仿元制渾儀、簡儀、天體三儀而已。」（《梅氏叢書輯要》卷62，附錄二，《操縵卮言》，頁29)接著又說：「乾隆年間，監臣受西洋人之愚，屢欲檢括台下餘器，盡作廢銅送製造局，廷臣好古者聞而奏請存留，禮部奉敕查檢，始知僅存三儀，殆紀理安之燼餘也。夫西人欲藉技術以行其教，故將盡滅古法，使後世無所考，彼益得以居奇，其心叵測，乃監臣無識，不思存什一於千百，而反助其為虐，何哉？乾隆九年冬，奉旨移置三儀於紫微殿前，古人法物，庶幾可以千古永存矣。」[54] 可看出梅瑴成對西洋人的極度不滿，這段記載也見諸官修的《大清國史天文志》，代表了官方的言論。《大清國史天文志》只有稿本傳世，其作者是誰，以往沒有人提及，實際上也是梅瑴成，因他本人在《操縵卮言》中曾提到：「余不為史官久矣，史館總裁謂時憲、天文兩志非專家不能辨，不以余為固陋而委任之，余既不獲辭，不得不盡其職。」（《梅氏叢書輯要》卷62，附錄二，《操縵卮言》，頁17)

梅瑴成不僅對耶穌會士毀棄古代天文儀器、在學術上留一手的策略十分不滿，對欽天監官員也無好感。他不僅繼承了梅文鼎的反教傾向，而且還有進一步發展。《梅氏叢書輯要》序表明了他對西學的看法：「明季茲學不絕如線，西海之士乘機居奇，藉其技以售其學，學其學者，又從而張之，往往鄙薄古人以矜創獲，而一二株守舊聞之士，因其學之異也，並其技而斥之，以戾古而不足用，又安足以服其心，而息其喙哉？」梅瑴成的目的是「以見西法之不盡戾于古，實足補吾法之不逮」，「將見絕學昌明，西人自無所炫其異。」梅瑴成對耶穌會士「乘機居奇」的做法，有所批評。乾隆年間為文人學者所認同的反教言論，在康熙時代

54　《大清國史天文志》一（原鈔本）（臺北故宮博物院藏，乾隆時編纂）。《疇人傳》所載和此段內容幾乎完全相同。

就已定調，梅瑴成等人起了決定性作用，並影響了乾嘉學者的曆算研究。對天主教的厭惡，對耶穌會士策略的反感，導致了梅瑴成等人對傳教士的嫉恨。在《操縵卮言》中梅瑴成也透露出了對傳教士的不滿，該書有一題，名「弧三角形三邊求角，用開平方得半形正弦法解」，下有小注，稱「友人見示，云西士所授，而不知其用法之故，特爲解之。」值得注意的是在文中的最後，梅瑴成加了自己的一句話：「蓋欲示人以繡出之鴛鴦，而藏其金針耳。」[55]

康熙時代「西學中源」曾流行一時，此說通過康熙帝、梅文鼎等人影響到了梅瑴成，繼而又對錢大昕、阮元等人產生了影響。由於錢大昕後來從北京回到江南，梅瑴成晚年也在南京定居，於是對西學的看法完成了從朝廷向江南的轉變，從而奠定了乾嘉時期對西學態度的基調，導致了乾嘉之後「西學中源」說之盛行，影響了西學在中國的傳播。阮元曾從內心深處發出了這樣的聲音：「我大清億萬年頒朔之法必當問之于歐羅巴乎？此必不然也，精算之士當知所自立矣。」[56]這種看法代表了乾嘉時期文人的共同看法。

三、借根方與宋元數學的復興

西方數學傳入中國的歷程，也就是西方數學與傳統數學融匯的歷程。從明末利瑪竇翻譯《幾何原本》時開始，數學家如何會通中西，接受與發展西方數學的成果，也就成爲中國數學家所面臨的挑戰。這包括對《幾何原本》的邏輯演繹體系、筆算數學、符號代數、新的計算技巧（如對數、三角函數展開）等問題的態度與看法。18世紀下半葉至1860年

---

55 韓琦，〈「自立」精神與曆算活動——康乾之際文人對西學態度之改變及其背景〉，《自然科學史研究》，2002.21（3）：210-221。

56 阮元，《疇人傳》（嘉慶阮氏琅嬛仙館刻本），卷45，頁13。

代，西方數學知識的傳入基本停滯，而隨著考據研究的深入和《四庫全書》等大型叢書的編撰，一些傳統數學著作被重新發現、刊刻，引起了學者的廣泛興趣。這一時期考據學者執著於中學，以復古爲目的，並借助西方數學，整理和研究傳統數學特別是宋元數學著作。雖然他們的看法有時無助於西方數學的傳播，但無論他們對西方數學的態度如何，都無法擺脫西方數學的影響。他們在這一百年間，對西方數學和傳統數學方法進行了認真的分析和比較。以社會史的視角重新考量這一段時期西方數學傳播，有助於對不同文化傳統間科學知識的傳播方式有深入的理解。本文只擬就清代數學家對借根方與天元術的比較作一探討，說明與宋元數學復興的關係。

梅瑴成最早用借根方法解釋了《測圓海鏡》和《四元玉鑑》的部分例題，引起了四庫館臣的重視[57]。《四庫全書》除收入《算經十書》外，還收入了李冶的《測圓海鏡》和《益古演段》，並對此作了注釋。乾隆年間編纂的《四庫全書》，先後分藏南北七閣，南三閣之書，並許公開閱覽，使得阮元、李銳、焦循能夠閱讀杭州文瀾閣、鎮江文宗閣的藏書，從而興起了研究宋元算書的熱潮。儘管梅瑴成發現了借根方與天元術的類似，但他仍用西式步算，未能對李冶的著作給予詳細的闡釋。有鑒於此，嘉慶年間，李銳對《測圓海鏡》、《益古演段》進行校注，焦循追隨其後，在治經之暇，著《天元一釋》2卷(1799)。1800年，焦循和李銳「同在武林(杭州)節署」，共同討論天元一術，焦循謂：「尙之專志求古，於是法尤身好而獨信，相約廣爲傳播，俾古學大著於海內。」[58]

李銳在《測圓海鏡細草》一書的注中，曾比較了借根方與天元術的

---

57 參見鄭鳳凰，〈李銳對宋元算學的研究——從算書校注到算學研究〉，頁61-66。關於宋元算書的發現，參見杜石然，〈朱世傑研究〉，載《宋元數學史論文集》（北京：科學出版社，1966），頁166-209。

58 焦循，《開方通釋‧自序》。

異同，李氏云：

> 相消即相減，方程所謂直除是也。可以又數減寄左數，亦可以
> 寄左數減又數，故曰相消也。凡相消所得算式有誤，並如法算
> 正。今歐羅巴所傳借根方出於立天元術，其加減乘除之法並
> 同，惟此相消法與借根方兩邊加減則有異。蓋相消止用減，兩
> 邊加減則兼用加，二法相課，雖得數適同，而正負互異。如此
> 問，以又數減寄左數得下層實正，中層從負，上層隅負。而以
> 兩邊加減命之，則步數、根數、平方數皆為多號。多即正，少
> 即負，是實數同為正；而從、隅之正負相反。若以寄左數減又
> 數，則得實負、從正、隅正。是從隅同為正，而實數之正負相
> 反。總而論之，加減所得之實，必是多號；而相減所得之實，
> 亦有負算。相消而得負實者，則從廉隅之正負與加減所得合；
> 相消而得正實者，則從廉隅之正負與加減所得必相反也。又借
> 根方加減之後，遇兩邊俱無真數者，則有降位之法，令一邊為
> 真數，一邊為根方數，然後開方。然其位雖降，而數不殊。（《測
> 圓海鏡細草》卷2，頁12-13，《知不足齋叢書》本）

李銳是繼梅瑴成發現借根方即天元術之後，較早全面論述借根方
與天元術異同的清代數學家之一，引起了阮元、焦循、談泰、駱騰鳳等
人的極大興趣。但看法有所不同，如駱騰鳳在《藝遊錄‧論《測圓海鏡》
之法》對李銳的看法提出異議：

> 算術至天元一法妙矣，然其妙處在立正負定加減，正負者，加
> 減之謂，非多少之謂也。……近日李氏尚之以方程之正負解
> 之，亦復未得其旨。……李氏謂借根方出於天元一術，其加減

乘除之法並同，惟此相消法與借根方兩邊加減有異。不知借根
方之異於天元一者在正負多少之異，不在兩邊加減之異也。李
氏惑於正負即多少之說，每以借根方證天元一，故於正負加減
之例，恒多矯轕，不明正負之義即與不知細草而刪之者等[59]。

在〈論借根方法〉中，駱騰鳳又說：

借根方者理同於衰分之立衰，而實原於天元一而易其名也。其
法有真數、有根、有方。真數者積也，根者元也。所謂一平方
多二根與二十四尺等者，即天元一術之正隅一正方二與負積二
十四尺等也。……惟借根方以多少為號，天元一以正負為名，
此其異耳。竊嘗論之，正負有似乎多少，而古人立法之意，實
非以多為正，少為負也。正負者，彼此之謂，用以別同異，定
加減耳。……天元一正負同名相加，異名相減；借根方則多少
同名相加者亦可相減，異名相減者亦可相加。其有不合，則有
反減反加之法，此其別為一術，亦無不可，然與天元一較，則
西不如中也遠矣[60]。

這段話表明天元術與借根方之不同，也就是籌算與符號代數的差
別。因籌算沒有明確的等式概念，也沒有移項概念（傳統數學中，方程之
損益術實際上蘊涵了移項、等式概念）[61]，因此進行多項式的減法運算時，

59 駱騰鳳，《藝遊錄》，卷1。
60 同上。
61 郭書春先生認為：開方式和方程的一行，都是等式。《九章算術》方程章建立
方程的「損益之」，即「損之曰益，益之曰損」即是移項，不僅有常數項的移
項，還有未知數的移項。「如積」即等式，故可「相消」。如，等也。「實常
為負」的根據即是移項。因此，等式、移項等是有概念而無符號。

相減過程已用籌碼的正負代替，不需再改變符號，這是籌算的優點。而借根方則有明確的等式概念，移項需要改變一次符號，因此借根方「不直捷了當」。

嘉慶道光年間的部分數學家對借根方很推崇，並以借根方解釋古算。羅士琳在《比例匯通》曾言：「借根方者，蓋假借根數方數以求實數之法，即元學士李冶所立天元一是也，原名東來法，……故名之曰借根方，……設色比例止可以御本類，此則一切算法無不可以御之，是誠比例之大全，數學之極妙者矣。」[62] 諸可寶在《疇人傳三編》曾評論羅士琳說：「其始也顧習西法，幾以比例借根為止境矣。既而周遊京國，連獲佚書，遂爾幡然改轍，盡廢其少壯所業，殫精乎天元四元之術。」

在宋元數學著作發現之前，清代數學家大都熟習《數理精蘊》的借根方法，宋元數學之所以能復興，與清代數學家對康熙時代傳入的西方數學的深刻理解是分不開的。談泰在給焦循《天元一釋》所寫的序中稱：「泰於天元算例亦從西人入手，近始知其立法之不善遠遜古人，讀焦君此編蓋煥然冰釋矣。夫西人存心叵測，恨不盡滅古籍，俾得獨行其教，以自炫所長。吾儕托生中土，不能表章中土之書，使之淹沒而不著，而數百年來，但知西人之借根方，不知古法之天元一，此豈善尊先民者哉！」（《天元一釋》序，頁1，《里堂學算記》本，嘉慶四年雕菰樓刻本）談泰的這一心態，與梅瑴成《操縵卮言》一脈相承，甚至用詞都極為類似。從借根方入手學習天元術，通過比較發現天元術的優點，增強了清代數學家的民族自豪感，宋元數學的復興與此有很大關係。

《數理精蘊》是繼明末大規模翻譯西方科學書籍之後一部非常重要的編譯作品，傳入的數學內容比《崇禎曆書》已有不少進步，如對數造法表、「杜氏三術」、借根方等，都是較新的成果。雍正即位後，西方

62　羅士琳，《比例匯通》，卷3。

數學的輸入暫趨停止，乾隆時也沒有編纂數學書籍，因此《數理精蘊》成爲清中晚期研習數學的主要書籍。因《數理精蘊》被冠以御製的名義，故影響深遠，乾嘉學派研究古算與清末數學家關於二項展開式、級數展開式的研究無不受《數理精蘊》的影響。此外，《梅氏叢書輯要》也對清代數學產生了影響，其中梅瑴成所撰《赤水遺珍》引用了不少《數理精蘊》的內容，也收錄不少耶穌會士介紹的新的曆算知識。清代中晚期，許多數學家的著作，如許桂林、羅士琳《比例匯通》、何夢瑤《算迪》、屈曾發《九數通考》（《數學精詳》）、厲之鍔《彗緯瑣言》、陳杰《算法大成》等都受《數理精蘊》的影響。在宋元數學著作發現之前，清代數學家鑽研最多的莫過於《數理精蘊》與梅文鼎、梅瑴成的著作，以及收入《四庫全書》的天算著作。

鴉片戰爭之後，西方數學再次傳入。與此同時，一些數學著作被屢次翻印，清末《數理精蘊》的版本就達十餘種[63]，在學習新傳入的西方數學的同時，《數理精蘊》也是重要的參考書之一。這一轉變時期的數學家，大多是先讀《數理精蘊》，後來才轉入研習新傳入的西方近代數學，從傳統數學向近代數學轉變，《數理精蘊》發揮了承上啓下的作用。在採用西方符號代數之前，《數理精蘊》的「借根方比例」，對清末理解代數學是很有幫助的。

四、餘論：晚清有關借根方與天元術的爭論

19世紀的傳教士，面對夜郎自大的天朝臣民，試圖運用培根的「知識就是力量」的名言，通過翻譯科學著作，創辦報刊，傳播新知，來達到感化之目的。當英國倫敦會傳教士偉烈亞力（A. Wylie, 1815-1887）來華

63　丁福保，《四部總錄演算法編》。

後，即著手與李善蘭翻譯西方數學，在當時的情形下，他們借用了《數理精蘊》的一些術語，偉烈亞力在《數學啓蒙》英文序中稱：「本書（即《數學啓蒙》）的基礎工作，我是得力於康熙的精緻的數學文庫《數理精蘊》。」[64] 不過，1859年偉烈亞力和李善蘭翻譯的棣麼甘（Augustus de Morgan, 1806-1871）的《代數學》（*Elements of Algebra*），首先使用了「代數學」一詞，既捨棄了宋元天元術的舊稱呼，也沒有沿用清初欽定的「借根方」，用代數學來替代，顯然有一定原因。在此書的英文序中，偉烈亞力曾對使用代數學這一譯名作了解釋，認爲不用借根方這一舊的稱呼是明智的做法。這不失爲一個很好的折衷辦法，同時也擴展了「天元」或「借根方」原有的含義。一個詞語的創造，新概念的形成，需要經歷相當長的時間，之間會產生許多誤會，可見，從借根方、阿爾熱巴拉到代數學的術語的演變，背後隱藏著很多社會的因素。

事實上，在1859年之後，借根方仍被廣泛使用，對「東來法」津津樂道者也不乏其人，不過「代數」一詞漸漸流行，則是歷史的大勢。從《中西聞見錄》（1872年創刊）中劉業全和英國傳教士艾約瑟（J. Edkins, 1823-1905）關於天元術的爭論，可以看出晚清文人的心態。這場爭論由劉業全挑起，他在《中西聞見錄》第6號（1873）〈立天元一源流述〉中持「西學中源」說，沿襲陳說，認爲東來法古已有之，並傳入西方，又經西方傳回中國，原文如下：

> 至宋秦九韶著《數學九章》，始列天元一之法。……然自元以來，疇人子弟大抵墨守立成，習焉不察。……歐邏巴州人繼利氏而來者，始以借根方法進，梅文穆公一見即悟為古立天元一之法，遂於所著《赤水遺珍》中詳解之，並載其西國名曰阿爾

64　《數學啟蒙》，偉烈亞力序（英文）。

熱巴喇，譯言東來法也。考古〈虞書〉，帝堯命羲和於東曰宅
隅夷，即今登萊海隅地，於南曰宅南交，即今交趾國地，於北
曰宅朔方，即今蒙古內外札薩克地，至於西則僅曰宅西而已。
蓋東南北皆有疆域以限之，至於西則闕如，故可西則西之，是
以中法流入西域，一變而為默狄納國王馬哈麻之回回術，再變
而為歐邏巴之新法，立天元一之流於西土，更名借根方，又轉
而還入中華。（《中西聞見錄》第6號，頁17-18）

　　此文發表之後，艾約瑟指出其誤，認為把「阿爾熱巴喇」譯成「東
來法」不妥，並引經據典，從語言學角度加以證明：「觀公抒議，窮源
竟委，搜羅固備至矣。第以西名阿爾熱巴喇，為譯言東來法，此乃梅文
穆公於《赤水遺珍》中誤解耳。如云非梅公自撰，乃出於《數理精蘊》，
是亦西人之誤譯也。蓋阿爾熱巴喇，乃亞喇伯語，阿爾者，其也、彼也；
熱巴喇，有能之意也、有攄取之能也。五字合讀，即彼為算學中有能法
也。至《疇人傳》三十九卷亦云：借根方，西洋人名為阿爾熱八達（原
本巴喇，誤為八達），譯言即東來法。不知彼時緣何故誤解，致貽此病？」
（《中西聞見錄》第6號，頁18）
　　接著艾約瑟在第7號上以〈阿爾熱巴喇源流考〉為題撰文詳細解說，
對梅瑴成的看法提出批評，以使「百餘年之貽誤可解矣」：

阿爾熱巴喇（即借根方，亦即代數學），亞喇伯語，意即算學中有
能法，亦補足相消法。梅文穆公謂譯言東來法，其解非。夫亞
喇伯（即天方），回回地也，阿爾熱巴喇，回回語也。其法原非
始於回回，亦不能言創於中國。間嘗溯乎其始，當中國六朝時，
歐洲希臘國有名丟番都斯者，已傳其法，但用數不多，用號代
數。而印度國（即天竺），亦有其法，與丟氏相埒。至歐洲學士

繼起，精愈求精，法臻大備，仍其名為阿爾熱巴喇。其學之名，
雖稱自亞喇伯，其法之始，難細考勘，不能定言為創自回回、
創自印度、創自歐洲與中國也。

接著艾約瑟在第8號上發表〈阿爾熱巴喇附考〉，進一步說明「阿
爾熱巴喇」的語源，即是「補足相消法」：「亞喇伯國算學書，有名曰
阿爾熱巴爾、愛阿喇莫加巴喇者，考其立名之意，即補足法，亦相消法
（阿爾者，其也；熱巴爾，能也，分數變為整數之算法也；莫加巴喇，相對也，
相比也，相等也，即互相調換意也）。歷年既多，取其補足相消意，僅呼
為阿爾熱巴喇。」

艾約瑟主要從西方中心論的觀點出發，認為古希臘是歐洲學術的
發源地，論證阿爾熱巴喇從西方傳入中國，而中國學者推陳出新，「天
元一優於阿爾熱巴喇」，顯然還給中國人一點面子。總體而言，艾約瑟
說明代數發展和傳播的歷史，至少可以澄清晚清學者崇揚古學，貶低「借
根方」的做法[65]。康熙時代關於借根方、阿爾熱巴拉，及「東來法」的
說法，是否真的出自傳教士之口，已無從查證。需要指出的是，耶穌會
士曾經採用適應（accommodation）策略[66]，即著意留心中國傳統典籍和
《聖經》的關係，找出古代聖人的言論和天主教義的相通之處，以達到
傳教之目的，白晉從《易經》入手，對此作了深入的闡釋，確實影響了
康熙對《易經》的看法。有趣的是，代數學即「東來法」這一誤解，在
梅穀成等人的解釋之後，竟然成為信史，對清代曆算家產生了深遠影

---

65 韓琦，〈傳教士偉烈亞力在華的科學活動〉，《自然辨證法通訊》，20.2（1998）：
   57-70。鄧亮，《艾約瑟在華科學活動》（北京：中國科學院自然科學史研究所
   碩士論文，2002）。

66 關於適應政策，參見D. E. Mungello, *Curious Land: Jesuit Accommodation and the
   Origins of Sinology* (Honolulu: University of Hawaii Press, 1989).

響，歷時達150年之久。因爲冠有御製的名義，直至晚清，借根方仍有相當大的市場，翻開晚清的算學著作，仍可以看到許多有關借根方的討論。光緒年間，數學家在吸收清末傳入的西方數學的同時，還利用《數理精蘊》的借根方解釋天元術。劉光蕡在給王章《借根演勾股細草》寫的跋語中稱：「天元術大明于元和李尙之氏，蓋自借根術入中國，梅文穆以之釋《測圓海鏡》，於兩術之所以異尙不能無疑，至尙之氏則知其所以異，並知其所以同，其自爲天元勾股草，先明術，次演草，次爲圖解，詳哉其示人矣。使中法天元術復明於世，借根之功不可沒也。」[67]儘管艾約瑟等人撰文想消除時人對「東來法」的誤解，一種正確觀點的形成，在當時的政治和社會環境下，仍經歷了很長一段時間。同樣，代數學廣爲使用，最終取代借根方，也要等到光緒末年。

67　王章，《借根演勾股細草》(《味經時務齋課稿叢鈔》內)。

文化遭遇中的科學實作[*]
——清代中國的英科學帝國主義與博物學研究

范發迪^{**}

一、引言

近年來，國內外科學史學者逐漸關注到田野工作在科學研究中的重要性，而不再局限於鑽研既定的科學史題材，或只討論科學菁英與主流科學機構。這樣的轉變，讓我們清楚地看見科學行動者（scientific actors）的多樣性，和他們之間在知識生產、審定、傳播過程中，複雜的折衝與協商。此外，這也促使我們注意，科學事業包羅萬象，並與社會、文化、政治、經濟各領域息息相關[1]。約略同時，其他的史學領域也正在反思

* 本文英文初稿在中研院史語所「科技與中國史」研討會發表時，承蒙祝平一教授、傅大為教授及其他與會學者提供寶貴建議。原稿並由朱瑪瓏先生譯成中文初稿。筆者在此謹向諸位先生及匿名審稿人致謝。

** 美國紐約州立大學賓漢頓分校。

1 由於本文為導論性質，筆者將盡量運用註腳空間來引介較能裨助年輕學者進修的議題與相關著作，而不斤斤於堆砌史料證據。因此，大部分的註腳將用來注

傳統歐洲中心的史學論述。這股新的史學思潮，沿兩路奔流。一路源自
於歐洲帝國與殖民史學。新一代的學者，或受後殖民理論影響，或直接
從帝國與殖民史中另闢蹊徑，引進新的觀點與研究重心。以往專重的帝
國或殖民地的政經史，已無法滿足學者對這段歷史的好奇心。學者一方
面強調，帝國都會(metropole)與殖民地(colony)之間，並非簡單的「中心」
控制「邊陲」，而是互相影響、彼此作用；一方面則加重思考帝國脈絡
中文化與知識的關係[2]。第二條路則是從全球史或地區關聯史切入，不
以一國、一地為中心，而專注各社會和人群間的互動與流通。這一史學
論述，有時甚至棄既定的歷史範疇而不顧，視其為限制史觀、史識的絆
腳石。以最近興起的「大西洋世界」(the Atlantic World)研究為例，學者
嘗試以所謂的「大西洋世界」為研究對象，而不集中在其中某個國家、
社會或地區。不管是黑奴史或18世紀末的革命史，都必須同時牽涉到多
個大陸、海島與國家。如果硬要根據一島、一國切割，結果不免掛一漏
萬，將歷史剪得支離破碎。上述兩支史學思潮，並非各行其是，而是相
輔相成。例如晚近關於15至18世紀美洲史的著述，常將那段歷史視為跨
文化的多元競合。歐洲帝國勢力(主要是西、葡、英、法)、美洲許多不同
族別的土著與非洲來的奴隸，在政治、社會、文化、經濟上，合縱連橫，
抗爭競逐，當然其中也不缺欺凌壓榨，趕盡殺絕的悲劇。研究這段複雜
的歷史常結合帝國史、殖民史、「大西洋世界」史以及所謂的「文化遭

(續)————————————————————

　　　釋文中提及的史學觀點與方法，並列舉適合的入門或概論作品。關於科學與田
　　　野工作的關係，請參閱*Osiris*, vol. 11(1996), *Science in the Field.*

2　關於歐洲或英帝國史的著作汗牛充棟，但讀者或可從*The Oxford History of the*
　　British Empire (Oxford: Oxford University Press, 1998-1999)，全五冊，擇選概述
　　導論式的文章。其中第二、三、五冊及其*Companion Series*中的*Environment and*
　　Empire, ed. William Beinart and Lotte Hughes (Oxford: Oxford University Press,
　　2007)均有與本文題目相關的長文。

遇」(cultural encounters)與邊境研究(border studies)的論點，以求周全[3]。

雖然中國史研究毋須以西法爲貴，但也不應閉門造車。中國歷史與其他世界各地牽扯甚多，如果只埋頭於傳統定義下的中國史題材與方法，忽略中國本就是世界的一部分，且無視周遭史學方法與環境的演變，終必落得無法合轍的窘境。既然如此，那麼我們可從上述這些深具啓發性的學術趨勢學到什麼？如何將其較精采的論點運用在科學史與中西關係史接壤的課題？我們怎麼分析有關知識、帝國主義以及科學與文化遭遇這些饒富趣味的議題？本文將嘗試回答這些問題。

在18、19世紀時，科學爲歐洲帝國主義的實體與想像提供了多項功能。當時，歐洲人認爲科學是文化優越的絕對指標，並用它來判定其他社會文化的高低。傳統中、西雙方的科學史研究常想當然爾地假設近代科學源於歐洲的幾個中心；並認爲近代科學之所以傳播到世界各地，乃爲它相對的內在優越性。這個簡單命題，時有變異，以包容從殖民地或「邊陲」迴流過來的資料。但基調總是認爲這些資料，必得經過歐洲都會科學菁英的篩選、綜合、分析，才升格爲科學。這種論調忽略了一個重要史實：那就是遠離帝國中心的機構與人員常常在科學知識的建構上擔任關鍵角色。他們也從事驗證知識、判斷其價值、解釋其意義的工作，而非只是呆板地蒐集資料。事實上，近代科學的發展多有賴旅行者、移民、殖民後裔(creoles)，以及各地原住民間的交涉。一旦我們超越以帝國中心爲主的史學框架，就可以較靈活地去追溯各地人員與機構在科學事業的功能，探討他們如何製造與審定科學知識。我們也可以

3　例如，Mary Louise Pratt, *The Imperial Eye: Travel Writing and Transculturation* (London: Routledge, 1992); Richard White, *The Middle Ground: Indians, Empires, and Republics in the Great Lakes Region, 1650-1815* (New York: Cambridge University Press, 1991); Gloria Anzaldua, *Borderlands/La Frontera: the New Mestiza* (San Francisco: Aunt Lute Books, 1987).

反過來看科學知識體系怎麼影響他們在帝國系統與世界各地的立場與行為。

　　本文從上述論點出發，以西方博物學者在清代中國的活動為例，重新思考科學史與中西關係史接榫的一些問題[4]。本文旨在論說而非敘事，因此，並不企圖全盤介紹18、19世紀歐洲科學研究者在華的活動，也不深入描述這段歷史中的特定人物或事件。今標舉本文主要論點如下：首先，我將強調博物學（natural history，或譯作自然史）在科學史中的重要性。博物學可寬鬆地定義為對動植礦物及其他自然現象的研究。直到最近，它在傳統西方科學史中，都僅占次要地位，其原因部分在於當代的科學分類，已不再有博物學這個名目，它的幾個次領域已衍生成各自獨立的專業學門，如生物學、地質學、動物學等。現在已經沒有人像達爾文一樣，做過地質與多樣動植物的研究。如果科學史家不多加思索，將這些當代分科投射到過去，將會割裂18、19世紀（或更早期）博物學的整體性，只剩下片斷零碎的了解。然而這種情形在近十幾年來已大幅改善，博物學史儼然成為科學史裡的顯學[5]。相對而言，「博物學」

4　本文論例多取材於拙作，Fa-ti Fan, *British Naturalists in Qing China: Science, Empire, and Cultural Encounter*（Harvard University Press, 2004）及Fa-ti Fan, "Science in a Chinese Entrepôt: British Naturalists and Their Chinese Associates in Old Canton," *Osiris* 18（2003）: 60-78. Emil Bretschneider, *History of European Botanical Discoveries in China*全二冊（London: Grandesha Publishing, 2002）初版於1898。該書詳細羅列在清代中國活躍的歐美博物或植物學者及其生平、成就、著作。雖然成書年代久遠，但仍極具參考價值。Shang-jen Li, "Natural History of Parasitic Disease: Patrick Mason's Philosophical Method," *Isis* 93（2002）: 206-228指出當時博物學與醫學的結合。中文著作中，請參閱羅桂環，《近代西方識華生物史》（濟南：山東教育出版社，2005）。李尚仁，〈萬巴德、羅斯與十九世紀末英國熱帶醫學研究的物質文化〉，《新史學》17.4（2006）：145-194及〈看見寄生蟲──萬巴德絲蟲研究中的科學實作〉，《中央研究院歷史語言研究所集刊》78.2（2007）：225-259，側重醫學，但與本文論點多有相通處。

5　參見N. Jardin, J. A. Secord, and E. C. Spary, eds., *Cultures of Natural History*（Cambridge: Cambridge University Press, 1996）及David E. Allen, *The Naturalist in*

在中國科學史學中，仍受冷落。這方面的研究雖也有一些成績，但尚未蔚為風氣。這裡所謂的「博物學」，籠統地概括了中國人研究種種自然物品、現象的記錄。筆者不擬在此深究名詞的定義(如什麼是「自然」等等)，重點是中國人研究花草樹木、鳥獸蟲魚，並留下了浩瀚文獻——諸如本草、園藝農書、花譜、博物誌，乃至遊記、筆記、方志等，都值得學者深入探索。筆者希望藉由這篇文章，鼓勵更多青年學者投入中國的或是西方的博物學史的研究[6]。

再者，我希望能印證，用文化遭遇的觀點去檢視博物學史，能更犀利地看到18、19世紀博物學發展的一些特質。本文的論點甚至可推廣到當時其他高度依賴田野工作的科學領域，如地理學、人類學、考古學。這些科學領域的發展，與歐洲勢力滲入世界各地時發生的文化遭遇息息相關，而它們的操作與實踐，與博物學類似，常具在地性，並受自然人文環境影響。當然，從文化遭遇研究科學史時，雖開啟了新的研究機會，卻也很可能碰到史料和方法上的難題，本文也將會特別討論這方面的相關問題。

最後，我將說明這一取徑對了解該時期在中國的科學活動有所貢獻。一般研究中國科學史的學者，多半有意無意對比中國知識系統與西方科學。由於事涉知識傳統的發展歷史，這樣做無可厚非。但如果我們從文化遭遇的角度切入，如論析旅華英國人的日常科學實踐，以及他們

(續)————

Britain: A Social History (Princeton: Princeton University Press, 1994).

6 關於這方面的研究多半從醫學史的角度來看，另有植物學家以現代植物學的觀點來討論《本草綱目》、《植物名實圖考》等書。欠缺的是較全面的來了解這非常廣袤多樣的知識傳統，嘗試重構其認識論與思想體系，並將其置於文化脈絡中。Joseph Needham在Science and Chinese Civilisation中的Botany一冊，雖然資料豐富，但深受該書系特定觀點與詮釋框架的限制。Georges Métailié的續論特重傳統植物分類及相關問題，但尚未出版。Carla Nappi, The Monkey and the Inkpat: Natural History and Its Transformations in Early Modern China (Cambridge: Harvard University Press, 2009)，集中討論李時珍的《本草綱目》。

從事研究時與各地、各階層中國人的交往，並進而研究中國人如何參與這些科學活動。我們將更能打破中、西科學史的隔閡，有效地把18、19世紀中國科學史置入全球政治、經濟、社會的脈絡中，而不再使其淪為西方科學的「他者」，也不再重複將晚清科學史等同於引進西方科學的陳年故事。我也希望能透過這項研究，促請學者注意：科學知識的生產，並不限於科學菁英，而常仰賴廣泛的參與。來華的英國博物學者，包括行商、領事、傳教士、醫生、軍官、園丁和專業植物採集者(plant hunters)。他們與各行各業的中國人在科學工作上往來交涉，例如官員、商人、買辦、畫師、藝匠、園丁、街頭小販、獵戶、農夫、藥房老闆等等。並非所有這些人在科學事業中都扮演同等角色，但他們的參與與貢獻值得彰顯。從這個視角，本文期望能在傳統科學菁英、學科思想、重大的科學事件之外，描繪出一幅不同的科學史圖像。

二、海貿、商埠與科學事業

傳統歐洲科學史學以研究數學、天文學、及物理學為主。這樣的取向遺漏了一個近代早期科學的主要領域，那就是博物學。博物學，尤其是植物學，乃當時的「大科學」(big science)[7]。植物學在17至19世紀時，吸引了從科學界、政府機構、海貿公司到殖民地官員的廣大興趣與支持。例如，18世紀末及19世紀初時，植物學家Joseph Banks堪稱英國科學界的巨擘，不僅多年位居英國皇家學會主席的寶座，還常被推崇為當代牛頓。他與英國皇室、政府、東印度公司關係密切，並常運用他的政商影響力，推動博物學研究[8]。英國的情況並非特例。當時其他主要科

---

7 「大科學」(big science)一詞原指二戰時期及戰後巨型的先進科學計畫(如核能、高能物理、航太科技)與國家組織政策經濟相結合的現象。

8 Richard H. Grove, *Green Imperialism: Colonial Expansion, Tropical Island Edens*

學大國以及帝國勢力，如法國與荷蘭，博物學同樣廣受歡迎與重視。因此，爲了理解在華的歐洲科學活動，我們應該留心這個歷史背景，並特別注意兩個面向：第一，博物學在當時歐洲社會裡蓬勃發展，蔚爲風氣；第二，博物學與歐洲海洋貿易、帝國主義擴張之間具有多角互動關係。

在18、19世紀的歐洲，博物學是一種大眾科學與文化時尚。這可從科學演講，採集植物，蒐集昆蟲、化石或其他類似活動的風行，一窺究竟。隨著海貿、遷移、殖民等活動，歐洲人帶著他們對博物學的熱愛來到海外。外交人員、旅行者、傳教士、軍官、商人都常常是積極且稱職的博物學者。事實上，早在17、18世紀時，東印度公司及其他遠洋貿易的雇員們，就已經是歐洲海外博物學研究的生力軍。一般說來，18世紀中期以前，大規模及有系統的科學探險並不常見。所以海貿路線變成了歐洲收集全世界各地科學資料的主要網絡。歐洲海貿企業的雇員隨地在各處調查、採集與觀測，並回報給歐洲的科學社群。這些新資料常能刺激歐洲對自然世界的認識與想像。除此之外，這些在外人員也常與待在歐洲的學者討論與對話。值得注意的是，這些海貿公司不僅是歐洲博物學者援用的研究管道，事實上，它們本身就是龐大的知識生產企業。在海貿事業裡，科學、商業、政治的考量息息相關，而海貿公司、政府、及學術社群間也常透過正式與非正式的管道，互通有無、相輔相成。歐洲海外貿易的生存與擴張，極度仰賴科學知識與相關的實際操作——比如說，繪製航海圖與地圖，以及對貿易貨品的調查研究（我們必須記

（續）——————————————

and the Origins of Environmentalism, 1600-1800 (Cambridge: Cambridge University Press, 1995); Richard Drayton, Nature's Government: Science, Imperial Britain, and the "Improvement of the World" (New Haven: Yale University, 2000); Londa Schiebinger, Plants and Empire: Colonial Bioprospecting in the Atlantic World (Cambridge: Harvard University Press, 2004).

得，在當時大部分的貿易貨品都是動植物產品）。科學與貿易事業的結合，常決定了科學研究的具體對象，以及科學知識成長、流通的地理空間。概括而言，這個知識網絡常與全世界貿易路線吻合。全球貿易促進了海運港口的成長：在歐洲有阿姆斯特丹、安特衛普、倫敦、利物浦、馬賽；在亞洲是臥亞（Goa）、孟買、加爾各答、麻六甲、巴達維亞、馬尼拉、澳門、廣州，以及長崎；還有大西洋的加勒比群島等。這些港口城市，環繞全球，成爲貨物與訊息的集散地[9]。

　　如果要全面了解這個歷史圖象，除了上述全球貿易的宏觀視野之外，應該佐以一個微觀的角度，聚焦於在地文化遭遇中的日常科學實踐。因爲，文化遭遇總是發生在某一特定時空，有其個別的社會、文化、地理環境，所以不能一概而論。因此，我們應該將博物學和其他田野科學工作落實到「地方」（place）上[10]。換句話說，我們可以將海貿港口比擬作田野工作的場所（site），它同時也是一個訊息交換的樞紐，以及文化遭遇的「接觸區」（contact zone）[11]。海貿大港裡的社會與物質空間，提供了科學工作有利的環境。身處異地的歐洲人，與當地人做生意，買

9　參見Harold J. Cook, *Matters of Exchange: Commerce, Medicine, and Science in the Dutch Golden Age*（New Haven: Yale University Press, 2007）; London Schiebinger and Claudia Swain, eds., *Colonial Botany: Science, Commerce, and Politics in the Early Modern World*（Philadelphia: University of Pennsylvania Press, 2004）; Pamela H. Smith and Paula Findlen, *Merchants and Marvels: Commerce, Science, and Art in Early Modern Europe*（New York: Routledge, 2001）.

10　讀者如欲進一步了解科學與地方（place）的關係，可從David N. Livingstone, *Putting Science in Its Place*（Chicago: University of Chicago Press, 2003）入手。

11　「接觸區」的觀念原由Mary Louise Pratt引入（見註3），現已廣泛爲學者採用，所以本文從之。該觀念的優點是包容性強，缺點是失之空泛。視研究對象而定，建議或可代之以「文化邊境」（cultural borderlands）的觀念。文化邊境一方面強調文化面向，一方面重識邊境的實質作用。詳見 Fa-ti Fan, "Science in Cultural Borderlands: Methodological Reflections on the Study of Science, European Imperialism, and Cultural Encounter," *East Asian Science, Technology, and Society: an International Journal* 1: 2 (2008): 213-231.

賣商品，並建立業務網絡，拓展社會關係，而他們也有時藉機採集科學標本。同樣的，與歐洲人貿易的當地人，也扮演著文化仲介（cultural agent）的角色；將其認爲有價值的知識，傳入他們自己的社會。這麼說來，博物學資料的流通與商品貨幣的流通，並非涇渭分明，而是相通的管道。甚至可以說，在某種程度上，動植物標本與資料本身就變成了一種資本、一種通貨、且是社會交換的媒介，同時結合了經濟、社會、科學、文化品味等多種價值。所以，如果我們把這類日常科學活動視爲在海貿港口與當地貿易活動相關的文化實作，便可清楚看到它立基於商埠的特殊文化、社會環境。來自世界各地的人群、物品與文化在海貿港口相遇，形成了科學調查的沃土[12]。

在這段時間，中國最大的通商港口是廣州。18世紀後半葉，英國成功地排擠其他海洋勢力，逐漸在此鞏固了它的優勢地位。在廣州的英商，包括英屬東印度公司的雇員，及一些跑單幫的商人。在貿易季節，廣州港口的外國商人與船長可超過數百人（這還不包括水手及其他下層人員），其中包括了許多對動、植物有興趣的人。

由於歐洲長期以來對中國的庭園、花卉極感好奇，與園藝相關的題材自然而然成爲當時英博物學者研究的主要對象。廣州的商市環境正適合這些領域的研究。雖然廣州表面上是海貿大城，繁囂熙攘，不像是作動植物研究的地方，但實際上，研究良機無窮。舉凡商家、花園、苗圃、街頭、市場，無一不是尋寶的好去處。英屬東印度公司廣州分行的成員，在調查中國的動植物上，扮演了重要的角色。部分原因在於，許多這樣的調查，需要有系統且持續的努力；而這僅能依賴常駐廣州，占

12　海貿商埠的科學活動只是科學與城市環境研究中的一個特定例子。*Osiris,* vol. 18（2003），*Science and the City*對科學與城市這個命題有較多面的討論。有心讀者可參閱Thomas F. Gieryn, "City as a Truth-Spot: Laboratories and Field-Sites in Urban Studies," *Social Studies of Science* 36（2006）: 5-38.

有地利之便的人。英國的動植物學機構，如皇家邱園(Kew Gardens)、林奈學會(Linnean Society)、皇家園藝學會(Royal Horticultural Society)、倫敦動物學會(Zoological Society of London)，非常了解這個情況，紛紛與在廣州的英商博物學者搭線合作。在外的英國人也常主動與母國科學界搭配，藉以獲得長程科學支援，並間接提高自己的科學地位。

廣州的英商科學活動，通常與他們在當地的人際關係、商業往來及日常活動息息相關。不像匆匆來去、人生地不熟的過客，這些英商有經年累月待在一個中國商港所獲得的經驗與門路。因此，他們成了歐洲人研究中國動植物的尖兵。像是在19世紀初的數十年間，那些在博物學研究上扮演著重要一環的廣州英商，如Joseph Banks在中國的主要的聯絡人George Thomas Staunton，廣州分行的醫師John Livingstone，分行的牧師George Vachell，以及茶葉督察員John Reeves。其中，Reeves可能是鴉片戰爭前，最為積極的旅華英國博物學者。

按照清朝律令，當時在廣州的洋人，只能在城外沿江岸的一小塊地區活動，不得隨便越界。這規定當然不利於英人博物學的調查研究。但當地英商在抱怨之餘，也頗能就地取材、善加利用一切可能的機會。由於他們鮮少能涉足該區以外的地方，區域內的花園、苗圃、魚菜市場、南北貨行及珍玩店等地，便充當了他們主要的田野工作場所。在市場裡翻找動植物標本，聽起來可能讓人感到奇怪。但事實上，這對許多17、18世紀博物學家而言，可說是家常便飯。不論是歐洲本土，或外地皆然。在廣州，十三行旁邊幾條街的商家小販，以及往上游幾哩的花棣(地名，多苗圃)，成了標本的主要供應地。蒐集的對象，包括鳥獸蟲魚、花木果蔬等。此外，這些洋人經常造訪中國行商的富麗庭園。這些花園常有商業苗圃難得一見的名花異草，包括洋人喜愛的各式特種牡丹。中國行商對英人的博物調查提供了許多援助，這點連遠在英國的博物學界都知道。他們甚至以Conseequa(麗泉行的潘長耀)來命名一種庭園植物，以

誌謝意。

然而，找到一種想要的植物，並不見得就能成功引種。成功的轉植，通常需要成套有關該植物的資料以及實作知識。諸如土壤、濕度、溫度、日照、保育、運輸及其他林林總總的因素，都要考慮。沒有這些資料，就很難確保植物的存活與健康。因此，那些在中國觀察到的細節與訣竅，對在英國的植物學者來說，大有幫助。舉例而言，在1820年代由園藝學會派遣到廣州的園丁，出國前便已知道他們的任務不只是擇選值得引進的花木，還包括見習中國花匠的手藝。在廣州的幾個月中，他們受到當地的英國博物學者照顧，一同尋訪鄰近的苗圃、花園。英國園丁不只挑擇要運回國的植物，同時也觀察學習中國園丁如何栽培與維護植物。當然，中西園藝各有師承傳統，他們並不一定完全信服所見。但他們仍重視從當地人那兒學到的知識，因為這些知識將有助於在英國栽培該種植物。英國人在這段期間從中國引進了多種玫瑰、菊花、牡丹、茶花、杜鵑及其他庭園植物，甚至常沿襲華人對這些花各式變種的分類。

我討論這些例子的目的不在於凸顯中國人或其園藝傳統對歐洲植物學或園藝的貢獻。重點是要透過這段歷史來解釋在16至19世紀博物學（以及許多其他科學分支）和歐洲勢力擴張與全球貿易發展的關係。在廣州的英商博物學者，由於有當地人，例如行商、花匠的幫助，因而能有效地將廣州作為一個大商埠的特色，重組成博物學研究的有利環境。繁華的市集，變成了科學知識交換與生產的場地。貿易大城裡每天進行的商業買賣活動，被轉化成有力的研究工具與技能。一個尋常的魚市、花市變成了科學調查的田野地點。博物學者穿梭其間，蒐集標本、資料。我們可以把這些地方看作文化交流和科學研究的接觸區，在廣州的歐洲博物學者藉由延伸既有的人際、商業關係，以及其他類似的社會交換模式，從事實地科學研究。從宏觀的角度來看，在歐洲海上帝國與其他社

會一起形成的全球貿易網絡中，博物學只是各地知識、訊息、通貨、商品及其他文化產品流通的一部分。這個觀點將有助於我們重新理解博物學史，結合海洋史、都市史及文化接觸史，並重視一些以往被忽略的科學參與者與他們的工作。換句話說，從博物學作爲一種田野科學與商港物質、社會環境的多重關係，我們可以重新詮釋近代科學(尤其是博物學)的成形與發展。

三、田野科學與科學帝國主義

19世紀下半葉，西人的田野博物學研究伸展到中國內陸。這個過程與英帝國主義勢力在中國的擴張密不可分，但同時也與中國人因應此一變局的方式有關。該時期博物學研究有三個較爲顯著的面向：(1)英國「非正式帝國」(informal empire)在中國的擴張。帝國勢力透過領事機構、中國海關，以及各式各樣的商務與傳教組織，在支持與執行博物學研究上，扮演了一定角色；(2)在中國的西方社群中，漢學與博物學的交織發展。長居中國的洋人，尤其是傳教士及領事、海關人員，因職務所需及興趣學習中文，研究中國文化和古籍，也進而對中國的博物學感到好奇。他們結合漢學與博物學，閱讀中國古代對動植物的記載，如本草、農書、花譜等；(3)內陸田野工作機會的增加，也對博物學研究範圍產生正面影響。地理空間的擴張，不但使得博物學者能較廣泛地調查中國各地區的動植物，也因而漸能拼湊一個較完整的動植物分布圖像。這類的研究只有從田野間的實地觀察做起。雖然採集、鑑定、分類仍是他們研究的要務，但在結合生物地理空間分布的知識後，對當時剛起步的生物地理學與生態學有奠基的功用。此外，博物學者也從田野的實作經驗中，獲得了博物學研究不可獲缺的在境知識(situatedsituated knowledge)。

　　由於本文聚焦於博物學作爲一種田野科學，因此我將著重於申論(1)和(3)[13]。

　　在上一節，我們用了「接觸區」的觀念，來解釋英國博物學者與當地人在廣州社會、文化環境下的遭遇。用意是要強調，在討論人貨紛雜、文化多元的世界性商埠時，如果一味沿用既定的標籤分類——如「歐洲的」、「中國的」——可能導致自我設限，無法說明來自各地知識、文化的融合轉化。但是，如果太隨便地使用接觸區這個概念，側重人、物、文化交流的開放性，可能不免低估實力和權力差異的現實。所以在解釋19世紀中、下期，英國人在中國的研究時，我們應該正視「科學帝國主義」(scientific imperialism)這個觀念與現象。

　　科學帝國主義指出科學與帝國殖民事業兩者的共生關係，說明科學發展與帝國想像的擴張，在某些情況下構成了一個相互作用的反饋迴圈。以世界地理學爲例，它的成長多少建立在帝國機制、想像與歐洲帝國勢力朝各大陸的擴張；相對地，帝國主義機構也會援引地理學知識作爲其前進、發展與控制的工具。歐洲對18世紀印度，及19世紀非洲的探勘、繪圖與侵占殖民，即爲顯例。

　　鴉片戰爭以後，西方列強在通商口岸建立了橋頭堡，並逐漸將權力觸角延伸到中國內陸。外交、商業、傳教組織迅速增長。比如說，1840年代到1890年代之間，英國領事系統共任用了超過兩百名官員，這還不包括低階雇員和許多中國文書。及至1880年左右，他們已經在超過20個城市裡，設立了領事館或辦事處。不同於英領事系統，中國海關

13　關於(2)，本文第四節將簡短論及。旅華西方博物學者對中國圖書古籍的興趣，一方面源自漢學研究，另一方面則意圖從中篩選對博物調查有用的資料。當然，中西「博物學」的範疇、觀念、名詞並無簡單對應關係。知識轉譯的過程，因而甚爲複雜。拙作*British Naturalists in Qing China*，第四章對此問題作過較詳細的分析。

在編制上是清朝政府的一個單位。創立於1854年，主要負責通商口岸的關務。從最高的總稅務司以降，裡面的官員多半是英國人，其他尚有美、德、法等洋人。在1896年，海關擁用近七百名洋官員，其中過半數是英國人。在這段期間，英國領事系統與中國海關兩組織的雇員，成為新一代旅華博物學者的主要來源。舉幾個例子，對中國植物鑑定分類極有建樹的漢斯(Henry F. Hance)是個領事官員，以研究台灣與海南島動物著名的郇和(Robert Swinhoe)也是。大量採集植物標本，發現無數新種，並也曾派駐台灣的韓爾禮(Augustine Henry)則是一名海關官員。除了這幾位科學成就較高的學者外，還有其他許多公務員、傳教士、商人利用在中國任職的機會，投入博物學研究。當時其他西方國家中，只有法國和俄國的貢獻差可比擬。這是因為法國傳教士擁用他們自己在內陸，尤其是在西南地區的根據地與組織網絡。而俄國人則獨具進入清領土北部與西北部的門路。雖然，西人在華的博物學研究，不能輕易以國籍劃分，其間合作情形不少。但是各帝國勢力間有形與無形的競爭，也多少在科學領域重演。

各國領事單位與中國海關裡的新進人員，精力充沛，且受過良好的教育，正是博物學工作的理想人選。一般說來，只要不影響本業，中國海關與英國領事當局通常都支持它們職員從事科學活動。事實上，他們的例行公事裡，有時就包含了科學調查。這些主要不是為科學研究而待在中國的洋人，常利用公餘或職務之便來從事科學工作，他們的職位常帶給他們研究上的便利。舉例而言，領事機構與海關經常調動職員，這些人幾年就遣調一次，有時甚至一年數次。這一內部的制度措施，並不基於任何科學研究上的考慮，但卻對博物學工作大有裨益。經常的調動，一方面讓有志的博物學者獲得更多認識各地同事的機會，積極誘發他們對博物學的興趣，並建立寬廣的同好通信網，進而可隨時請許多一樣遊宦各地的同僚幫忙蒐集資料和採集標本。另一方面，每次調遷都

可能賦予博物學者新的田野工作場所。當時西方對清朝領域自然環境的研究還是一片空白，任何一個新的地點都可能富藏著新發現的機會。郇和（Swinhoe）在臺灣、韓爾禮（Henry）在湖北與雲南，多少是因任地的緣故，而大有斬獲[14]。

　　這批新一代的博物學者，與他們在廣州從商的博物學前輩，有些相同。這兩群人中，都幾乎沒有全職的博物學家。他們僅在工作之餘，追求自己的科學嗜好。結果，兩群人皆成功地將他們的社會位置、人際關係、職務資源與專業技巧，有效地轉變爲生產科學知識的工具。在討論廣州的英商博物學者時，我指出，諸如東印度公司這種海貿事業，也應視作知識生產的組織。同樣的，從某些關鍵角度來看，年代較晚的領事系統、海關以及各形各色商業、傳教機構，也是資訊蒐集與知識生產的事業。爲了執行、追求既定工作目標，它們都積極考察中國政經、文化、社會各面向。這麼說來，我們可以把博物學者對中國動植物及自然環境的研究，納入西人建構「中國」這個知識對象的整體知識企圖之中。蒐集並製造關於世界其他地區的知識，乃科學帝國主義重要的意識形態與實踐，該意識形態並宣稱由此產生的知識具有正確性、客觀性、科學性與可靠性。從中國海關的管理上，便可看見這樣的自信與態度。中國海關雖然隸屬於清政府，但卻是一個西方風格的機構，由西人經營管理。英國堅持擁有該機構的管理權，因爲他們認爲當時的中國人不能管好它。擔任海關總稅務司數十年的赫德（Robert Hart）命令所屬刊行一系列關於重要通關物品的詳細統計，包括中藥材及其他動植物產品。他們

14　參見張譽騰，〈英國博物學家史溫侯在台灣的自然史調查經過及相關史料〉，《台灣史研究》1.1（1994）：132-151。值得注意的是博物學田野工作與打獵、旅行等活動常密不可分。見拙作 British Naturalists in Qing China 第五章；張寧，〈在華英人間的文化衝突：上海「運動家」對抗「鳥類屠害者」，1890-1920〉，《近史所集刊》37（2002年6月）：187-227檢視了當時西人對打獵與鳥類保護的爭議。按：史溫侯即郇和（Robert Swinhoe）。

也同樣刊行了對蠶絲、漁業、公共衛生等項目的科學調查。這些報告是由各通商口岸的官員向總部匯報後，編纂而來。在蒐集、整理及分析資料上，負責官員顯然花了不少工夫。這些出版品的形式與內容強調了數字的精準，大量運用了從西方照搬而來的多欄表格與其他統計、表列方法。他們從歐洲本位的觀點認為可從這些資料裡，製造出可靠有用的科學知識，進而帶給雙方社會、經濟、物質上的共榮。這種對科學必可促進普世公益的信念與商貿流通必可互利的觀念相結合，多少呼應了英帝國主義的意識形態。因此，僅管博物學研究通常不屬於領事或海關公務，它卻是構成科學帝國主義在中國的重要一環[15]。

總之，英帝國主義在中國不僅限於砲艦外交所支持的商業侵略，也呼應了一種「知識政權」（regime of knowledge）的擴張。這個「知識政權」立基於求知的意志和對特定知識形式的信念，追求一種「放之天下皆準」價值的慾望。科學帝國主義這種唯我獨尊的孤高視野，並不留給當地人太多餘地。然而，科學帝國主義不得不腳踏實地在日常活動以及多重社會、自然交錯的情境中運作。一旦往實地考察，我們就可注意到權力關係的複雜性、動態性、以及地方性。博物學的田野工作，正好提供了我們探索科學帝國主義日常實作的機會。

由於我們習慣上重視從書本或實驗室得來的知識，因而相對地忽略了田野工作在科學上的重要性。事實上，田野工作對博物學（及其他田野科學，如地質學、地理學、考古學等）的研究至關重要，既是蒐集大量標本，並鑑定其出處的唯一方法，也是調查在某區動植物群落分布的唯一途徑。此外，許多關於動植物的重要知識，根本無法從乾扁脫色、硬梆梆的標本挖掘到，而只能經由實地田野觀察來獲得。諸如某種動物的

---

15 參見 *Modern Asian Studies* 有關中國海關和 Robert Hart 的特刊，*Modern Asian Studies* 40.3（2006）。其中有一篇針對海關統計的論文：Andrea Eberhard-Bréard, "Robert Hart and China's Statistical Revolution," pp. 605-629.

日常習性、動植物群的季節性變化、候鳥的遷移模式等等。田野工作可說是拼湊地區自然環境全貌的最基本步驟。以田野工作為基礎的博物學因而是一個更廣袤的總體事業的一部分。這個事業企圖經由蒐集、整理、分析資料來「科學地」、「客觀地」再現一個地區。這種能夠到世界各地探險、調查、採集又能權威性地再現一個地區的權力是一種投射自己意志與知識秩序於其他地區的能力。在這意義下，田野工作與科學帝國主義不可截然二分。

再則，田野工作不但是博物學工作的關鍵之一，也是文化遭遇中權利協商和知識轉譯的焦點。田野工作牽連到不同群體間，在不同情境裡的持續折衝，其結果並不都是讓博物學者得遂所願。而這些博物學家也非一成不變，他們知道科學實作包含了各種細節，成功的田野工作常常要求他們因人、因時、因地來調整研究的方法與步驟。所以，如同他們在廣州的前輩借用商業網絡一樣，這些後來的博物學者也得透過官方管道或人際關係，尋求當地人的協助。

比如，田野工作的進行多少得憑藉西方博物學者與隨隊本土助手之間，以及田野工作隊與當地住戶之間的互動折衝。即使在殖民地裡，田野工作關係間的權力分布並不一定都有利於西方博物學者。博物學者身處異地，或語言不通，或人生地不熟，不僅得依賴他人，還很容易陷入弱勢的地位。在當時中國，他們對田野工作情況的控制更是困難。雖然飽受外強侵擾，晚清中國從未成為西方帝國勢力的正式殖民地。來華探險的西方博物學者，除了治外法權，並未直接享有西方帝國機構的支持與保障。當他們深入中國內地，遠離西方勢力圈，從事田野工作時，事實上很難有絕對的靠山與籌碼。所以，成功的田野工作，常取決於他們與中、西隊員間的人際與工作關係，還有當地居民的善意。在田野工作時，博物學者必定會雇用嚮導、挑夫和採集者，並求助於對當地動植物瞭若指掌的地方百姓。至於對各類食用或日用植物的調查，更必得靠

當地人。因爲他們不但知悉動植物原料的種類與所在地，還控制了成品的供應及加工精鍊的方法。所以當博物學家進行田野工作時，他們在在都得靠本地人。否則，不但可能空手而返，還可能險象環生。我們可以將這種權力與知識的拉鋸協調，看作是帝國勢力擴張必然的緊張性。而田野工作可說是爲我們開啓了一扇可深入觀察科學帝國主義實作的窗口。

四、文化遭遇與科學實作

上文雖以在華博物學研究爲例，討論英科學帝國主義與文化遭遇的問題，但其中的論點可推而廣之。證據顯示，在其他非西方社會的歐洲博物學者，也常處於類似的情境。此外，我們也可以採取同樣的取徑來研究在清代中國的其他帝國強權。例如，法國在西南中國，俄國在清帝國的西北部。甚至，在某種程度上，我們可以從類似的觀點來看年代稍後的日本科學帝國主義在滿洲。當然，就像其他的比較史一樣，每個例子都有其歷史獨特性，未可一概而論。所以我們必須根據史例，在方法上做些修正。

在這一小節，我們將考量用文化遭遇的觀點來研究科學史時，幾個方法上常見的問題。當我們深入分析科學遭遇的情形，常會面臨史料、科學交換，與權力關係的不對稱。這種「失衡」的問題，在處理田野科學時尤其明顯。參與博物學田野工作的中國人，鮮少留下隻字片語，經常難以還原他們在田野情境中的歷史主動性（historical agency），也很難去推測他們在文化遭遇中的意圖、動機與作爲。當然，這類不對稱的問題，不僅僅困擾科學史工作者。所有歷史研究，只要是想尋回在歷史中消失了的人，都得跟這個問題糾纏。不管這些被歷史遺忘的人是被征服的印地安人，或是16、17世紀宗教審判下被認作是女巫的村婦，或是19

世紀印度的農民，史料幾乎都是間接而有限。我們總是對歷史的一面知道的比另一面多。既存的史料主要都是來自於征服者、審判者與官方──亦即那些在上位、有權力、與具有文字表達能力的人。針對這問題，民族誌史(ethnohistory)、微觀史學(microhistory)、底層研究(subaltern studies)等各派學者，嘗試發展從既存史料中，捕捉史上弱勢者杳杳殘音的方法。不管別人對他們的方法和成績有何看法，他們的創新與努力都值得稱讚[16]。

在清代中國的英國博物學者，似乎並未遇到對傳統「博物學」特別有造詣的中國學者。所以其間的科學交流並不太符合我們所想像的，中、西博學鴻儒在汗牛充棟的書齋裡，高談闊論，或是通過著作、書牘相詰辯。作為歷史工作者，我們當然都希望能找到足夠的文字史料，來重建科學交換的細節過程，並分析思想觀念的轉譯。以中西文化接觸而言，史家已對17、18世紀中國學者與耶穌會教士間的科學交流，做了不少傑出的研究。原因是他們善用了豐富的中、西文獻來重構知識交換過程與其文化、政治意涵。相對而言，19世紀歐洲博物學者在華的科學活動並沒有留下很多的中文史料，這對科學史工作者是一個不簡單的挑戰。

一般說來，我們可在兩個地方找到傳統視角下中、西「博物學」的交流。一是西方漢學家與博物學者對中國傳統動植物文獻的研究。基於職務關係，許多在華的博物學者懂得一些中文。他們對中國典籍裡動

16　參見James Axtell, *The European and the Indian: Essays in the Ethnohistory of Colonial North America* (New York: Oxford University Press, 1981); Carolo Ginzburg, *Clues, Myths, and the Historical Method* (Baltimore: Johns Hopkins University Press, 1992); Edward Muir and Guido Ruggiero eds., *Microhistory and the Lost People in Europe* (Baltimore: Johns Hopkins University Press, 1991); Ranajit Guha and Gayatri Chakravorty Spivak eds., *Selected Subaltern Studies* (New York: Oxford University Press, 1988).

植物的記述很感興趣,並希望能從中國文獻挖掘有助於他們博物調查的
資料。或按圖索驥,查閱特定動植物;或追古溯今,重構動植物分布與
生態的變遷[17]。這些洋學者的漢學工夫,多半不深,一般都得找中國友
人、老師或部屬幫忙。問題是,要知道這些中國人是誰、他們做了什麼
貢獻,以及中文西譯的合作如何進行等等,並不容易。

　　另一是西方博物學的譯介。晚清愈來愈多的中國人經由雜誌、翻譯
作品,以及新式學堂,接觸到了西方博物學。西學東漸是近代史的重要
課題,近年來對西方學術如何傳入晚清中國,已有不少精彩的討論;有
些從思想史的角度著力,有些直接關注詞彙、字義的翻譯[18]。在博物學
上,最有名的翻譯是李善蘭與英傳教士韋廉臣(Alexander Williamson)在
1858年合譯的一本植物學簡介。這本書的書名「植物學」,成為botany
這字的中文譯名。該書的某些植物學名稱仍沿用至今。幾位中國學者與
法國漢學家Georges Métailié對此有較詳細的討論[19]。但他們過於集中在
植物學名詞的翻譯,反而忽略了思想文化的脈絡,稍嫌美中不足。晚清
中、日、西語言思想學術的流通轉譯,的確是一個值得史家研究的課題。

17　Fan, *British Naturalists in Qing China*,第四章。

18　例如熊月之,《西學東漸與晚清社會》(上海:上海人民出版社,1994);汪暉,
　　〈賽先生在中國的命運:中國近現代思想中的科學概念及其使用〉,《學人》,
　　第1輯(南京:江蘇文藝出版社,1991),頁49-123;金觀濤、劉青峰,〈從「格
　　物致知」到「科學」、「生產力」──知識體系和文化關係的思想史研究〉,
　　《中央研究院近代史研究所集刊》46(2004):105-157;並可查網站Digital Library
　　of Western Knowledge in Late Imperial China(http://www.wsc.uni-erlangen.de/etexts/)。

19　潘吉星,《中外科學之交流》(香港:中文大學出版社,1993);沈國威,《植
　　学启原と植物学の語彙──近代日中植物学用語の形成と交流》(吹田市:関
　　西大学出版部,2000);Georges Métailié, "La création lexicale dans le premier traité
　　de botanique occidentale publié en chinois (1858)," *Documents pour l'histore du
　　vocabulaire scientifique* 2(1981): 65-73. Benjamin Elman, *On Their Own Terms:
　　Science in China, 1550-1900* (Cambridge: Harvard University Press, 2005) 第九章
　　討論了引進達爾文進化論的問題。

　　然而，我們絕不能輕視非文字溝通形式的科學遭遇。尤其因為博物學研究，常經由非正式的私人管道；而參與其中的中國人又多是社會的下層民眾，有些甚至是目不識丁、住在窮鄉僻壤的農夫。專注在中西書籍的翻譯，不可能告訴我們多少關於田野工作，標本採集、剝製、保存，博物館實作，以及其他對博物學來說，不可或缺的人物與知識。我們對博物學史的認識，也將有極大的盲點。一旦我們將注意力移轉到科學工作中文化與物質的實作（cultural and material practices），我們將發現到西方博物學者與中國人之間的跨文化接觸，發生在不同層次，甚至在意想不到的地方。這些活動對博物學知識的製造、成形與流通，都可能占著關鍵地位。今以兩例說明之。

　　上文提及在廣州通商時期，英國博物學者積極地在當地尋找園藝植物，並向中國友人（主要是商人、園丁、小販）打聽有助於博物學研究的資訊。同樣地，這批英國人會雇用當地的畫師來描繪博物學圖鑑。因為他們辛苦蒐集來的標本，很多都不易飄洋過海，長期保存，這些圖鑑因而成為關鍵的科學資訊。圖鑑製成的過程如下：在廣州的英國博物學者挑選了珍奇有趣或重要的動植物，接著雇用當地畫師，在他們的督導下，精細地繪出色彩鮮豔、栩栩如生的圖鑑。這些圖鑑連在英國的知名博物學家都叫好。其間，中國畫師提供了從拜師學藝以來，長期訓練得來的繪工知識、技能以及觀察力。在英國的科學機構，如皇家園藝會，再根據收到的圖鑑，對這些物種做進一步的分析。當然，三方參與者在科學界的身分、地位與威望並不平等。一般說來，高踞科學中心的大人物們，舉足輕重，自然比起海外的小博物學者擁用更多的發言權與名望。雖然如此，在海外的博物學者因地利之便，對當地的動植物有第一手的了解；他們有時能夠據理力爭，而不總是臣服於科學中心的威權之下。而廣州畫工，在科學上則扮演了「隱形技師」（invisible technicians）的角色，他們身懷絕技，但未留名，一般人不會注意到他們的貢獻。然

而，如果我們視科學爲一種文化實作，並重新「挖掘」被遺忘的參與者，我們將能比較準確來考察科學知識形成的結構與過程。例如，學者對實驗室在近代科學發展的地位已多有闡述，其研究成果顯示，實驗室裡的技師，雖然只能算是科學史上的無名小卒，但他們對實驗的成功與否有時有決定性的作用。若無他們從實驗室裡磨鍊出來的工夫，實驗工作將處處出軌，不能順利進行。他們有時甚至能根據自己的經驗與專長，對實驗的設計與執行提供創造性的意見。這麼說來，中國繪師在科學史的位置就好比是實驗室的技師一樣[20]。

爲了進一步解釋這個中西合作如何可能，必須將它放在中、西海上貿易的歷史背景來看。廣州畫工長期浸淫在所謂的外銷洋畫。這類畫的風格，以不同程度混合了中國畫風與歐洲文藝復興以降的寫實主義（亦即著重於透視、光影、比例、明暗等技法的運用）。這種外銷畫是中國藝匠與歐洲顧客的合作成果，它起源於對歐洲市場與品味的考量。有趣的是，這類畫在歐洲被認爲是中國風；而同樣的東西在中國，卻被叫作洋畫。這應該能提醒我們，不要輕易地把某物歸類成中國的或歐洲的。這些標籤或範疇的意義，常常值得我們推敲玩味（下文將再論及）。當時歐洲對藝術、園藝、博物學的興趣與品味，許多是綜合來自世界各文化，在諸多「接觸區」形成的產物。我不願誇大這些廣州畫師所繪製的圖對歐洲博物學知識與博物學圖畫的衝擊。畢竟，這些作品即使在英國博物學圈子裡也從未廣泛流傳過。我也承認，那些曾參與這項合作的廣州繪

---

20 拙著 *British Naturalists in Qing China* 第二章對這史例有較詳細的討論。關於「隱形技師」，請見 Steven Shaping, *A Social History of Truth: Civility and Science in Seventeenth-Century England* (Chicago: University of Chicago Press, 1995), pp. 355-407. 工匠與近代科學發展的關係原是歐洲科學史上一個歷久彌新的命題。對這個問題，Pamela H. Smith 的近作 *The Body of the Artisan: Art and Experience in the Scientific Revolution* (Chicago: University of Chicago Press, 2004) 更添加了藝術史的觀點與材料。

師，並沒有機會直接在中國自己的動植物學術裡，貢獻新學得的知識與技術。他們多半重操舊業，繼續畫一般外銷畫，不再繪製科學圖鑑；除非又有另外一個洋博物學者來找他們幫忙。不論如何，他們繪製的那些博物學圖鑑，在當時的確形成了一個有效的科學傳媒，並且是廣面知識、藝術、品味、物質文化與動植物交換的一部分。中國藝匠與歐洲博物學者皆參與了這視覺與物質文化的生產與流傳。這個例子讓我們能重新定位博物學，將其置於藝術、科學與商業交錯的領域。相反的，如果我們硬將博物學事業塞進一個傳統科學史的框框裡，將不能保存它的歷史原貌[21]。

其次，田野工作與庶民知識(folk knowledge)亦是跨文化科學接觸的另一例。上文已解釋過，田野工作是19世紀博物學研究的一個重要環節。許多博物學知識是在田野工作中，陌生的土地上，與當地人交涉而來的。旅行探險中的博物學者，鮮少有機會在同一地久待，他們自然沒時間熟悉當地動植物。為了補此不足，博物學者得借重當地人的「在地知識」。事實上，沒有人比當地人更熟悉他們所居地的動植物。他們生活其間，每天或多或少都會看到它們。久而久之，也就累積了不少對本地動植物的觀察。如果沒有這類民間知識的幫助，田野工作將困難許多。因為博物學者不但會弄不清楚當地動植物的習性、行為、季節性的變化等，甚至可能連較隱匿的動植物都找不到。他們想知道的東西包括：這裡有哪些有趣的動植物？在哪裡可以找到它們？這種動物會隨季節換毛嗎？一胎產幾子？這種鳥是隨季節來去嗎？從幾月到幾月在這裡出沒？這種植物有什麼用途？怎麼加工？這些知識表面上看來近似枝微末節，但事實上是了解一地區動植物的要項；而且在19世紀博物

21　程美寶，〈晚清國學大潮中的博物學知識——論《國粹學報》中的博物圖畫〉，
　　《社會科學》2006年第8期，追問廣州外銷畫對晚清嶺南畫派及博物畫的可能
　　影響。

學記錄，舉凡田野筆記、工作報告、動植物誌中，俯拾皆是。這表示博物學者在做田野工作時都照例收集這類資料。

當然，博物學者在處理庶民知識時不可能照單全收，通常都是力圖確定哪些是可靠的，哪些是必須存疑的，哪些只能聊備一說，哪些不值一提。所以博物學者在決定知識分類時，同時也管制科學的疆界，劃定哪些知識合於科學，哪些則否。雖然如此，田野博物學和民間知識不太可能涇渭分明；反而比較像是一道光譜，中間有不同程度的「科學可信度」，從已經被科學界普遍接受認可的「鐵證」，到科學界咸認不足採信的「糟粕」（然而，科學史上不是沒有「糟粕」翻身變「鐵證」的例子）。一般說來，田野得來的知識，比起抽象的生物理論，較具局部性。它是對某一特定時、地、物的描述，而不刻意強調普世性。但畢竟高階理論只是博物學的一部分。許多博物學的例行研究，需要一套物質實作、田野觀察等基本工夫。探勘異域，並挪用本土知識，不可避免地帶進了「混種知識」（hybrid knowledge）。這類從實作得來的在境知識，雖然不容易被歸化入傳統科學史中，但對19世紀博物學者而言，卻是科學工作不可或缺的一環。

上述兩例簡略說明了博物學與文化遭遇的關係。當然，這個科學遭遇不是全然平行對稱。參與這些科學活動的中國人，都不太算是博物學者。除了少數例外，他們在合作關係結束後還是回到老本行，繼續當獵戶、園丁、農夫、藝匠，不再從事科學工作。雖然如此，我們還是可以找到好幾位變成了專業的標本採集者與剝製者，其中有人甚至服務於上海與教會博物館。如果我們再進一步開展視野，不再將科學活動孤立起來，而把它置於廣面文化接觸的脈絡中；並特別考慮科學的實作、生產、田野工作與在境知識等，我們將得到一個新的歷史圖像：交流常以不同的形式出現，發生在意想不到的地方。我們已經討論了幾個有趣的例子，如園藝品味與技術、科學視覺文化與外銷畫、田野工作與民間知

識等。

　　此外，對稱與不對稱的問題端賴何謂「對稱」，比較範疇為何。田野工作中的在境知識，既可視作是博物學者與當地人之間，亦或可說是不同知識傳統之間，交涉協商的產物。既然這些知識與實作是在文化邊境遭遇（encounters in cultural borderlands）下的產物，若硬要將它們對號入座，說這個是歐洲的、那個是中國的；或這個是東方的、那個是西方的，其實並無太大實質意義。倒不如將其置於全球知識流通與文化生產的脈絡來看，會更有意思。不論如何，我們歷史工作者，都不該墨守成規，因襲俗定的東／西、中國／歐洲這一類的二分法。因為這些文化範疇既不是自然天成，也不是鐵板一塊，而是過去或當今人物劃分畛域，折衝權力，與建立政治、文化階序的產物。因此，不論是歷史人物或今日史家，當他們使用「中國的」、「西方的」這類的認知範疇來區別自己與他人的文化特質時，我們首先要問，他們如何定義這些範疇？這些範疇是在怎麼樣的歷史情境下被設定下來？是誰在劃定這些範疇？目的和過程是如何？同樣地，當我們將過去的事物貼上「中國的」、「亞洲的」、「歐洲的」或「西方的」種種標籤時，我們應該自覺所用判準為何。是遵循歷史行動者的用法，或是我們自己定下的史學操作範疇？如果是前者，我們得追問為什麼歷史行動者（是哪些人？）會作這樣的分類？為什麼某一套區分範疇壓過了其他區分範疇？如果是後者，我們應該警惕，無論採用哪一套分類，我們都無法絕對自外於知識生產與文化秩序的大環境。

五、結論

　　本文以博物學和清季中國為主題，其中的一些觀察，雖然具體局限於18、19世紀的中國場景，但主要結論卻適用於發生在世界其他地方的

科學遭遇。因此，我們既要微觀地關注某一特定時空下，文化遭遇的細節，也要採用宏觀的全球視野來涵括科學的空間性。博物學的基本觀念之一，是對整個大自然的勘測與編目。而就功用來說，它又與帝國主義、全球貿易網絡、動植物的傳播，以及在世界各地進行的文化遭遇息息相關。

　　傳統的科學史與帝國主義史，忽略了文化遭遇對形塑田野科學實作與科學知識的重要性。但是如果我們對將田野科學，視作爲廣袤多元，則將開啓新的研究契機。科學知識的製造，並不只在歐洲的都會發生，也在世界的其他地方進行。參與這知識生產過程的人，常常包括擁有當地知識傳統的本地人。而且，這些科學參與者，也不限於當地的學者精英或上層社會的人物。即使是村夫野婦、市井小民，只要他們的經驗與技能符合博物學研究的需求，都有能力扮演一個科學工作者。我們討論這段歷史的目的，不在於「平反」所謂科學「邊陲」地區或「下層人民」對科學發展的貢獻。如果一定要論功行賞，他們可能排不到最前端。但是如果我們不把自己的首要職責當作是爲過去的人與事打分數、比高下，我們將認識到最重要的是，要如何才能更好、更完整地來了解科學史。

Science, Technology, and Chinese Society

Content

中央研究院叢書

中國史新論　科技與中國社會分冊

2010年3月初版　　　　　　　　　　　　　　定價：新臺幣680元
2016年11月初版第二刷
有著作權・翻印必究
Printed in Taiwan.

主　　　編　祝　平　一
總　編　輯　胡　金　倫
副總經理　陳　芝　宇
總　經　理　羅　國　俊
發　行　人　林　載　爵

出　版　者　中　央　研　究　院　　　叢書主編　方　清　河
　　　　　　聯經出版事業股份有限公司　校　　對　馮　蕊　芳
地　　　址　台北市基隆路一段180號4樓　封面設計　翁　國　鈞
編輯部地址　台北市基隆路一段180號4樓
叢書主編電話　(0 2) 8 7 8 7 6 2 4 2 轉 2 0 2
台北聯經書房　台 北 市 新 生 南 路 三 段 9 4 號
　　　電話　(0 2) 2 3 6 2 0 3 0 8
台中分公司　台 中 市 北 區 崇 德 路 一 段 1 9 8 號
暨門市電話　(0 4) 2 2 3 1 2 0 2 3
郵政劃撥帳戶第 0 1 0 0 5 5 9 - 3 號
郵 撥 電 話　(0 2) 2 3 6 2 0 3 0 8
印　刷　者　世 和 印 製 企 業 有 限 公 司
總　經　銷　聯 合 發 行 股 份 有 限 公 司
發　行　所　新北市新店區寶橋路235巷6弄6號2F
　　　電話　(0 2) 2 9 1 7 8 0 2 2

行政院新聞局出版事業登記證局版臺業字第0130號

本書如有缺頁，破損，倒裝請寄回台北聯經書房更換。　　ISBN　978-986-02-2570-9 (精裝)
聯經網址 http://www.linkingbooks.com.tw
電子信箱 e-mail:linking@udngroup.com

國家圖書館出版品預行編目資料

中國史新論 科技與中國社會分冊 /
祝平一主編 . 初版 . 臺北市 . 中央研究院、
聯經 . 2010年3月 . 528面
17×23公分 .（中央研究院叢書）
ISBN　978-986-02-2570-9（精裝）
[2016年11月初版第二刷]

1.科學技術　2.社會史　3. 中國史

409.2　　　　　　　　　　99002602